19世纪与20世纪的城市规划
STÄDTEBAU IM 19. UND 20. JAHRHUNDERT
Dietmar Reinborn

[德] 迪特马尔·赖因博恩　　　著
虞龙发　　　　　　　　　　等译
杨　枫　　　　　　　　　　　校

中国建筑工业出版社

著作权合同登记图字：01-2002-4828号

图书在版编目（CIP）数据

19世纪与20世纪的城市规划/（德）赖因博恩著；虞龙发等译． —北京：中国建筑工业出版社，2007
 ISBN 978-7-112-09752-4

Ⅰ.19… Ⅱ.①赖…②虞… Ⅲ.城市规划-研究-欧洲-19世纪~20世纪 Ⅳ.TU984.5

中国版本图书馆CIP数据核字（2007）第178943号

Städtebau im 19. und 20. Jahrhundert/Dietmar Reinborn
Copyright © 1996 W.Kohlhammer GmbH,Stuttgart
Chinese Translation Copyright © 2009 China Architecture & Building Press
Alle Rechte vorbehalten.
本书经W.Kohlhammer GmbH图书出版公司正式授权我社翻译、出版、发行

责任编辑：董苏华
责任设计：郑秋菊
责任校对：梁珊珊　王　爽

19世纪与20世纪的城市规划

[德] 迪特马尔·赖因博恩　　著
　虞龙发　　　　　等译
　杨　枫　　　　　　校
*
中国建筑工业出版社出版、发行（北京西郊百万庄）
各地新华书店、建筑书店经销
北京嘉泰利德公司制版
北京云浩印刷有限责任公司印刷
*
开本：880×1230毫米 1/16 印张：21 字数：620千字
2009年1月第一版　2009年1月第一次印刷
定价：68.00元
ISBN 978-7-112-09752-4
　　　　（16416）

版权所有　翻印必究
如有印装质量问题，可寄本社退换
（邮政编码 100037）

目 录

前 言 ix

第 1 章 引言：历史与现实的交汇 1
  1.1 城市与城市规划 1
    城市的历史 1
    城市的发展 2
    城市空间的丧失 2
    范例与内在联系 3
  1.2 城市的演变 4
    老城的完整性 4
    城市的解体 5
    城市与景观 5
    作为生活空间的城市 6
  1.3 城市作为规划对象 6
    城市的可规划性 7
    有规划的城市 7
    城市规划者：从手工业者到规划师 8
  1.4 以史为鉴 9

第 2 章 变化：工业与贫困之间的城市（1800—1880 年） 13
  2.1 工业革命带来的变化 13
    社会与城市规划的条件 13
    交通事业的发展 14
  2.2 城市增长和市中心变迁 15
    大城市里的贫民区和出租屋区 16
    巴黎和维也纳的市中心改建 16
    自由主义的"守夜者的国家"中的城市 18
    出租房和背靠背式建筑 18
    1874 年城市扩展的基本特点 20
  2.3 城市批评和社会运动 23
    城市批评和改革的萌芽 23
    城乡之间的住宅区乌托邦 25
    家长式住宅区：英格兰第一批工业小镇 26
    德国的第一批工人居住区 28

第3章 过渡：城市规划和田园城市（1880—1910年） 31
3.1 城市规划和住宅区的发展 31
城市发展方案 31
城市管理的开端和规划工具 32
英国与德国之间的交流 33
工业村庄作为田园城市的榜样 33
企业主住宅区作为初期的"田园城市" 36
3.2 霍华德的田园城市运动 38
田园城市的基础和目标 38
空间的和社会的方案 39
实践试验：1903年的莱奇沃思和1919年的韦林 41
雷蒙德·昂温的城市规划 47
3.3 城市扩建和城市改建 51
经济繁荣期：大规模住房建设和有轨电车 51
城市调整与技术性城市规划 52
卡米洛·西特与艺术性城市规划 54
"城市规划的原则"，1906年 56
奥托·瓦格纳的"大城市" 59
3.4 德国田园城市运动的开端 60
田园城市运动的开路先锋 60
德国田园城市协会 61
田园城市与田园城郊 61

第4章 转变：现代城市规划的起源（1910—1925年） 63
4.1 德国田园城市运动的繁荣 63
德国田园城市协会的第一份总结 63
"真正的"田园城市和田园市郊 64
类似田园城市的住宅区 73
4.2 社会化的市郊住房项目 77
街区和庭院建筑 77
特奥多尔·菲舍尔设计的住宅区 79
维也纳庭院建筑：开创期 81
4.3 第一次世界大战及其后果 82
住房紧缺和促进住房建设 82
维也纳的自助建设住房 82
4.4 新思想和新行动 85
"金色的20年代" 85
具有社会福利要求的新建筑 86
技术与社会乌托邦之间的城市幻想 87

第5章　繁荣：20年代城市规划的繁荣期（1925—1935年） ……… 93

5.1 新法兰克福：从田园城市到新建筑 ……… 93
城市发展与住房建设 ……… 93
恩斯特·迈和"尼达谷"项目工程 ……… 94
住宅区形式的发展 ……… 96
新法兰克福的住宅区 ……… 97
新型住房 ……… 103
法兰克福式厨房 ……… 103
建筑上的合理化 ……… 104

5.2 柏林的大型住宅区：住房建设的新尺度 ……… 105
强制建住房 ……… 105
马丁·瓦格纳（Martin Wagner）和布鲁诺·陶特（Bruno Taut） ……… 106
住宅区的城市规划原则 ……… 106
柏林大型住宅区的规划和实施 ……… 107

5.3 想象和意识形态之间的住房建筑 ……… 113
新型封闭式建筑方式 ……… 113
行列式建筑作为理想的住房形式 ……… 122
卡尔斯鲁厄的达默斯托克住宅区（Siedlung Dammerstock）1928/1929年 ……… 123
工厂联合会：住房建设试验 ……… 125
建筑学和城市规划中的意识形态争论 ……… 127

5.4 城市改建与自给性住宅区 ……… 128
对历史城市的批评及城市改建 ……… 128
雅典宪章与功能分离 ……… 129
住宅建设的瓦解 ……… 131
带有田园城市理念的副业住宅区 ……… 132
独户住宅作为"意识形态的载体" ……… 133
社会福利导向的小型住宅区设计方案 ……… 134

5.5 区域尺度的发现 ……… 136
城市规划的及区域的现状 ……… 136
第一批居民点规划联合会及大城市规划 ……… 137
沃尔特·克里斯塔勒（Walter Christaller）的中心地点体系 ……… 138

第6章　倒退："第三帝国"时期的城市规划和建设（1935—1945年） ……… 139

6.1 城市规划意识形态的理想典范 ……… 139
作为城市规划和建筑学的基础的意识形态 ……… 139
"第三帝国"时期住房建设的阶段 ……… 140
城市规划的标准值和"秩序原则" ……… 142
"新城市"的城市规划样板 ……… 143

6.2	"德意志人民共同体"的住宅区	144
	仿照田园城市的住宅区	144
	住宅区规划和"帝国花园住宅局"	145
	海因茨·韦策尔及其学生的影响	146
	"邻里关系","城市之冠"和元首原则	148
6.3	理想城市方案和新城市	149
	"城市的解体"和城市景观	149
	理想城市构想和"X城市"	150
	新城市的基础和条件	152
	1937年萨尔茨吉特-赖本施泰特-赫尔曼·戈林工厂城市	152
	1938年沃尔夫斯堡"KdF-汽车城"	154
6.4	城市-新规划和权力展示	158
	城市规划的结构设想	159
	新秩序规划	159
	纪念性的大型设施及建筑项目	160
6.5	城市的破坏与第一批重建草案	162
	战争中的重建计划	163
	战争结束时的建筑活动	164
	城市毁坏的程度	165

第7章 新开端：第二次世界大战后的重建（1945—1960年） 167

7.1	重建成为工程基础设施的现实需求	167
	基本需求的实际满足	167
	决定城市平面布置的因素	169
	重建政策中的修复趋势	170
7.2	"城市景观"和"邻里关系"	172
	实践新理念之可能	172
	城市和"有机的城市规划"	173
	新城区的城市规划理念	174
	奥托·恩斯特·施魏策尔：卡尔斯鲁厄的城市规划学说	181
	城市空间的新定义	185
	作为城市组织原则的汽车交通	187
	居民的社会混合及邻里关系	189
7.3	第一次城市扩建及新住宅区	190
	"新城市"的住房供应及城市规划	190
	作为城市扩建的第一批新住宅区	191
	作为"新城市"的城市边缘住宅区	193
	功能分离与建筑形式的混合	205
	开辟：街道与步行道的分离	207

    "绿色中心"：购物中心及基础设施 …………………………………………………… 208

    德意志民主共和国城市规划原则与艾森许滕施塔特市 …………………………… 210

  7.4 市中心的改建与边缘的散线 ……………………………………………………………… 213

    "错过的机会"？：以新城市代替重建 …………………………………………… 213

    在旧城市平面图上的新式居住 …………………………………………………… 215

    新的市中心及对过去的处理 ……………………………………………………… 220

    重建和"延续性" ………………………………………………………………… 221

    独户住宅作为政治工具 …………………………………………………………… 222

    独户家庭住宅作为城市规划的目标 ……………………………………………… 223

    "独户家庭住宅－草原"或没有城市规划师的城市规划 ………………………… 224

第 8 章 扩建："绿色中心"与城市化之间（1960—1980 年） ……………………… 225

  8.1 "经济奇迹"时期的城市规划 …………………………………………………………… 225

    社会和政治变革 …………………………………………………………………… 225

    经济增长和城市发展 ……………………………………………………………… 226

    住宅建设作为经济传动带 ………………………………………………………… 227

    汽车交通统治着城市规划 ………………………………………………………… 228

    居住区的发展和土地问题 ………………………………………………………… 229

  8.2 在"绿色草地上"建卫星城和新城 …………………………………………………… 230

    文明的和密度加大的城市 ………………………………………………………… 230

    规划原则和规划过程 ……………………………………………………………… 231

    行列式建筑：20 年代的传统 …………………………………………………… 233

    按照传统理念的松散结构 ………………………………………………………… 236

    "楼房之山"：高密度式城市化 …………………………………………………… 242

    新式街区：城市空间的复兴 ……………………………………………………… 253

    城市规划博物馆——理念的变迁 ………………………………………………… 261

  8.3 大型住宅区功能上的视角 ……………………………………………………………… 270

    大规模住宅建筑与城市文明 ……………………………………………………… 270

    新居民住宅区中的社会状况 ……………………………………………………… 271

    规划的公众参与与公民自发组织 ………………………………………………… 272

    科林·布坎南：公路交通和城市结构 …………………………………………… 273

    大型基础设施和后勤供应设施 …………………………………………………… 274

    1971 年德国城市代表大会："立即行动起来，拯救我们的城市！" …………… 277

  8.4 现有城市发生的变化 …………………………………………………………………… 277

    内城的商业化和第三产业化 ……………………………………………………… 278

    作为"城中之城"的大型建筑群 ………………………………………………… 278

    "内部扩张"形式的城市更新 …………………………………………………… 279

    全面改造："城市的第二次破坏" ………………………………………………… 280

    简单更新：谨慎地对待老城 ……………………………………………………… 283

　　　　反思：重建和城市修缮 283
　　　　老城和市中心的步行区 285
　　　　住宅周边环境的改善和交通降噪 286
　8.5 城市发展规划和地区尺度 287
　　　　城市和城市周边地区、竞争还是协调合作 287
　　　　区域居民点结构的框架条件 288
　　　　人口和居住区面积的发展 288
　　　　城市发展规划和规划亢奋症 289
　　　　从城市地区到地区城市 290

第9章　回顾与展望：新外表下的老问题？（1980年以后） 296
　9.1 城市发展中的"红线" 296
　　　　不变的问题，罕见的答案 296
　　　　居住在城市中，但是如何居住？ 297
　　　　真正的新生事物：汽车城市 297
　9.2 喘息：增长的极限 298
　　　　城市发展和经济周期 298
　　　　告别面积扩张 298
　　　　内部发展和城市改建 299
　9.3 挑战：住房紧张和环境保护 300
　　　　新的框架条件和新任务 300
　　　　房荒作为"致死的理由" 301
　　　　提高质量和利于生态的城市规划 302
　9.4 在绘图桌前的城市规划师：是茫然无措的吗？ 302
　　　　面临新问题采用旧的城市规划方案？ 303
　　　　没有新的理念和城市规划的乌托邦？ 304
　　　　哪些任务决定着城市的未来？ 306

附　录 307
　埃比尼泽·霍华德——未来的田园城市　1898/1902年 308
　卡米洛·西特——遵循艺术准则的城市规划　1889年 312
　雅典宪章　1933年 316

参考文献 319
图片来源 325
译者的话 326

前　言

"了解你的时代。"

——柏林蔡斯天文馆太阳钟题词

即便一本论述两个世纪的城市规划这样的书应当保持某种教科书那样的特点，也免不了受到其概貌的限制。迄今为止，许多论述不同阶段的城市规划的书籍出版问世，留下很多材料。因此，全面阐述"当代"或者"新时代"的城市规划这其实无疑是个冒然而大胆的行为。1920年，当埃里希·布林克曼为撰写《城市发展史》一书提供一份"研究报告材料"的时候，他犯下了同样的错误。

他踌躇了。"为使一艘满载货物的船只能在大海里航行，需要更大的力量。"在我看来，有必要通过介绍近700年的建筑史，对我们的时代有些具体展望，所以显示全部建筑的形式的框架就搭建起来了。非专业人士、门外汉、历史学家、行政管理人员也对本书的内容比人们原来想象的具有更广泛的兴趣。如果内容劈头盖脑地袭向读者，人们将会觉得疲惫不堪。观点精辟的专业人士以及建筑师首先也会被冗长的书籍弄得不知所措，他们希望有简单明了的观点。

本书的遭遇也相同。《城建艺术》一书的前言注解也是本书的注解。本书涉及两个世纪的城市规划、社会与政治的相互关系，并以图文形式纪录了不同阶段城市规划的"典型"例子。有规划的全面历史性的概述理应是新思维的"宝库"，也是深入研究"城市现象"的一个出发点。本书"想给人启发，提供视角，同时也在为现实作贡献"（布林克曼，第Ⅷ页）。

"以史为鉴"是城市规划的前提条件，要知道我们的城市为什么是如此产生的，我们怎样与城市相伴。专业理论和社会条件为我们的城市规划项目打下了烙印，并具有时代特征，但多数情况下其影响还在加深。城市规划理念和观念的相互关系使得城市建设从工业化到当今的每个阶段紧密联系起来。

本书讲述德国城市规划的发展历史，在每个历史阶段中德国的建筑与其他国家、特别是19世纪英国建筑之间的重要联系。所述时空到1980年前，并对以后的发展仅作浏览式介绍，企图对未来有个脉络性的展望。因此对东德的城市规划仅寥寥数语，过多或过细介绍乃需比较大的空间。

城区布局、建筑方式和由此而生的居住条件，企业家的住宅群，田园城市，20世纪20年代住房情况，以及战后卫星城的出现，都是各不相同的。每个时期的建筑项目和规划都包含了特有的技术条件，以及社会政治条件。从大工业化开始到今天，城市规划的每个阶段也都有自己的建筑语言和不尽相同的城区布局。历史遗留下来的城市所形成的独立城市核心被各个时期建造的不同的住宅模式团团包围，很大程度上已经被融入到城市的风景之中了。

"应当避免20世纪60年代和70年代建筑所犯的错误"——这个在设计新住宅区所确定的目标多半只是一种安慰人的空洞言辞。要真正实现这个目标是需要对城市建筑以及城市规划专门的行动与背景有个认识的，这里大多涉及空间和功能开发的理念。进一步开发城市的前提是人们的认识，因为在规划时将浪漫的城市生活理想图同图解式的住宅模式合并，是不够的。

重要的是，能够"原汁原味"地读懂人们的观点和评价，以便理解城市规划每个阶段的目标设想和理想。因此，尽可能把转引语收录进文章里，或者作为文献摘录，以三栏版面放入附录里。同样汇集各个章节中所述的不同城市的建筑项目和住宅小区、图片和文字资料。

书中收集的尤其是二战后许多住宅小区平面图，不是缺少完整的图示，就是缺少有说服力的文字表述，常见的是过去的设计草图，或者是"岛屿式"的图纸，建筑之间未标出间距。根据编写计划，本书对书中大部分草图进行了加工，并采用建筑物涂黑方法，使住房结构的空间联系清晰起来。此外，除少数的外，平面图的比例尺是1∶10000和1∶5000，绘制大小住宅区以及建筑群，目的是区分，作一比较。某些总平面图纸的比例尺是1∶20000，建筑详图比例尺经常是1∶2500。

在这里，我们必须向各个政府部门以及有关人士的友好的支持态度表示谢意。另外，很多大学生在我授课期间完成了许多设计工作，为本书提供不少的材料，在此一并表示感谢。

最后，我还要向米夏埃尔·柯赫、乌韦·施图肯布洛克和克劳斯－彼得·布尔卡特致谢，他们以批判的和非批判的眼光审阅了书稿。他们对本书的最后肯定使我充满了信心，花了多年心血完成这项费时费力的工作。如今，该由读者来评头论足了。

本书的书名以及与此相关的社会、政治背景、书的结构和表达形式，对"理论家"和为城市发展作出新贡献的实践家来说，可以说是个很吸引人的课题。如果说本书的内容对人们进一步研究城市规划产生兴趣的话，本书的主要意图也就达到了。如此这般，往后看也就变为往前看了。

献给希勒和保罗

第1章 引言：历史与现实的交汇

"巴比伦时代至20世纪初这两千年来留存的城市与城市气息正在消逝。

其特征如下：

公共空间消失，绿地与空地取而代之。

城市道路、广场和林荫大道失去踪影，出现了快车道与花团锦簇的步行区。

城市已变得不像城市，景观变成不是城市的城市。

市中心消逝，核心地带不存，周边地区也再难觅踪迹。

我们知道：这些改变是社会发展进程的见证。

我们明白：不是空间创造了生活，而是生活本身创造了空间。"

——罗兰·奥斯特塔格（Roland Ostertag）
1994年斯图加特专题报告会上的演讲

1.1 城市与城市规划

"由于经济发展状况的制约，野蛮人群只能满足简单的生存。而城市的形成使人们能够进行良好的、正确的生活。城市开启了人类藏匿在蛮荒时代的所有更高潜能。因为人的肢体以及人所具有的动物性的存在有可能通过国家这一形式得以维系，而人类精神的需求只能由城市来满足。"

——亚里士多德（Aristoteles）

城市的历史

时至今日，每当人们提及"城市"一词，眼前浮现的还是中世纪城市的模样，这种怀旧感比之现代住宅区都不能排解的"思乡情结"还要强烈。在人们的意识中，海德堡、雷根斯堡、吕贝克和许多有着"历史"的其他城市仍停留在"古老"城市的概念上，尽管在这些城市中只有少数几个街区保存着"罗曼蒂克精髓"的外表。在过去几十年内，这些城市的老城区被人们精心打扮成"玩具小屋式"的模样，诸如陶伯河上游的罗滕堡和讷德林根，这些中世纪的老城被延伸扩展了，但在许多人眼里仿佛还停留在久远的年代。

19世纪末，卡米洛·西特（Camillo Sitte）在画作中有意描绘出斜角广场与弧形的大街小巷，时至今日还受到观赏者的推崇，但是这些崇拜者本人更乐意在绿化率高的地区居住，以及在现代化气息浓厚的地方办公。老城居民以本城古老历史见证人自居，并靠老城招徕游人。二战后这些城市的居民们为了城市被破坏的形象，即进行的所谓"现代化"建设，一直呼吁还城市原来的历史风貌，直至如愿以偿，类似的典型城市如希尔德斯海姆、泛兰克福。

城市的历史能使大众情绪振奋，但也常常导致人们对其缺乏理性研究。特别是建筑师与城市规划者们经常致力于所谓的"现代化"，而忽略了感觉，尽管他们乐于以古典意大利式样的"广场"为例子：在休闲的公园中，周边背景是相应的建筑群，可容纳许多人，在他们眼里，这样的广场就是"原汁原味"的广场。这种对昔日的庸俗重复说明人们必须对过去和城市历史进行批判性的研究和创新，这种研究可能是符合潮流的，生动活泼的，并且是持续发展的开端。卡尔·弗里德里希·申克尔（Karl Friedrich Schinkel，1781—1841年）明确提出反对呆板的模仿，他说：

"创新才能使人们感受到真实的生命；当人们对所处的地方有种很安全的感觉时，那就值得人们怀疑了。因为人们一定会发现，那儿呈现的东西只是简单重复——这种生动已经失去了一半活力。哪里使人产生不确定之感，但又使人感受到一种内心的渴望，使人要迫不及待地对美好事物进行表述，哪里就是人们想要寻找的最真实最生动的所在。"

图1.1　庸俗的昔日重现。弗赖堡欧洲公园里的"意大利广场"

城市的发展

数十年来我们的城市发展显得任意无序，甚至可以说是杂乱无章。事实上，这同"计划杂乱"有关。出于"城市解体"的方案，即离开冷冰冰的城市，人们对自然景观进行了破坏性开发。过去的一百年内，人们已讨论过这个话题，甚至已对此做了部分非常详细的构想。工业大革命后，大城市人口惊人增长导致了巨大的社会差距。许多有始有终的社会改革最终形成了埃比尼泽·霍华德（Ebenezer Howards）的田园城市设计方案。

如同后来所说的那样，城乡结合的新型"城市风情"构想很快就遭到了全面发展城市的观念的冲击[比如奥托·瓦格纳（Otto Wagner）]。如果人们有经济实力的话，他们中大多数人选择住在市郊。与此同时，城市中心发展成为稠密的购物、娱乐和行政中心。工业大革命以来，不同时期城市建筑的特点表明：人们在规划城市上越来越热衷于使用大面积的空间。

城市功能的分化是城市发展过程中新增的特征。城市拓展也受到人们行为的影响，工业化不仅改变了城市，还改变了人类本身。经济活动中的劳动分工也导致了其他生活中的劳动分工。在农业经济和手工业范围内，工作与非工作的叠合迫使工作与住所融合，而这现在逐步被摒弃了。

住房水准的改善减少了人与外界的必要联系，也降低了城市公众间的亲密度。早在19世纪末，卡米洛·西特已断言：随着水管引入住房，人们聚集在公共水井周围的场面消失了，公众的生活也将随之改变。作为城市生活核心标志的"公共活动与私人生活的对立"也在不断转移到封闭的住房里。

随着社会和集体活动的场所的建造也促使城市开始发展，随着电信的发展甚至使人放弃了在城市的生活空间。公众场合下那种自发的人际交往在不断消失，取而代之的是远距离通话和视频技术的运用。

城市空间的丧失

中世纪城市的城市空间，即由封闭的建筑群构成的街道和广场，到19世纪只改变了它们的形式，而城市的结构却没有变化。"有围墙的城市"和"无围墙的城市"相比，在宽窄度的变化上显然是不同的规模。大部分中世纪城市，细节上绝对没有太多的变化与弯弯曲曲，但它们也得在君主专制时期的城市前望而却步，因为那个时期的城市广场是严格遵循几何学原理的，用特别宽敞的直线构成。城市的平面图经常也表明了城市周边环境的情况（见卡尔斯鲁厄，第16页）。

与我们这个时代的城市建筑相反，过去的建筑总是强调建筑物，并在空间上或多或少追求建筑的封闭性。传统的城市空间体系以"空间连续性"作为标志，其周边有建筑物，类似公路上的护栏，用于疏散人群。

"城市围墙"如果出现较大空缺或建筑方式呈散列式，那么这儿就是城边和开阔的通道。

与此相对照的是现代城市空间的布局，它没有明显的空间边界，这些边界仅仅是"孤立的、没有多大意义的护栏"。在"流动的、绿意盎然的空间"增添出来的建筑物不能很清楚地区分私人与公共地域，也几乎不能提供辨认方向的标志（图1.2和图1.3；克里尔，第67页）。

城市空间的丧失由多种行为造成，我们把这些行为统称为"城市化"，但这种情况绝对不是城市历史进程中不受欢迎的副作用。霍华德认为：位于城边的新型建筑区域既不是"城市"也不是"乡村"，而是

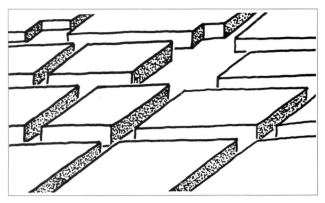

图1.3a 传统城市空间体系中清晰的空间分界线分流了人群

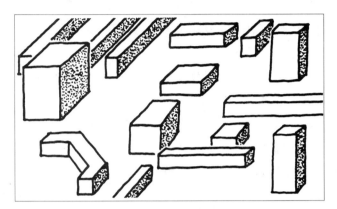

图1.3b 而现代城市空间秩序则几乎未显示空间方位 [选自罗伯·克里尔（Rob Krier）]

一个所谓的"绿地空间"。建筑物要有计划地避开过去的商业区以及"技术开发区"。

市中心也发生了变化。"城市化"体现在建筑物的综合功能上，走道和有顶的购物层面由于摆着常见的令人眼花缭乱的各种各样的商品，对"旧"的商业街形成致命的竞争。由于这种几乎不受任何限制的灵活性，甚至在"购物中心"的绿地上创造出一种"表面的城市氛围"——仿造的市内空间。

范例与内在联系

许多市政建设的旧理念与范例在第二次世界大战后才有了本质性的突破。由于许多迄今为止不为人知的住宅区要"成批生产"，计划者有了大展身手的机会。战后40年时间里，德国获得了许多新的住宅面积，是整个德国建筑史上的总和。今日被抨击的那些错误在过去也许是难以避免的。人们说："我们不要再犯20世纪60年代和70年代的错误了。"但是，这说来容易，做起来难啊！

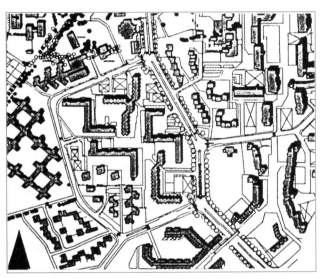

图1.2a "乌尔芬新城"。一张几何道路图中添加了与建筑物构造无关的图例

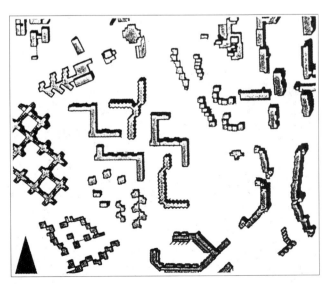

图1.2b 城市空间的丧失。这张没有街道标示的平面图表明了公共空间的随意性

迄今为止，市政建设的条件已经发生了质的改变。在最短的时间内，通常只有几年光景，相当数量的大小新城破土而出。物质上的增长过程，其速度大大缩短了，以至于新居民在心理习惯上跟不上脚步。即使数十年后，他们也还不能完全适应，在这些城区产生的青少年问题，或具有出现大量反对派选民的潜力就表明了这一点。

为了摆脱梦幻达到真实，市政建设中其他理念也花费了很长时间。因而，有必要把基本思想置入过去与当代的联系中。仅仅有形式上的原则是不能证明住宅范例是正确的，就像今天证明行列式建筑是正确的一样。另一方面，比如说，人们对20世纪20年代建造住宅区的方法的猛烈抨击，仅被看作是对德国经济繁荣时代带来的弊病的一种反应。过去的城市建设理念以及范例成为社会与空间发展进程之间活生生的材料。对规划者来说，这些过去的城市公共建筑的范例更多的只是形式上的采石场。

1.2 城市的演变

"城市并不仅仅是个客体，成千上万的人，不论其地位有多么的悬殊，或性格有多么千差万别，都认同了这个作为客体的城市，（也许甚至是很乐意地认同她）——城市也是众多建筑师的作品，他们经常改变城市的结构（对此建筑师有自己的理由）。总的说来，城市的主要轮廓在一段时间里是保持不变的，经常变化的只是城市的细节。关于城市的增长与形式的问题，人们仅仅作部分调控，城市没有最终形式——只有不同时期持续不断的更替。

城市动态的因素——特别是人以及人的行为——与稳定的物质因素同样重要。我们不只是观赏演出的观众——我们自己也在参与演出，并且在舞台上与其他演员一起手舞足蹈。"

——凯文·林奇（Kevin Lynch）（第10、11页）

老城的完整性

多元社会也必须体现在城市的多元风格上。城市生活与城市布局的相互影响引发变革，而这种变革进程在相当长时间里才有可能从外表上反映出来。人们应该去观察这其中的社会结构与空间结构的区别。但是，与此相关联的结构元素的增长决不会有助于丰富城市的形象。我们恰恰欣赏的是朴素简洁以及外形和技术上有限制的居室式样。

在这方面，中世纪的城市对许多人来说，始终还是"城市的同义词"，甚至干脆是城市生活的一种模式。至今，我们仍然被其小块组合性和差异性，一方面是建筑结构和元素的重复性，另一方面是由此而产生的宽窄交替，以及公共性与私密性的分离深深吸引着。形式与材料的统一、在形式框架下细节的统一以及形式与功能的完整性，绝对不是偶然的产物，这远远超出了我们的臆测（图1.4）。

如果人们注意到，内在需要与外在压力对于这种"强制性的共同体"产生了多大的影响，那么，这幅完整的城市建筑"理想图"（即城市作为被分开的共同体）变得模糊不清了。一旦以城墙作为防护变得多余，经济被工业化所代替，很快，空间与社会的桎梏被打碎了。在工业时代初期出现的"现代化城市"变得更加理性，更加平面化了。城市的完整性起初是出于防御的目的，它一直发展到19世纪便寿终正寝了。

在最小的空间上做到迄今为止这样的功能混合，这是以人的职能部门的空间区分为代价的。经济进程中的分工也在其他生活领域中产生专业化，因此导致功能分离。我们不要忘记，最重要的前提是能源价格要低，但功效要大：首先是蒸汽机所需的煤，后来是燃油发动机所需的石油。人类通过新的交通体系打破

图1.4 讷德林根。密集的老城区在空间与社交方面受到了限制

中世纪城市的"步行禁区",城市的范围至今仍在不断扩展中。城乡的分界消失了,显然只有城墙还在对抗那种情绪。

城市的解体

当我们今日谈及在风景区建造住宅而影响整个景观时,我们忘记了,这只是有计划的城市发展进程中一个暂时性的结局。工业化初期,人们建造了大型的贫困住宅区,此举暂时缓解了历史性城市狭小的空间带来的生存压力。此起彼伏的批评声使城市幻想家与"社会梦想家们"更沉湎于做解放城市这样的未来之梦。霍华德提出的田园城市理念把许多单一的构思概括为一幅"城乡结合"的具体图像。"城市解体"这种假设至今仍如一条红线,贯穿于城市建设的讨论中与住宅区事务的实践中。

因此,人们抛弃作为多功能的活动与会面场所的城市,这仅是城市解体过程中的一个必然结果。如果说,田园城市运动仿效历史小城的空间条件还需要数十年时间的话,那么新建筑的先驱者在数年内就已部分地实现了建造纯理性化的行列式住宅的步骤。景观城市化了,城市,至少在市郊,变得越来越田园化了。直至今日,这种"既非农村亦非城市的风景"对许多人来说是心中的理想,对其他人来说可就是恐怖的景象了。

原本核心城市是工作与购物中心,而城市生活所需的三废处理设备和宽敞的汽车通道则建在郊区,现在随着城市的扩展,这些东西也已成为城市的一部分了。人们逃离城市的步伐慢慢停了下来,因为逃离城市则几乎根本找不到备用的空间。在中世纪格言"城市有自由的空气"的驱使下,首次出现了农村涌向城市的人口迁移运动,19世纪"逃离乡村"的举动在"私有者逃离城市"的口号号召下,又呈现出与过去完全相反的情况。

事实上,人成了"不同世界之间来回跑的人":居住在绿树环抱的郊外,工作在技术化的、人口稠密的城里,度假却到充满异国情调的另一个世界。这种功能上的分工也决定了城市的景象——城市不是一个唯一的所在。就算这不是人们所追求的生活,——也许仅仅出于人的一种惰性,人们无论如何也不会起来反对这种发展趋势的。

城市与景观

"孤城"在遥远广袤的景色中形成了,城外的景观变成了"城内的风景",这种情况是以风景与城市的变化关系为特征的。在把大自然转变成为"人类的风景"的斗争中,经历了危害自然、驯服自然和破坏自然,直至今日保护自然等几个过程。

危害自然:人类与大自然的融合,是人类初期阶段的特征,同时也潜伏着对大自然的巨大的危害。几世纪以来,先是聚居地,后来是城市,就像是处于与人类为敌的环境中的"岛屿",而这种"岛屿"似的环境是由于人类的滥用造成的。

驯服自然:景观,也包括受保护的文化景观,受到人类愈来愈多的影响,它们是城市居民生存的基础,能再生多少人类才能提取多少。另一方面,大自然可以使人们生活产生的废物进入生物循环圈重新再生。

破坏自然:"生态圈"的循环运动能够使景观的自然基础再生,但是随着不断增长的建筑技术化与精致化,这种生态循环遭到了改变或破坏。19世纪末,拥挤的工业化城市与宽广的、尚保留下来的部分自然景观形成对照。人类建造住宅区的行动并没有危害到村庄与小城市。但是大城市却严重缺少大片绿地。一场把"小尺寸"景观作为代替品引入城市的运动开始了。在城市里形成或是建造了拥有大量绿地景观的观景公园或是人民公园。

图1.5 1515年的纽伦堡。被一片遥远广袤的绿色景观包围着的"孤城"后来发展扩大了,城外的景观变成了"城内的风景"

保护自然：随着人们居住地变动的增强，自然景观的破坏也在增强。居住行为不断成为人们相互联系的一种作用。因此，当首批地方性的、跨地区的计划提出应当保护所剩无几的绿地时，这是不足为奇的。鲁尔煤矿区住宅联合会于1920年尝试在快速递增的城市间建造"绿色通道"。柏林和汉堡规划联合会打算确保住宅区面积与空地面积间的平衡。

在住宅区面积快速扩展的情况下，草地与森林快成了"替罪羊"。伦敦"绿色腰带"，或维也纳"森林与草地带"成了人类消费大自然时的一个自我限制的实验品。这种尝试不可能总是成功的，因为人类在建筑活动上存在的"贪婪心"经常只会暂时地被推迟，或者仅仅成了政治上可贯彻的一份"菜肴"。城里人把农村看作是"生态平衡的地方"，他们到这里来是为了寻找休养的场所，而那些临时住所也受到了威胁。为防止城里人的破坏，自然风景必须加以保护。

作为生活空间的城市

人们怀着矛盾的心态看待城市。他们一边欣赏城市的繁忙景象和城市所带来的经济上的机会，但是一边在可能的情况下亦会远离城市。城里人的心态是"既恨又爱"，在"绿野上的小屋"和"市中心生活"间摇摆不定：

> 啊，我多么渴望拥有一套
> 绿野上带平台的别墅；
> 它前临波罗的海，后倚弗里德里希大街；
> 远眺那美丽的、田野般的风景。
> 楚格峰耸立在浴室窗前
> 傍晚外出电影院离家不远。
> ——库尔特·图霍尔斯基（Kurt Tucholsky）

事实上，城市的生活方式是有对立性的，即使这种对立性不像图霍尔斯基诗中那样夸张、那样强烈。早在20世纪60年代，汉斯·保罗·巴尔特（Hans Paul Bahrdt）就曾对城市公共性与私密性的对立主题下过定义。他说："一座城市是一个定居点，那儿所有的生活，包括日常生活都显示了一种两极分化的趋势，也就是说，人们不是呈现出公共生活的状态就是展现出私人生活的状态。因而产生了关系紧密却又对比强烈的公共生活领域与私人生活领域"（第60页）。

随着"城市性"的丧失，公共性与私密性的对立也随之消失。伴随着城市的解体，这两种不同区域的分界线也模糊起来。一方面由于几乎处处都呈现出公共性特征，甚至连住房这种私人空间也不例外，事实上现代郊区，即城市住宅区却又以宏大的但利用率低的私人绿地为特征。这种"既非城市又非农村的住宅区"同时也是"既非公共又非私密的住宅区"。这种解释不清的领土状况让居民极不满意，因为如果连在自己家里都觉得像置身于众目睽睽之下，人类悲哀地发现自己已无处藏身。

市政建设要持续改善城市的居住条件，这是市政建设所追求的最终结果。因此德国经济繁荣时期的城市，简陋的出租型房屋所产生的负面影响是可以理解的。因而，住房问题摆在了改革计划的前列，人们在寻找最佳的住宅形式时，经常调整目光去看待城市生活条件。在这个问题上，田园城市运动与新建筑运动的构想产生了分歧，尽管它们都有可取之处，最终取胜的却是"理性主义者"提出的行列式建筑方式。即使人们可以清楚地辨认出部分柏林与法兰克福的住宅区，但这种意识形态上的分歧显然是无法消除的。

> "当我们研究城市时，我们研究其最复杂最丰富的形式下的生活。正因为如此，在美学方面一开始就产生了一个原则性的局限：一座大城市永远不能成为一个纯粹的艺术品。城市建设者应当坚定这样的信念：艺术与生活——二者须完美结合，这才象征着城市生活，并且能对建立内在秩序产生影响。"
> ——简·雅各布斯（Jane Jacobs）（第192、193页）

1.3 城市作为规划对象

> "规划城市必须了解一切事物从何而来，还要了解它的昨天。今天是昨天的延续，也是明天的延伸。"
> ——特奥多尔·巴赫（Theodor Bach），1929年

城市的可规划性

城市发展进程中，人们往往容易忽视如下现象：建筑师过高估计城市的可规划性。确实，数量众多的近乎完美艺术品的城市和城市区域也是完全按计划建造的，并给予了许多设计者也想建造一个同样完美城市的想象力。这种想法贯穿于中世纪城市建设、20世纪20年代居民区建设，以及二战后一些新城区的建设。然而，这些专业人士心目中的圣地在很大程度上脱离了真正意义上的规划。一方面是为了避免出现最坏的结果，城市规划协调个人利益与公共利益；另一方面，城市规划也对独宅区域业主的个性化居住要求能够做出一定的让步。

在城市规划的所有阶段，大部分建筑面积可以看出也被说成是"自身形成过程"那样的"无个性特征的城市规划"。尤其二战以后，许多独宅小区像位于城乡间一个杂乱的通道，蚕食了田园风光。城市规划的观点更趋向于技术性，即分配可用于建筑的地皮，建立技术与社会的基本设施，这些观点符合工业革命以来市政建设的趋势。

实用性的思想一方面决定了规划者的所作所为，德国经济繁荣时期，人们通过计划道路两旁的建筑线清楚地划分出公共与私人范围的界线；另一方面又使人有意识地对公共空间产生需求。"城市空间"一说就是指通过建筑形式体现"城市建设艺术"，多数是以公共建筑形式（如"纪念碑"）强调并提升那种效果。

特别是卡米洛·西特着手研究并继续发展的中世纪传统的"绘画风格"，在普遍评议城市那段时期内遇到了强大的阻力，但也有许多支持者赞同这样的风格。城市规划大讨论变成了人们意识形态上政治与世界观的一场争论。与此同时，人们对城市的思考方法归结到了二维空间和对平面图的图解。人们可以从20世纪20年代末法兰克福"五月豪宅"看出这种城市规划从"空间到图解"的转变。从具有明显城市空间特征的罗马城和普劳恩海姆住宅区，到最终"唯理性住宅区"威斯特豪森，这种思想路线的迅速转变说明了城市结构一种开放的过程，其空间越来越窄（图1.6）。

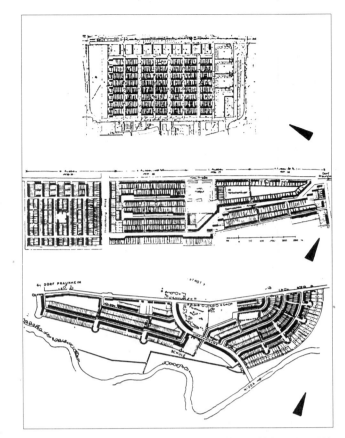

图1.6 20世纪20年代末法兰克福。迅速的路线转变，从罗马城和普劳恩海姆变为威斯特豪森

有规划的城市

人们必须看到在不同历史时期进行的新兴城市的全面规划，是由于人们无法控制住宅区不断增长这个势头。看来"有规划的城市"乃是对社会进行的抽象思维与理性行为的一种标志与表现，如同我们在文化全盛时期所见到的那样。除此之外，如古希腊罗马时期和中世纪的后期，殖民化城市那些特殊的边缘条件显然对旧屋重建的结构产生了影响。在短期内，人们必须为建住房以及其他住宅小区做好准备，有必要采取计划的实施方案。一个外在特征是城市平面的直角性[这是希波达摩斯的网屏原理，以公元前5世纪希腊建筑师和城市规划者希波达摩斯·冯·米勒特（Hippodamos von Milet）的名字命名]，因为"发展的压力越大，计划成分越高"（图1.7）。

但是，即使在中世纪和平时期，合法的建筑规定也是相当严格的，尤其是邻居的权利应当得到保障。就这点而言，我们今天对中世纪城市产生的主观印象

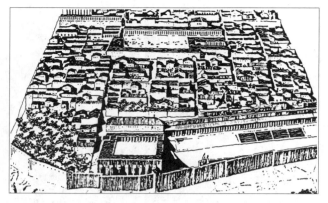

图 1.7　普里纳，公元前 4 世纪（复制品）。"理性的城市规划"通过希波达摩斯的网屏原理表现出来

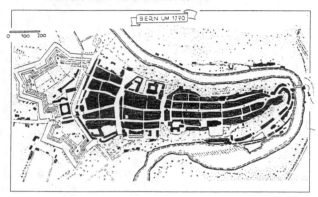

图 1.8　1790 年的伯尔尼。"居民进行修建需征得委员会同意"：规划必须适应自然状况

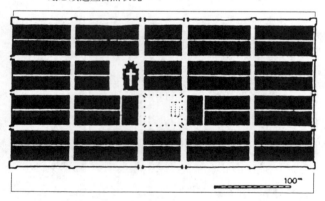

图 1.9　1284 年的蒙帕济耶（法国）。在中世纪就有数目众多的城市平面布置呈直线形与直角形

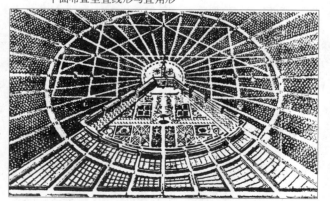

图 1.10　1721 年的卡尔斯鲁厄。通过清晰的描绘，城市平面图具有了越发强烈的版画效果

欺骗了我们的眼睛。14 世纪瑞士伯尔尼有一新建筑就遵循了"毗邻房屋建筑线"规定，这些有关规定在伯尔尼城市规定中可以看到：建筑审批规定第 107 条："没有征得委员会的许可，禁止任何人擅自在住房旁的空地建房；禁止居民私自拆房，将谷仓或猪圈挪作他用。居民改建房屋结构需征得委员会同意，委员会必须听取未来邻居和施工负责人的意见 [（林巴赫），第 100 页，图 1.8、图 1.9]。

中世纪与古希腊罗马时期一样，保留下来的城市规划图很少，因此可以猜测，那时人们建房大概由业主和包工头直接在建筑工地上进行。绘图技术的进步，尤其是透视表现手法的进步，使正确还原城市建设和制图成为可能。从文艺复兴时期起，这种前提对于扩建与新建大规模笔直道路的城市起了决定性的作用，这主要因为测量技术的改进能更好表现图纸的规划。当时有个测量专家在测量卡尔斯鲁厄行宫狩猎塔时只偏离圆圈状城市结构中心点几厘米，在今天专家要用高科技才做得出。当时，除了制定建筑规定外，还颁布许多城市规划的附加条文。城市平面图由于不断融入了绘画技巧而具有越来越强的版面效果（图 1.10、图 1.11）。

城市规划者：从手工业者到规划师

随着绘图方式的改进，专业艺术家与建筑师的形象也有了改变。一个高素质的专家不再需要加入中世

图 1.11　文艺复兴时期的规范性表达方式。德·弗里斯（De Vries）论文中的插图，1560 年

纪行会那样的组织，依赖委托人对自己的信任开展工作。由于规划与施工有着明确的分工，他不再受到某个城市提供的合同的约束，可以在不同地方独立自由工作（图1.12）。以下三点可以勾勒出建筑师的新型工作方法：

- 建筑工程开始前，建筑师必须以图纸或模型等形式，确定规划中的建筑物样式，以表明他是该项目唯一的规划者。开工假如是按照计划实施，建筑师不必长时间去工地当工人，参与施工了。
- 建筑师必须考虑到规划中的建筑物外观的方方面面，比如：
  - 单一要素与整体在美学上的比例关系；
  - 长度因素，即尺寸绝对明确；
  - 物理因素，材料及其材质，如材料的表面特性、色泽、硬度及持久性等。
- 建筑师必须标示出每一个建筑物个别的具体的要素，如柱子、梁、拱、墩、门、窗等鲜明的特征。参照古希腊罗马建筑，它们是唯一著名的古典派杰作（贝内沃洛，第543、544页）。

建筑师的全新意义在于思维的严谨和文化的品位对建筑业产生的影响，并对艺术、科学与文学产生了影响。建筑师全新的职责领域包括：建立轴向的街道结构与防卫技术设备的精致化，这确立了文艺复兴时期及巴洛克时期城市图景的特点。技术上需要理性规划，而城市空间的形式要以艺术造型表现力为先决条件。尤其在19世纪与20世纪之交，职业形象的分离使得专业人士的情绪激昂起来，却找不到解决问题的办法。不同的绘制任务的复杂性最终导致许多专业原理关心"城市"这个主题，经常以合作方式在规划方面产生作用。

1.4 以史为鉴

"即使研究老城大有裨益，况且也是正确理解事物的一个前提，人们也不该忘记：产生城市的条件是不会再生的，即使人们有这样的愿望。"
——雷蒙德·昂温（Raymond Unwin），1911年

人们在研究城市，研究城市的历史，研究城市居民，研究城市的"创造者"的时候，很容易沉湎于一个较长时期发展过程中的细节，更对几十年或几百年形成的建筑对立性与平行性激动不已。假如城建中许多不同阶段出现的相类似的方式被认出来的话，人们往往对眼前的问题采取相对做法，不管是新旧现象，手法几乎都一样。

住房问题以及与此相关联的地皮问题，是观察现代城市建设的一个视角。与艺术性强的城市建设相对立的是技术性强的城市建设。技术性重的城建则强调更广泛的对立性，比如在19世纪与20世纪之交，鲍迈斯特和西特这两个人的名字就确立了这种对立性。

图1.12 16世纪时，一名建筑师骑着马在建筑工地上巡视（右，马上带着一名年轻学徒）。在文艺复兴时期，马被认为是"鲜活的建筑"，是身份的象征：因为它结合了匀称漂亮的比例与生气勃勃的力量

或者，从保守主义到民族主义，从进步的到笃信技术，这种对立的城市规划部分遭到人们强烈的维护。

田园城市运动进入一种意识形态航道，而新建筑运动进入另一种航道，二者斗争最终进入白热化。人们可以在斯图加特两个观念迥异的住宅小区上验证这场斗争，前者为具有进步性的"环形"住宅区魏森霍夫（Weissenhofsiedlung），后者为具有保守性的"周边式"住宅区科亨霍夫（Kochenhofsiedlung）。

争论持续了10年以上。勒·柯布西耶（Le Corbusier）在20世纪20年代曾挑衅地说："弯曲的路是给驴走的；笔直的路才是给人走的"（第10页）。汉斯·伯恩哈德·赖肖（Hans Bernhard Reichow）在20世纪50年代里进行了回击。保罗·博纳茨（Paul Bonatz）在1941年批评包豪斯建筑学院是一所"建筑布尔什维克主义"的学校。

最终，我们通过观察城市规划史可以看出，这种敞开式的，向周边地区扩展和延伸的当代城市不会被看作是城市规划失败的结果。"追求独宅"显然是人们希望扩大住房面积的一个具体表现。自19世纪中叶以来，地皮价格带来的经济压力显然也使城市的面积扩大了。这绝对不是违背居民的意愿的，也根本不会与不同时期的城市规划者所阐明的规划目的相悖。

19世纪与20世纪之交的"住宅区计划"，随着城市边缘那里松散的建筑，以"充满生机和绿意盎然的城市"作为现代城市建设的范例。那些想成为田园城市主角的人，勒·柯布西耶1925年把他的"现代城市"的花园城描述为"垂直的田园城市"，塑造了一个当代城市风景的中途站。

1960年后，在许多卫星城市，在市郊试图通过"稠密化而城市化"，引起了社会上的紧张气氛，绿地上出现了仇视城市的情绪。作家布赖纳斯多夫（Breinersdorf）刻画为体现"工人群体观点"的"稠密化勇气"的建筑产物，即高层建筑，恰恰没有能体现出城市气息，已经压根不存在城市化。

与城市发展最紧密联系的空间功能的分离，也已经作为时间上的功能分离出现在城市居民的意识之中。因此，这种建筑方式很长时间没有被住房界所接受，但它在建工领域已经被采纳，或者可以说被忍受下来了。城市化不只是高密度的建筑群，还是高密度的人际交流，在电信时代，这种密切交往方式不再仅仅通过建造楼宇的形式而达到。

人的生活方式可以改变城市，而城市反过来对居民的生活条件也会产生影响，并改变其条件。对此做出反应是市政建设的任务。城市规划在重新吸收传统的和历史上的典范建筑时，必须始终做好适应新情况的准备。就此而言，特奥多尔·菲舍尔（Theodor Fischer）的论断至今还有其现实意义。他说：

"我们当然还是处于一个初始的阶段，新项目还需要充实，还需要许多经验，直到我们能够建立起一系列规则和基本原则来。如果在职的建筑师不开始学习如何服从于城市规划图的整体性，我们正在培养的青年人达不到同样无私的境界，所有的工作则对此毫无帮助。"

"首先我们无论如何要采取摸着石头走路的态度向前走，不能满足于了解了一点过去的典范的来龙去脉就高枕无忧了。首先必须避免犯由于倾慕历史式样而失去自我的错误，避免犯沉湎于好古癖而不能自拔的错误。关键是解放思想。另外，新时代对城市建设的需要是如此迫切，它不会轻易屈服的"（2，第239页）。

图1.13　（右）1800年至今的城市发展年表。该年表把本书涉及的市政建设阶段梗概划分为"外部发展"（城市扩建）和"内部发展"（城市改建）以及"前提"（理论和计划政治的背景）三个栏目。斜体表示举例

19 世纪和 20 世纪的城市建筑

外部发展	内部发展	基础
1800—1880 年　工人新村和城市贫民窟		
大规模的城市扩建和家长式住宅区建筑： 英国的工业城镇： －索奇泰尔，阿克若登，博恩别墅，阳光港…… 德国的工人居住地： －艾森海姆，库亨-克房伯： 舍德嫩霍夫，克罗嫩贝格…… 卫星城市和带状城市草案： －维滕，安温－索利亚与玛塔斯……	城市贫民窟和背靠背式建筑以及廉价的出租型房屋： －伦敦，利物浦，利兹－柏林…… 城市调整： －街道轴心潘斯，维也纳环形路 法律和建筑线计划： －公共健康法，普鲁士，1875 年	社会住房问题，地皮问题： 改良－式样 奥斯曼，1853 年 霍布雷希特，1860 年 －城市扩建基本思路，1874 年 技术性的市政建设： －鲍马斯特，1876 年
1880—1910 年　田园城市和城市调整		
城市与乡村规划联合，1890 年； －莱奇沃思，1903 年；汉普斯特德，1908 年，韦林，1919 年 企业建筑：克房伯，此外尚有 －达尔豪瑟·海德，埃姆舍尔·利珀－格敏德斯多夫…… 德国田园城市——社会，1902 年	城市调整： －建筑区规划，走廊大街…… 建筑规章等级： －慕尼黑，1904 年 市内住宅设施	艺术性的市政建设： －西特，1889 年 施图宾，1890 年 霍华德，1898/1902 年 基础性的市政建设，1906 年
1910—1925 年　田园城市和庭院建筑		
田园城市运动的全盛时期： －卡尔斯鲁厄－吕普尔，德累斯顿－黑勒劳，纽伦堡， －埃森－玛格丽特高地……施塔肯， 比特里茨 迁入公共住宅建筑的迁居运动开始，住宅建筑联合会： －和平城，弗莱霍夫小区，洛克草地 地区规划联合会和大城市规划： －鲁尔居民点规划联合会，大汉堡，大柏林	庭院建筑： －斯图加特－奥斯特瑙，汉诺威－布吕格曼霍夫…… －慕尼黑－莱姆，旧海德 第一次世界大战 －居住设施，市中心扩建 存量建筑的重新整理： －维也纳总治理	城市规划的基础： －昂温，1911 年 O·瓦格纳，1911 年 住房统治经济，自助建筑 城市未来景象 "新型建筑"： －包豪斯，1919 年 德斯－特尔腾
1925—1935 年　新型建筑和大型住宅区		
新型建筑和大型住宅区（1926—1932 年）： －法兰克福－罗马城，布朗海姆，威斯特豪森－柏林－布利兹， 汤姆叔叔的小屋，西门子城 －卡尔斯鲁厄，达莫斯托克，1928/1929 年 德意志制造联盟－住房建筑实验： －魏森霍夫小区－斯图加特，1927 年， －维也纳，布拉格，布尔诺，苏黎世…… 副业居民区： 法兰克福（Fft）－戈尔登施泰因，……	维也纳庭院（1924—1930 年）： －桑德莱腾庭院，拉本庭院，卡尔－塞茨庭院， 乔治·华盛顿庭院，天使庭院，卡尔·马克思庭院…… 扩展规划： －慕尼黑－博斯特尔，1924—1930 年 －汉堡－雅戈城，1926—1928 年 －南汉诺威，1930 年	思想意识上的辩论： －"环状"／"周度式" 迈，陶特－瓦格仑 抗议大城市运动 雅典宪章 1933 年 －中心地理论 －克里斯塔勒，1933 年 大城市规划
1935—1945 年　纳粹－花园住宅和纪念性设施		
小型住宅区建筑，"花园住宅"（1933—1939 年）： －不伦瑞克（BS）－马舍罗德，慕尼黑（M）－拉默斯多夫； 雷根斯堡－朔滕海姆小区…… 理想城市和新城市： －X 城，萨尔茨吉特，沃尔夫斯堡 1937/1938 年 战后东部"社会福利住宅建设"的准备工作（1940—1943 年）	新秩序规划： －魏玛，纽伦堡…… 纪念性设施： －慕尼黑，柏林…… 临时性房屋 重建草案	邻里关系 －大众房屋，"城市王冠" 新城市 －费德尔，1939 年 住宅小区 城市景观
1945—1960 年　重建和第一次城市扩展		
作为城市扩展的临时性住房： －斯图加特（S）－罗特维戈，BN－罗伊特小区， 慕尼黑（M）－博根豪森 －田园城市不来梅（B）－瓦尔 作为"新城市"的市郊住宅区： －柏林－北莫伦德特，森内城，卡尔斯鲁厄（KA）－森林城 －纽伦堡－朗瓦瑟 民主德国－原则： －艾森许滕施塔特	修复性重建： －因子：技术上的基础设施 －街道和私有财产 新的建设方案： －美因兵，纽伦堡……柏林（B）－伊莎城区 －汉诺威（H）－十字教堂，汉堡（HH）－格林尔贝格 －东柏林－斯大林林荫大道	赖肖（REICHOW），1948/1959 年 －车道完备的城市 －有机的城建艺术 施瓦根沙伊特（SCHWAGENSCHEIDT）： －空间城市，1949 年 －划分的＋松散的城市： 格德里茨／赖纳，1957 年
1960—1980 年　卫星城市和全面整修		
卫星城市和"新城市"： －斯图加特－（S）－法萨嫩霍夫，－弗赖贝格；不来梅（B）－新瓦尔，杜塞尔多夫（D）－加拉特 －法兰克福－（F）－西北城，科隆（K）－合唱者之家住宅区；柏林（B）－勃兰登堡城区 －达姆施塔特－（DA）－克拉尼希施泰因；海德堡（H）－埃姆茨格伦德；曼海姆（MA）－福斯唐 －慕尼黑－（M）－新佩尔拉赫，汉堡（H）－施泰尔绍普，－阿勒默尼；柏林（B）－格罗皮乌斯城， －纽伦堡－（N）－朗瓦瑟，乌尔芬新城…… 城市地区和地区性城市	内城的改建： －商业化＋第三产业化， －大型建筑群＋建造快速道路， 街面整修＋更新， －重建＋修缮， －居住区周边环境改善＋交通降噪…… 大型基础设施	城市化与密度： －萨林，1960 年 －汽车：布坎南，1964 年 －城市规划 FG，1971 年，公民参与，城市代表会议，1971 年 －文物古迹年，1975 年 城市发展规划
1980—1995 年　城市改建和存量建筑的稠密化		
面积扩张的结束 新型的城市扩展： 住宅重点，军事用地转换	城市改建 "生态的城市规划" 存量建筑的稠密化	增长的边界 环境保护 住宅缺乏

图 2.1 普雷斯顿市(兰开夏郡)的东部,建造于 1850 年前后(照片摄制于 1930 年左右)。背靠背式建筑以各种变化形式出现在英国各城市。紧挨着的两排建筑环绕着工厂

第 2 章　变化：工业与贫困之间的城市（1800—1880 年）

"在这儿所有城市的外貌都不复存在；在光秃秃寸草不生的黏土性土地上随处是一排排房屋，或整个街区好似一个个小村落；房屋或者更确切地说是村舍的状况恶劣，不加修缮，肮脏不堪，地下室住房潮湿又不干净；既没有用石块铺设小巷，又没有安装排水管道，而且人们还养了许多猪，这些猪要么圈养在猪棚或猪圈中，要么索性自由自在地在山坡上散步。随处可见牲畜的粪便，人们只有在最干燥的天气上街，才不至于每步都踩到没过脚踝的粪便。"

——弗里德里希·恩格斯
（1845 年关于曼彻斯特"新城市"的谈话）

2.1　工业革命带来的变化

"后来，人们开始建造另外一种风格的建筑，也就是现在普遍的那种式样。现在几乎不会零星地建造工人村舍，建设总是大规模地进行，一家企业就要占用一条或几条街道。这些住宅如此排列：新村的第一排是条件最好的，它有一扇后门和一个小庭院，房租昂贵。

这些楼房的庭院围墙后面有一条狭窄的通道，也叫"后街"，这条通道的前后两端都是死胡同，它要么是由一条狭窄小道，要么是由侧面的一个带顶的通道延伸出来的。通往这条通道的房屋租金最为便宜，其中大部分压根就无人问津。它们与新村第三排房屋的公共后墙接壤。第三排房屋从相反的方向通往街道，房租比第一排的便宜，比第二排昂贵。"

——弗里德里希·恩格斯 1845 年关于曼彻斯特
《英国工人阶级的现状》

社会与城市规划的条件

恩格斯所描绘的 19 世纪中叶英国城市的典型范例——曼彻斯特的非人道生活条件是工业化的后果。工业化进程在英国大约始于 1760 年，在德国始于 1850 年，这种进程以不可思议的速度改变了城市。由于科学技术的进步，人们把从农业社会过渡到工业社会的这段时期称之为"工业革命"，它是技术、经济和社会加速转变的一个发展阶段：

- 技术进步推动经济繁荣

技术进步使产品数量增加，经济普遍繁荣则带来工业、第三产业以及农业等行业的增长。新颖而价格低廉的能源（无烟煤）推动了技术革新，并且带动生产分工和劳动力专业化。生产和服务行业数量与质量的增加，人口增长与生产增长相互间的放大效应推动生活水平的普遍提高，并不断刺激需求增长。

- 死亡率下降致使人口增长

死亡率下降使人类社会第一次出现出生率高于死亡率的现象，这引起了人口的飞速增长，例如全英人口由 1760 年的 700 万上升到 1830 年的 1400 万。原因有二：一方面因为药品供应和营养基础获得改善，另一方面因为欧洲在 1800 年前后引进了土豆种植技术。由于儿童死亡率下降和青年人比例扩大，人类的平均寿命从 35 岁左右上升到 50 岁。两代人的生活重心不同了，青年人不再能够轻易继承上一辈的工作岗位，他们必须在布满荆棘的人生旅途走出自己的路。

- 生产变革引起居民的空间分布变化

农村已经无法供养日益庞大的人口，于是大批农民从农村涌向城市。他们成为能源产地附近工厂的工人，这些工厂主要位于大河岸边，或煤矿附近。由于农民的"离乡背井"，城市引起扩容。譬如，曼彻斯特的人口由 1760 年的 12000 增加到 1850 年的 400000；伦敦的居民在 19 世纪上半叶从 100 万增加到 250 万。

- 交通工具和道路网的发展

1760 年，英国开辟了可通航的运河，1825 年修建了铁路。由于这些交通方式的诞生，人们实现了在此之前不敢想象的人与各种货物的迁移。1835 年至 1845 年，德国的铁路网超过 2000 公里。此外，由于交通便捷，人们可以在不同区域生活和工作，这引起了城区的扩展和此后城市结构的明显重组，也就是所谓"城市功能的分离"。

- 变革的快速性和短暂性

这些有效的变革可以在几十年内完成，大约持续一代人。任何事都没有最终的解决方案，也就是说，凡事都有一个有效期限。规划时人们需要考虑时间因素，因为建筑物只是一个临时性的建筑产品，而不是一个相对长久的景观。地皮有其独立的经济价值，若要体现它的价值则不仅需要考虑眼前的建筑物，还要特别估计以后可能重建的建筑。

- 新的政治思想流派

传统上，人们通过统一的、全面的城市规划草图和建筑规章对建筑的环境形态进行公开监督，这种形态被视为历史遗留物。不能把对环境的消极影响视为工业化不可更改的结果，相反，可以通过有效措施重新消除这种不良影响［贝内沃洛（Benevolo），第 781 页以后］。

交通事业的发展

交通工具机械化促使运输速度越来越快，新的交通工具不仅比马车的速度快了很多，而且可以把旅客与货物运送到更远的地方。同时，土地扩张和功能开始分离改变着城市，城市之间的关系也得以增强。德国的第一艘蒸汽船于 1816 年投入使用，到 1830 年，莱茵河上就已经有 12 艘蒸汽船了。德国比英国晚 10 年拥有蒸汽动力火车，它的第一辆火车于 1835 年在纽伦堡和福特之间 6 公里长的铁轨上试行，整个行程需要 10 分钟。这第一条铁路是从英国引进的，柏林的博尔西希公司在 1841 年才能够生产试验路段产品。这之后，德国铁路建设迅猛发展。铁路轨道的长度从 1838 年的 140 公里增加到 1840 年的 550 公里，到 1845 年蒸汽火车轨道已经达到 2300 公里（图 2.2）。

由于铁路交通网的建设，城市外围出现一个新的开发机会，同时也有可能建造新的地面建筑物，因为火车站通常距离现有建筑物较远。火车站的建筑首先沿着通向城市的街道开始建设，然后在面上与城市联结。火车站另一面的场地被优先用于工商业活动。

由此可以得出结论：城市往火车站方向发展，市中心也经常转移。火车站发展成一个新的"市场"，还具有附加的"磁铁"效应。从 20 世纪中叶开始，当工厂转移后，铁路旁的工商业区是市中心的补充（图 2.3）。

"随着价格低廉的邮政车——铁路，最终是有轨电车——的发明，在历史上首次有了公共交通工具。伴随城市扩张，人们的活动范围不再有边界，城市的膨胀速度越来越快。"

"19 世纪商业城市呈现出什么样有效的水平扩张，电梯帮助下的垂直发展也同样有效（1853 年：第一台电梯出现在纽约）。水平扩张和垂直堆积这两

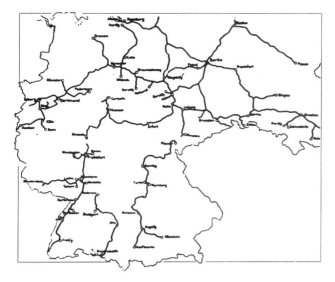

图 2.2a　1850 年德国的铁路线。不久之后就由少量铁路线发展成一个紧密的网络

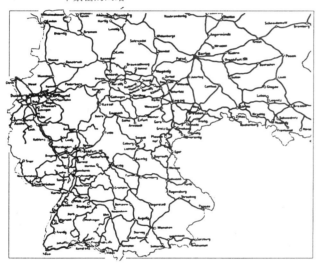

图 2.2b　1870 年德国的铁路交通网。火车给城市带来了新的发展机遇

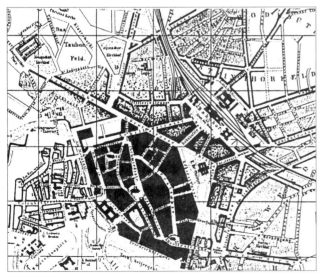

图 2.3　1860 年的汉诺威。按照格奥尔格·拉弗斯（Georg Laves）的规划，大约从 1850 年开始，这座城市朝着火车站方向发展

种方式的结合可以最大限度地获利"[刘易斯·芒福德（Lewis Mumford 1）]。

历史城市的道路距离首先由步行者来判定。受交通条件影响，"半小时区域"扩大到 2 至 3 公里处，甚至到达以马车或有轨马车作交通工具时被认为是郊外的地方。历史城市保留着唯一的市中心，城市居民步行仍可到达开阔的城外。

按照当时最主要的交通工具，人们划分出城市发展的新增阶段：

- 1900 年前后，半小时区域为半径 4 公里的有轨马车城市；
- 1930 年前后，半小时区域为半径 7 公里的有轨电车城市；
- 1960 年开始出现的汽车城市，半小时区域为半径 25 公里，后来仍不断发展[图 2.4；沃特曼（Wortmann），3118 栏]。

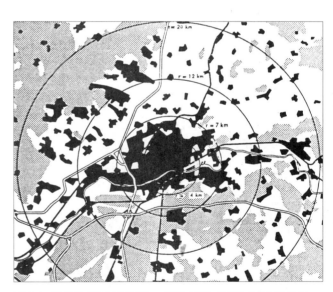

图 2.4　汉堡的"半小时半径"。交通工具决定了城市面积的扩展

2.2　城市增长和市中心变迁

"住房就像斧子，可以杀死人。"

"32 个家庭才有一个女家庭手工业者，孩子们也进入火柴厂做工，由于磷和硫磺的腐蚀，他们都没有手指甲了。没有人去干预这种情况。如果人们去经历一下代代相传的贫困，他就会问，难道孩子们与生俱来就是奴隶吗？！"

第 2 章　变化：工业与贫困之间的城市（1800—1880 年）

——海因里希·齐勒（Heinrich Zille，1858—1929年）

大城市里的贫民区和出租屋区

19世纪前半叶，工业大革命与同时期的人口大幅度增长导致人口从乡村向城市流动，这种流动迄今仍在持续着。德意志帝国的人口在1816年、1871年和1939年分别为250万、410万和690万。与此同时，人口密度也从每平方公里55人增长到70人、162人，最后甚至达到1967人。同时，城市化进程加剧，以至2000人以下的乡镇中人口比例在1870年、1939年和1965年分别由三分之二降到三分之一和五分之一。城市数在1816年、1871年和1939年从原来的2个上升到8个和56个（沃特曼，第3118栏）。

工业时期城市面积的迅速膨胀改变了现有的市中心，使它们成为扩大了的新城市的中心。与此密切相关的交通负担变得沉重了，这对居住环境产生了消极影响，所以条件好的居民离开市中心，转向市郊定居。他们留下的房屋成为大众化客栈，以前的绿地和周边式结构的内部区域被改造成房屋和厂房。这种声势浩大的城市化进程和新的生产关系不仅改变了空间架构，而且与工业化前的分配模式相比，还改变了城市的社会结构。

"除资产阶级以外，与工业化大城市一起还形成了一支庞大的快速增长的工业无产阶级队伍，他们不仅在工作中而且还在住房上继续备尝艰辛。城市居民的居住状况在很大程度上是按照社会阶层来划分的，工人住宅区的环境特别恶劣，房屋的基本构造残缺不全。弗里德里希·恩格斯在分析英国大城市的社会问题时，曾详细深入地描述了阶级社会的黑暗"[赫林（Herlyn），第92、93页]。

巴黎和维也纳的市中心改建

资产阶级不仅把对土地和地面的占有作为统治工具，而且把对城市空间的分配和等级划分也作为统治工具。城市结构也同样被改变了，以致已经成为经济、政治主宰的资产阶级随心所欲地实施对城市利用的各种模式，这种模式使已经获得的特权在城市物质环境中得以确定下来了。在上世纪中叶前后的巴黎对城市规划者奥斯曼（Haussmann）的影响便是一个很好的佐证。

但对其他市中心也应当被视为统治阶级权力显示的一个很具有典型性的例子。巴黎和维也纳乃是其代表作，颇具特色。

- 拿破仑三世时期的行政官员乔治-欧仁·奥斯曼（1809—1891年）在1853年至1871年间对**巴黎的马路**进行了改造，并且还实施了一系列其他措施。他这样做的动机一是要提高土地价格，二是要建立一个畅通的交通联网，因为在举行了许多推动旅游业发展的大型活动后，1855年和1867年世博会已经提到议事日程上了。除此之外，其军事战略意义也是显而易见的，因为从1830年至1851年巴黎共爆发了七次武装暴动。

"巴黎开始实施大规模住房改造措施，据说，这是为了保障居民健康和出于城市规划的需要，然而其

图 2.5 齐勒的著作中描绘的"环境"突出表现了工业无产阶级聚居区恶劣的生活条件

实质却是出于军事战略目的——镇压工人起义,更好地保卫资产阶级的利益。统治者的特别措施是:用宽敞的、无障碍的街道贯穿工人住宅区。他们用诸如此类的办法把无产阶级从市区驱赶到郊外,成功地划分了具体的各阶级。卡尔·马克思公开谴责了这种军事演示式的策略方针,并曾在《法兰西内战》一书中描写过这样的场景:城市组织曾参与镇压1871年的巴黎公社起义"(赫林,第92、93页)。

50公里长的旧街道被重新修整为24米宽的带人行道和下水道新的"林荫大道"。此外还保留了马路两旁的夹道树以及其他绿化,新增60公顷公园绿地。为获得一个诱人的城市全貌,一个"统一的大资本主义建设"计划很快弥补了修整后的众多建筑漏洞。按照奥斯曼的建筑规划,必须拆除近20000幢老城区房屋和8000幢新城区房屋,其中涉及当时三分之一的居民和数目庞大的工商业企业[图2.6、图2.7;霍弗里希特(Hofrichter),第108、109页;基斯(Kiess),第129—166页]。

• 1858年至约1895年间,**维也纳**在一片以前是城墙的地区,以竞争的方式建起了与纪念碑式建筑物相邻接的多边形的繁华大街式**环形路**。这样一来,由于城区的扩大,原来的市郊就成为市中心的一部分了。

"环形路的布局与19世纪城市规划理念背道而驰,这是因为它可能会把空置的市中心区域建成具有建筑美学价值的街区。多边形特征在特别程度上还满足了人们对空间的愿望,弯曲轴心使街道两侧和广场两侧一再成为人们注意的中心点,也给不同时期个别建筑产生了效用"(图2.8;塞斯,第200页)。

环形路的建设周期长,又无法统一,周围地方又都敞开着,于是遭到了人们的批评。特别是卡米洛·西特主张源于古典的城市空间构想的那种城市密集化。他在1889年出版的书中对从还愿教堂到国会那条环形路区域提出了具体的改造方案,可以说,这是"按照艺术基本原则进行的整治城市的一个范例"(第159—180页;第63页)。

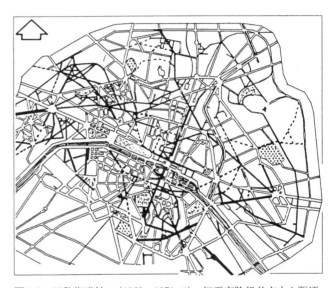

图2.7 巴黎街道缺口(1853—1871年)。把无产阶级从市中心驱逐

图2.6 按照G.-E.奥斯曼的规划,巴黎雷恩大街的广场。木刻,1868年

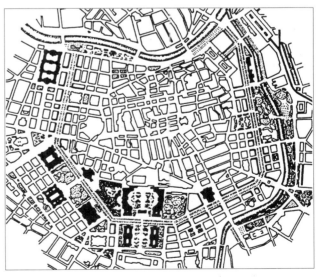

图2.8 1858年至1895年维也纳环行公路的建设。在以前的土堤上建成一流的道路

第2章 变化:工业与贫困之间的城市(1800—1880年)

自由主义的"守夜者的国家"中的城市

现阶段城市发展的社会环境受到了19世纪自由主义法制国家的影响。法制国家的任务是保障资产阶级社会按自身的规律发展，也就是成为一个法制维护者的国家，或庇护者[克拉格斯（Klages）2，第45页]。这种保障安全和秩序的观点因而也被费迪南德·拉萨尔（Ferdinand Lasalle，政治家和工人领袖，1825—1864年）讥讽为"守夜者的国家"。

经济学家完全从经济自由主义立场出发，建议在城市规划和建筑规划中也对国家的影响加以限制。传统上按照亚当·斯密（Adam Smith，国民经济学家、伦理学家，1723—1790年）的观点，政府应该出售公共地产，用赚来的钱偿还债务。这样，从事房地产的私人业主可以获得自由，从城市混乱的局面中为自己牟利，不必对所产生的消极后果负责。

在"自由城市"中那些既未经过全面计划亦相互不协调的私人和官方的创造彼此重叠在一起，因而形成了一个杂乱的、无法居住的环境。资本主义工业社会发展的基本前提是使企业家得到个人自由，人们曾经认为这种前提能够把与经济繁荣息息相关的住房与城市建设改革纳入正确的轨道，但是这种想法被证明是不对的。

"工业城市中的贫民最直接地受到恶劣生活条件的最大影响，就算是社会层次较高的人也并不能完全摆脱这种生活条件。1830年，霍乱从亚洲传到欧洲，很多大城市被传染上了，许多政府迫不得已才要求消除医疗卫生中最恶劣的弊端"（贝内沃洛，第803页）。

1848年革命不仅把左翼运动同时也把那个世纪上半叶的自由政府推入危机之中。他们中的某些人试图掌握政权，结果却失败了。尽管如此，与这些努力相比较，也反映出统治者的无能为力。右翼政党不只是在法国取得了成功。为了检验这个变革进程，他们运用了19世纪上半叶空想社会主义[欧文(Owen)、傅立叶(Fourier)等]部分思想理论。

综上所述，获胜的资产阶级提出一个新城市规划的模型：

- 官方管理机构和私人房地产业主承认他人对有明确边界的私人领域的使用权。
- 单一地皮的使用权由个人或国家自主决定。
- 街道正面前方是公共和私人地域的分界线，并确定城市的基本结构。

"后自由城市"中的建筑方式来源于"排列建筑计划"，按照该计划，建筑物原则上可以有两种不同设计方案：

- 市中心的大楼直接建在街道前端和交通要道两旁。商店坐落在底层，上面是办公室和住宅。这些大楼受到繁忙交通的干扰，还缺乏光线和新鲜空气。
- 在远离街道的市郊稀疏建造一些大楼，这样，建筑物承受的负担比较小。

两类建筑都相当经济，因为为富人修建的人口密度小的建筑（比如别墅）价格昂贵，而较便宜的多层和人口密度较高的大楼一般是针对社会底层人士的。

出租房和背靠背式建筑

工业化城市的社会差异在住房这个领域鲜明地显露出来。一方面是中产阶级的大楼和有钱人的别墅，而另一方面是出租房和社会底层居住的贫民窟。总有明确规定要尽可能利用建筑的高度和深度以及地皮的可建程度建造住宅。

直到19世纪中叶，才出现了像柏林这样按照不同的大部分内容已过时的基本法规建造房屋的情况。1853年柏林警察总局颁布了"柏林及其他警区建设管理法规"后才统一了这种混乱的情况。尽管人们提出了"需要充分空气和光照"的共同要求，这些条款还是首先要适合医疗卫生条件的改善。

典型的**柏林庭院**建筑群是有章可循的，它强调充分利用地皮。"建筑时，每块地皮至少要留出长5.34米、宽5.34米的开敞庭院空间"（§27）。"在地块深度超过31.4米时，应为后部建筑物设立汽车进出通道，其宽度和高度至少应分别达到2.51米和2.83米，以备消防车进出之用"（§31）。防火设施而不是"城市医疗卫生利益"处于中心地位，如此一来，"人们

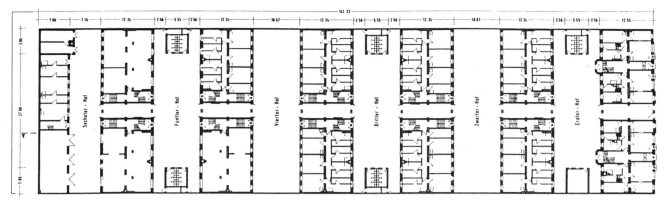

图 2.9 柏林的迈耶庭院，位于阿克大街 132/133 号，修建于 1873/1874 年（底层）。后面四层楼的住宅之间留有 10.67 米的距离，构成六个狭小的院子。在大院的过道里开辟出不与带厕所的住房相连接的独立房间

在该建筑中的财产权就有了保障。""住宅建筑是公共财产"的这种猜想就不攻自破了（基斯，第 227、228 页；图 2.9 和图 2.10）。

19 世纪中叶后的工人住宅一般为一间可供暖气的房子，有的带有厨房，有的则不带厨房，外面设有简陋的卫生设备。比如在柏林、汉堡这样的大城市，这种 5 人或 5 人以上共同居住的"超级小公寓"已超过 50%。有两间带取暖设备的房间的住宅甚至占到 75% 的比例。

按照惯例，这样的住房一般位于房屋的侧翼和后部，因为临街的房屋能体现身份地位，总是优先考虑有经济能力的租客。条件非常恶劣的住房当属人多嘈杂的地下室和所谓的"睡觉之处"。房东为了获得更大的出租空间，在出租给那些居无定所的人、租用临时床位的人或是借宿搭伙者时，他们总是把床位分多层排列。正如众所周知的那样，那个时代由此产生了不堪设想的道德和医疗上的复杂关系（基斯，第 332 页；图 2.11）。

背靠背式建筑，大多数房屋都是两层建筑，这是英国工人及贫民区主要的建筑形式。这种房子是 19 世纪初从一室住房发展起来的。由于面积狭小，这种房子的背面很少有窗户。房子一排挨着一排，两幢房子"背靠背"地连在一起，因此两幢房子的正面都是临街而建。这种"两边都临街的房子"有时也有夹建其间的带厕所的院子，其中有的部分院落是由一条狭小的"垃圾道"拓展出来的。"院子"常常是在垂直的方向，背靠背的那种房子排在一起，可挤出一条可拓建的道路 [穆特修斯（Muthesius），第 106—130 页；

图 2.10 柏林迈耶庭院的出入口。300 套住宅中的 2000 人放弃了家庭生活

图 2.11 1845 年柏林的居住状况。兼做住房的鞋匠铺子。何泽曼的图画

第 2 章 变化：工业与贫困之间的城市（1800—1880 年） 19

图 2.12　1826 年的曼彻斯特，卡尔·弗里德里希·申克尔所著的旅游手册描写道："一座英国工业城市的外貌是如此悲惨！无趣的红色砖房只能给人留下忧郁的印象。"

图 2.13、图 2.14）。

住房紧挨着浓烟滚滚的工厂，使得本来就非人的居住环境更加恶劣。1845 年，弗里德里希·恩格斯在描写两幢楼房的居住环境时写道，"大约是 200 来间小屋，大多数房子都是两户共用一堵后墙，那里一共住着 4000 来号人，几乎全都是爱尔兰人。房子又破又脏，小得不能再小，街道高低不平，坑坑洼洼，部分街道没有沥青路面，也没有排水沟；一滩滩积水的四周都是大堆大堆的垃圾、废物和令人作呕的粪便，空气中迷漫着这些东西散发的恶臭并被十几家工厂的烟囱冒出的黑烟搞得昏暗而沉重——一群穿得破衣褴衫的女人和孩子无所事事地闲逛，就像在土堆和水坑里自在逍遥的猪猡一样肮脏不堪"（《英国工人的状况》，第 292 页；图 2.12）。

英国政府约于 1840 年所写的关于居住和社会问题的详尽报道并未使建筑法令得以强化。根据 1875 年出版的《公众健康行为》的规定，为了避免传染病和瘟疫的发生，必须保证最起码的卫生要求。这是公共房产业的最大兴趣，他们感兴趣的并不是改善居民的卫生状况。1870 年左右，虽然在几个城市都禁止建造背靠背式的房屋，但十年之后，又解除了对建造这类房子的限制，因而甚至直到 1930 年，这类房屋还有人在建。

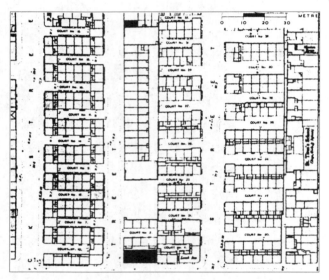

图 2.13　19 世纪早期利物浦的背靠背式建筑，该建筑相互贯通（左），还带有小院子（右）

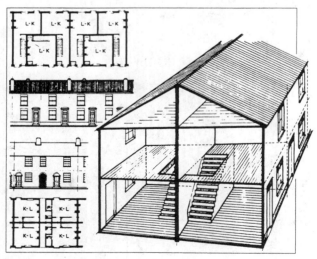

图 2.14　背靠背式建筑简图。每幢房子有两层居住空间（右）。平面图

1874 年城市扩展的基本特点

此特点是根据 1874 年德国的技术、经济及警务安全情况所制定的。

19 世纪上半叶出现了那种立竿见影式地、投机式地建设许多"栖身之所"的阶段，当时城市建设规划主要涉及计划建房的那些较小的地区。在这之后，对城市的扩展进行规划就显得很必要了。由于农村人口向城市

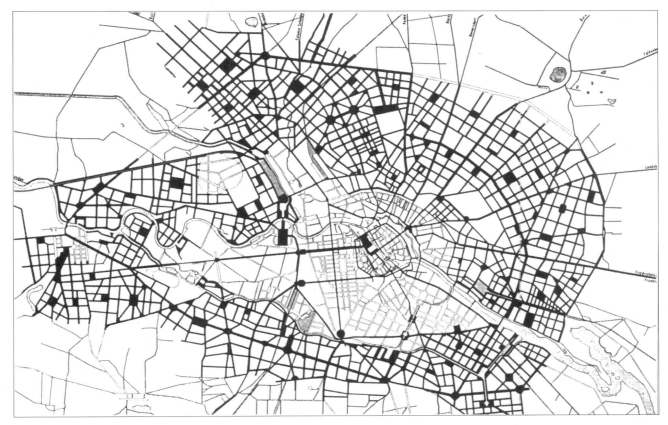

图 2.15 詹姆斯·霍布雷希特在 1862 年设计的柏林市的建设规划。交通主干道、非主干道和广场围绕着旧的市中心。为了避免出现不完美的状况，规划图必须包含整个道路网

流动以及城市人口的增加，城市迅速扩大了，其结果是第一次大面积地对城市进行了总体规划，城市也部分地向周边地区扩展，于是，在取消门户封锁的禁令之后，建筑公司经理施罗德便于 1848 年在不来梅市为纳入该市成为郊区的乡镇地区进行了"道路规划"。

1858—1861 年由詹姆斯·霍布雷希特（James Hobrecht）设计并于 1862 年经审批的整个柏林市的建筑设计规划（图 2.15）对柏林城墙外的面积进行了"调整"。在调整的过程中，规定那些"不好的地段"用来修建道路和广场，因而不得在该处修建房屋。剩下的"好地段"则可根据 1853 年制定的建筑条例，在划定的建筑线以内建造房屋（基斯，第 230—232 页）。

然而，这一规划却在 1870 年受到该市统计局助理恩斯特·布鲁赫（Ernst Bruch）的激烈反对。布鲁赫曾在一份德国建筑报纸上发表过一篇题为《柏林的未来建筑》的文章，指责该规划"僵化、不适用，在社会政治方面有着诸多缺陷；它那过度集中的倾向与有计划地非集中化的思想背道而驰"。这篇文章先声夺人式地体现了特奥多尔·弗里奇（Theodor

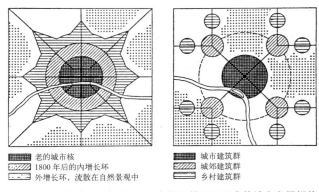

▨▨ 老的城市核　　　　　　　　▨▨ 城市建筑群
▨▨ 1800 年后的内增长环　　　 ▨▨ 城郊建筑群
▨▨ 外增长环，流散在自然景观中　▨▨ 乡村建筑群

图 2.16 恩斯特·布鲁赫 1870 年提出的同心圆式的城市发展规律图和"变种的城市扩展图"（右）

Fritsch）及埃比尼泽·霍华德的设计方案的基本主张（沃特曼，第 3127 栏；图 2.16）。

1874 年，在柏林举办的首届"德国建筑师及工程师联合总会"的全体大会上，一致通过了由卡尔斯鲁厄市的建筑工程师赖因哈德·鲍迈斯特（Reinhard Baumeister）事先提出的"城市扩展的基本特点"的主张。此人有意识地将其主张主要限制在技术、经济及警务安全等方面，他称"所有建筑美学方面的规定均可摒弃"（第 4 点）。这一德国首次城建宣言全文如下：

第 2 章　变化：工业与贫困之间的城市（1800—1880 年）　21

• **城市扩展的基本特点（1874 年）**

"1. 城市扩展的本质在于发掘所有交通设施的基本特点，比如街道、有轨马车、蒸汽机车、下水道等，要使这些设施系统化，并要对其进行相当规模的扩建和改善。

2. 初次描绘城市道路网时应当只绘制交通干线，同时尽量考虑现有的道路以及初步勾勒出当地地形的支路。每次必须根据不久将来的需要再进行切分，或者由政府转让给私人承建。

3. 对城区分类，应当根据具体情况合理选择，还要考虑其独特性。对于手工行业要在卫生保健方面作强制性规定。

4. 建筑督察的使命是要维护居住者、邻居以及所有非业主的必要的利益。这些利益包括：预防火灾、交通自由、身体健康（包括防止房屋坍塌的可靠措施）。

5. 征用（没收财产——原著者注）和以适当的方式通过法律形式减少对剩余地皮的浪费，这在城市扩展过程中是令人向往的。更重要的是以法律通告的形式来减少为了分割街道和整治施工现场而合并地产的情况。

6. 权限要与城市的行政区域相适宜，要从毗连地产筹措到修建带顶的新街道所需的费用。涉及相关经济形式时要注意：调节程序预先发生作用时，特别是关注平均费用，要精确地估算每块地皮至米的长度。

7. 确立城市扩展计划决议的财产关系，以及一方面邻接的地产责任，另一方面行政区域的职责等都需要法律准则。允许按照法定计划决议不再建造由将来的道路和广场所决定的表面，或者仅仅针对保证书而建造。

由于这些限制产权人得不到补偿而应该要求得到未来广场中的土地被购买的权利，只要周围的街道建成了的话。个别新建筑的通达性和排水必须首先由产权人照料。

但是乡镇政府应该普遍地对一条新街道的完整建造和维护负有义务，只要所有毗邻的地产线的绝大部分建造了房屋的话。"（1906 年《德国建筑报》，第 348 页，图 2.17）。

在此前提下，鲍迈斯特于 1876 年在他的《技术、

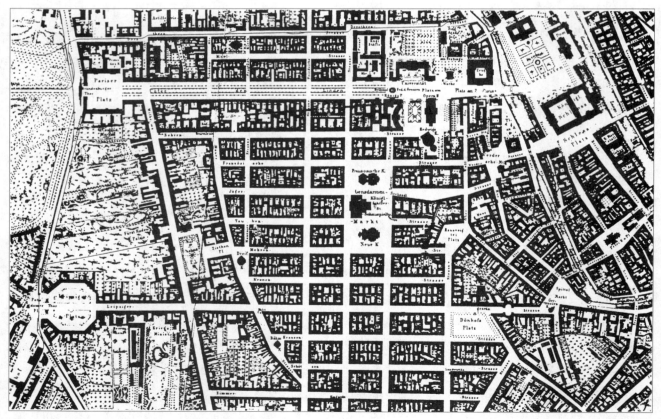

图 2.17 1867 年的柏林老城区，左边紧挨着弗里德里希城的周边式建筑物。"大城市居民间矛盾丛生的关系、住宅困境和地产借贷困难以及建筑趣味的匮乏。"

建筑监督与经济关系下的城市扩展问题》一书中首次对新型城市建设提出了总结性的描述。除了要在空间概念上考虑城市发展问题外，关于住房问题还存在着一个社会支付义务，它将作用于未来的建筑立法。基于此意，创建于1873年的"德国保障公共健康联合会"在两年后发布了"在较大城市建设新型小区的指导原则"。

"1875年颁布了普鲁士建筑线条例，该条例直到1960年才被联邦建筑法取代。20年后，由法兰克福市长阿迪克斯（Adickes）与鲍迈斯特共同拟就的'城市中心地带、市郊及城市周边地区不同的建筑条例指导原则，更是向前迈出了决定性的一步'"。

凭借这些措施，人们开始致力于对建筑用地按照地皮在建筑上的利用方式和测量手段进行有计划的划分，关于建筑等级的规定和建筑区域的规定等方面的内容最终形成了建筑业可采用的规章"（沃特曼，第3123栏）。

2.3 城市批评和社会运动

早期工业时代首先在英国与法国完成，然后在德国及其他19世纪工业国家的大城市完成。它的标志是不按比例建造的工厂，条件糟糕的、超员的住宅以及前景黯淡的、呆滞的城市图像，这一切正如查尔斯·狄更斯（Charles Dickens）和弗里德里希·恩格斯所透彻描写的以及古斯塔夫·多雷（Gustave Doré）描绘的那样。对这类城市的克制毋庸置疑，因为大量的乌托邦勾画了与这些城市相反的正面景象[阿尔贝斯（Albers）1，第456页]。工业化城市中的这种批评声在19世纪中叶伴随着对文化腐败没落现象的批评而出现。

城市批评和改革的萌芽

在对城市现象的评价过程中，如下见解具有代表性：在城市尤其在大城市中，每种社会结构都将消亡，现代工业文明的全部杂乱无章因而广泛蔓延。对腐败没落文化持批评态度的批评家，比如从约翰·拉斯金（John Ruskin）到刘易斯·芒福德和其他现代文化批评家，都经常重复这个观点。"甚至，诗人里尔克（Rilke，1875—1926年）也断言，城市因缺乏结构日后会走向灭亡，即便他承认没有大城市的文明是不可想象的"[柯尼希（König），第15、16页]。

面对工业城市非人道的社会情况，首先在英国表现出三个层面的行动需求：住房改革，土地改革及社会改革。表达这个请求的意识形成过程是缓慢而又持续的。"起初它不叫'现代城市规划运动'，直到足够多的人接受劝导后，都认可'城市规划可以对幸福、健康、富裕，特别是对城市居民，最终是对整个国家做出重要的必须的贡献'这个观点时，这件事才被冠以'城市规划运动'之名。这场运动的最初起源必须在漫长的说服过程中寻找"[阿什沃思（Ashworth），据切瑞（Cherry）的作品，第85页]。

住房改革同危害健康的住宅问题作斗争，这个问题在19世纪中叶成了"抗议文学的靶子"。住宅的严重超员和高密度建筑导致了"被遗忘了的十分之一"居民贫困的生活条件。医疗检查表明：来自阳光港口（见第43页）的手工业者和工人的儿子比来自利物浦的富有市民家庭的在校就读的同龄小孩个子高和气力大。伦敦花园市郊的死亡率也明显比受歧视的城区低得多（约低五分之四）（切瑞，第88页；图2.18、图2.19）。

因此，住房改革一方面要改善医疗卫生条件，另一方面又要为不同的工人阶层提供适当的住房。应该

图 2.18 1870年夹在铁路桥之间的伦敦贫民窟。古斯塔夫·多雷的版画

图 2.19 1872年伦敦一个贫民窟的街道。多雷的版画。街道成为在烟雾和灰尘中的生活空间

制定不同的法律措施用于改善工人的住房。

- 对工人住房的医疗卫生监督；
- 为修建工人住房征用土地；
- 为地方性住宅建筑问题提供国家贷款；
- 把建设大量住房的财政援助用于在人口稠密地区建立管理良好的救济院；
- 私人房主有责任保持住房的良好状态；
- 有可能因为所在地区及其不卫生状况而有拆除和重建的可能性。

在这个意义上，过去40年的立法由于1890年的"工人阶级运动的住房"获得改善。它包含以下三部分：

- 不利于健康的大片地区的拆除与重建；
- 进行地区性调查，拆除不适于居住的个别房屋；
- 地方行政部门掌握为工人阶级建造房屋的权利。

单单这些整改项目尚不够解决问题。除此之外，在此房屋修建领域的私人投资也被规定为非营利性质。"在这种情况下郊区计划提供了一个具有说服力的解决办法。这是我们在解释现代英国城市规划的特殊根源时的一个决定性观点"（切瑞，第88—90页）。

社会改革不是直接针对糟糕的住房供给原因的，比如说高租金、低工资，应该说它针对的是居住条件和环境条件引发的社会影响。它的想法是改造社会，这种想法在许多社会乌托邦中阐述出来。对共同生活的更人性化形式的追寻不能与营造人的居住条件割裂开来。

社会改革者W·L·乔治（W.L.George）表达了住房改革和社会改革间紧密的关系："住房供给问题可能是所有社会问题中最重要的。……一个社会能提供多少工作岗位就向居民提供多少好房子，以及有能力改造现有房屋，这个社会就完成了圣徒的工作。"除此之外，人一般可称为"道德天性"、"社会进步"的指导教师。因此新居民区模型和城市模型概念总是一再扮演思想上的角色。城市规划接受了这个抱负并相信经过许多年的实践，进入20世纪后它会实现（切瑞，第92、93页）。

大约在19世纪末，这除了是一场技术性的合法表现之外，城市规划的主要部分确实已初具雏形，这在一些政治活动中也有所体现。这并不让人奇怪，埃比尼泽·霍华德很早以前就在他的著作（第47页）中引用了1894年7月2日《每日新闻》上的一篇文章，文章着重研究了被称为"个人主义"的资本主义和共产主义之间所谓的"第三条路"问题，就像他后来所宣扬的田园城市运动那样。

"人们反对实现共产主义甚至是已彻底实现的社会主义，因为共产主义和社会主义不能给予人们用天赋去实现多方面志向的自由。也许在那种社会中生活不愁没有食物，但一个人不是只要有食物就会满足的。未来也许存在于一个与社会主义和个人主义截然不同，一个真实的、生动的、有序的社会中。这样的国家中不仅存在个人主义而且存在社会主义。然后承载着人类文明和命运的诺亚方舟将在西拉岩礁（Scylla）和谢瑞普迪思大漩涡（Charybdis）间找到一条安全的航线向前驶去。"［霍华德，改编自波泽纳（Posener）的作品，第115页］

土地改革与住房改革以及社会改革密不可分，比如伦敦中心城区的地价相当昂贵，在19世纪末建工人住房的计划根本就不可能实现。不断的城市化以及城市人口高速增长致使地皮价格持续上涨，增值税和房地产税问题被提上了政府工作的议事日程。工人群众居住在地价最高的城里。此外，合理的征税体制有利于通过业主抑制建筑用地，城市重建方案还引起了周边城区的地皮升值。

1874年至1876年的一项关于土地占有率国家性审查结果表明了土地占有的高度集中。四分之一的城市土地掌握在仅仅1200个人手中,一半土地被7000人控制。因此呼吁土地国有化的呼声高涨,尤以曾在1882年至1884年游历英格兰的美国国民经济学家亨利·乔治(Henry George)特别突出。他在1879年所著代表性著作《发展与贫困》中就已经写道:

"操纵富裕形成和分布的法律表明,当今社会环境中的贫困和不公正并非不可避免,更有可能的是贫困中的无知,人类自然的所有更好品质和更高能力可以具有完全发展的机会。"他推荐了一套征税系统,这与1977年在"城镇与国家计划行动"中提到的计划价值协调性颇为相似(切瑞,第93、94页)。现在是对地皮征税还是实行国有化以及公有制－土地改革?这不仅对霍华德的田园城市草案,而且对德国田园城市的萌芽产生影响,直到今天这依然被人们作为城市建筑课题不同程度地讨论着。

城乡之间的住宅区乌托邦

对于城市和它那令人不堪忍受的生活条件的批评使人们除了寻求消除明显弊端的方法外,还为工业社会城市寻找理想模式。不再从柏拉图的著作,从托马斯·莫鲁斯(Thomas Morus)的《理想国诺娃岛》(Nova Insula Utopia)或从坎帕内拉(Campanella)的《太阳之国》中寻找解决办法,因为工业化的民主时代需要一个新的开端。罗伯特·欧文(Robert Owen)、夏尔·傅立叶(Charles Fourier)和艾蒂安·卡贝特(Etienne Cabet)已经认识到这一点,并且开始了新的尝试,"使这个新住宅区模式的新问题合法化,虽然这种尝试最终毫无成果,但它对后来的城市建筑学产生了影响,并在城市规划展示馆中占有一席之地。"

在1820年前后就已诞生一种理想模式,至今仍然意义非凡:一种可以把城市和乡村的优势联系起来的居住和住宅区形式。这一概念是由罗伯特·欧文率先提出的,他建议建设一个差不多可以容纳1500人的住宅群,在那儿农业和工业活动可以相互融合(图2.20)。这与后来傅立叶宣扬的"法伦泰尔"有许多相似之处,两者都以更多篇幅提出全新的住宅区模式。"欧文把它视作'特性形成中的普通规划',而傅立叶则想以一种变化的活动,即所谓'蝴蝶系统'去抵制工业生产中的单调乏味。这种对社会形态和环境意识之间关系的认识也是早期空想社会主义的显著特征,在这儿可以明显感觉到这种特征。"

大约在19世纪末出现了两种"乌托邦式"的描述,它们对田园城市思想的创造者埃比尼泽·霍华德产生了影响。特别是爱德华·贝拉米(Eduard Bellamy)在1889年发表的小说《回忆》深深吸引了他,这本书以回忆录的形式描写了从该书出版的那一年到2000年,一个社会主义社会在短时间内所创造的技术持续发展和较高生活水平状况。

这本书含有先进的理想主义思想,成为那个年代的畅销书。与倡导通过改进技术来达到大城市的人性化的贝拉米不同,威廉·莫里斯(William Morris)在不久之后发表的文章《来自梦想国度的新闻》中设计了一张更加美丽的英国蓝图。在"保守的空想主义者"看来,应当抑制技术的使用,缩小城市规模,并且使住宅区结构"乡村化"。

这两种理想主义思想并不像以前的乌托邦思想那些与至今未知的、新开发的地方相联系,而是致力于真实的地区的未来:它们从空想主义(乌托邦)进化到了U-chronie(前所未有的时代)。

它们不仅各自代表着当时城市建设思想的两种迥然不同的趋势,更是以后几十年两种对立思潮的体现:"是选择沉迷于往日辉煌的保守主义思想还是选择乐

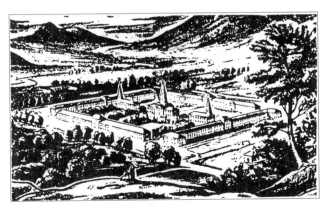

图2.20 1817年罗伯特·欧文提议建设的工业村落。农业环绕着整个住宅区

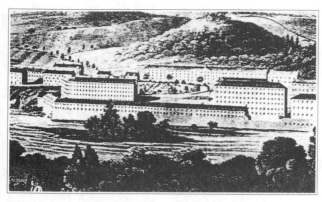

图 2.21 1820 年的新拉纳克。罗伯特·欧文实现了在工厂附近为工人修建住宅和学校的理想

观向上的进步主义思想？从两种思想产生开始，它们部分地被分开，而有的部分则又被整合在一起，这一点在日后的岁月中也总是反复地被证明"[引自阿尔贝斯（Albers）1，第 456、457 页]。

家长式住宅区：英格兰第一批工业小镇

在那些新式的、人性化的住宅区和城市中引领社会定位的住宅建设理想主义思想几乎都是来源于一些诸如普通市民、商人和制造商等外行，而不是政府和建筑师。他们的动机来源于对下列事件的恐慌：

- 早期产业工人的贫困；
- 文学家、教会代表和企业代表的社会良知被唤醒后的后果；
- 法国大革命倡导的自由思想带来的思想意识的转变，启蒙运动和浪漫主义带来的回归自然的潮流。

因此人们对理想的居住形式的认识也改变了，从前认为那些有围墙的市民城市比较理想，现在则赞同生活在工厂旁边带有开放的乡村建筑的"工人城市"中。他们经常成为改变原本规划法律和建筑法律的起因，尽管他们大多时候跟不上居住在人口过密的城市中的工人的需求，也不能立刻跟上已经成为现实的建筑模式。这些早期"企业宿舍建筑"首先在英国出现，后来又在德国和其他欧洲国家露面，它在式样和组织上标识了通往世纪之交的田园城市之路。

- 正如我们所知，英格兰的工业小镇在初创阶段特别受到了空想主义思想的影响，后来又吸收了田园城市的样式；
- 德国的"工人社区"仿造英格兰的范例，后来甚至以"田园城市"自居，就像埃森的克房伯"玛格丽特高地"。

雇主的目的是要保持企业的劳动力和保证对职工的培训。因此企业安排减轻每天的工作量，比如设置洗衣房，安排培训和深造以及休养来恢复员工的体力。"仁慈"企业的"家长式住宅区"也很符合那些积极宣扬社会空想家们的意图，他们的思想能付诸实施，这对他们非常重要。在这种情况下诞生了以下住宅区：

- **新拉纳克**：1800 年诞生的企业家罗伯特·欧文的纺织小镇，他通过"社会实践活动"推导出工人对工作条件和居住条件的基本要求。1817 年，他在一份呈给政府的报告中提议："增长速度可怕的工业城市可以用约能容纳 1200 个居民的工业小镇取而代之，这些遍布农村的小镇应当纳税。这样的一个小镇应当四周绿树环绕，小镇里工厂、住房、教堂、学校以及食品、衣物等供应站一应俱全，也就是说，这是一个完整的小镇"（波泽纳，第 15 页；基斯，第 105—116 页）。

- **索尔泰尔**：由建筑师洛克伍德（Lockwood）和曼森（Manson）于 1851 年开始筹建并在 19 世纪 60 年代末建成，是纺织厂主泰特斯·索尔特（Titus Salt）爵士的产业。当他决定把坐落在布拉德福德的工厂迁到乡下去时，他已经是市政管理部门的负责人。他首先建造了一座意大利文艺复兴时期风格的厂房，这引起了广泛关注。索尔特甚至想买下伦敦的水晶宫，并把它重建在索尔泰尔（他一直都这么称呼他的工厂所在地）作为自己工厂的一部分。

住宅区的平面图由一个直角形的街道网组成，街道两边是排列成行的房屋，这些房屋的间隔并不比投机商通常在大城市建造的贫民窟之间大多少（图 2.22、图 2.23）。这个规则的维多利亚式小型工人城市由于街道更短，于是更加一览无余，并且置身于一

图 2.22 布拉德福德附近索尔泰尔的平面图。纺织厂附近的现代住宅区中一排排住房间的距离不比背靠背式建筑宽敞，但它凭借统筹规划和绿树成荫、空气清新而闻名

片绿海之中。因为清新的空气在整个居民区畅通无阻，所以这些排列成行的房子有一个小小的后院就够了。工厂区坐落在居民区的东北面，所以云遮雾罩的日子一年中只有为数不多的几天。

小城大约有 850 幢房子，平均每个家庭 5 名成员，整个城市的居民超过 4000 人。居民们无论如何不会觉得拥挤，因为人们可以在两个划定的区域内种植蔬菜和水果，一个在北面，沿河，公园除外，因为在公园里规划了体育设施和娱乐设施。这项规划的核心完全体现了它与众不同的特征："养老院从临街后移至城市南部，并且建有两座教堂，特别是在男童和女童学校和学院之间规划一个广场。这所学院的塔楼和塔楼前立有猛狮纪念碑的装饰广场是城市的象征。这是一种教育方式，工厂主和城市缔造者打算以此来提高工人的精神和道德修养"（波泽纳，第 23、26 页）。

- **阿克若登：** 由 G·G·斯科特（G.G.Scott）和 W·H·克洛斯兰（W.H.Crossland）在 1861

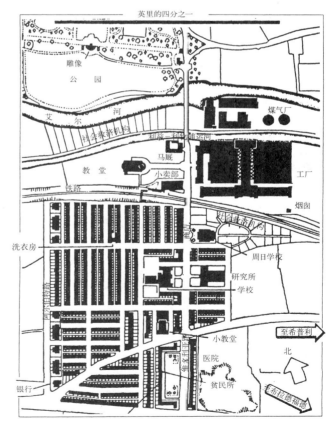

图 2.23 河边的公园和纺织厂的索尔泰尔的规划，具有公共设施的位置

第 2 章 变化：工业与贫困之间的城市（1800—1880 年）

年至1863年建造完工，而后阿克罗伊德上校（Ackroyden）把它建为一个纯粹的居住区。这些保持了哥特式风格的房子整齐地环绕着城市中央的绿色广场，排列成行（图2.24）。此住宅区的建筑风格契合阿克罗伊德上校的个人喜好。"把房子和家联系在一起，这是我们的祖先遗传下来的喜好。"这样的房产符合很多家长式奋斗者的理由："人们不但想'提高'工人阶级的身体机能，还要提高其智力和道德水平"（波泽纳，第22页）。

- **贝德福德公园**：诺曼·肖（Norman Shaw）在1875年开始建造的花园郊区，它离伦敦大约20公里，它可以满足那些来自城市低层社会的人们希望生活在绿色之中的愿望——拥有住房和花园。住宅类型不多，但因为是混合在一起建造的，所以第一眼看上去时这些房子相互间有很大的区别，而产生了风格多样的建筑群。

"贝德福德公园成功了，因为它符合当时的人们对大城市的一种敌对情绪或者说是对小城市文化的一种偏爱。在这一点上每个人都不会真的妥协，人们紧贴着大城市建造居住型的小城镇，并且在城郊间建造畅通的铁路交通。花园郊区中建造得最好的是汉姆斯坦德花园郊区，它建成于1900年后"（波泽纳，第28页）。

德国的第一批工人居住区

德国的工厂主也很早就意识到建造工人住房对他们而言是有利的，因为在工厂周围一般都没有安排住处的可能了。一开始他们造了一些专为单身汉设计的"宿舍"，可这种举措不被接受，所以为家庭建造工人居住区的想法也就孕育而生了。这一成功的举措经常被工厂主吹嘘为"家长式的住房福利"。

公房分配大都是嘉奖那些工作成绩突出和勤奋努力的员工，或者是对低收入、放弃罢工、品行端正以及对公司忠贞不二的人员的一种回报。尽管为工人修建住房而产生了不满情绪，但人们也不能低估了生活水平的改善和工人住房间的依赖关系（基斯，第347页）。德国的第一批工人住宅区有：

- 拉廷根旁的**克罗姆福德**是迄今所知德国最早建立的家长式住宅区。1800年左右企业主约翰·戈特弗里德·布吕格尔曼（Johann Gottfried Brügelmann）在他的棉纺厂旁建造了六幢工人住房。但这尚不足以称作"工人住宅区"。
- 位于比德尔斯多夫（石勒苏益格－荷尔斯泰因州）的**玛丽恩斯第夫特**是1840年至1842年开始由伦茨堡的卡尔冶炼厂改建成工人住宅区的，它有24排带花园的平房，在1878年和1900年又经过了两次扩建。住宅区"喷泉牧场"始建于1901年，1911年最终建成。
- 奥伯豪森附近的**艾森海姆**始建于1846年，建造成10幢适合高雅人士居住的一层半式住宅。半个世纪后，直至1903年艾森海姆的建筑还保持着完好的工人住宅区形式（图2.25）。当1970年有人提出要重建这个住宅区时，爆发了一场规模浩大的抗议活动——"艾森海姆不能消失"——抗议事件使得这里

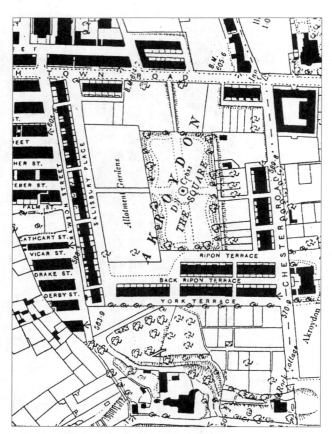

图2.24 1894年的样板住宅区阿克若登——一个一半是慈善，一半是商业的玩具

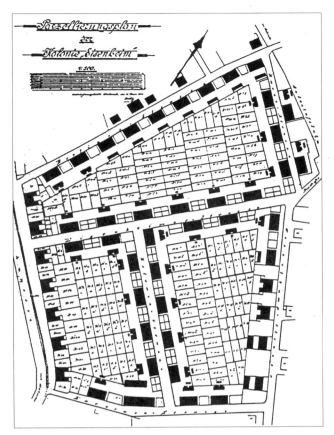

图 2.25 1903 年，艾森海姆工人住宅区完全扩建后的状况。若干扩建阶段的双层小楼

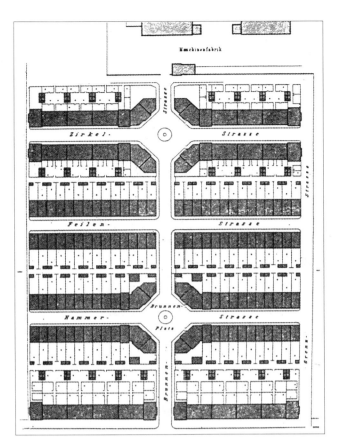

图 2.26 1869 年汉诺威－林登的"小罗马尼亚"住宅区。居家和出租用的行列式住宅

得以保存下来。

- 位于汉诺威－林登的"**小罗马尼亚**"：1854 年在"纳德凡欧德"没有完成建筑计划，于是在 1869 年第二次尝试通过带有家长式背景的社会福利建筑公司所建设的一个工人住宅区（图 2.26）。被称为"铁路之王"的著名工业巨头巴特尔·海因里希·斯特劳斯伯格（Barthel Heinrich Strousberg）在一片大约 2 公顷大小的土地上兴建了 184 幢单门独户的房子，这些房子平行排列成七排，中轴横穿一条大街。计划中的浴室、洗衣房以及学校都有待实现。

- 波鸿的**施塔尔豪森**（Stahlhausen）在 1857 年和 1867 年开始缓慢地建设成工人住宅区，1873 年至 1880 年正式建成城市的形式。在这些两层楼的"四合院"中，每个院子的角落都建有一套住宅，由铸铁厂的社会福利股票公司出资建设。它们相互毗连，垂直排列在中轴线上的林荫道两边。

- 作为阿诺尔德·施陶布（Arnold Staub）的棉纺厂，**库亨**于 1853 年在格平根附近建成，它从 1858 年到 1867 年扩建为一个"工人住宿区"，这

儿有不同的房屋类型，这儿也有众多公用设施。供给机构、社会救济以及文化设施遍地开花，以"保障工人们的健康和幸福"。在 1867 年的巴黎国际展览会上这个耗资巨大的工程获得了大奖（基斯，第 345—373 页）。

- **埃森的克虏伯早期工人住宅区**

克虏伯铸铁厂在 1863 年已经有了四千多名工人，由此也带来了住房问题。虽然阿尔弗雷德·克虏伯（Alfred Krupp）把简朴的工人们称为"候鸟"，但他也被迫为满足工人阶级的需求建造住房，为此他还在政府建设部门领导克勒墨（Krämer）名下建立了一个自己的建筑办公室。这种两层楼的排列型住房也成为后来建造的住宅区以及城市建筑模仿的对象。常见的排列式建筑有：

- **旧韦斯滕德和新韦斯滕德**，建于 1863 年至 1871 年，有 200 多套住房。
- **诺德霍夫**，1871 年在公司区域内建造。

- 紧邻诺德霍夫的**舍德尔霍夫**，建于 1872—1873 年，772 套住宅分布在阿尔滕多夫 9 公顷的土地上，有基本设施和公园。
- **鲍姆霍夫**，建于 1872 年至 1890 年，大约有 150 套住宅和一个商店（图 2.27）。
- **克罗嫩贝格**，主要于 1872 年至 1874 年在工厂西面建成的工人住宅区，在范围和规模上超过迄今所建的城市基本设施。从 1887 年至 1901 年这个住宅区才被划分成县（图 2.28）。住宅区的建筑结构清晰，可以看作是在此期间克虏伯建筑办公室所达到的城市化水平和经验的证明。

这些坐落在格子式街道网络上的、排列成行的、长短参差不齐的 3 层半建筑楼，贯穿南北和东西。由此产生了透明的内部区域，在空间上看起来就像被横跨的楼宇封闭起来了一样（基斯，第 373—384 页）。

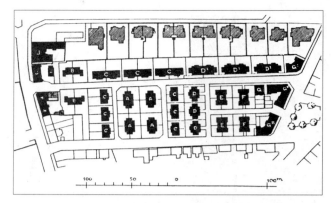

图 2.27　1872 年以来位于埃森的克虏伯工人住宅区鲍姆霍夫。带小花园的双层住房和四层住房

这些住宅区样本让人很容易联想到恩斯特·迈（Ernst May）在 1929 年至 1931 年间所建的威斯特豪森的房子（第 108 页）。体现城市建筑结构精髓的较大住宅区的排列式建筑绝对是 20 世纪 20 年代的一项发明。

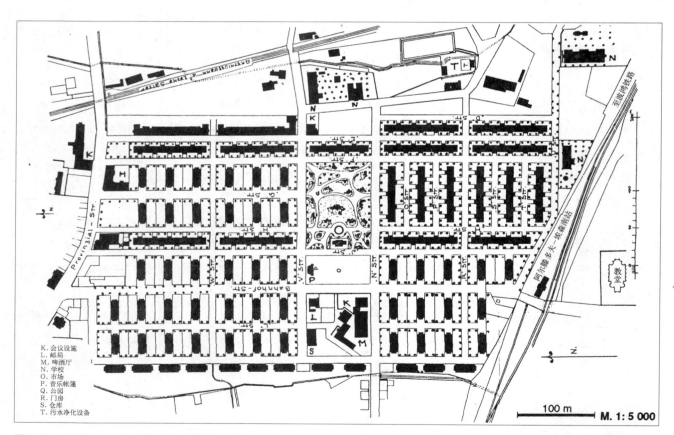

图 2.28　1872 年至 1874 年埃森附近阿尔滕多夫的克虏伯工人住宅区克罗嫩贝格。房屋排列成行，建筑结构清晰，可以说是克虏伯建筑办公室城市化水平和经验的佐证。亦是 1925 年后理性主义的样板？

第 3 章 过渡：城市规划和田园城市（1880—1910 年）

"对现有房屋之改建，皆以利于健康和符合道德为宗旨；而新建的、坚固的和漂亮的房屋，虽然为有限规模的组群，但是严格遵循城建总体规划；自己被城墙所环绕，这样哪里都不可能产生脏乱贫困的郊区，而内部则只有美丽热闹的街道，外部则为自由天然之田园；城墙之外则是一条由花园果园构成的美丽条带，城中居民从城市的任何一点都可以在几分钟之内进入完美的新鲜空气和绿色之中，体会远眺之乐——此即为其终极目的！"

——约翰·拉斯金（John Ruskin），1819—1900 年

["芝麻和百合"（Sesam und Lilien），霍华德，详见波泽纳，第 59 页]

3.1 城市规划和住宅区的发展

"目前城市生活之匮乏只是暂时而已。此问题可以解决。拆除贫民区并摧毁里面的诊所，较之弄干沼泽地驱散上面之瘴气，要容易得多。人们生活在现代大都市里，其周围的环境应该满足人的身心之需要。而人们所提及的现代都市问题，其实就是要求城市能为市民创造一种环境，以更好地满足他们的不同需求。科学可以解决这样的问题。现代都市学，即如何在密集的人群中集体生活学，涉及众多的理论性和实用性的知识领域。包括管理学、统计学、工程学、工艺学、卫生学，最后还有教育学、社会学以及伦理学。"

——阿尔伯特·肖（大不列颠的市政府，1895 年；根据霍华德，详见波泽纳，第 95 页）

城市发展方案

伴随着工业化的进程，尤其是自 19 世纪中叶始，农村人口大量涌进城市，极大地促进了城市郊区的发展。1881 年在英格兰和威尔士人口超过 5 万的城市只有 47 座，而 1901 年城市已达到 77 座，其中三分之一城市的人口为 100000—250000 人。新兴城市人口甚至更多，大伦敦以 660 万的人口高居榜首。

城市人口的剧增，尤其是在大城市，导致了居民从市内向郊区迁移。伦敦内城地区在 1861 年就已经达到其最高人口数，19 世纪的最后几十年里，50% 的最高增长率仅出现在外环地区。

虽然资本主义的博爱政策（参见第 34 页"工业村镇"）令人称许，但仍有很多劳动者居无定所。即便国家的城市重建工程或公益房建设工程也不可能立竿见影，因为私人房地产商都认为这项工程不会带来多少利润（切瑞，第 90 页以后）。

相反，在郊区私人投资房建大有利润可图。郊区低廉的土地使以相对较低的成本建造房屋成为可能。当时对此却有一种观点认为："房屋问题难以在坎伯韦尔和怀特查珀尔的贫民窟解决，而只能在哈罗和亨登的绿色草坪上……在南方的郊区。"[劳伦斯（Lawrence），根据切瑞，第91页] 这个在20世纪不同阶段都具有代表性的观点，初期在霍华德田园城市取得了很大的成功。当预期利润因为利息限制而不符合投资者的意愿时，建房的激情很快就消失了（第54页）。

这一卫星式田园城市方案与大都市松散化的（图3.1）设想后来成了法兰克福恩斯特·迈的榜样（第102页）。除此之外，还存在其他一些关于城市扩大后城建布局的设想。1882年西班牙建筑学家阿图罗·索里亚与玛塔斯就建议在两个老市区之间建立一个链带式城市。这种高密度的人口聚集区有着各种不同的功能：居住、工作、公交，还有铁路交通。英国的直线式城市扩建方案也同样体现了这种构思。然而在实践中最终却是卫星城市方案在面状"自然生长"的城市发展中得以实施。城市发展的同时也重视自然，以至于今天在很多大都市，居住卫星城成为了大型居民点体系的一个组成部分，偶尔夹杂着零星的绿色草坪（图3.1至图3.3）。

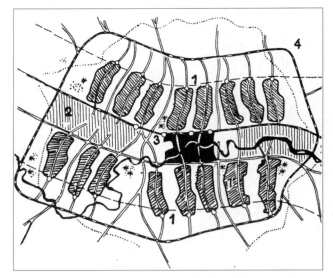

图3.3 英国链带式城市方案。工业区（2）、生活区（1）环围城市中心（3）和环城公路（4）

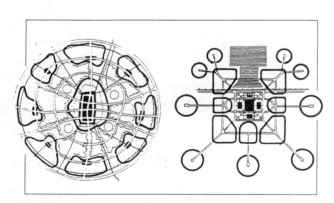

图3.1 大都市松散化示意图。左：惠滕（Whitten）设计图 右：雷蒙德·昂温设计图

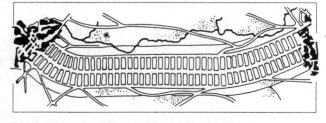

图3.2 索里亚与玛塔斯的西班牙链带式城市方案

城市管理的开端和规划工具

"19世纪，资本主义市民城市首次在历史上成为完全私人化的城市。从此以后，城市所有社会学和美学方面都缩减成为地位相等的二维关系：即土地利用和有效小块划分土地的关系。而地产便成为城市建设的首要因素：因此也就完全可以理解，为什么城市学与地产发生关联了。"[皮奇纳托（Piccinato），第32页]

早期工业城市的卫生状况，住房问题，尤其是不断涌现的交通问题，都跟"城市私有化"有很大关系。房地产商占有地产之后，在利用土地的方式及其面积上难免产生权力分配的问题。但地价却提高了工业生产成本，并且直接、间接地影响到再生产成本。这样城市作为"产品生产和劳动力再生产基地"就处于一个需要自行解决的社会矛盾之中。而这个任务，作为一个单独的社会团体一般是无法解决的。

因此，有关当局就有必要在不损害房地产商的情况下，对城建进行投资，通过限制劳动力再生产成本来促进城建进程的发展。在这种情况下，国家房屋建设大有必要：公共管理部门必须给那些无力购房的社会团体提供居住之所。

"公共管理部门承担起使整个机器保持正常运转的责任，这就要通过构建如下之锁链：饮水系统，废水处理系统，能源供应系统，防火系统，警察系统，

以及交通系统等。工业城市的巨大成就之一就是建立了一套复杂的管理系统：而这样的管理系统我们总是需要的。"（皮奇纳托，第32、33页）

"城市化现象"提出了要求对建设进行规划，至少也要在建设的混乱中引进些许秩序。但在19世纪下半叶，虽然集中化趋势越来越强，但在城市自然环境管理方面，并没有多大建树。1909年英国颁布的第一部城市规划法案，"房屋以及城镇规划法案"也不是使规划具有责任的法律。同样，1875年的"普鲁士道路两旁建筑线法案"虽然要求地方乡镇对新道路划定建筑线，但这只是一个不成熟的规划方式，直到1918年住房法案颁布之前，并没有随着地方乡镇不断扩大的责任而得到任何改善。

早在20世纪初，德国房屋建设改革者就曾建议，各地方乡镇的房屋建设必须达到一定标准，然而普鲁士州议会和帝国议会根本就没有认识到这个问题。一个远远超出此例的例子是，1900年萨克森州就通过了一部公共建设法案，格尔德·阿尔贝斯称该法案为"德国第一部规划法案"［萨克利夫（Sutcliffe），第141页］。

英国与德国之间的交流

在城市规划和住房政策问题上，英国和德国之间存在着广泛的私人交流，尤其自20世纪伊始，交流得到进一步加深。建筑师赫尔曼·穆特修斯曾在1896—1903年在位于伦敦的德国大使馆任专员，专门研究英国住房建设。1904—1905年他出版了三卷著作《英国之住房》，主要讲述了他对于"家庭复兴"运动尤其是对其风格和工艺的认识。通过这部著作，通过大量的报告，他顶着来自保守势力的重重阻力，使新的住房建设观点为德国人众所周知［兰普尼亚尼（Lampugnani），第125页］。

自1909年始，德国田园城市建筑委员会去英国进行了数次卓有成效的参观学习，同样，英国国家住房改革委员会每年也都到德国以及欧洲其他国家进行参观访问。在这方面有两个"联络员"需要着重指出，他们在众多的参观旅行中切实地促进了双方的交流：维尔纳·黑格曼，1910年任柏林城市建设展览会秘书长；帕特里克·阿伯克龙比，英国专业作家，他的实践尤其是其著作以及他的"对应物"在双方交流方面发挥了很大影响（萨克利夫，第143、144页）。

在城市扩建的规划方面，英国和德国存在明显的不同。英国的城市扩建传统为建设得相对松散的城郊，这包括其工业村建设以及稍后的田园城市建设。至于市区建设，英国的城市规划者则以法国为表率，其特征就是奥斯曼的由城市街道构成的"城市中轴线"。

与此相反，德国则首先在建筑线法案的指导下进行城市扩建规划，即在城市规划的概念下首先也同样借鉴了奥斯曼在巴黎的规划措施。1868年"德国建筑报"把它誉为"我们的伟大榜样"。"直到19世纪90年代德国城市建筑才放弃了在此期间已被视为毫无创造性的法国建筑模式榜样。随着德国建筑区规划这一手段的发展——一次纯粹德国式的变革，一股基于科学的有计划的城市建筑风潮逐渐兴起，并在20世纪初达到成熟阶段。这一风潮不仅使英国的建筑观察家，而且也使当时正处于城市化进程中的整个世界都深受鼓舞。"（萨克利夫，第156页，图3.4）

工业村庄作为田园城市的榜样

随着1883年"工业村庄协会"的建立，早已应用于实践的英国工业村庄越来越受到人们的重视。它因为建筑密度小，住房质量高，而更好地体现了住宅改革追求的目标：阳光、空气和空间。也因此为解决住房高密度化、人口高密集化的城市问题提供了切合实际的对策。19世纪末建立的两个住宅区博恩别墅住宅区和阳光港住宅区，完全可以视为田园城市的典型榜样。虽然同时期如在利物浦的安特里（Aintree）、德比郡的克雷斯韦尔（Greesswell），尤其在约克郡的新俄思维克住宅区还存在其他类型的设计方案，但博恩别墅和阳光港这两个住宅区最为引人瞩目（切瑞，第96页）。

- **博恩别墅**由可可商亍德伯里始建于1880年，在一家生产巧克力的企业从伯明翰市中心搬迁至城西南的一片草坪上之后。一开始，住宅区只建有少量的专业工人楼房，然而自1893年始，人们按照建筑学

图 3.4 1904 年特奥多尔·菲舍尔的慕尼黑阶梯式建筑规划，在该方案中，由五块封闭的建筑区和四块开放的建筑区构成了一条紧凑的主轴线，该建筑模式一直沿用至 1979 年（原件为彩色）

家亚历克斯·哈维的设计方案，有计划地建造小别墅了。坚固美观的楼房，树木环绕的花园和街道跟与之相毗邻的楼房密集无际街道单调枯燥的斯里奥克住宅区形成鲜明的对照（切瑞，第 96 页）。

博恩别墅的规划（图 3.5）与索尔泰尔和汉普斯特德郊区花园（第 55 页及以后）截然不同。楼房主要以二层的为主，也有少量三层的，最高不超过四层。坐落在该区半弓形的街道两侧的小别墅，相邻不远，自然随意，毫无定型。"卡德伯里把工人从城市中完全地解放了出来。他充分认识到了他的实验的重要性，也就是说，他把这一试验的意义看作是为了解决

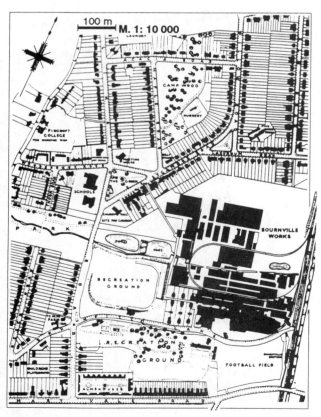

图 3.5 始建于 1880 年位于伯明翰附近的博恩别墅。企业主在 1900 年将工厂和场所转让给了"劳动者财产托管会"

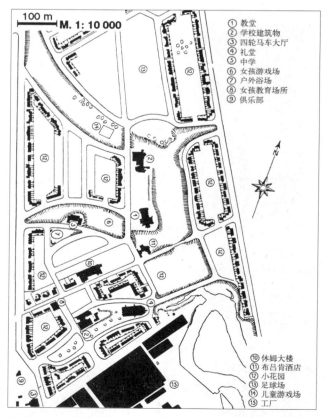

① 教堂
② 学校建筑物
③ 四轮马车大厅
④ 礼堂
⑤ 中学
⑥ 女孩游戏场
⑦ 户外浴场
⑧ 女孩教育场所
⑨ 俱乐部
⑩ 休姆大楼
⑪ 布吕肯酒店
⑫ 小花园
⑬ 足球场
⑭ 儿童游戏场
⑮ 工厂

图 3.6 1887 年始建的阳光港工厂。紧邻工厂短期内建立了一处很大的住宅区

图 3.7 博恩别墅的一条街道,其房屋设计者为 W·A·哈维。"其建筑风格借鉴了古老的英国农舍,当然是在新时期有目的地获得了应用。"

整个地区的住房问题和工人问题。"(波泽纳,第 31 页)

• **阳光港**住宅区由垄断肥皂生产的 W·H·莱维尔始建于 1887 年。开始是为了对现有住房和住宅区环境以及里面的公共设施进行改善。其标志是位于住宅区内的由一排排房子组成的租赁花园。入住该区的居民随着生产肥皂和其他洗涤剂公司的拓展而不断增加。与阳光港住宅区是一处公司所属的住宅区相区别,博恩别墅在 1900 年成立"博恩别墅村民财产托管会",将工厂和场所转让给工人后,成为了一家公司,在跟本地工人毫不关联的情况下设计实施风格不同的住房建设(切瑞,第 96 页)。

随着住宅区居民的"自组",博恩别墅向着田园城市的方向迈出了重要的一步。至于问题的另一方面则在德国建筑学家汉斯·爱德华·别尔列普什-瓦伦达斯 1905 年的旅游报道中得到特别强调:"在早已被证明是正确的财政政策的基础上,两个工人村不仅

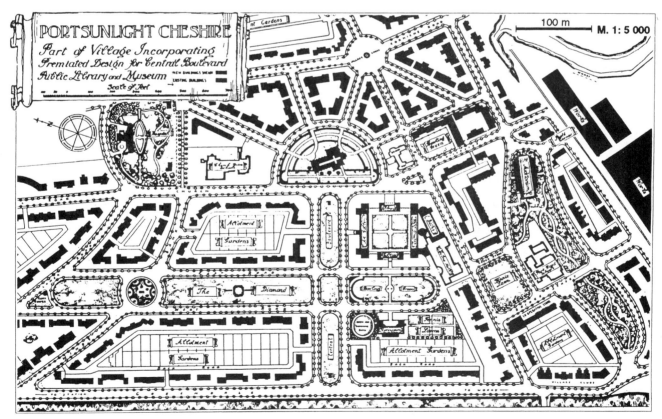

图 3.8 1910 年的阳光港住宅区。起初的计划经过竞标规划后得以修改。其宏伟的构思,即在住宅区中间建立十字中轴线,必须严格遵循地形才得以实现

在空间、经济、环境和教育方面模范地解决了工人住房问题，这些暂且不提，此外还有一个方面同样意义重大：强调美学特征。"

随着工厂的扩建而建成的住宅区绝大多数简易而单调，与之截然不同的，博恩别墅和阳光港住宅区不仅建筑质量高超，而且"布局设计一流"。"其楼房样式多样，保留着较大的广场，这些都为住宅区的街道增添了特别的魅力。而且街道设计方案无不符合要求，毫无枯燥无聊之处。工地已不再简单地被拆分为践踏建筑艺术的矩形了。"（第12、13页）

企业主住宅区作为初期的"田园城市"

德国城市中未受教育的工人常常因为工作和住房的变动——大多数是被迫的——体现出很大的流动性，导致城市内变动很大，现有住房难以满足他们的要求。住房供不应求，劳动工人遭遇房荒。由此产生的后果之一就是经济萧条，利率降低，住房建设的魅力上升，最终导致住房供过于求。一般说来，——今天亦然，住宅空房率保持在3%还是可接受的，但1880年柏林的空房率高达近8%，同年汉堡的空房率为7%，在1894年则甚至超过了9%。

"虽然住房改革者和先前的评论家不想看到，抑或不想承认，一切唯市场是从的住房供给并没有因为较高层社会阶层的拒绝而受到很大影响，而主要受影响于经济发展的上下波动，尤其依赖于地产抵押银行的利率波动。"

因此，在一定程度上，人们开始尝试把地产抵押银行看作新时期的城市建设者。自然不能奢求无计划的住房市场能够提供足够的住房给劳动工人。而且，大多数工人靠那些少得可怜的收入根本就无力租到一处合适的住房——住房因为房地产投资和不断上涨的住房需求而日益昂贵（基斯，第331页）。

然而，家长式的住宅建设在提供劳动工人住房的问题上仍是必要的，因为直到第一次世界大战之后，由政府资助的公共住宅建设才开始实行。在这儿，第二代克虏伯住宅区可称为许多企业主工程的模范。

阿尔弗雷德·克虏伯所属公司的第一处住宅区建立的目的是，为工人建造独家居住的房子——这种房子被视为一种理想的住房模式。但是19世纪末，在他儿子阿尔弗雷德·弗里德里希和新的部门主管罗伯特·施莫尔的努力下，原先机械的直线式住宅区逐渐向着因地制宜的花园式住宅区转变，稍后其建筑方式更加紧凑，强调空间，更加城市化。赫尔曼·穆特

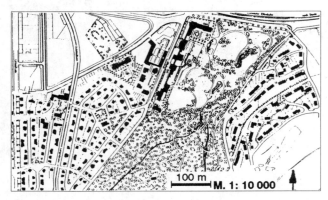

图 3.9　克虏伯老人住宅区。始建于1893年。图为位于花园的疗养所。图左为始建于1907年的新区的一部分

图 3.10　克虏伯老人住宅区新区的街道。一小组一小组的房屋构建了街道和广场

图 3.11　位于波鸿的克虏伯——达尔豪瑟·海德住宅区。始建于1907年。空间形式表达了简单的需求

修斯对此表达了极大的赞赏:"由克房伯建筑机构设计建立的住宅区对我们城市建设的发展有着极其重要的影响,无论其建筑形状,还是其地段开发;无论其街道建设,还是其建筑布局。"

- 在罗伯特·施莫尔的设计规划下,**老人住宅区**作为残疾人和老年人住宅区,兴建于1891年至1893年,1909年最终完成。其建筑类型多种多样,明显以英国为榜样。"现在企业领导已经抛弃由阿尔弗雷德·克房伯设计并产生于70年代的简易楼房系统了么?他们已经转向在这期间早已成为时尚的别墅建设了么?或者受到了卡米洛·西特的新型城建艺术观或英国'城镇规划运动'的影响?"(基斯,第387页)。
- **阿尔弗雷德住宅区**始建于1896年。在开始的第一期工程中只建造了单层和双层楼房,后来在1907年至1910年间第二期工程中得以扩建。这期工程为大都市化住宅区建设,主要借鉴了维也纳的住房建设(第126页),其楼房都是三层。阿尔弗雷德·克房伯的"小型房屋规划方案"因此被放弃。
- **弗里德里希住宅区**建于1899年至1901年期间和1904年至1906年期间。其建筑方式紧凑密集,以多层楼房为主。它体现了向租赁房屋建设的过渡。楼房每层两套房间,三室一厅一卫,或四室一厅一卫。尤其是不断上升的地价使"家庭住宅"的梦想成为不可能(基斯,第384—392页)。

进入20世纪以来,通过论述英国田园城市思想,三层以下的低层建筑再次盛行,它不再对工人住宅进行限制,也不再与之混合。下面介绍的克房伯住宅区是这方面典型的例子。

- 位于莱茵豪森的**玛格丽特高地住宅区**(1903—1927年)是城市建筑和工人住宅区建筑的一个转折点。"人们尝试通过建筑形式和建筑材料来表达具体楼房中的共性,而不是一味标新立异,也没有机械的千篇一律。"其建筑风格比较朴实无华,不再像是"一

图3.12 始建于1909年的克房伯——埃姆舍尔-利珀简易住宅区。位于雷克灵豪森。后置的小Stall将双层楼房和莱茵河连接在一起,并由此围成了一个个花园。坐落于施迪希路的楼房圈成了内在的庭院

幅漂亮的图画，而是表达楼群的立体感，街道的空间感和场所的空间感。图画只是作为结构形体学的伴随现象出现的。"[布林克曼（Brinckmann）2，第46页]

- **达尔豪瑟·海德**在波鸿-豪尔德尔（1907—1915年）和**埃姆舍尔-利珀**在达特尔恩（1909—1911年）将这项运动推向前进。个体的房屋与整个住宅区连接，由此构成了建筑的统一。由于需要建立大型的花园，人们考虑的不再是成排的房屋，而是双层楼房。"在这里储藏室作为连接物出现了，它不再像一个蹩脚的装饰品一样伸向屋后，而是通向邻近的房屋，使街道形成了一个封闭的空间，同样也将位于小区内的花园围绕起来，此外还可以挡风，既美观又经济。"（Brinckmann 2，第46页）

克房伯住宅区发展成为田园城市的运动在埃森-鹿特赛德／弗罗豪森达到高潮（自1906年起）。它被德国田园城市委员会正式承认为田园城市，并得到**玛格丽特高地**住房基金会的资助，虽然它并没有以合作化的形式组织起来。

"德国的大的基金会，跟英国和美国的一样，也是被用于公益之目的。令人欣喜的是，在玛格丽特高地-克房伯基金里有一笔基金是专门为了伟大之目的而设立的，而真正的建筑则有利于实现该伟大之目的。"（DGG，第49页；详见本书第69页）

图3.13 位于杜塞尔多夫附近的玛格丽特高地住宅区里的房屋，始建于1903年。房屋结构和建筑材料相同

3.2 霍华德的田园城市运动

"城市建设，作为思考和计划的行为，是一种被遗忘的艺术，至少在我们这个国家如此。这种艺术不仅需要重新被复兴，还需要承载比人们迄今所能设想的更加高尚的理想。"

——埃比尼泽·霍华德，后记（波泽纳，第58页）

田园城市的基础和目标

不同的作者针对19世纪城市中非人性的居住环境做出了很多社会改革的思考。埃比尼泽·霍华德的关于田园城市的设计方案就是建立在这些思考之上的。作为现代城市规划运动的发起者，他所进行的城市规划，在其范围和密度方面都对大都市的过度膨胀和过度拥挤做了限制和控制。

埃比尼泽·霍华德（1850—1928年），出生于伦敦一个普通的面包师家庭，后来从事过不同的办公室工作。21岁时他去了美国，4年后返回英国，担任议会和宫廷速记员。这使他得以参与了当时议会里关于如何改善劳动者社会环境的激烈讨论。其中最重要的主题是如何提供舒适卫生的住宅以及一般的规划法律上的规则。后来他形容自己为"工程的制造者"。1876—1890年他致力于协调并解决贫穷、卫生和房价上涨以及因城市扩建而导致的地价上升等问题。他倾向于社会主义的理想模式。因此1888年出版的《回顾》[贝拉米（Bellamy）著]使他深受鼓舞。这本书描述了一个完全社会主义化了的社会合作模式。但作为实验，他首先只想在一个小的居民区实践他的社会模式。

埃比尼泽·霍华德从不考虑罗伯特·欧文的集体主义的或者集体的工业农业系统。他愿意把公共财产权和管理权限制在城市地产和围绕在城市周围但被用作农业的环带上。这样，由于地皮成为城镇甚至地区的公共财产，即便人口增长了，租金也不会因为地价上升而上涨。因此应该实现一种比在喧嚣的老城区更人性化的更能令人满意的城市规划。公共财产中的绿化带将限制城市向外扩张并为城内住宅提供足够的花园用地。这些住宅也应该建在同工厂、购物中心、

学校、公共建筑、公园及空地合理联系起来的地方。[奥斯本（Osborn），第 1221/1222 栏]

"通过建筑监督机构将达到城市建筑的和谐与多样性。此外，有限的城市规模可以使每一位居民贴近大自然而又不必失去那种作为发达城市市民的感觉。这种城市也将能够为传统的工业和商业提供最佳的条件，与此同时，也可以尝试与地方企业以及与合作制企业进行双方理想范围内的非教条僵化的合作。"（奥斯本，第 1222 栏）

1898 年，霍华德在《明天——通向真正改革的和平之路》一书中总结了他的构想。这本书并没有成功，因为书名几乎没有表明书的实际内容。尽管如此，霍华德仍坚持他的社会改革构想，期望能向实用化转型。1899 年他成立了"城市、乡村规划联合会"（"田园城市联合会"）。他的战友中有几位是资深富有的企业家和公众人物。

1902 年霍华德的书内容不变，换上书名《明日的田园城市》重新出版（节选，第 303 页）。这本书取得了巨大的成功，为一种新的城市建筑理念奠定了基础，这种新理念传播之广远远超出了英格兰的国境。尽管霍华德的社会改革及城市建筑构想并非全是新的内容，但他从社会、空间以及经济角度总结性的阐述却包含了很强的实用性。他通过田园城市莱奇沃思和韦林证明了这种实用性，也鼓舞了同时代从事城市规划的人们。

"这本书应该同卡米洛·西特的《城市建筑》以及阿道夫·路斯同时期的一些论文一道被列入同一思想观点的最重要文献之中，这种思想 19 世纪 80 年代和 90 年代在少数明智的人中慢慢流传开来并为现代化的合理的建筑及城市规划思想奠定了基础。"（摘自《新法兰克福》7—8/1928 年，于霍华德逝世之时的评论文章）

空间的和社会的方案

以三种磁力作为象征（图 3.14），霍华德演示了城市、农村以及乡村城市对人们不同的吸引力。这种吸引力通过城市和乡村各自的优缺点体现出来。然而对于乡村城市他只提及了优点，这也就回答了他自己提出的问题——"人们应该选择去往何方？"所谓的田园城市应该具备以下条件：

- 将田园城市的土地及其周围农业用地转为地方财产，以避免由升值导致的租息升高（公共所有权及支配权限）；
- 确定投资者资金的最低利息，将多余利润用于公共设施建设；
- 通过公共绿化带来限制城市向外扩张，以此加强人与自然的联系；
- 通过相应的建筑监督机构达成城市建筑的和谐及多样化；
- 尝试与地方企业以及合作制企业进行合作。

尽管"田园城市"这个概念从 1850 年起就在新西兰和美国推广开来，然而很显然，霍华德在为他的城市选择"田园城市"这个名字时对此还一无所知。他以此想表达的更多的是一个花园中的城市——也就是说，在更美丽的环境中——而不仅是一个带有花园的城市。他的书使田园城市这个名字为世人所知，这个名字也只应该按照他所理解的那样被使用。田园城市城镇规划联合会 1919 年提出了一个简短的定义，在这个定义中就包含了霍华德的观点：

"一个田园城市是为健康人生和工作而构建的城市；城市规模恰如其分地能够满足完整的社会生活的

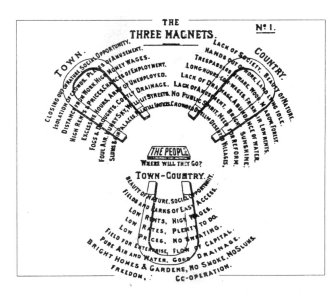

图 3.14 三种磁力。城市、乡村以及综合两者优点的乡村城市：人们将选择去往何方？

要求，但也并不会过大；四周环绕着空地地带（农业用地）；整个城区的土地属于公共财产，或由一个为全体居民设立的组织进行管理。"（奥斯本 2，第 179 页）

"田园城市模型"的目的绝不只仅仅在于立体空间这一个方面；只有专业人士从字面上理解"田园城市"的概念：带有花园或全面绿化的城市（城区）。然而像前面讲过的那样，霍华德提出他的方案，目的在于城市生活根本性的更全面的转变。他追求

- **空间目标**：较小的全面绿化的城区；不同田园城市围绕一个"中心城市"的体系；被绿化带和空地隔离开来的住宅区；对住宅区、工作区及基础设施进行有利于居民的功能归类；同铁路便利的联系；贴近自然风光；限制住宅面积向外扩张。
- **社会目标**：通过对地方土地价格的严格限定来保证较低的房租和利息负担；通过公共社区设施风格的多样化来促进社区发展；租金利息的利润用于进行社区及社会公共设施的建设；在"私人企业"中创造工作岗位。
- **组织目标**：有约束力的城市建筑规划；相应配套的城市建筑监督机构；地方社会作为社区设施的所有者；个人资本的利息限制在 3%—4% 之间；尝试与地方企业以及合作制企业进行合作。

用图表说明演示出来的田园城市立体空间设计图包含了：

- **地区的角度**：多个住宅区的空间上分布及其彼此的共同作用（图 3.16）。
- **地方的角度**：单个住宅区内部的功能分布及同周边农业区的关系（图 3.15）。

在一个拥有大约 58000 居民的中心城市四周围绕着人口约 32000 的个性鲜明的小城市，城市与城市之间都通过火车线路连接起来。这些小城市由具有田野结构的"绿色隔离区"分隔开来。根据"城镇开放型发展原则"个体田园城市的扩张将受到限制。

当一个田园城市达到了其最大城市规模的时候，则必须建立一个新的城市。这种卫星城方案尤其在二战后在英国、德国及许多其他国家得到了实施，在英国以"新城镇"的形式，在德国则以"市郊住宅区"的形式。人们力求达到霍华德所说的人口数，而实际上，却经常难以做到这一点（见第 8 点）。

在田园城市中，带有花园的环形住宅区围绕着一个"中央公园"，"中央公园"内设有博物馆、剧院、书店等文化设施。"环形住宅区"之间由林荫大街隔开，住宅区四周环绕着环线公路，一个商业圈也紧临公路坐落在那里。这些环线公路都同主要铁路线路连接在一起，由此把市中心和住宅区以及周围的地区紧密地联系起来。田园城市四周的地区也不应闲置，除了小块租用地皮和农业企业外还可以在那里设立医院、收

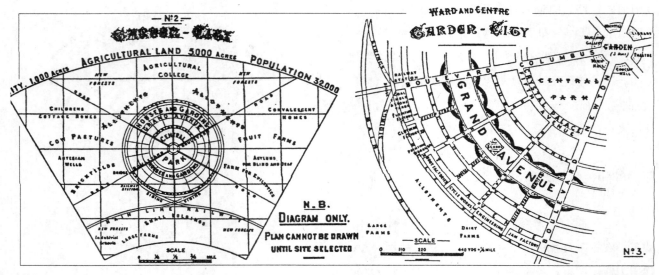

图 3.15　埃比尼泽·霍华德的田园城市示意图展示了一个由农业用地包围的拥有 32000 居民的城市（2 号）以及一个带有绿色中心和环形住宅区的扇形城区（3 号）

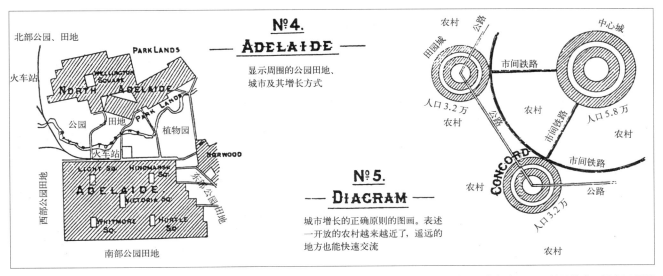

图 3.16 遵循澳大利亚阿德莱德（4号）的例子，霍华德设计出了一个田园城市联盟的简图（5号）。一个拥有 58000 居民的中心城市四周围绕着几个田园城市，田园城市之间由绿化带隔开

容所、难民区以及砖瓦厂这类适合当地发展的企业。

田园城市运动所需要的不再仅仅是传统的工厂主，而是一种同大城市相对的新的城市方案，这种方案能够将人口流动引入田园城市，从而最终促使已经存在的大城市实现转型。"在博恩别墅，霍华德可以大声地向他的追随者们说：看看在这我们创造了什么，再想一想田园城市将会带来什么！"（波泽纳，第35页）

实践试验：1903年的莱奇沃思和1919年的韦林

埃比尼泽·霍华德最关心的就是证明他的方案的可行性，这在他的书中也多次提到。因此他一直敦促尽可能快地进行"实践试验"。这个试验进展得出奇的顺利，因为在1903年第一个田园城市莱奇沃思的组织和财政方面的准备工作就已经完成了。刚成立了一个公共组织，就在莱奇沃思附近购到了一块建筑用地，距离伦敦大约50公里远。紧接着由巴里·帕克和雷蒙德·昂温设计的建筑工程就破土动工了，他们两人同样是以社会公益为导向的住宅区的拥护者。

正如所预料到的那样，霍华德设计的图表和数据运作起来十分困难，只能部分地得以实现。人们还必须考虑到当地的实际情况，尤其是那些从中部穿过工地的铁路。城市建筑方案预计斜挨着铁路建一条林荫大道，这条林荫大道从火车站前广场延伸出来，并将穿过中央广场。"无论从想象上还是从视觉意义上讲，

中央广场应该都是城市中心的标志。广场上以后应该逐步建立起一个由市政厅、教堂、博物馆和学校等组成的文化中心。把城市中心直接和外部连接起来的各个方向的街道都应该在这里汇集。"（基斯，第436页）

图 3.17 田园城市韦林的广告。昨天生活、工作在烟雾中，明天将在阳光下

第 3 章 过渡：城市规划和田园城市（1880—1910年） 41

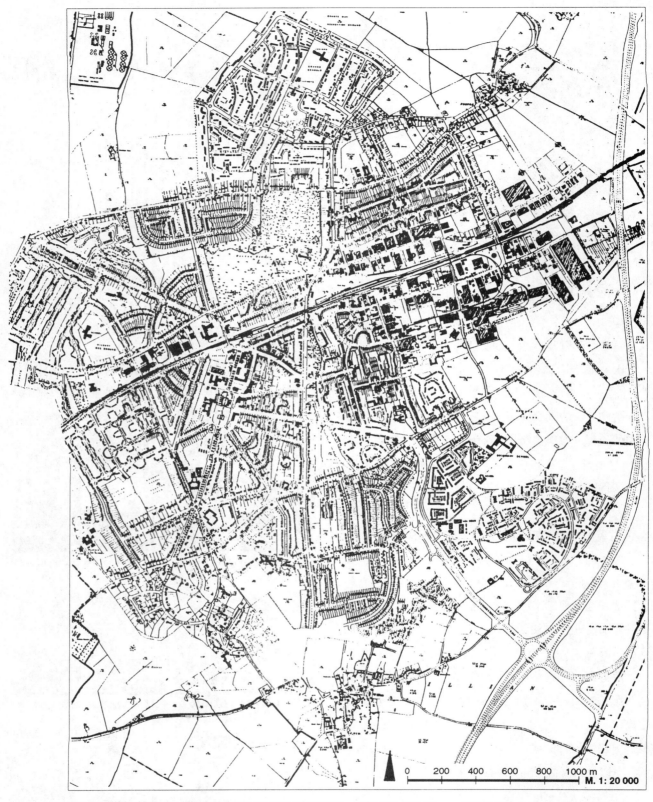

图 3.18 第一个田园城市莱奇沃思建城 75 周年时的俯视图。1903 年的"胚芽"——四周建筑林立的中心广场（中左方）——1978 年时已经发展成了一个拥有 40000 居民的中等城市

第一个田园城市比计划更"绿色",因为平均居住密度低于霍华德预计的规模。为了创造活跃的公共氛围,绿色中心也不足以是城市中心的标志了。虽然居住人口逐步缓慢持续增长,但直到1950年才首次超过20000人。如今则已经超过30000人而接近40000人的规模了。这个田园城市试验直到1910年才被世人所知,因此尤其在德国,很长时间人们都把汉普斯特德田园城市(第55页)看成是第一个田园城市。

霍华德对他确立的榜样找不到后继者而感到不满和失望。但是他的追随者们仍有一少部分人并未放弃,并着手进行第二个田园城市的准备工作。1919年霍华德在距离伦敦约35公里的地方买下了的一块建筑地皮,以便创建他的**田园城市韦林**。"相对于莱奇沃思田园城市来说,韦林田园城市取得了更为显著的成果。它的设计规划[昂温所主张的自由群体(第58页)同霍华德苛求的公园大街至少达到了初步的有机统一],风格统一的建筑,路易斯·德苏瓦松的两部杰作,卓有成效的工业,甚至人们能在韦林找到田园城市运

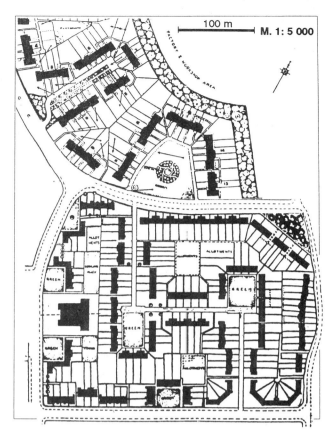

图3.20 位于莱奇沃思的住宅建筑区,由鸟山住宅区和Pixmore山住宅区组成

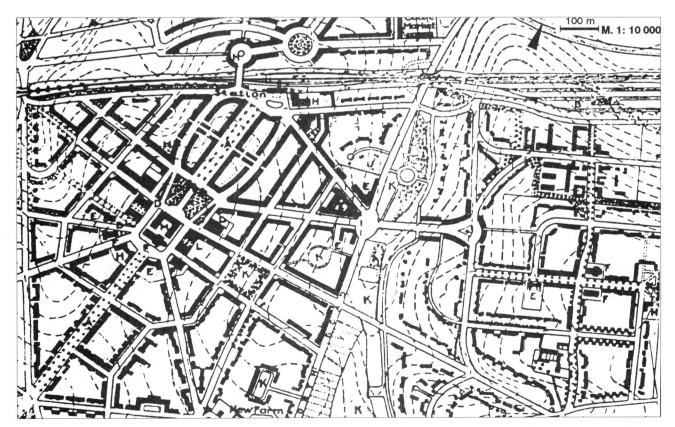

图3.19 1903年帕克和昂温设计的莱奇沃思中心地区。中央广场上是公共建筑,广场周围紧密排列着绿化了的住宅区,这些住宅区都以通往火车站的路为轴,在轴两边呈对称分布

动所有创始者（尤其是霍华德自己）的事实——所有这些都为第二个田园城市的成功做出了贡献。"（波泽纳，第38页）

由德苏瓦松领导的田园城市委员会建筑部完成了对工程的修订和完善。现存的铁路线通往城市的一个区。功能不同的城区通过地下道和立交桥连接起来。城市西南方是密集的市中心，与北边松散的住宅区毗邻。"整个城市规划的主导部分是一条引人注目的66米宽、1.2公里长的公园路，它向北止于一个半圆形的文化中心（大学），向南横跨已有的一条街。"一条60米宽通往火车站的横向街道将发展成为商业中心。（基斯，第442页）

在城区的东北方，铁路的另一侧，将计划建立一片厂区，厂区向南与住宅区毗邻。韦林的住宅建筑同莱奇沃思的既有相似之处，但也存在不同：它常常也围绕着居民区建立，人们穿过干道支线或者穿过由通往高速公路的公路组成的正方形广场就可以到达这些居民区。这样，居民区就从公众空间转变成了私人空间：

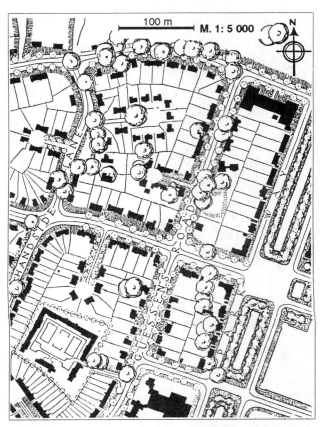

图 3.21　位于韦林主干道"公园路"轴线两侧的建筑。路易斯·德苏瓦松继续建造新的住宅区

图 3.22　1969年航拍片上的莱奇沃思。绿色中心鲜明地体现了埃比尼泽·霍华德田园城市全面绿化理念。较低的住宅密度和"中心"的少量公共设施使它变成了安静的住宅区

44　19世纪与20世纪的城市规划

"减少居民区中的建筑显得有些专断：事实上在韦林和汉普斯特德，住宅楼都建在居民区旁边。同传统的住宅区相比，这些居民区打开了一个新的层次：死胡同半公开的空间为人们提供了新的交流平台和至今人们还不熟悉的居民活动场所。……田园城市是一种"公共空间为主、私人空间需要扩展的空间结构"向另一种"私人空间为主、公共空间需要重新安排的空间结构"的完美的过渡。"[帕内拉伊（Paneral），第70、72页]

1946年韦林通过向田园城市委员会抗议而被宣布为新城，自此之后，韦林得到了顺利的扩建，如今已经拥有50000居民。除此之外还有种类众多的现代工业企业，由此韦林也被认为是现代化建筑最成功的范例之一。面临第一次世界大战以后工业工厂向大城市以外转移的要求，这个田园城市应运而生。"从某种程度上讲，韦林堪称新时期城市建设的楷模，原因有很多，比如它把过境交通线改向了北边，把工业集中在铁路交通便利的城市东北部，尤其是在充分考虑当地环境的情况下，因地制宜地开辟住宅区以及大

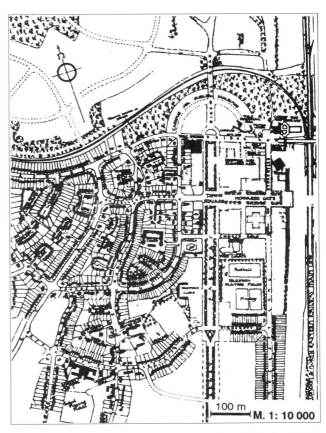

图 3.24　1926年前后的田园城市韦林。雄伟的城市中心只能缓慢地成为现实

图 3.23　1969年航拍片上的韦林。位于铁路旁的商业区和工业区使韦林成为了一座充满活力的城市。田园城市的理想在"绿轴"和松散的带庭院的建筑街区中得到了表达

面积保存绿地等等。"[F·赫斯（F.Hess）苏黎世，1944年，第422页]

霍华德的"田园城市方案"最终由于财政因素没有继续实施下去，因为投资者不再愿意接受仅为4%或5%的利息率。霍华德的目标很广泛，要求也很高，问题也就因此而生：田园城市真的能比传统的居民区带来更多东西吗？

"事实并非如此。霍华德原本希望通过几例田园城市引起连锁反应，最终变革英国乃至全世界的居住结构（正像他的著作的副标题那样，通往真正改革的和平之路）。但他的希望并没有实现。为什么呢？这个问题或许并不多余；然而要回答这个问题，只有在对20世纪的历史做过深刻、详尽的分析之后，才能找到答案。这可能与霍华德将农村的吸引力过于夸大有关系。田园城市的代表可能会说，人们根本就不想弄清楚这种生活对他们来说有哪些好处；田园城市运动的反对派也会持同样的观点。两者的区别在于，在田园城市运动这个问题上，赞同者认为：'人们必须弄清楚，因为实际上并没有选择余地，所以他们必须弄清楚'，而反对者则坚持'人们永远不会弄清楚，因为这种思想（田园城市）本身就是错误的'。也只有在这种情况下，两者才可以区分开来。"（波泽纳，第35页）

但是田园城市绝不会无果而终，即使这个名字大多数时候仅被从字面理解成"带小花园的城市"。在"实践试验"后，霍华德并没有灰心丧气，而是继续更加广泛地宣传他的城市结构构想。

1913年他被选为"国际田园城镇规划联盟"（现为"国际住房规划联盟"）首任主席，任期长达15年。1927年他被授予骑士身份。

1928年霍华德在他的第二个田园城市韦林逝世。第二次世界大战以后，田园城市思想通过1946年的《新城法案》得以以另一种形式继续发展下去。根据这一法案的准则又有20余个新城拔地而起。

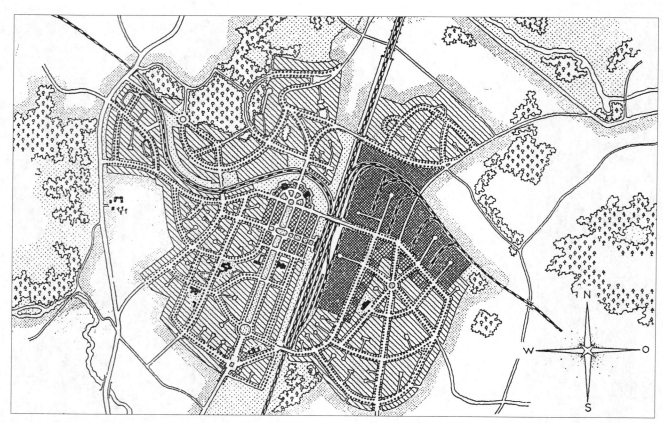

图 3.25 霍华德的第二个田园城市韦林的理想规划：住宅区及铁路旁边的工作区的紧密啮合更加符合他的构想。霍华德本人在那里生活直到1928年辞世

雷蒙德·昂温的城市规划

建筑学家、城市规划专家昂温（1863—1940年）在世纪之交后的英国对社会风俗的革新运动起了很大作用，虽然他本人起初并未意识到这一点。他在大型住宅区设计上的城市规划实践包含于他在《城市规划基础》一书总结的理论之中。他跟随当时英国年轻设计师所提出的成效明显的思想潮流，认为住宅区应该以其社会格局和简洁的建筑物构成人性化的居住环境。

"这种观点足以说明，在埃比尼泽·霍华德提出田园城市的设想之后，为何昂温立刻表示赞成并且毫不犹豫地立即着手于莱奇沃思的设计规划"（基斯，第400页）。但在他与其多年合作伙伴巴里·帕克（1867—1947年）开始着手这项任务之前，他早已在建设小型住宅区（例如新俄思维克住宅区）的实践中积累了相关的经验。动工稍晚于莱奇沃思且同时建设的"花园社区"汉普斯特德可完全视为经典的"田园城市"，即使它并非由霍华德首创。这两个住宅区都有着独特的昂温风格：

- **新俄思维克住宅区**始建于1902年，完成于一次大战后，位于约克郡北部，由巧克力制造商约瑟夫·朗特里投资兴建，他与卡德伯里关系密切，并且非常熟悉博恩别墅。这个住宅区并不仅仅为工人设计，它被构想为一个村庄，其结构形式如阳光港住宅区与博恩别墅一样，富于变化。因此单一的街边建筑遭到放弃，而是带有小院落的房屋围绕着一条主要街道。小路引向后面的花园，这些花园也如同整座房屋的房间之一，可以使住户看到室外空间（基斯，第401、402页）。

- **花园社区汉普斯特德**，1908年至20世纪30年代建于伦敦西北部，由亨利塔·巴奈特投资兴建。1905年成立的托拉斯公司委托昂温进行设计，而多变的地形和现有林木绿地的保留使得这项设计脱颖而出。坐落于一座小山丘上的"中心广场"及邻近的公

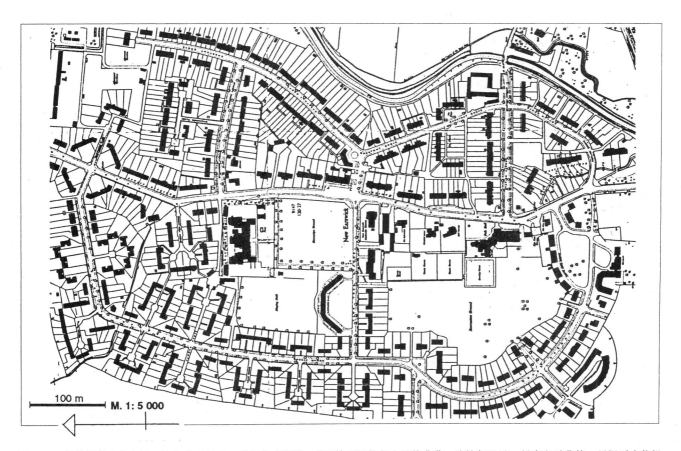

图 3.26　新俄思维克住宅区，始建于1902年，位于约克附近，劳恩特利风格住宅区的典范。建筑师巴里·帕克和雷蒙德·昂温后来将沿街建筑方式（上图）转变为支线街道旁的典型的住宅庭院

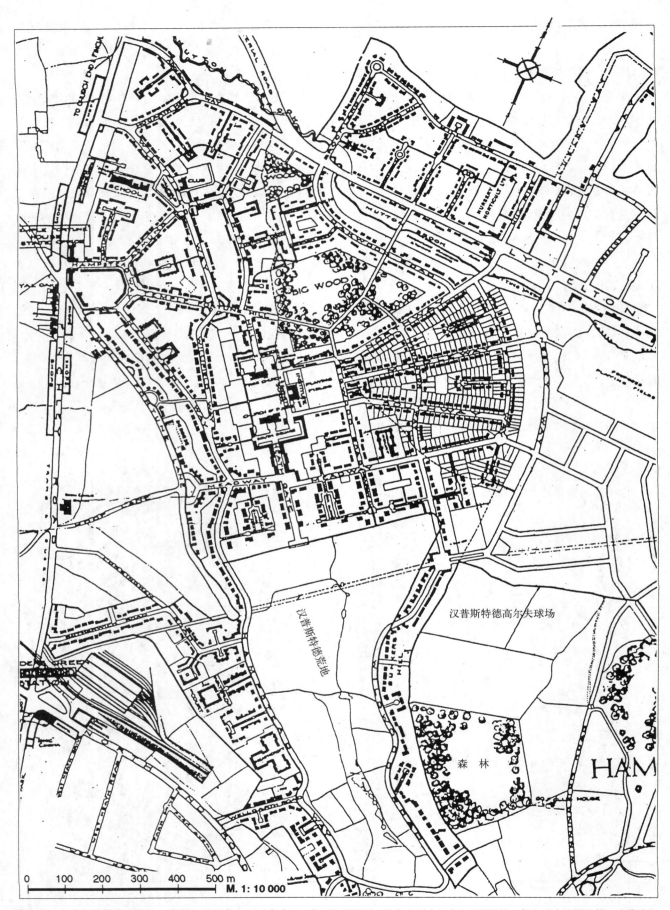

图 3.27 汉普斯特德花园社区，始建于 1908 年，1925 年完工，位于伦敦附近。该住宅区由帕克和昂温设计，长久以来被视为第一座英式田园城市。庭院围绕着公共绿地中心，景致优美

共设施构成了住宅区的中心。

中心的周围环绕着松散、宽敞的住宅建筑群，因此取消了通向外面同时指向西北方的偏中心的严格轴对称的街道。与新俄思维克住宅区不同的是，其显著特点是边缘地区死胡同旁的庭院建筑，这些死胡同被建筑物所包围，并以此构成了缓和的街区建筑。（"大街区"，第61页）（基斯，第403、404页）

如果说昂温对封闭的四方院落的偏爱在新俄思维克住宅区还只是乡村式的模仿的话，那么在这里则发展成为了城市化的邻里设计。全部的街道体系从属于这个单户住宅区域，并在它的层次内甚至连小路都相互连接，但并非所有的都能够通行。对于这个问题，昂温解释说："如果（住宅建筑规划）受到交通规划构想的干扰，则是一种错误。"

随后出现的汽车交通的后果人们肯定早已意识到了，然而针对这种新式都市交通的攘乱和噪声，设计者却似乎有意识地提供了一个例子。"散立的带有大花园的低层建筑方式，女贞树丛构成的地产分界的自然标记，陡峭的山墙和高耸的烟囱，统一自然的屋顶与建筑材料，精心设计的临街房间的视野和广场的建筑方式，所有这些都成为了进一步实现设计的社会学与美学目的的手段。"（基斯，第406页）

汉普斯特德花园社区常常被看作是"第一座田园城市"。1920年，因为该社区的包含在显而易见的"松散的编排和无联系的道路"中的"固定筑造体形构

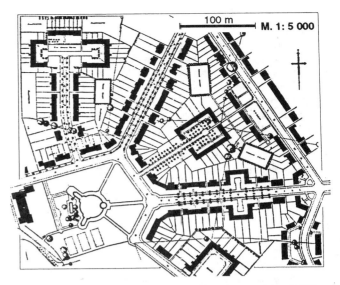

图 3.29　汉普斯特德花园社区的偏中心（见图 3.27 左上）。放射状的扇形住宅区构成的宽阔广场

图 3.30　汉普斯特德花园社区的中心广场。公共建筑组成的建筑艺术广场的雄伟的底座

图 3.28　埃德温·L·勒琴斯设计的汉普斯特德花园社区中心广场旁的建筑。坐落在一座小丘上的宽阔的中心广场以其高耸的建筑标志出中心点，后来它被称为"城市之冠"

第 3 章　过渡：城市规划和田园城市（1880—1910 年）　49

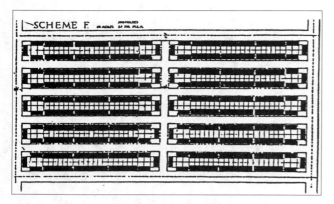

图3.31a 20英亩面积上500座房屋组成的背靠背式建筑几乎没有空余面积,并且……

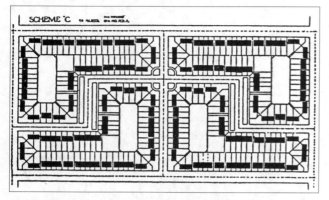

图3.31b 雷蒙德·昂温的松散建筑虽然只有248座房屋,但却有大面积的花园

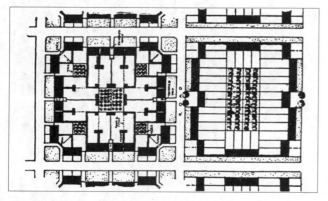

图3.32 雷蒙德·昂温的建议。"小花园的组合,为达到一种总体效果而设计。"

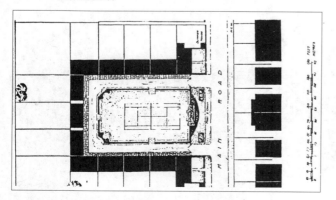

图3.33 汉普斯特德花园社区。昂温的"围绕网球场的房屋四边形与车行道"

造",阿尔伯特·埃里希·布林克曼也认为它值得重视。他特别称赞中心广场是"现代广场的设计",它"在侧面展开局面,面对休闲公园的主干道的延续部分打开了一个宽广的舞台。"这个广场是一个"绿色中心",由霍华德设计。1945年以后许多城郊住宅区仍旧采用了这种设计(第114—118页)。

- **雷蒙德·昂温《城镇规划实践》**

雷蒙德·昂温《城镇规划实践》(1909年)一书英文原版副标题为"城市与郊区规划艺术介绍",明确了本书与实践相联系的着眼点。雷蒙德·昂温主张"明了的城市结构",它应能够"既不放弃对称也不放弃直线"。就此而言他不支持德国的艺术化倾向,但也肯定了这个运动中的积极因素:

"设计应该非常灵巧地适应地形,因地制宜,同样,每一点都应该有效地用于建设重点,以便在此情况下确实构建其不规则。建筑学体系的教育也会经常对城市形象产生积极影响。"(基斯,第408页)

作为田园城市运动的重要代表,他致力于解决社会问题,如住宅建设问题。对他来说,仅仅构想出"城市装饰"是不够的,他的兴趣在于房屋建筑学的基本原理。"昂温引进了在西特那里找不到的原理,例如植被,西特仅把它视为'装饰性'的绿化。他的重要贡献在于,将房屋组合的特定形式编成目录,特别是被房屋环绕的'庭院'与被小路分割开的公共空间从新的角度对传统的农舍或者庄园的内院进行了阐释。"(帕内拉伊,第169页)

对城市建设中楼房的统一规划,昂温提出了具体

图3.34 汉普斯特德花园社区一角。一个"中等规模房屋的四边形"构成一个适合交际的庭院

的建议，并在插图中进行了详细的描述。对此，他不仅致力于研究广场和中心，重要街道和居住街道以及工地和楼房，还致力于研究意义重大的地段地皮分配和楼房建筑位置。在寻求所有细节的准确性时，他不得不对"一个新的社会秩序的前景"进行展望，因为人们必须"考虑到生活和公共福利"。"'城镇规划实践'在城市建设的社会构想中达到高潮，并以此加强莱奇沃思和汉普斯特德的实践，对昂温来说，这是很典型的。"（基斯，第408、409页）

3.3 城市扩建和城市改建

"城建中的两条基本原则，既符合常规和个性自由化，是如此不可协调，最终导致了古代建筑艺术和现代建筑艺术最佳结合体的产生。"

——特奥多尔·菲舍尔，1901年（2，第237页）

经济繁荣期：大规模住房建设和有轨电车

在1871年德法战争结束后到1890年期间，德国处于一个后来被称作"经济繁荣时期"的迅速发展的时期。伴随着德国工业革命的自身突破性进展，大规模的建筑如火如荼地进行着，到处是拆建重建和因获得德法战争赔款而呈现出的暴发户现象。在这期间，柏林的人口增加了一倍，从80多万人上升到160万人。19世纪70年代后期建成的楼房一旦滞销便很快被拆建。"经济繁荣时期"带来的后果是：城市规模大幅度地扩大和城市布局大范围地变化。就像铁路在城市之间快速联系方面起到了举足轻重的作用一样，有轨电车在城市拓展方面同样居功至伟。然而第一条有轨电车1865年柏林的有轨马车，或者1877年卡塞尔的蒸汽式有轨电车，当时仅仅用于少数几条市郊交通线。但是自从西门子在柏林首次展示了电动有轨电车，从1890年起，有轨电车便被广泛地投入使用。不来梅和柏林是最先使用电动有轨电车的城市。

1890年以后，德国大都市里的居民离心式的迁居运动仍在继续。虽然交通条件因为有轨电车而得到很大的改善，但人们仍然不能放弃在密密麻麻的高密度的建筑中租住高层楼房。自19世纪中期，这种所谓的"兵营式楼房"便成了德国大多数大都市里中等阶层和工人阶层的最典型的居住模式。高层楼房大规模扩建的重要原因主要有两个：一个是土地投机；另一个则是基层单位因为城市扩建规划而不得不承担的高昂的成本。

"在19世纪70年代和80年代，人们关心的只有住房建设改革，几乎没有人注意到'兵营式楼房'这个问题。但到了90年代，人们已经把'兵营式楼房'跟城市中普遍存在的恶劣的健康水平和社会问题联系起来了。尤其在1890年涉及社会民主党和工会的'反社会主义非常法'被废除之后，中等阶层因为社会问题而举行的罢工和骚动也日益频繁。"（萨克利夫，第156页）

图3.35 "柏林房间"示意图，卧室与家庭作坊共用一个空间，在主翼和侧翼之间的墙角有一扇窗户

图3.36 柏林科特布斯城门前的流浪者临时木板房（格奥尔格·科赫1872年的图画）

城市调整与技术性城市规划

19世纪下半叶,遵循奥斯曼式的道路突破的城市规划仍继续发展。位于公共道路空间和私人住宅之间的大部分笔直的建筑线划分了当时的利益范围,确定了公共设计的份额。从此城市规划便经常限制在"技术、建筑法规与经济关系方面的城市扩建"上了,正如赖因哈德·鲍迈斯特写于1876年的书的标题所言。

从保障道路交通顺利的意义上讲,城市规划的变更或者扩建也被称为"城市调整"。特别是在经济繁荣年代的建设浪潮要求为私人建筑首先解决技术与其他公共先决条件。后来西特批评这些设计师说,他们并未考虑到对自由区域与道路等城市空间进行区分(第63页)。

但不可忽视的是,该时期的设计师们努力从城市扩建的实践中去总结关于城市规划的普遍适用的尽可能广泛的知识,并通过实例,借助于媒介进行广泛的传播。遵循"技术性城市规划"的传统,然而同时比鲍迈斯特更多地考虑到"艺术的重要性",赫尔曼·约瑟夫·施图宾在1890年出版了他的著作《城市规划》。该书序言中似乎是第一次包含了城市设计活动的广泛而精确的定义:

- "我们所说的城市规划包括对物体的建筑布局,

图 3.37　1897年乌尔姆的第一辆有轨电车。从乌尔姆火车站到大教堂再到新乌尔姆火车站

图 3.39　柏林－滕珀尔霍夫区的房屋山谷。"出租营房"成为低下的健康水平的起因

图 3.38　1898年至1908年柏林－舍讷贝格"巴伐利亚城区"带有狭窄庭院的建筑街区

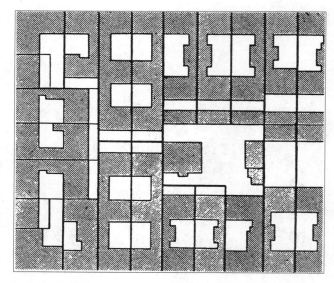

图 3.40　柏林的建筑街区。"侧面房屋与背街房屋体系对居住者的负面影响经常重复"

它一方面确定城市居民的适当的住房与工作场所的设立，相互交通与户外休息，另一方面确定集体的用于管理、宗教仪式、授课、健康与疾病护理、食品供给、安全与娱乐、艺术与科学、交通的建筑的设立和其他公共目的的实现。"

• "也就是说，城市规划准备共同的基础，在这基础上展开单一的建筑行为；它必须为居民住房、城市交通、公共事务处理创造地区性的前提条件；它建立包含相互竞争的单一努力的框架，私人与公共建筑以及大小交通应遵循的计划。在此可见技术的与艺术的、健康的与经济的考虑；它们经常为优先地位展开争论并需要平衡的解决。"

• "因此，城市住房、市民的职业生活、长途与市内交通、城市共同设施是所有城市规划概念下的行为的出发点与基准点。一座新城市或新城区的设计规划，与老城区的改造一样，应从住房、职业活动、交通与共同点存在的局部需要开始；它应与局部的习俗和努力相连接，并将其引向一个改进得更完美的发展前景。"

施图宾将该书的最后一章命名为"城市规划的实施"。除了描述"团体与个人的职责"外，许多城市的建筑法规都描述了"路边居民因私人目的对道路的使用"或侵占。一个重要的手段就是为在城市单个的"地域范围"内划分建筑等级的建筑区规划或建筑分级规划：

"执行分级的地域范围称为地带或建筑区，分级度量本身称为级或建筑级。地带的名称来源于19世纪90年代始用分级时的主导思想，即建筑密度在地理上对外呈现出带状结构。"

"这种发展引导人们将这种地带与等级划分在未开发的城市扩展区域整体上作为一个准备的和预防性的措施进行研究，并以一个松散低矮的建筑方式的规定作为基础，建筑秩序的最终分级则与建筑规划的细节同时确定。在此可以进一步详尽地考虑不同城区、道路、广场与街区的特质。"[施图宾（Stübben），第650页）

维也纳、科隆与法兰克福作为范例被列举出来，但几乎所有大城市、包括国外的大城市都有与"城市调整与城市扩展计划"类似的建筑区或建筑分级规划。

如果它们未被现代的建设计划所取代的话，直到今天它们依然有效。在慕尼黑，特奥多尔·菲舍尔发展的**分级建筑秩序**替代了"城市向建筑地带的划分"，并在1904年得以实现。以此"能够灵活但实用地明确规定建设行为"。

通过新的建筑分级，四个公开与五个非公开的建造，菲舍尔确定，如何从市中心出发沿着主轴进行压缩，同时在交通不便地区实现建筑的分层与公开。由

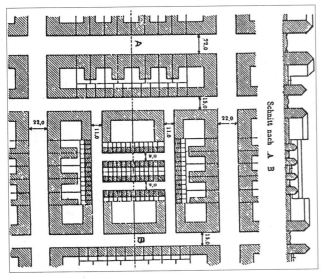

图 3.41 1891年特奥多尔·格克的"混合建筑方式"。带有低矮的中心建筑的高耸的周边建筑物

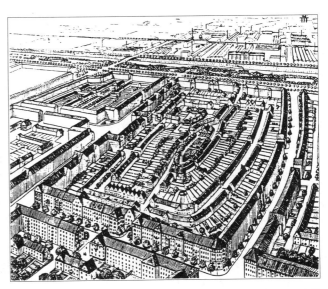

图 3.42 B·莫林、R·埃博施塔特、R·彼得森为大柏林设计的"混合建筑方式"

第3章　过渡：城市规划和田园城市（1880—1910年）　53

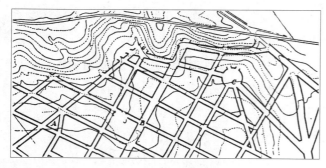

图3.43a　1860—1870年斯图加特西城的建设规划

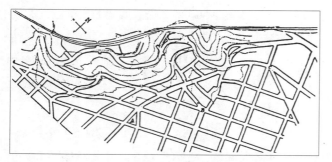

图3.43b　特奥多尔·菲舍尔1902年提出的适应地形的同一规划（比较ABC点）

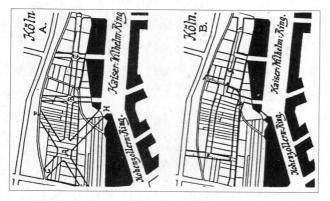

图3.44　未考虑到地产分界的规划（左）与此后C·西特建议的方法

此既满足了"城市管理层与地产所有者的利益"，也满足了"市民对慕尼黑城市形象的设想"（内尔丁格，第32页）。

陈述**建筑线**的计划中应包括一份对部分地区**建筑分级**的详细注解（阿尔贝斯2）。施图宾在此也提到了考虑土地产权关系和地形的必要性。

卡米洛·西特与艺术性城市规划

西特的书《城市规划的艺术性》出版于1889年，同一年第二版、次年第三版也面市，在其中他"纯艺术技术地"分析了老城市与新城市，"以便揭示创作的动机，彼处的和谐与迷人的印象与此处的漫不经心与无聊便以这些动机为依据；

这全部都是为了一个目的，即找到把我们从现代火柴盒住房体系中解放出来的办法，它尽可能地拯救越来越多的趋于遗忘的漂亮的老城，并最终产生与此类似的杰出成绩"（第3、4页，引言）。

在两维的"城市调整"扩建计划的时代，将三维的城市规划引入当时学术界之中，不能不说是他的功绩。他特别注重公共场所的美学作用，也没有忽视"现代城市设施"的交通规划和健康的必要性。他从古希腊罗马、中世纪和巴洛克时代的城市中心认识到了"艺术的基本原则"并将它转变成"现代体系"。

他猛烈抨击道路网的"刻板的五线谱系统"及其"现代建筑立方体"的"讨厌的街区体系"。在这种关

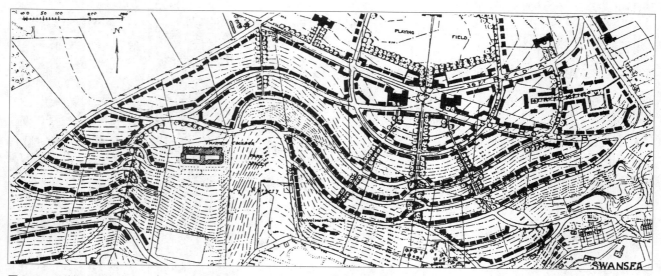

图3.45　天鹅湖在湖边山坡上的扩建（R·昂温设计）。"规则与不规则的美"的认识避免了"不加考虑地破坏现有的景观特征"

联中他多次提到鲍迈斯特的书。但他也看到了"现代城市设施的艺术的边界",因为"公众生活"已经不可挽回地改变了,"现代大都市"已成为"地产的增值"且"最大可能地被利用"(摘要第 306 页)。

西特的书一方面被热情地接纳,另一方面也引来了猛烈的批评。几乎所有著名的城市规划专家都是他的支持者,他们自认为属于一个"西特学派",如卡尔·亨里齐,弗里德里希·皮策和仍存有怀疑的特奥多尔·菲舍尔。"首先应当避免迷失在对历史形式的钦佩和沉迷于好古癖之中的错误"[菲舍尔(Fischer),第 2 页]。布林克曼和布鲁诺·陶特跟希尔贝斯梅和国外的雷蒙德·昂温、帕特里克·格迪斯和勒·柯布西耶,他们相互之间保持着批评的距离(基斯,第 398、399 页)。

布林克曼 1920 年遗憾地说,依然有这样的"艺术型城市设计师",他们不愿认识到西特"这个浪漫主义者将建筑艺术引入了歧路,就如同历史主义将全部艺术引入了歧路"。"我们首先要尝试掌握城市规划艺术的创作准则,这些准则永远有效,即使真正的创作者将它们转换成特殊的形象"(第 105、107 页)。

勒·柯布西耶 1925 年论断:"曾经有一段时期,维也纳人西特狡猾的艺术城市景象的著作吸引了我。西特的论证很巧妙,他的理论似乎是正确的;它们以过去为依据。事实上它们就是过去本身——小脚的过

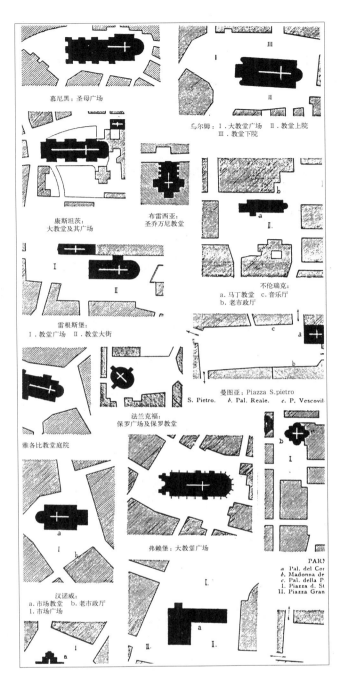

图 3.47 卡米洛·西特。南欧和北欧广场设施及其与"文物古迹"的关系的范例

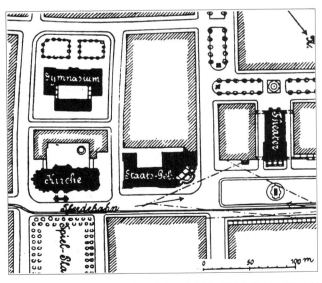

图 3.46 慕尼黑的广场设施,卡尔·亨里齐 1893 年设计。受到卡米洛·西特的影响

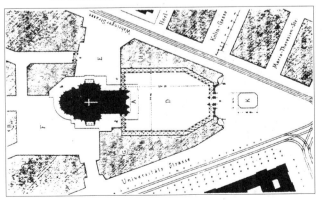

图 3.48 西特设计的维也纳环行大道旁还愿教堂前广场带有前院的改建

第 3 章 过渡:城市规划和田园城市(1880—1910 年) 55

去,感伤的过去,路边一朵无足轻重的小花。这个过去不是兴盛时期的过去,而是适应的过去。"

弗里茨·舒马赫1935年发表了对卡米洛·西特及其"城市规划运动"的评价,其中已经包含了国家社会主义的城市规划观点:

"改革者们(西特和亨里齐)首先致力于动摇他们势力之内的东西。这是建筑学影响的外在部分。部分出于软弱,部分出于热情,他们经常过多地致力于此。那是一个从老城市窃取的魅力扮演危险角色的时代,因为它可使人产生这样的念头,建筑师的要求仅限于装饰,布景魔术堆积起来的东西并不重要。"[舒马赫(Schumacher),第99页]

即使今天也依然有狂热的追随者、但同时又是批评者指责西特流于片面性,但也同样片面地评论他:"作为越来越迷于社会意义、维护理想的设想的受过教育的市民阶层的一员,西特与其他很多人试着表达他们那个阶层的社会要求。西特作为他那个时代的孩子被卷入了一个悲剧性的发展。"

"正因此,我们今天仍要正视他,不要尝试靠他的'城市规划艺术'去'发财致富',因为对于倾向于住房与城市的使用价值、努力克服城市中棘手的社会问题、看到过去并因城市居民共同卷入解决这些问题的冲突而拒绝权威的城市规划,西特今天所能提供的建议如同在他的时代一样少"[费尔(Fehl),第217页]。

尽管如此仍可断言,西特在19世纪与20世纪之交持久地影响了城市规划思想。当时保守的与进步的设计和社会思想的对立开始尖锐化,最终升级为田园城市运动和"新建筑"的追随者之间不可调和的矛盾。在这个背景之前,即使在今天,深入研究他的著作也是很有价值的。

"城市规划的原则",1906年

当时"技术型"与"艺术型"城市规划的代表之间的矛盾在1906年的关于"城市规划原理"的热烈讨论中公开化。德国建筑师与工程师协会希望在1906年9月4日曼海姆的"飞行集会"上更新1874年的"城市扩建的基本特征"(第29页)。在来自卡尔斯鲁厄的建筑工程师赖因哈德·鲍迈斯特的一份设计中重点考虑了美学和艺术的观点,但显然还不够。

在一份补充报告中,来自慕尼黑的建筑师卡尔·霍赫德强调,虽然"现有原理为美学规定提供了一个相当大的空间",而1874年这些规定还遭到了指责。但对这种观点考虑得还不够,因为需要统一"两个不同的创作方向":"一个方向背后是知识、技术能力、科学,另一个背后是感觉、艺术。"(德国建筑报1906年,第577、578页)

同样归纳为七点,但与1874年有着内容上的不同,鲍迈斯特陈述了新的"城市规划原则"(第67页,

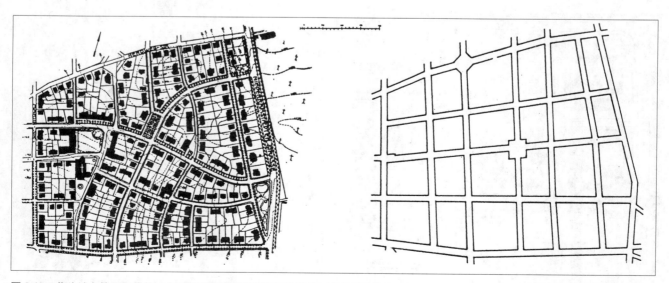

图 3.49 作为城市管理机构的一个图解式建筑规划的相反建议的西特的追随者弗里德里希·皮策设计的达姆施塔特一个郊区的建设方案(左),通过艺术型城市规划体现出的新的城市规划理念

摘要）。作为开场白，他说，"在这里至少应提一下为城市规划的文献做出巨大贡献的建筑专业同行们，对他来说这是'重要的义务'：这些同行是施蒂本、西特、格克、古利特、亨里齐、拉斯纳、努斯鲍姆、根茨默尔、阿本德罗思，还有许多其他人为单个题材做出了贡献。面对这么广泛的材料，我得到了作此报告的荣幸，不是仅仅对1874年的指导原则做补充，而是做一个全新的版本。"

对于鲍迈斯特在"1. 总论"中提到的"技术、美学、健康、社会和经济的考虑"中应寻求一个"中介"。"幸运的是，有两个普遍规律越来越流行：其中之一说明了城市规划最重要的任务住房问题的解决，另一个声称：建筑业中美感以实用性为基础。这两个定理一方面降低了对正确措施的要求，正如对以保健学或交通标记的名义或艺术思想的要求提高了一样。

他虽然赞成"漂亮的独体建筑"和"漂亮的全貌"，因而特别注重保护"现有的"，"文物和家乡风土的保护"正致力于此。但是他拒绝"美学标准"，因为"美感的问题是可变的，裁判者的权威是可疑的"。单单是"建筑法规的，特别是卫生的规定"就是"科学地经验地"以"公共利益"为基础的（第556、557页）。

"2. 计划的安排"不应当是"碎片的设计"，而是"总体计划的制定"，以便"实现多样的交通和建筑学的印象的关联"。鲍迈斯特认为"城市规划的另一项任务"是"多样的建筑要求的适当的社会划分"。对于道路和区的"一定的分组"确定和推荐既使用"强制手段"也使用"引诱手段"。

"作为设计的组成部分，应当提出对公共建筑或其分组的建筑地点，它的选择部分是因为特定的目的，部分是因为适宜的位置。然后应当及时从建筑中空出一定的面积，尤其是现有的和预备的绿地，作为绿化设施和城市花园、休息和游戏场所、广场和公园，带着它们著名的健康和道德的恩赐。也许拆除城市的防御工事会成为问题，在所谓的环行路上禁止建筑，使通过林荫道将单一的公园联系起来或将整个城市用绿化带环绕起来的愿望难以实现。"（第557页）

在"3. 街道"中，他深入研究了"直线与弯曲街道的矛盾"并赞成一个自然的方法，"它使部分道路笔直，部分道路弯曲"。对于"4. 广场"，他偏爱"许多中等大小的而不是少数大的广场"，依目的区分了"交通广场、营业广场、纪念广场、花园广场"。"5. 建筑形式"展示了"单户住宅和大批出租住宅或曰'出租兵营'的最极端的矛盾"（第557、558页，第568—570页）。

"城市规划中特别重要的是，允许建得多挤、多高，即水平方向和垂直方向的建筑密度。它不仅应由于健康的原因、也应由于经济的原因而受到限制，因为跟随地价和建筑密度的规定之间的相互作用的是住房问题、尤其是土地问题。"随后是关于"6. 财产关系"的没收、分配和"非法建筑"的处理，以及带有我们今天所说的开发费的"7. 成本保证金"及其衡量基础（第570—573页）。

卡尔·霍赫德尔在他的补充报告中赞同"艺术在'城市规划'的问题上是一个重要的字眼"。"在这里，将卡米洛·西特作为给了城市规划问题第一个富有影响的推动力的人提出来，首先唤起了我的感激之情和责任感。从那时起，他的著作《城市规划的艺术性》在文明世界广泛流传，他的名字将永远在现代城市规划艺术的历史上占有光荣的一席。"

"在此之前，一种片面教条的、直至19世纪下半叶占据统治地位的实用观点同样为我们的现代城市打上了平淡的理智创作的烙印。要求如下：材料和资金的最小耗费，最短和最便宜的直线道路是值得追求的目标。但实践表明，这种纯实用观点形成的原理未经受住一次考验。"（第577页）

继续强调建筑业和城市规划中"女神艺术"的重大意义。建筑师和工程师以其"双方面的能力"允许将"品位的提高"特别在"城市规划领域"视为他们"高尚的义务"。

"我们这双方面的能力分化为两个创作方向。一个方向背后是知识、技术能力、科学，另一个背后是感觉、艺术。这两种能力很少在一个人身上得到统一，从这种罕见的例外可见，可以普遍地把工程师视为主要以知识为基础进行创作的方向的代表，而把建筑师视为主要在感觉的道路上进行创作的方向的代表。对于实际创作这两种能力却都是不可或缺的，理想的成功取决于这二者的正确结合。"（第578页）

"生活中的第一创造力"是"争取存在的斗争"，

但是"对理想的需求、对艺术的渴望"同时出现，并且只有在"最困难的时期"才会退却。"这就是说，只要造型不是仅仅和纯构造形式联系在一起，就要承认艺术的优先权和领导地位。对此在发展的终点也有所谓的实用性美。但单独这一点无法解决艺术的本质问题。城市规划面临着不仅仅和构造形式相联系的造型问题。因此它首先是艺术的事情，即如特奥多尔·菲舍尔所说，一种含有恰当的技术负担的艺术"（第579、580页）。

卡尔·霍赫德尔对原理的第一条做了补充建议，这项建议"根本上来源于亨里奇教授的观点"："建设计划应在满足所有交通技术的、健康方面的和社会的关系提出的要求的前提下首先将地基展现为所有住房要求都完全得到满足的建造工程，保证到处都产生令人舒适的空间印象和富有影响的城市景观。"（第580页）

在对"城市绿化"、"建设密度"和计划的制定进行进一步的论述之后开始了一场讨论，赫尔曼·约瑟夫·施图宾也加入其中。"他声称，城市规划人员原本不应允许存在合理的实用主义城市规划，在这种规划中艺术的观点不被考虑在内。城市规划更应当是一种高级艺术，自由天空下的空间艺术。如同建筑艺术的其他所有分支一样，也要在艺术的框架内满足一系列实际的、保健学的和技术的要求。只有将所有这些要求完全计算在内，才能称得上是一个城市规划艺术家。即使鲍迈斯特也强调了实用性的一面，但他也没有站到卡尔·霍赫德尔的对立面，后者的要求首先是不允许缺少艺术的想象力，因为若没有想象力，即使再重视指导原则也不会产生好的城市规划计划。"（第604页）

在结束语中鲍迈斯特依然坚持他的观点："如果允许他出于个人利益说出一个词，他一定相信允许说，他自己自1876年城市规划艺术化的那一刻始就指示了正确的位置。施图宾正是这样工作的。他们两个很久以来都代表了必须对技术和美学的利益都加以重视的观点。这种观点并不是后来那些艺术家出身的作家的功绩。"在那之前就有一些人建议，如何"将建筑、房屋以及其他相区分，这正是稍后卡米洛·西特努力争取的。城市规划不是由一个新时期的个人创造出来的，而是从1874年发展而来的"（第605页）。

- **城市规划的原则，1906年，节录**

由卡尔斯鲁厄的赖因哈德·鲍迈斯特教授为德国建筑师与工程师协会1906年曼海姆流动大会制定：

1. 普遍的观点

"城市规划中应对技术、美学、健康学、社会和经济的利益加以重视并使之统一。在美学联系中它关系到建筑学的空间造型和景观效应，特别是关系到文物和家乡风土的保护。"

2. 规划的安排

"所有可能的交通工具：含轨道的街道、马路、自行车道、人行道、铁路、水路，以及其他将城市连结为一体的设施，都应当计划性地确定下来。城区内的铁路不允许与街道等高，原则上必须高于或低于路面。

某些街道或区是根据需要为商店、工厂、住宅、农社而准备的；另有一些建筑地是作为公共建筑的，并要为建造本身空留一些面积。作为这种分组的辅助手段：合适的位置、实用的交通工具、适宜的街区大小、建筑法规的与职业的规定。

这两个任务都要求相当大的设计范围，至少要根据现有和预期的城区的情况设计其基本特点。"

3. 街道

"道路网中要尽可能清楚地区分主干道和分支街道。设计首先要包含最初的街道，特别要注意放射状、环行或对角线方向的道路。分支街道只能采纳通过地形已经确定了的。其他借助于住宅区道路、厂区道路、散步小径连接的次要部分根据不远的将来的需要设定或在官方批准后转让给私人。"……

"街道的宽度和设施由交通的重要性和房屋允许的高度决定。主干道应当有相当的宽度，也许要穿过公共或私人场所的花园。分支街道只要一个有限的宽度就足够了，这个宽度应在可能的高层建筑、预期的成排树木间或在乡村别墅区中分开花园。"

4. 广场

"相当数量的广场中只要求有一些有很大的面积。按其主要目的要注意以下规则的意义间的关系：

广场的式样和四周的道路应这样选择，交通线主要放在周边，否则会分散面积，无论如何不能指向中心点。

广场的墙要尽可能是一体的，在与道路的交汇处可设置大门连接。面积可随意设定，加强中间区域。

对公共建筑和纪念碑的位置的选择要考虑到：高一点的位置、适宜的视野（2—3倍高度）、远方的方向和近处的惊喜、整体的背景。

从属于主要建筑风格的植被通常应当有秩序地按几何形排列；但在一个简单的建筑环境中它们却有很大的规模和自身目的，因此宁可选择自由、艺术的设计。有时两种花园风格之间会有一个过渡或中介。"

5. 建筑形式

"从三种住宅形式：单户住宅、市民住宅和出租房子中，应优先选择前两者，后者只应在老城区在减弱其弊端的情况下予以保留，在新城区则应取缔。

水平与垂直方向的建筑密度应当不仅出于健康学的、更出于经济的原因而加以法律限制。这里的规定应在大的城市规划中根据区（地带）、根据小面积或根据道路段分级。级别应部分根据现有地价、部分考虑到期望的建筑方式而加以选择。"……

"所谓的开放的建筑方式更适合小的而不是大的建筑物，特别是适合乡村别墅区，而不适合商业街。必要的距离应与房屋高度相关。开放的建筑方式在健康学和美学方面的优点也可通过半开放的建筑方式来实现并在相同程度上减小经济上的弊端。在四周封闭的街区代替开放的建筑方式的是在内部保留足够的空间。同样的规则也适用于大街区内公园或公共建筑的建设。相反的，后部建筑应尽可能的克制，宁可修建小路。"

6. 产权关系

"只要城市规划的公众利益需要乡镇的征用权就涉及所有的私人财产。对于因修建道路而形成的剩余地产应从法律上简化其征用和分配，同样还有其外形使建设变得困难的未建设地产的强制重划，以及因健康或交通原因在已建设的土地上的地带征用。"

"对于个别在现有道路之外建造的新建筑，应针对可用性和排水提供特定的条件；同时这种新建筑可以控制在特定的目的内：工厂、农舍、单户住宅或两户住宅。"

7. 费用补偿

"对于要临近的物主承担的新街道建设的费用或补偿，土地购买、平整、加固以及排水的费用要按预期的道路的全长合计和分摊。"……

"部分费用可以由乡镇减免，如果打算建造住房，而这些支持又关系到公众利益的话。但对住房（小户型住房）的大小和建筑方式、出租和出售形式、赢利的限制应制定一定的条件。"

（德国建筑报1906年，第348页及以后）

奥托·瓦格纳的"大城市"

奥托·瓦格纳（1841—1918年）以建筑师著称，但他也是城市规划师。1893年他以他的"维也纳整体调整计划"获得了两个一等奖中的一个。1911年他在他的著作《大城市》中详细描述了他关于大城市

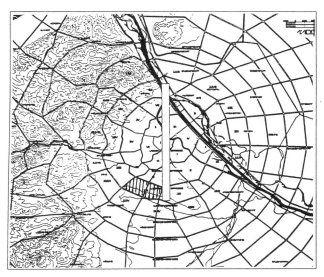

图 3.50 奥托·瓦格纳1911年的无边界的大城市维也纳。"持续不断的自由发展。"

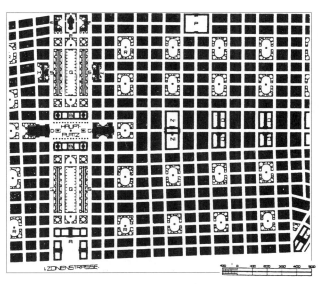

图 3.51 瓦格纳设计的维也纳22区，15万居民的约3万所住房（1911年）

图 3.52 为图 3.51 中轴线的鸟瞰图，带纪念碑、有轨电车轨道和绿地的中心

发展的设想。他主张城市结构的自由发展可能，因此也反对当时维也纳计划中的"森林和草原带"。以此他站在了同时代的通过分隔新的城市单位使城市分散的观点的对立面。

瓦格纳假定大多数的大城市居民都宁愿"作为其中一员消失在人群中"，因为在城市中生活就意味着尽可能地从任何一个被强迫的组织中获得自由。必须保证大城市的"持续不断的自由发展"。因此发展不会在任何方向上被限制，也不会在任何方向上加速，增生则不被允许。界限道路（环行与放射状）将大城市分成区，每区有 10 万至 15 万居民[格雷茨格／潘特纳（Geretsegger/Peintner），第 44、45 页]。

瓦格纳对此宣称："显而易见的，直到到达这个界限，管理中心可以被分为一个、两个，甚至三个这样的区。在所允许的住房高度上，10 万至 15 万的人口数符合每个区 500 至 1000 公顷面积范围……因为每个区都会围绕自己的中心构成一个小城市，因而将每个区足够的空间塑造成公园、花园和游戏场所似乎比设计森林和草原带更为正确；但是这个围绕着城市的绿化带设施只是一个确定的包围圈，这一定可以避免。"（瓦格纳，第 10 页）

瓦格纳一定明白奥斯曼经历了怎样的遗憾，他 1859 年就已被批准的巴黎绿化带工程却从未实施。瓦格纳也避免了已开发的城区中豪斯曼的"激进式调整"的片面性，因为他知道，街道不仅是为"空气和光的流通，也应为部队服务"。因此他赞赏地、但有所保留地评价巴黎的改建计划（格雷茨格／潘特纳，第 46 页及以后）。

没有计划就不应当对城市的发展进行干涉。应通过"整顿地价、出租等""控制城市在一定范围内扩建"并"为每个区保留必要的公共基础"。在地皮问题上瓦格纳也与注重社会的城市设计者们意见相同。他赞成"限制如今繁荣的房地产并将由此产生的利润用于最出色的公共机构和社会改造。……丰富的流动物资将使大城市良好运转，建造民房、居民住房、疗养院、用于商品和样品展览的建筑、电车轨道、纪念碑、喷泉、观光塔、博物馆、剧院、湖中堡垒、殡仪馆等等，所有现在几乎不能想象但在未来的大城市形象中不可缺少的事物"（瓦格纳，第 20 页）。

3.4 德国田园城市运动的开端

"勤劳的人们完成的每一件事都是空谈不能做到的；他们行动，就这样为公众服务。——我们上千年来都看到城市，却从未将它们的发展包含在我们的愿望中，在我们一百年以来学习了城市发展法规之后，我们为什么不应进行那个伟大而广泛的尝试、对城市规划性建设运用我们的经验，而不要将我们自己交给对我们如此粗暴的发展的波动起伏？"

——《晚邮报》，柏林，1909 年 3 月 7 日（德国田园城市协会 DGG，第 105 页）

田园城市运动的开路先锋

特奥多尔·弗里奇以他 1896 年在埃根（Eigen）出版社出版的《未来的城市》一书不依赖霍华德独立领导了德国田园城市运动的思想准备工作。他受到了瑞典作家古斯塔夫·斯特芬的激励，这位作家以伦敦为例揭示了无计划城市发展的缺点。弗里奇在他的书中主张"未来城市建筑的更好的基本准则"和"住宅区按照更好的规划"改建。

作为解决方法他提出了环形城市的建议，它的平面图很容易让人联想起古希腊罗马时期、中世纪或大革命时代建筑的理想城市模型。城市应划分为不同的功能区域，这些区域依照社会意义像树木的年轮一样围绕着居民。一些纪念性的公共建筑组成的大广场构成城市设施的中心点。由此向外连接着下列"功能半环"：别墅、高级住宅、工人住房、工业设施以及作为边缘区的花园、风景区和公园［哈夫纳（Hafner），第178—183页］。

田园城市的思想经由英国的弯路，加入了霍华德的社会改革方案后再次传入德国。像卡尔斯鲁厄这样的专制主义的城市规划方案充当了弗里奇和霍华德的空间设想的教父。平面图的相似不仅仅是外在的，也使人注意到了相同的中央化的基本思想，就如同它们在两百年前被追随的那样。

和它的英国榜样一样，德国田园城市运动希望以其住房和社会改革计划实现一种新的城市榜样。由此它也有一个民众教育的要求，后来却被解释为浪漫派的"重返自然运动"并与纯单户住宅理论联系到一起。除此之外它还与尽人皆知的反犹主义者弗里奇的国家社会主义和排犹主义的论点有关。即使它组织上的开端打上了社会主义的思想烙印，也仍不能完全脱离干系。德国田园运动就这样于思想和意识形态间摇摆，这即使在它激情四溢的开始阶段也影响了它的决定性的成功。

德国田园城市协会

德国田园城市运动1890年以带有浪漫派－社会色彩的诗人团体的住房工程为开端，成员有哈特兄弟、坎普夫迈尔、维勒、博尔朔和其他人。但这一共同的住房工程项目和它无政府主义－社会主义乌托邦的"自由民众舞台"在柏林附近的腓特烈斯哈根、后来在施拉赫滕湖均遭到失败。

但1902年仍成立了德国田园城市协会，柏林的商人H·克雷布斯将霍华德的理想赋予了协会。创始人有作家和自由思想家博尔朔，艺术画家和生活改革家赫普纳，女作家莉昂，教育家弗尔斯特，国民经济学家奥托和弗兰茨·奥本海默以及建筑师陶茨（哈特曼，第28页）。

这些狂热分子受到"自然"、"艺术"和"手工业"理念的鼓舞，在90年代的德国受到英国"艺术与创造力运动"的影响而萌发，致力于霍华德理想的纯粹形式。"他们首先将田园城市看作民主与协作的共同体，但在短短几年内他们就必须加入住房改革运动的主要潮流之中"（萨克利夫，第158页）。

在一次大战前德国田园城市协会就踏上了两条不同的道路：别墅区的市民住房和工厂住宅区建设。在20世纪20年代（1925年）协会重新组织和恢复运作。但主要趋势趋于保守，由此产生了反对"新建筑"代表的巨大矛盾。1937年协会被纳粹取缔。

田园城市与田园城郊

德国田园城市协会从成立伊始直到一次大战始终强调多样的改革思想，并不仅限于城市规划方面。他们也批评大城市中道德、健康和文化的弊端，这种批

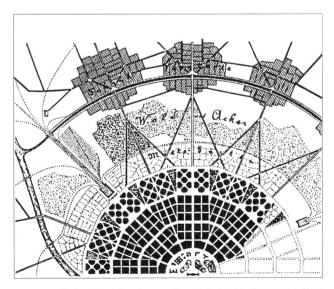

图3.53 特奥多尔·弗里奇1896年。城市与隔离的工业区，前面是森林、农田和"出租花园"

图3.54 德国田园城市协会的标志。"住宅区和住房样式的完全改变"

评既有社会主义的、也有民族主义的色彩。正因为如此德国田园城市协会与同时代的其他住房和城市规划改革组织不同。随着年份的推移，成员中城市规划家和建筑师的比例逐渐增长，因此主题重点也相应地转移。在章程的补遗中明确表达了这一点。1902年章程第一条仍宣称：

"田园城市协会的目标是以在城市与乡村的公共财产的基础上建设田园城市的思想赢得广大民众，以及服务于这个目标的所有措施的支持。"1907年补充了第一条a款："田园城市运动以逐渐显现的工商业企业移出大城市的趋势为出发点，在大城市中工业要承受过高的地租和生产与运输的困难，为穷人找到好而便宜的住房几乎不可能。"更进一步的作为目标表述出来："住宅区的计划、田园城区和工业区"（哈特曼，第36页）。

在最初几年中产生了许多工程项目，将在下一章中详细描述。1911年主席汉斯·坎普夫迈尔作了第一次积极的总结："德国田园城市协会允许满怀自豪的喜悦回顾在它九年的辛苦工作中取得的成功。在所有我们嘲讽乐观主义之时、在所有我们寄托于田园城市运动的未来的信赖之中，就在几年前我们还不敢希望播下的种子这么迅速而有力地萌芽并带来这么多的鲜花和果实。没有什么比把这些仅作为我们自己的和我们众多可信赖的同事的成就的惊喜的成功离我们更遥远。田园城市的思想正在酝酿之中，我们幸运地可以将我们的工作和热情投入到一项运动之中，这项运动许诺实现无数人已知或未知的渴望。从这点认识出发我们也确信，这些巨大的成功仅仅是通向完全改变我们现在不完善的社区和住房方式的发展的开端。"（德国田园城市协会DGG，第14页）

第 4 章 转变：现代城市规划的起源（1910—1925 年）

"年轻的时候我听人说起大城市住房紧缺的事情，当时我很放肆地说：对呀，人们应该把城市建到农村去！因此遭到了人们一阵耻笑——今天我站在这里讲实际的操作问题，建造一大批乡村和田园般的绿色城市。"

——汉斯·托马，1911 年
（《文化与田园城市》，DGG，第 98 页）

4.1 德国田园城市运动的繁荣

"田园城市运动有助于合作社运动，其程度是以田园城市促进合作社运动，并且努力使土地、贸易物质和生产资料的占有量最大范围地转入合作社手中。为促进建筑合作社，负责建筑合作社管建房，防止过量的商店泛滥，同时把销售商品和重要的食品供应给消费合作社。从其本身来讲，一个强有力的合作社运动也可以支持田园城市运动。具体方法是，田园城市运动可以通过提供资金、建立建筑合作社、消费合作社，而且地理环境优越的地方也可以通过建立大量购买协会的企业，参与建造田园城市。"

——海因里希·考夫曼，1911 年（DGG，第 89 页）

"此外，如我们现在所观察的那样，田园城市样板住宅区的大量涌现也迫使私人投入建房和搞建筑工地中去，至少表面上他们的做法是符合田园城市运动原则的。鉴于以上情况，人们不能冒失地说，这是我们城建的一个新纪元，她开创了田园城市运动。"

——K·冯·曼戈尔特，1911 年（DGG，第 83 页）

德国田园城市协会的第一份总结

德国田园城市协会成立以后，协会的成员工作热情十分高涨，尽管 1905 年底所谓的"协会"成员只有 200 人。在英国田园城市这个榜样的带动下，人们很快就开始讨论具体和实际的工作。1906 年继卡尔斯鲁厄第一个地方性的协会成立之后，汉斯·坎普夫迈尔成功地组建了"第一家田园城市合作社，即'卡尔斯鲁厄田园城市'"。尽管开工时间一拖再拖，但这表明"实际工作已经开始，并将对宣传产生良好的结果"。"卡尔斯鲁厄计划建造一个田园市郊，而不是霍华德主张的政治和经济独立的田园城市。"（DGG，第 6 页）

德国田园城市运动取得第一个巨大成功的例子，是 1906 年德国手工业艺术事务所业主卡尔·施密特在德累斯顿郊外海勒瑙建造了一座田园城市。从 1910 年至 1914 第一次世界大战爆发，几乎所有的田园城市都变为现实,因此人们称这段时间是德国田园城市运动的繁荣期。尽管开创田园城市精神的人或团体各不相同,但有其一定的条件。汉斯·坎普夫迈尔对这些条件作了如下描述:

"对于田园城市或田园市郊不应理解为任意的城市,或者带有围墙和花园的郊外城市。同样她也不是别墅区,有头脑的房产商给别墅套上'田园城市'的花冠点缀一番,目的是为其唯一公益性的基础赢得好感,掩盖其公益性建筑的实质,别无他。"

"田园城市是在廉价的土地上有计划开发的住宅区,土地经常是由共同体统辖和掌握(如国家、乡镇、合作社等),以致不让任何人对土地进行投机,确保集体的利益增长。这种社会的经济的基础给新建立的城市也带来并且保持田园——即便是对贫困者而言——使新城成了'田园城市'。"(DGG,第3页)

但除了这种"社会的经济的基础"以外,住宅区内部规划用地,活动场所用地也决定着田园城市的特征。所以重要的是要知道,哪个建筑师规划并实施建筑项目,哪个城市规划者制作规划。田园城市协会动用"真正的田园城市"一说,完全是在组织和财政形式这个广泛框架内,以通过以下几种田园城市类型加以区别开来:

• 由德国田园城市协会创建的田园城市,比方说卡尔斯鲁厄郊外吕普尔、纽伦堡、曼海姆等城市。
• 尽管是私人推动,但是在田园城市的意义上是社会导向的以及合作社组织的,比方说,海勒瑙田园城市、玛格丽特高地田园城市、居斯特罗田园城市等。

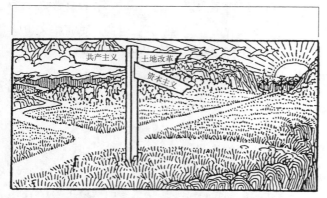

图4.1　1900年后"德意志人民之声"的标题:土地改革是解决住房问题的"第三条路"

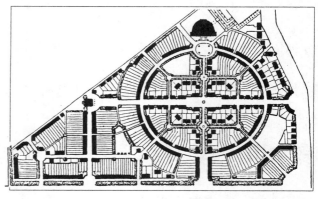

图4.2　曼海姆田园城市(1914年)。埃施和安克共同设计的装饰性的方案非常简单地实施了

图4.3　许滕琦田园城市城市的和"多样化"的道路空间,格奥尔格·梅岑多夫设计

图4.4　图为海勒瑙"绿峰角"城市建筑,里夏德·里默施密特设计。这是一座"人工小城"的一部分吗?

• 还有的住宅区其城市规划上具有田园城市的特征,但并不符合社会方向和合作社组织结构,如柏林-施塔肯、柏林-弗罗瑙、采伦多夫西部的别墅区等(哈夫钠,第200、201页)。

"真正的"田园城市和田园市郊

以下对田园城市的四大特点作一番描述,每座田园城市各具特色，是典范。卡尔斯鲁厄郊外吕普尔是田园城市协会建造的第一个田园城市，但她的开工时间比海勒琣田园城市晚。吕普尔具有城市建筑规划的完整性，而海勒琣却不具备这一点。玛格丽特高地田园城市适合企业家居住，倒是首先被人看作一座"新型的城市"。海勒琣田园城市特别注重社会化，并且还是一些著名的建筑学家设计的。这些建筑师的设计表明了一种"家乡风格"结束了，她以施塔肯田园城市为代表的建筑，把田园城市运动与建筑先锋派彻底分道扬镳了。

• 卡尔斯鲁厄田园城（1911—1919 年）

"卡尔斯鲁厄田园城有限公司"至今仍然存在，建于1907年，旗下共有27个成员。自1905年以来，汉斯·坎普夫迈尔为建立德国田园城市协会下属的"卡尔斯鲁厄地方协会"费尽心思。为什么偏偏选定卡尔斯鲁厄呢？卡尔斯鲁厄既不是工业城市，也不是像鲁尔区那样是无产阶级集中的地方。卡尔斯鲁厄不像工业大城市无产者集中，贫穷、疾病、住房紧缺和犯罪泛滥。即使人们听到许多发生在大城市那些可怕的事情，或者读到过有关诸如此类的报道，但参与田园城市设计建造的大多数人没有大城市生活的直接体验。

人们选择卡尔斯鲁厄，也许是因为汉斯·坎普夫迈尔曾经在卡尔斯鲁厄艺术学院念过书。资助卡尔斯鲁厄合作社的第二个人是工厂主弗里德里希·埃特林格博士，他出生于一个犹太人家庭。弗里德里希·埃特林格当年是慈善事业促进会的代表人物。他的目标是解决更多的城市住房困难，而坎普夫迈尔主张改造社会。（哈特曼，第32页）

合作社的主要目标是为合作社成员"建造带花园的住房"。1906年11月巴登大公国林业和领地管理局原则上表态，准备出让约72公顷土地，建一个田园城市。土地四周风景优美，绿树环抱，许多小路可以通往黑森林。这块土地适合用于园艺，同时也是块很好的建筑用地，离卡尔斯鲁厄新火车站只有1.5公里，人们坐半小时一次的火车经过阿尔伯山谷铁路8分钟就可以到达城里。（DGG. 第27页）

第一个平面图的设计者是汉斯·坎普夫迈尔，建筑师汉斯·科勒对图纸作了修改（图4.6）。由于建筑施工原因，整个外形有几处作了改动（图4.8）。根据负荷，街道宽度作了改动，规划上有所不同。住宅区内有符合生态要求的污水处理设施，因为接通城里的下水道在很晚时候才有可能。

建筑规划最后定为独家独宅。每幢住房位置松散，或成群，或成列，带花园的建筑面积有200至1000平方米，可以种植水果和蔬菜。与这些独家独宅毗邻的是那些所谓的"乡村别墅"，大住房，占地面积又大。从住宅上可以看出社会的等级：工人和手工业者住行列式住宅。社会地位高的职员、官员

图 4.5 图为60年代初卡尔斯鲁厄－吕普尔田园城市。"并非是完美，而是某种精神。通过房屋行的前置或后置以及通过广场和设施造成了小区内的多样性和中断。"

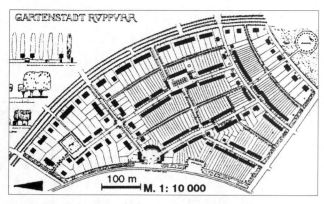

图 4.6 第一个建筑规划，卡尔·科勒根据汉斯·坎普夫迈尔的设计方案作了加工

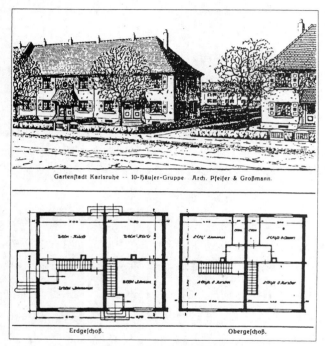

图 4.7 卡尔斯鲁厄田园城市一个 10 幢房屋组的边角建筑。建筑师，普法伊费尔和格罗斯曼

和有知识的阶层住独家独院。1911 年开始动工建造，盖 42 套住房，24 套行列式住宅。1912 年建完 61 套。剩下的在 1919 年和 1924 年至 1927 年间完成（参见卡尔斯鲁厄田园城市）。

• **德累斯顿郊外海勒瑙田园城市（1909—1914 年）**

作为业主卡尔·施密特抓住扩建和厂房搬迁的机会，想建造"有艺术品位的示范性经济型住房"，即田园城市。经过艰苦的准备，他 1908 年成功地与 73 家住房用户签定了住房销售合同，这样保证了每平方米的土地价格为 1 马克至 1.5 马克，大约有 140 公顷土地。这块用地离市中心有 6.5 公里，并且离德累斯顿郊外有 3.5 公里。因此，田园城市协会宣布说，为创造一个更好的交通环境他们准备对每一平方米建筑用地交纳 10 芬尼，作为建造有轨电车的费用。"海勒瑙田园城建筑有限公司"成立时股份投资是 30 万马克。整个地产都属于这家公司，股息限于 4%。净利必须用于"全部资产最好的项目"。

里夏德·里默施密特（慕尼黑）设计建筑平面图。从 1909 年始，建房用地位于东南"绿地"和广场两处。尤利乌斯·波泽纳最近在一次报告中说到里默施密特设计的行列式建筑群是"人工小城市"（《城建》斯图加特，1994 年 2 月 24 日）。其余的房屋由著名建筑师赫尔曼·穆特修斯、海因里希·特塞诺、特奥多尔·菲舍尔设计规划的。除了乡村别墅以外，平面图里也有小房型住宅。最小的住宅面积是 52—55 平方米，底层有个供取暖用的瓷砖壁炉，一个厨房，二楼有两间卧室。每年租金在 250 至 260 马克之间。到 1910 年底，盖了 139 幢房屋，计 149 套住房。

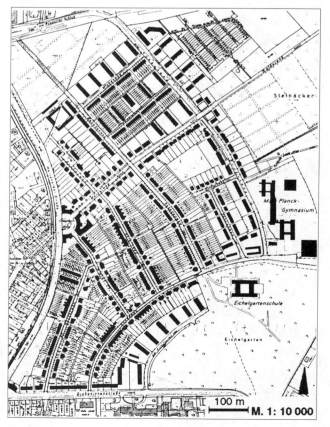

图 4.8 卡尔斯鲁厄-吕普尔田园城市平面图（1994 年），1960 年花园城区北面作了扩充

图4.9 建筑开工是根据弗里德利希·奥斯滕多夫的建设规划进行的。修建马路和绿色后院

土地的法律形式按照使用情况而不同：

• 如果建造出租房或商品房，工商企业可以购置土地并具有买回权。只有企业是允许的，不担心住户带来烦恼。

• 小房子由"海勒瑙建筑合作社有限公司"完成施工。这家公司从"海勒瑙田园城建筑有限公司"手里以成本价格购置了必要的土地，将重新买回权登记在册。住宅向会员出租，时间不限。合作社不可以解约租房合同，只要租房人未违反租房义务。只能通过全体大会来确定租金的升降。

• 乡村别墅的房租价格在600至2000马克之间，实行遗产租金办法。租用人提供住房和土地总价值的十分之四给合作社作为贷款，利息为4%。租房合同年限为30年，可以再延长30年。

• 租值为2000马克以上的乡村别墅土地可销售。

根据"交通情况"，交通路与住宅马路以及广场式的加宽的区别十分清楚，这样才可以造马路。建筑用地和非建筑用土地（无马路和广场）小房屋的比例是1∶5（建筑密度率GRZ为0.2）；别墅比例为1∶8（GRZ为0.125）。

在技术方面，基础设施包括一个污水生物处理设备以及燃气和水供应设施。"发电厂"提供马路照明以及住户用电。像许多田园城市一样，作为文化中心的"住户之家"发挥其作用。此外还有单身汉之家，有带客房和大厅的食宿旅店以及特森诺夫设计的"雅克·达尔克罗兹培训基地。"（DGG，第17—24页；哈特曼，第46—101页）

努力创建一个统一的城市形象。"像其他城市一样，我们必须看到，勤劳的建筑师是如何建房造屋的，规划时不看重形式和毗连房屋的效果。而在海勒瑙，幸好风格迥异的建筑师都很自觉地塑造了一个统一的街景和广场效果。"（DGG，第24页）海勒瑙的城建局限在面积的规定上和间隔开来的不同住房的结构形式上，以致没有了空间的统一性。

• 纽伦堡田园城市（1911—1924年）

由于纽伦堡住房严重紧缺，1908年成立了田园城

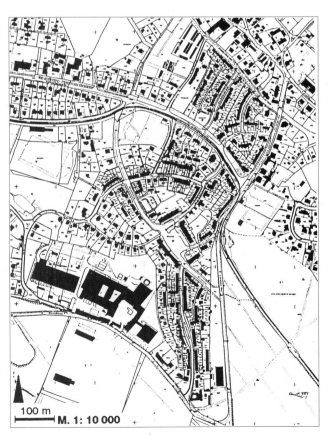

图4.10 海勒瑙田园城市平面图（1994年），其中有地方艺术品加工工厂……

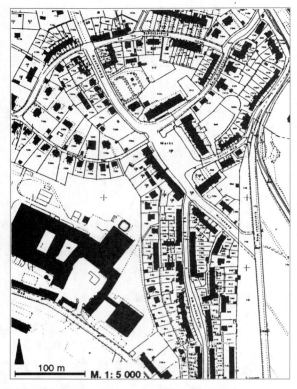

图 4.11 "绿峰角"(图下)对面是"市场"和居住群，H·穆特修斯和 H·特森诺夫设计

图 4.12 里夏德·里默施密特设计的乡村别墅和"达尔克罗兹培训基地"（左上）规划图

图 4.13 今日的海勒瑙田园城市。1920 年布林克曼说："海勒瑙避免了僵死的筑造体形构造。她要求田园城市中的建筑群是松散的，道路弯曲，无拘无束。"

图 4.14 穆特修斯设计的"多夫福利德花园"房屋，给人一种"主人自居"的良好感觉

市合作社。两年后，该合作社成员发展到1700名。很快人们在铁路（编组站）南面发现了一块65公顷面积的森林地段，可建带花园的独宅2200幢。土地购置谈判过程中，1909年春，人们对这块土地进行了测量和平整。根据里夏德·里默施密特提供的资料，制订设计方案。里默施密特把在设计海勒瑙田园城市获得的全部经验在这里全部拿了出来。原因是，按照德国田园城市协会的原则，要在纽伦堡建造最大的住宅区。

在"土地谈判"和由于"2.50米较低的房间高度"所引发的关于"建筑法规的艰苦斗争"之后，很快传出谈判成功的消息。"由里夏德·里默施密特教授和建筑师洛茨规划设计的第一期工程计划已经得到有关部门批准。1911年初春破土动工。计划建造74幢住宅，一幢管理大楼，总价值为48万马克。弗兰肯中部地区保险公司宣布以房产作抵押放出房地产价值66.67%的贷款，其利息是3.5%和分期偿还额为1%。为争取第二期工程规划，人们宣布举办有奖招标活动。纽伦堡建筑师汉斯·莱尔摘取头奖。合作社房子和土地一样应当经常由合作社掌握，以租金方式出租给合作社成员。"（DGG，第36—38页）

国家对田园城市也给予了支持，说建造田园城市是"解决住房的理想方式"。建筑师莱尔和洛依贝尔特根据原来的方案规定的"风格要有变化"，直至1924年。至1939年有1350套住宅竣工了。战后，花园城南面的住宅建筑风格有所不同。现在这座田园城市作为一种标志已被列为文物保护对象。（DASL，第18、19页）

- **埃森的玛格丽特高地花园市郊（1910—1914年）**

玛格丽特高地建筑工地上竖立的建筑工程牌上这样写道："为纪念女儿贝尔塔和古斯塔夫·冯·波

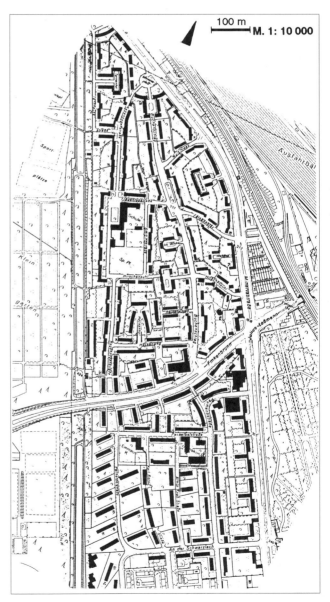

图 4.15 图为纽伦堡田园城市原始建筑图形（上部）；下部为二次大战后的补充

第4章 转变：现代城市规划的起源（1910—1925年）

图 4.16　纽伦堡花园城之北面一瞥。她是德国田园城市中最大的住宅区

伦-哈尔巴赫的婚礼，玛格丽特·克房伯夫人 1906 年资助了德国第一个花园式的住宅区。建筑师格奥尔格·梅岑多夫提供设计规划，住宅区具有田园风光似的小城风格。1910 年开始破土动工。"启动资金和土地得到了资助，"为在埃森这座工业城市的门前建造一个有 16000 人的所谓'贫困人'小城区"。

梅岑多夫当年 34 岁，在众多的候选人中脱颖而出，排在布鲁诺·陶特前面，主持设计田园市郊，并实施该计划。"道路与变化多样的居住区紧密相连。

设计房屋时，建筑师很明显得到了优秀传统的山城建筑方式的启发。每一幢房屋的花园面积从 70 平方米至 300 平方米不等。（DGG，第 47 页，图 4.17—4.19）

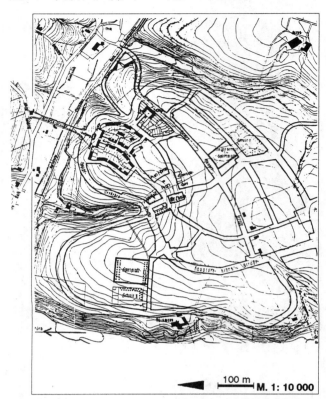

图 4.17　玛格丽特高地郊外田园城市建筑设计，第一期工程建筑（1909 年 7 月）

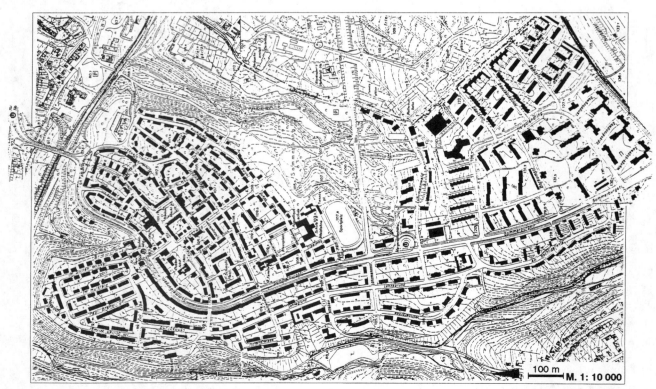

图 4.18　1994 年埃森玛格丽特高地郊外田园城市。图左为 1914 年建筑住宅区，第二次世界大战后分几期阶段向南面扩建（图右）。"建筑学不同时代的潮流。"

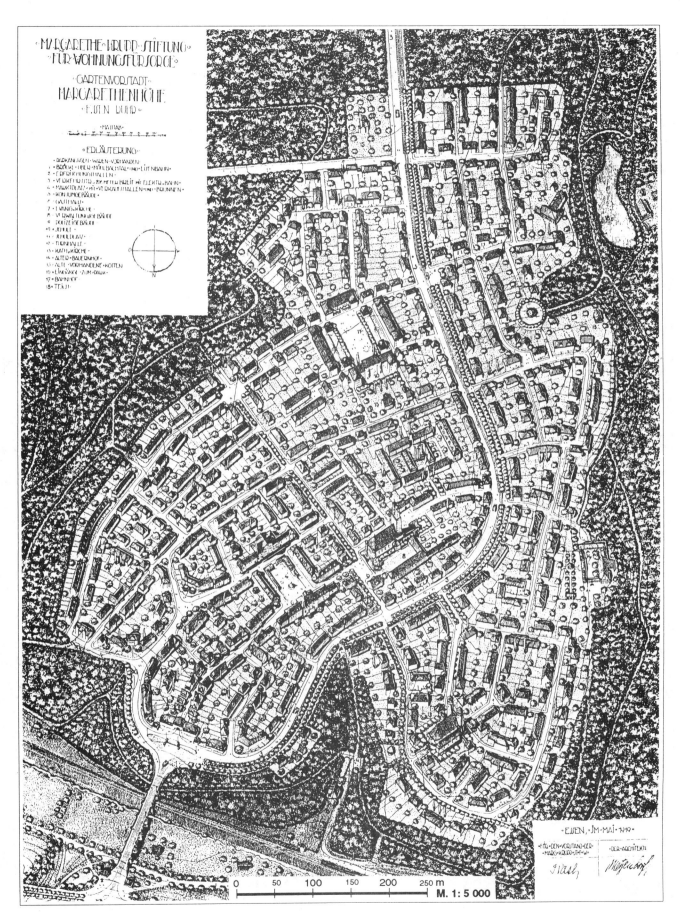

图 4.19 格奥尔格·梅岑多夫 1919 年绘制的玛格丽特高地的等距线。"一个宽阔的,围绕着住宅区的森林带。这个森林带按照女资助人的要求不得有任何建筑。她创造出隐蔽性的气氛。"

图 4.20 拱形城门内建筑一瞥，街道狭窄，如画一般

图 4.21 宽与窄：田园般的花园位于石块路面的后面

建筑师格奥尔格·梅岑多夫其实已另有一个新城区的理想的图景。正如他 1920 年所说的那样："11 年前，我已经开始设计并计划建造玛格丽特高地了。我的任务是在崎岖不平的建筑用地上设计住宅区模型。当时我很看重笔直的街道，像 18 世纪老式马路是我效仿的榜样。可惜我无法完全实现自己的想法，因为建筑用地是梯田式的，只有采用弧形式的马路才能解决土地高低不平的问题。我把建筑用地改造成有规律的绿地，方案就是建桥头堡，设集市广场，以及现在已设计好的学校广场。自然，这些高低很不平的土地倒产生会像画一般的街景效果。只有在高处，人们才能建造整齐划一的道路来，沿山坡和森林产生流动线条的感觉。"（图 4.22）

房屋的平面类型没有多大变化，出于节省考虑，门窗、楼梯、暖气设备以及安装仅在多次重复的形式上作某种限制。相反，房屋总门和住宅、过道外表呈多样化。

"根据女资助人的意愿，应特别强调房屋的卫生条件。为了使住宅厨房（厨房是主要居留的地方）符

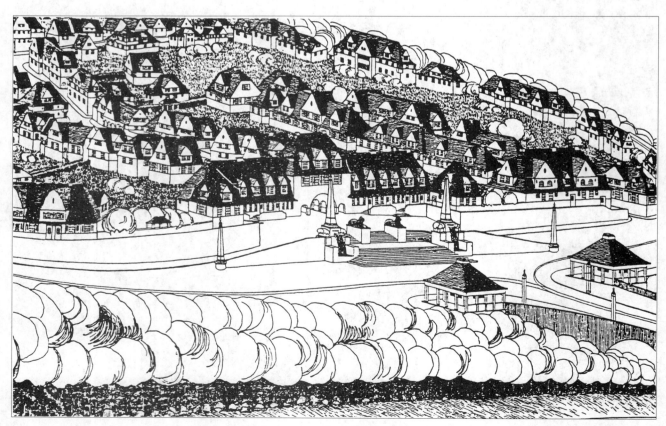

图 4.22 玛格丽特高地田园城市入口区图形（G·梅岑多夫）：对"形式简单情况下的出色设施，多石的斜坡，自由的阶梯和大门建筑群提出异议。"

合卫生条件，住宅厨房边建有所谓的冲洗厨房，在这里可以从事具有水蒸气或异味的所有工作。女主人可以监控烧炉，在冲洗厨房工作时也可以照管到在花园玩耍的孩子，这样省下了佣人。炉灶、冲洗厨房设施和洗涤用的煮锅都得到了良好的通风，同样每套住宅内安装的厨柜也是如此。[梅岑多夫(G.Metzendorf)，《前言》]

作为房型，简洁、有屋脊的双坡屋顶形成了立方形式，梅岑多夫觉得"美观、实用、廉价"三者完全统一起来了。建材和涂料的统一使住宅的整体性得到了保证。这座具有历史性的住宅区（GRZ 约 0.3 和 GFZ0.65）二战后埃森由于住房也紧缺，以其他形式得到了扩建。根据 1960 年建房规划，至 1964 年底人们先建造了 33 幢独宅，后来又建造了 264 套小高层。至 1980 年人们又建造了高层建筑和三层楼出租房近 500 套。[克斯特斯（Kösters）2，第 66、67 页]

"劳工者居住的兵营式的房屋在无人看管的情况下，玛格丽特高地的改革方案、人性化的住宅和充满情趣的城建是以后居房政策的典范。门窗、楼梯、安装管道、家具系列化生产和不同样式的外观——尽管平面的类型不多——融合了经济和社会方面的观点。25 年房建期，虽然涌现出了建筑潮流和不同的经济条件，但统一选料，并使用一定的基本形式，玛格丽特高地成为一个完整的艺术品。"（梅岑多夫，第 1170—1171 页）

类似田园城市的住宅区

从城建意义上说，但不是以田园城市协会这种合作社组织机构形式来看，也出现了一些与田园城市相似的住宅区。施塔肯和比斯特里茨这两个公益性住宅区的建筑特点应该值得介绍。

• 柏林施塔肯"田园城市"（1914—1917 年）

位于施潘道公益性住宅区"施塔肯"，离柏林市区约 12 公里，是第一次世界大战期间建造的，当时是为施潘道军工企业职工解决住房问题。建筑师保罗·施密特黑纳和助手奥托·鲁道夫·萨尔维斯贝格设计规划，制作房屋模型。一般花园城区配套设施有教育中心、厨房、以及其他社会设施（图4.23）。施密特黑纳设计的房型和在材料使用上采用了荷兰建筑风格，受到中世纪小城街道、斜角和弧形广场的启发，尽管整个地块是长方形的。

住宅区基本上保留了当地的情况和历史性的典范结构，让人想象到花纹装饰和中世纪。30 年代初，沃尔特·塞加尔参观住宅区时对尤利乌斯·波泽纳说过这么一句话："人们给我的是最强硬的格罗皮乌斯"（波泽纳，斯图加特，1994 年），波泽纳对施塔肯颇有好感。由于城市规划形式，大花园，建筑合作社组织，施塔肯住宅区始终被人视为一个田园城市。1901 年始，国家从"住房基金"中独自提供资金在此方面有了明显的区别。

但计划建造 1000 套住房并没有全部实现。1915 年盖了约 190 套；1917 年有 600 多套住房已竣工。三分之一住房是独宅（三房一厨），其余是一居室和两居室四户住房。房屋内有冲洗厨房、卫生间、自来水、燃气和电。还有约 150 平方米花园。

1917 年，弗兰茨·奥本海默讲话充满民族主义色彩，他对保罗·施密特黑纳设计的住宅大加赞赏。施密特黑纳早已是一名国家社会党人了。他认为现代大城市是一种对抗：从美学角度看，大城市外观极其丑陋，从卫生条件上看很不卫生，从民族人种角度看，大城市是滋生刑事犯罪的温床，从政治上看，大城市十分危险，从国民经济上看，大城市很不经济。

"出租房内的住房很简陋，比农村、小城或者田园城市同样大小和设施的房间贵得多。而后者的房间更漂亮，卫生条件更好，而且更有家乡味更合乎道德。"

"施塔肯很美……施塔肯很便宜……施塔肯有邻相伴，人们居住在那里感到很有人情味。"

"施塔肯从道义上讲，从爱祖国方面看，从生理健康条件方面来说是个典范。世界上所有的花园住宅从道德上讲是健康的，如同身体健康一样。"

"这里她就是榜样。假如这里光有意志的话，德国土地上会有成百成千的榜样，也许其造型更美，实用性更强。田园城市这种传统建筑协会，就是根治我们民族疾病的一帖良药。干起来吧！赶快行动吧！"[施塔肯（Stahl），第 3—7 页]

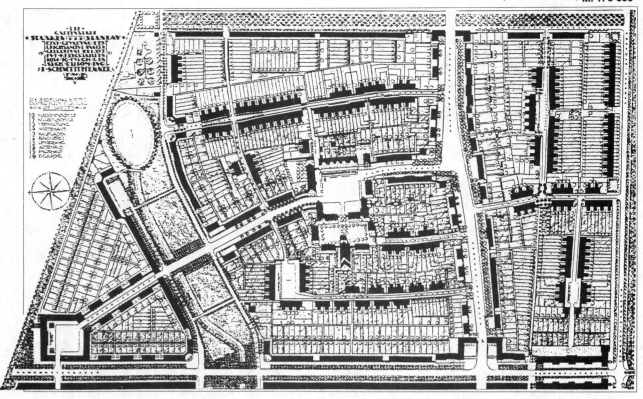

图 4.23 柏林的施塔肯"田园城市"地形图（保罗·施密特黑纳 1917 年设计）。铁路线使地基空间变窄，城市空间给人一种中世纪时代的感觉，花园院子占地面积颇大

- **维滕堡郊外比斯特里茨田园城市职工住宅（1916—1919 年）**

"战时和战后建造的许多小型住宅区，维滕堡郊外比斯特里茨住宅区占地 13 公顷，位于中部地区，她是最深思熟虑、外形也是最完美的住宅区。……街道、广场完整，每块也实用，可提供 300 户家庭居住。花园城内有商店、学校、两座教堂多数为独户住宅。"这是约瑟夫·施图本 1924 年对该住宅区所作的描述（第 555 页续）。

比斯特里茨田园城市是第一次世界大战时期新经

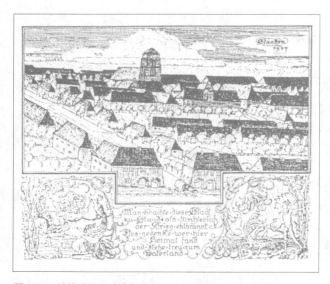

图 4.24 施塔肯居民点中部东侧入口远眺（1917 年）（带中心和教堂）

图 4.25 带家乡风格房屋的施塔肯"田园城市"中的道路："人给了我最强硬的格罗皮乌斯！"

图 4.26 比斯特里茨的花园路。行列式住宅的横置山墙在庭院中构成了一幅乡村式的景致

济模式的例子，即所谓"国家预算"的结果，"国家对私有经济的全面的有针对性的影响"，如施塔肯住宅区一样。为代替从国外进口肥料，人们建立了一些氮肥厂，位于比斯特里茨的就是这批项目中的一个。居民住宅区由国家提供资金，而不是自以为是的行善者的企业所为。因为她分配住房，至今人们还称它是"氮肥居民点"，她是位于德绍、比特费尔德、维滕堡（路德城）之间的"工业花园王国"住宅区中的一个。

格奥尔格·哈伯兰特作为国家的总代表，已经在建造"田园城市"施塔肯时积累了许多经验，他委托但泽大学城市规划教授弗里德里希·格拉赫进行居民点规划，委托瑞士年轻的建筑师奥托·鲁道夫·萨尔维斯贝格完成他的第一个大项目。萨尔维贝格曾在保罗·施密特黑纳的领导下参与设计施塔肯，后来同布鲁诺·陶特一起（1926 年至 1932 年）设计并建造柏林"汤姆大叔的小屋"居民区（第 116 页）。

格拉赫"把同时代的城建大封论的全部资料都用在了计划之中"和"整合了所有基本的城建知识，使之成为一本很好的教材。"（图 4.27）

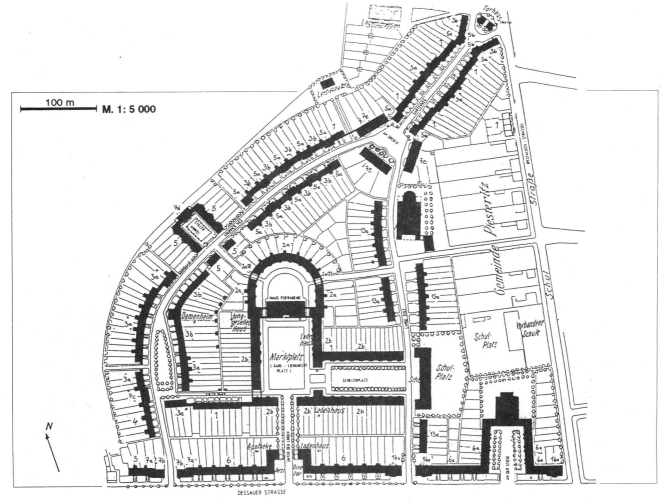

图 4.27 维滕堡的比斯特里茨田园城市－工厂居民区，由弗里德里希·格拉赫设计。"混合建筑方式"卡米洛·西特的规则和昂温的住宅庭院等城市规划知识合乎时代的教科书式的运用

第 4 章 转变：现代城市规划的起源（1910－1925 年） 75

图 4.28 从德绍大街进入比斯特里茨居民区"主入口"处构成广场的头状建筑物（约1920年）

梯旁"彻底竣工是 1919 年，沿市政厅四周的萨尔维斯贝格于 1925 年部分被扩建，原先是用来建教堂的。对职工住房作了修改，结果建成不同房型的住宅 19 幢，特殊用房 17 幢，如男女单身用房，再加上商店，教堂和学校。作为住宅区不合适，因为它处在风口上，住户首当其冲，有害气体使得居民得皮肤病和呼吸道疾病。（凯格勒，第 18、41 页）

尽管住宅几乎 80% 为职工建造，但许多人都有这个印象：这是为"经济收入好的人"盖的房屋。从住房布局上可以印证：高级职员和医生或药剂师这类有身份地位的人。南面马路两旁长着梧桐树，德绍大街连接维滕堡，这样"小城"仿佛有一个"社会围墙"，向外延伸。从 1987 年以来，这个住宅区列为文物保护对象（凯格勒，第 24 页）。

战时许多出版物和明信片上印有这个"梦想世界"，四处传播。创意人和房屋设计人员有意将这个住宅区渲染成城市建设的一个形象。1917 年有人撰写文章，描述了这个"让世人着迷"的城区：

"在我们这个严肃的时代里，我们的工作既是严肃的，我们的目标也是明确的，这个居民点给人们带来了幸福，给帝国创造出所期盼的利益。谁漫步走过，谁就会产生一种让世人着迷的感觉。就在繁忙的工厂旁边营造出了一种舒适的生活空间，工人下班后，身体得到了调剂，身心得到了强化，走进温馨的家，愉快之情油然而生。"（凯格勒，第 38 页）

• "混合建筑方式"是指多层建筑，内部结构封闭，层面高（第 61 页），有空间、有绿化带以及公用设施。

• "城建艺术"是指卡米洛·西特原则，对空间有整体设计。

• "优雅的居住后院"是指美国式居住区，例如按照雷蒙德·昂温［凯格勒（Kegler），第 27 页］。

1916 年，当围绕市场形成的一个中央地带开始动工建设之前，沿西面"弯曲的道路"后来晚些时候又在东面"长带"地段上开始建造。东面建筑"在楼

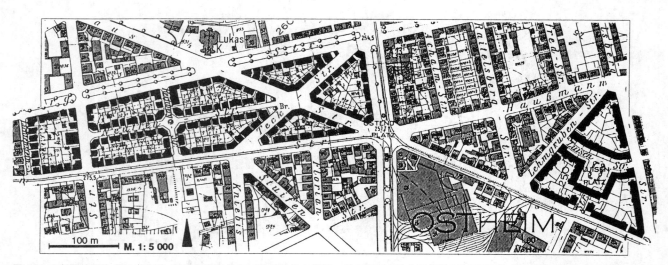

图 4.29 奥斯特瑙住宅区（图右）奥斯特海姆住宅区是城外住宅样板。后来这两个住宅区都并入市里了。住房水准起点高，房租比其他地方便宜

图 4.30 奥斯特瑙住宅区建筑追求建筑风格,路易丝广场(1912 年)

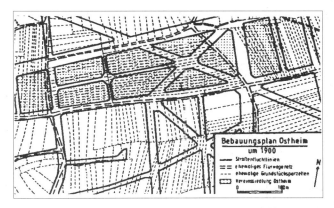

图 4.32 奥斯特瑙建筑规划十分重视现有的小块地皮结构以及道路建筑

图 4.31 奥斯特瑙住宅区作为"斯图加特城门"住宅区(1896 年)

图 4.33 奥斯特瑙住宅内的道路由于前花园和场地原因具有郊外城市的特点

4.2 社会化的市郊住房项目

"人们毫无顾忌地承认,城里生活要比小城镇和乡下更紧张,很不健康。人们抱怨说,城市居民对土地、动植物越来越陌生,并且人生许多幸福被剥夺了。人们不得不承认,我们所居住的大部分楼房看上去太无聊,毫无生气,有的过于炫耀和自以为是。因此,我们的任务就是要改变我们的城市建筑样式,使居住空间更宽敞,更大气、更富有艺术品位,重新以享受型来弥补求快而造成的缺陷。"

——建筑师奥古斯特·恩德尔,1908 年
(《大城市之美观》)

街区和庭院建筑

除了田园城市或者郊外类似田园城市的住宅以外,也涌现出社会化密集型多层住宅街区。它们紧靠市中心,至少从建筑发展来看可以说是维也纳庭院建筑的先驱。

· **斯图加特奥斯特瑙住宅街区(1911—1914 年)**

斯图加特市以东有一个 5 层楼房的住宅区。根据建筑师保罗·波纳茨参与设计的房型,这个街区是提供给中薪阶层家庭的。街区整个建筑风格与城市风格浑然一体,街区里有个半敞开的星形广场——路易丝广场,房价提升了许多(图 4.29、图 4.30)。街区有 261 套房屋,有 1 居室也有 5 居室,价位比其他地方高,或者比方说,比埃森市玛格丽特高地住宅区高。承建单位是成立于 1866 年的"劳工阶级福利协会"(今天协会的名称是:建筑和福利公益协会),创始人是爱德华·冯·普法伊费尔(1835—1921 年)。协会建立是为了给工人解决住房问题。1896 年,这位犹太人枢密顾问,企业家的儿子,银行家发表了《自己的家和廉价房》一书。书中他说,解决住房问题不是去建造兵营式房子,而是建造松散的带有花园的楼层。周围居住环境也要好,街道和广场与市区的一样有档次。

从这个意义上说,在经过一次"施瓦伦贝格项

目"设计竞赛后，根据格布哈特和海姆／亨格勒的设计方案于1891—1901年产生了"奥斯特瑙住宅区"，并三个合作进行这一被称为"建于绿色草地"的项目的施工（图4.29、图4.31—图4.33）。当时建造383套单独和联体房，每栋大部分为两居室和三居室，年租金为120至432帝国马克不等。这个价格比城里便宜三分之一到一半。也可以租购，但协会拥有100年期限的回购权，这是为了防止有人搞投机而采取的措施。

- **汉诺威北部的布吕格曼霍夫住宅群（1912—1924年）**

布吕格曼霍夫住宅楼群竖立着一块牌子，上面写着有关该设施的最重要情况："本住宅区于1912年至1924年由汉诺威储蓄建筑协会建造，建筑师是弗兰茨·霍夫曼，小区的名称是'施罗斯温敦花园'。1947年改名为亨利·布吕格曼。布吕格曼曾于1913年至1933年任汉诺威市市政委员。该小区是当年封闭式住宅最美的样板住宅区之一。"小房型平面图的主要特点是地基呈不规则的三角形，位于汉诺威以北两条马路之间（图4.34、图4.35）。通过突出和凹进的建筑物构成的内院，由22栋房屋所环抱。外廊、挑楼、柱廊、桁架拱门和源于手工业者生活场景的建筑雕像都是这种建筑风格的构成元素。人们想到前工业时代那种小城住房概念，即"宾至如归"，建筑上

图4.36 约尔格大街行列式住房，既有封闭性又有家乡建筑特点

图4.34 汉诺威布吕格曼霍夫街区内建筑使人想到……

图4.37 带花园式庭院的慕尼黑－赖姆住宅区位于约尔格大街和卢茨大街之间

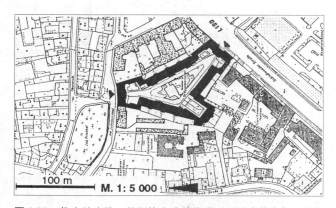

图4.35 维也纳庭院。从环境幽雅的街道到开放式的空间，只有很小部分可以看出不同的地方

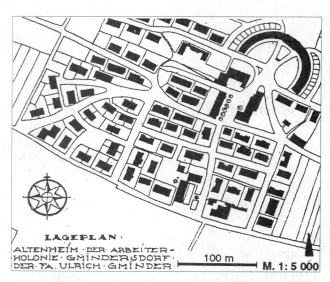

图4.38 格明得斯多夫工人住宅区内有市场和半圆形建筑的养老院（右上）。特奥多尔·菲舍尔设计

采用活动布景,灰泥建筑使人想到汉诺威老城或者希尔德斯海姆老城的建筑风格。同时,大部分三居室住房都有很高的室内装潢标准,带浴室和部分带阳台(默勒,第112页及后页)。

特奥多尔·菲舍尔设计的住宅区

特奥多尔·菲舍尔(1862—1938年)设计的学校和教堂建筑当年很出名。但是由他设计的住房却相反,从建筑美学上说缺乏惊人之笔,按理说住房首先要符合居住的需要。菲舍尔设计的住宅以及绿地也是简洁、自然。1903年,菲舍尔从一个厂主那儿得到第一项建造住宅区的委托业务。以后他得到的几项住宅建筑委托业务部分没有全部完成,直到1918年始,"老海德"合作社住宅区融合了新建筑理念才划上句号。

• 罗伊特林根郊外格明得斯多夫住宅区(1904—1915年)

1903年由乌尔里希·格明德尔建造格明得斯多夫职工住宅区,是为了"给纺织工人以廉价的房租得到一个健康的住房"。罗伊特林根的工厂主心里想着的是英国式的田园城市和"博恩别墅"或"阳光港"教父式的工人住宅作为样本。特奥多尔·菲舍尔带着这些规划指标进行设计,拿出19栋各自不同的建筑楼房类型,"努力使工人住房的环境简单,但符合教育培训的目的。"[贝尔(Baer),第2页]

图 4.40 带有街角处强调的施塔特洛纳大街住宅,通过建筑前的花园形成绿色的城市空间

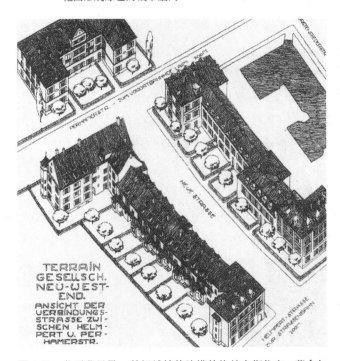

图 4.41 位于慕尼黑－赖姆城镇的施塔特洛纳大街住宅,菲舍尔的建筑风格简洁

图 4.39 罗伊特林根郊外格明得斯多夫住宅区与工厂毗邻(右上)(约1918年)。纺织厂厂主乌尔里希·格明德尔想仿造英国式的田园城市给自己的职工提供健康的居住环境

第 4 章 转变:现代城市规划的起源(1910—1925年) 79

菲舍尔在一个稍微向南倾斜的地基上设计出一个弧形的道路系统。对准一块小凹地，对准一个自然的中心点（图4.38、图4.39），设计了一个小型广场，马路两旁是行列式住宅将其围起来，形成封闭式的格局。格明德尔公司要求菲舍尔设计最多不超过四套单幢房屋，因此他把建筑设计成"阶梯式，相互对立"，目的是"眺望不断开"，但却"突出清净的总体效果"。菲舍尔只是在市场广场边建造了一幢行列式住宅，它与商店、学童日托所一起围出了一个空间，并创造了一个建筑学上的中心点［内尔丁格（Nerdinger），第114页］。

对菲舍尔来说，设计单独宅院时"无法回避的是建造小房型乡村别墅。职工住宅不能与别墅有丝毫雷同的外形。因此宁可参考古老的南德和德国中部地区的农舍，并作为榜样"［巴尔（Baer），第2页］。从1904年开始至1908年止，总共建造了48幢房屋，约150套住房，大多数是两居室或三居室房型。1915年，在住宅区以北建起一幢老人福利院，给退休的职工居住。老人福利院呈半圆形，正面对着广场。

根据特奥多尔·菲舍尔计划，至第一次世界大战爆发，还建造三个职工住宅区，但这三个住宅区没有在计划内得以实施：朗根塞尔查，格列塞尔公司职工住宅区；马尔克维茨，耐火厂职工住宅区；路德维希港巴斯夫公司林堡大院扩建项目（内尔丁格，第118、121页）。

• 慕尼黑－赖姆住宅区（1909—1911年）

特奥多尔·菲舍尔除设计小型住宅项目以外，还为慕尼黑－赖姆新韦斯滕德地区建筑协会设计了两个住宅区。这两个住宅区承袭了格明得斯多夫花园建筑风格。但这两个住宅区没有建成至规划的一半就夭折了。

－施塔特洛纳大街住宅群（1909—1911年，部分被建）带前花园、有城市风格的3—4层住宅区（图4.40、图4.41）。共有三个建筑区，每个建筑区由两排房屋组成，中间隔有带花园的内院。每排房屋有向道路空间拉出的街角建筑，很高，在施塔特洛纳大街部分已经完工的地方，人们可以很清楚地看到封闭式的空间效果，对面横马路转弯处以及U形建筑使城市空间的质量上了一个档次（内尔丁格，第251—253页）。

－约尔格大街住宅群（1910/1911年）是一个1至2层的住宅，外形像个大街区（图4.36、图4.37）。沿马路的房屋，屋前是花园，南北朝向，垂直排列，横靠马路，附近居民用的那条马路被隔断。侧面是个小型广场，有商店和饭店。大树分别隔开城里的道路。仅仅建了60套住房，是计划中的一半，房屋分四排。

整个房屋环境情况不断变化，或者加以并拢。住宅平面图不断变方向，一会儿朝东，一会儿朝西，住宅花园连成一块，砌块式住宅大院一方面被马路紧紧包围，另一方面又形成安静的内部区域。"因为尽可能使造价便宜，建造小型房屋，所以菲舍尔设计小型建筑平面图，其质量很明显至今还不错，也符合人们不断变化的口味。"（内尔丁格，第121页）

• 慕尼黑"老海德"住宅区（1918—1930年）

第一次世界大战刚结束，特奥多尔·菲舍尔得到一项委托，为一家合作社住宅区设计小型房和廉价房。

菲舍尔不像后来许多新建筑学派的代表人物那样机械地照搬讲究严格的排列式房屋的建筑形式的做法，而是看到经济实用的建筑形式。他采用对排式的房屋结构，或者视轴中间是公用建筑，他也成功地利用行列住房创造出城市建设的空间（图4.42—图4.44）。行列住房正面是公共交通。这后来成了人们经常效仿的做法。住宅区里"私人和半公家的面积混在一起"，中间用小区内的马路隔开，对786户家庭来说这些小马路开辟出小型私人花园（内尔丁格，第121、122页）。

1919年以来菲舍尔研究的是经济实用型建筑形式、平面图最小化以及建筑类型化这些根本问题。他对"类型"和"标准"这两个概念是有区别的。"类型是指本质相同，形式相似，形式已经产生；标准是指本质和形式都相同，它是强迫的。""标准化"使建筑成本降低，也很可能与"无趣味"等同起来。"建筑师用空间布局大体上能显示出自己的大气派和想象；他很有可能避免超长的行列式样的相同房屋。他必须考虑到相同的单元是不允许同样的功能出现6个相同的单元，不是因为乐趣和变化，而是因为观点明快，这是艺术感受的根本前提。"（内尔丁格，第123页）

维也纳庭院建筑：开创期

至1914年，维也纳人称住房政策更多是"无家可归者的政策"。虽然大企业、铁路以及保险公司都有自己的职工住宅区，但是国家1892年和1902年分别颁布的两项法律干预了职工住房建设，即便这种干预作用的成效是微乎其微。

建于1896年的"弗兰茨·约瑟夫一世皇帝国民住房和社会福利机构庆典基金会"于1898年建造了"周年庆典房屋"（图4.45），作为皇帝安置穷人的一份礼物。"正门入口正对大院，配有公共设施，这个建筑群堪称一、二战间时期公共建筑庭院的一个先驱。"[布拉姆哈斯（Bramhas），第13—15页]

1917年颁布的"租户法律保障和住宅强制性经济规定"是住宅建设项目第一个重要的前提条件。1919年，作为城市管理当局多数党的社会民主党人把住房建设项目引入市政管理，并且作出了决议。项目中规定"新建筑法规和住房法规是建造健康住房的基础，通过广泛征收未使用的土地增加镇乡的地产，通过有目的地改造交通工具开发乡镇地区，首先建造小型房，在所有乡镇地区自己的土地上，借助城市资金建设供经营用的工厂，以及通过租赁方式转化成熟的土地支持公益性的建筑合作社。"

为实现这个目标，必须解决两个先决条件：一是掌握与此相关的建筑用地；二是落实资金。1923年"专用住房建设税"通过以后，这个晚些时候才公布的"维也纳城市住房建设项目"才获得资金的保证。紧接着的以集中和紧凑的建筑方式建设的带维也纳庭院的维也纳公共建筑，从政治意义上说，完全是在"黑色的低地奥地利"的"红色维也纳"做出的反应。

第一次世界大战后尽管住房紧缺，但是私人投资住房建设大大落后于其他投资。最后，地区和社会福利性的住房建筑相继开始了，成为国家的一项重要任务。维也纳庭院的特殊建筑方式也遭到了世人指责，说它是"革命潜在力量"有意识地集中在"工人宫殿"里。

图4.42 慕尼黑"老海德"住宅区。纯粹的行列式建筑通过横向建筑创造出空间

图4.43 "老海德"的街道是垂直通向行列式住宅的，一眼可以看到商店

图4.44 1925年拍摄的鸟瞰图。慕尼黑"老海德"住宅区严格的行列式建筑方式，特奥多尔·菲舍尔设计

图4.45 "周年庆典房屋"的"中央广场招标"设计方案，它以简单的形式建成

第4章 转变：现代城市规划的起源（1910—1925年）

4.3 第一次世界大战及其后果

"致全体柏林市民！

多年来，柏林劳动阶层忍受着住房紧缺和失业的困扰，社会贫困越来越严重，使人无法忍受。为减轻这些最大损失，为逐步创造出一个可持续的改善工作条件，将会产生什么情况呢？鼓足干劲，尽可能全方位地投入新房的建设中，理性地把握和分配现有住房，使失业者有活干，使无家可归者有房住……今天人们能满足劳动人民这些要求吗？是的，能够满足！你们能做到！假如能够做到的话，那么我们的路线方针就是：社会的建筑经济学！……

要解决住房紧缺和失业的问题是不能靠城市规划来实现的……为了使住房政策更合理，为了使明天的柏林建设得更完美，人们需要彻底抛弃那些装门面的华丽建筑，抛弃那些豪华的街道绿地和扼杀人性的住房，毫无健康可言的堆砌。这就是柏林近十多年来奉行的住房政策。我们必须彻底粉碎这种体系……"

——柏林宣言，1921年6月[乌利希（Uhlig），第51页]

住房紧缺和促进住房建设

第一次世界大战后，德国由于遭到战争破坏和支付战争赔款，住房紧缺情况十分严重。人们首先把重建经济放在重要的位置上，因此住房的供应问题便越来越严重。战争时期是禁止搞住房建设的。根据德国城市代表大会估计，1918年大约缺80万套住房。1921年缺100万套住房。解决住房紧缺的问题的办法有两种：

• 采取具有住房管理的住房强制性经济，实施租户保护法（1923年6月1日生效）和租金责任法（1922年3月24日生效）；

• 通过国有化促进住房建设（与革命工人运动相联系），通过新财政规定（建筑造价补贴，建筑贷款）以及国家建筑贷款。

1923年底实行货币改革，1924年德国支付战争赔款的大卫计划规定导致了经济繁荣，但是国有化随之也带来了许多人的失业。到1928年为止，住房强制性经济措施开始逐步松动，后来便彻底废弃了，由此引发出新一轮的住房需求，缺房情况达到100—120万。

1927年前住房的绝大部分建设资金都由国家预算筹措，从1927/1928年开始，随着工业产品市场的饱和，个人投资房地产市场的力度也增强了。除1924—1929年通过住房利息税在住房建设中投入资金以外，地方性投入住房建设的积极性也大大增强了。在贷款方面出台了一项"促进住房建设的国家方针"政策，首先扶持建筑合作社。

• 从自助到社会建房

由于建立了新的建筑载体，得到支持的住房发展走过了一段从资助到社会建房的过程：

• 建筑协会和合作社。从19世纪中叶以来就有了建筑合作社和建筑行会。人们把这些合作社和协会称作"有组织的自助"；

• 国家的住房公司主要建造公务员用房，例如法兰克福；

• 工会住房协会的任务不同，例如柏林工会住宅协会做了以下两件事：

— 1924年，德国普通工会联盟（ADGB）成立了一家互利的住房储蓄和建筑股份有限公司（Gehag），该公司参与了布里茨住宅区和普伦茨劳贝格居住区的建造，主任建筑师是布鲁诺·陶特。

— 1919年，普通自由职员联盟（AFA）成立职员住宅互惠有限公司。为职员建房，建筑师是施密特黑纳和特塞诺夫。该公司建房较保守[施特拉特曼（Stratmann），第40—46页]。

维也纳的自助建设住房

在不同的组织形式下开发住房建筑，维也纳堪称首屈一指。从1918年至1934年维也纳出现了移民潮，由此开始建造临时住房和小花园住宅。最后导致产生了"维也纳市建筑"的许多地方性住宅区[参见诺维和乌利希（Novy/Uhlig）]：

- **临时房和小花园住宅区**

第一阶段（1918—1920年）是建造临时房（特点是"杂乱无章"和"低档次"），满足最迫切需要房子的人的需求，即"栖身之处"，提供给约50000户最底层的家庭。他们非法占地，随心所欲地开挖花园，所谓集约花园经营。到处分散的住房形成了一种"野蛮居住"方式，给寻找住房者提供了第一批临时住房（图4.46）。

第二阶段（1921—1924年）是合作社性质的小花园住宅，从"野蛮居住"发展到有组织的自助网络，形成了城市与乡村的经济可能性。目标倾向于田园城市运动：

－大城市的分散：按照理想的田园城市概念进行建筑上的规划——房型是小花园住宅，花园面积是350至400平方米。

－解决产权问题：具有最低租金的建筑继承权和合作社性质的房屋财产。合作社财产是公益性质的，不可变为私有财产。

－提供公益设施："根据合法要求房屋周围的环境安静，并且具有个性化，发扬和扩大个性化的广阔活动空间，通过大量的公共设施保持平衡性，这样才有必要的平衡，才使个性和社会情感得以和谐。"设计规划时考虑到为合作社住房、儿童园、幼儿园、消费场所和图书馆等提供足够大的场所。

"合作社用房是住宅区的心脏和头脑，同时还配有市政厅、疗养所、俱乐部、戏院、音乐厅、国民大学。这里，小花园主和独宅主人容易产生狭隘的思想转变成社会化的、普通化的、重要的思想。个别的变成集体的。在这里出现了作为社会范畴的住房思想，并且重新发出光芒，普照到全部和某些地方。这里是自由选举出来的行政管理、政治斗争、知识传播、艺术家生活、上演节目的场所"（诺维／乌利希，同上）。

－作为从前的首创精神的典范，弗里登施塔特住宅区（1921年）源出于阿道夫·路斯的建筑设计方

图4.46 第一次世界大战后维也纳一个临时住宅区内的小屋。"杂乱无章"的"栖身之所"

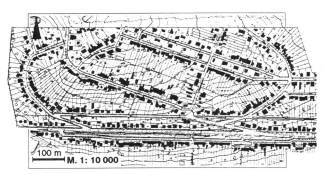

图4.47 维也纳弗里登施塔特住宅区。阿道夫·路斯的建筑规划只初始性地得到了实施

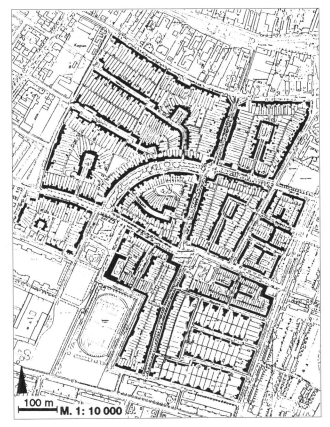

图4.48 卡尔·沙特米勒设计的弗赖霍夫住宅区是维也纳最大的完整的行列式住宅区

案。但该项设计方案有始无终（图4.47）。"先于这个计划的是混乱的居住情况。路斯的设计方案成了公众批评的靶子，因为人们提出要建设兰茨动物园。还在设计阶段就出现了非法开垦现象。郊区小园地种植者强烈要求有自己的土地。另外，考虑到住宅区的规模，他们想建立一所自己的'移民者学校'。阿道夫·路斯也在那所学校里任教。"（布拉姆哈斯，第25页）

－弗赖霍夫住宅区（1923年）是由建筑师卡尔·沙特米勒和"我的家乡"、"自由庭院"住宅合作社和维也纳市共同建造的，是维也纳最大的完整的住宅区，大约有1100栋行列式房屋（图4.48）。"先说到今后的趋势，在城市的边缘，以统一的形式建造房子这种整体建筑模式已经显露出来，花园地块狭长，并与大马路连接构成交通网络，这表明一切靠自己的原则。"（布拉姆哈斯，第28页）

• **地方性住宅区**

1924年至1930年是第三阶段。这个阶段就象德国一样具有地方性住宅的特征。乡镇住宅拥有自己的财产，而不是合作社财产。租用人委员会代替合作社自行管理，也就是说"地方社会主义代替合作社社会主义"。住宅区的规划宏伟，倾向于建造田园城市，从而结束了小花园住宅这种方案。从建筑艺术上说，新建筑思想已经得到了广泛应用。维也纳市已经把建筑的视角对准了城市化的住宅绿地，即所谓"大众住宅宫殿"或者"超级街区"上了（第126页）。

－洛克尔维泽住宅区同样也是卡尔·沙特米勒设计的，并由维也纳市完成施工任务（图4.49）。"移民者自己建房的思想已经完全成熟了，再也看不到那种靠手工完成的东西。房子对房子并列成行，像其他乡镇住宅一样，是由市行政机构分配并管理。尽管这样，代表外部形象的绿地与同时建造的住房绿地一样在建筑风格上给人美感，令人瞩目并产生兴趣。"（布拉姆哈斯，第29页）

由于失业率增长，第四阶段（1932—1934年）出现了无业人员住房。由国家提出的临时住房项目是

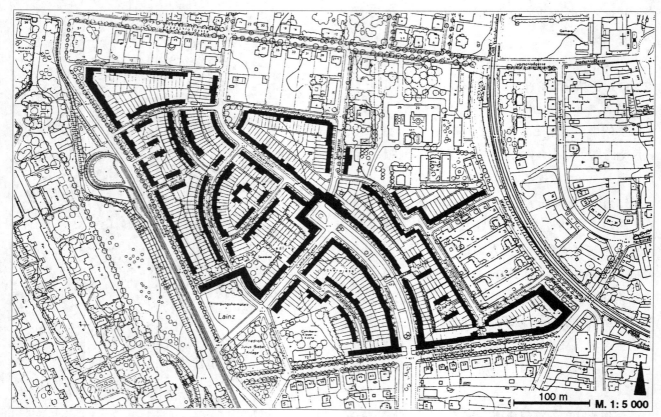

图4.49 维也纳洛克维泽行列式住宅区，卡尔·沙特米勒设计，属于没有自己支付的地方性住宅建设阶段。维也纳庭院的建造回答了"住房建设或者住宅群建设"的问题

1929年世界经济危机的产物（第139页）。其特征是对住房项目作了行政上的准备和招标。申请住房者根据自己的专业水平精心选房。失业者不得不自己动手建房，因此他们组织起来，建立职业和经济合作社。具有传统建筑学形式的住宅为开放式建筑方式，为解决粮食供应问题他们拥有2000平方米的大花园（诺维／乌利希）。

4.4 新思想和新行动

"你们看，我们这个伟大的时代没能力创造出新的房屋建筑。我们丢掉了建筑，变得无建筑可言。你们看，时代已经临近，正等着我们去实现。不久的将来，城市的马路变成白色的城墙，耀眼生辉，像天国之都圣城耶路撒冷一样。到那时我们的愿望就实现了。"
——阿道夫·路斯，1908年（《建筑图案与犯罪》）

"金色的20年代"

回顾往事，第一次世界大战后的20世纪20年代被人们美化为"金色的"时期。仔细观察便发现，这个所谓"金色的年代"充其量是1923年货币改制到1929年爆发世界经济危机的年代。许多人面临贫困，少数人享受荣华富贵，这两种人形成巨大反差。同样，这个时代还具有艺术和文化新动向的特征，即全新的自由的思想，反映出工业化和机械化的进步。

批量生成的日用品导致今天的艺术和手艺退化，产生新造型，材料更趋简单化。简单实用不仅是一种经济上的挑战，也还是一种艺术上的挑战，这种所谓"装饰艺术"的挑战，在应用艺术上完全达到极高的质量。贯彻"功能主义至上的建筑"，住房采用几何形、房型简单化、抛弃传统风格和提倡装饰化主张，首先不能相信那些重要人物提出的改变形式的观念。

"面对难以置信的贫困，面对难以想象的住房紧缺，用黏土和其他辅助材料建造临时简易房，以此解决以上问题是合情合理的。他们设计难以置信的房屋类型、玻璃闪光的城市和住宅。在物资匮乏的背景下人们一时三刻也不会作长久考虑，来实现自己的主张[威廉（Wilhelm），第73页]。当战争的恐惧让位于人文思想的呐喊声时，这种"看似奇怪的现象"消失了。从此建筑和城建赋予了社会的功能。

"20世纪20年代文化政治的兴趣及其趋势自然就带着党派的倾向了。人们是否正需要被遭到内部破坏的都市社会文化财富，抽象欢迎艺术家的警惕性以及他们反对贫困所赋有的责任，坚持艺术上的自由，反对鼓动宣传带来的收入和危害，或者在20年代里寻找在其他地方已实现的社会主义文化的瞬间——过去与今天没有两样：承认艺术家的社会责任感，即便否定有责任感。20年代金色的德国这种说法有增无减，正符合以上的观点。"[新造型艺术协会（NGBK），第8页]

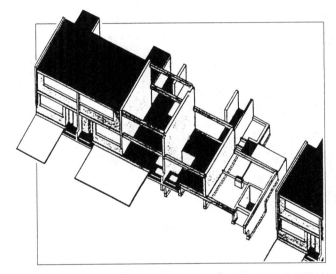

图4.50 特滕住宅区预制构件的结构图，沃尔特·格罗皮乌斯设计（1926年）

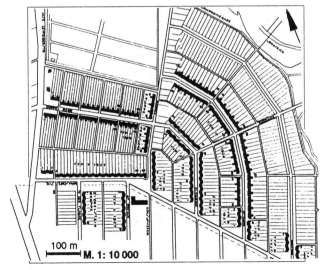

图4.51 德绍-特滕住宅区（1926—1928年），这是贯彻进步的建筑形式的一次尝试

具有社会福利要求的新建筑

"新时代要有创新思想。形式精确、毫无偶然性、轮廓清晰、线条有序、排列相同、形式和色调统一。这些与我们生活的质量和经济相适应，成为当代建筑艺术家的美学工具。"

——沃尔特·格罗皮乌斯（1913年）

自然，工业化对建筑也产生了巨大的影响，首先对工程建筑，然后对其他的建筑产生了影响。新技术和材料如钢材和钢筋混凝土，不仅对结构而且对外形都有影响。1890年，L·H·沙利文以及"芝加哥学派"提出了"功能决定形式"的主张。约瑟夫·帕克斯顿的伦敦水晶宫（1851年），古斯塔夫·埃菲尔的巴黎埃菲尔铁塔（1887—1889年）便是新工程建筑艺术早期和世界文明的明证。但像佩雷（1902/1903年和1922/1923年）及其他先驱主张在住宅和教堂建筑上用钢筋混凝土，最终形成了"新建筑派"风格［兰普尼亚尼（Lampugnani），第36—39页］。

新建筑材料钢筋混凝土适合简单的外形和"分解作用"——空间容积交叉，玻璃墙壁自由组合，突出部分轮廓鲜明、直线条。由此产生出一种建筑语言。这种语言从三个方面看遵循了实用这个基本原则：

- 社会经济方面，是因为面对大量的住宅建筑问题和土地比较合理分配的问题，简单化、清晰化和节俭化。这些建筑语言已经显现出其绝对必要性，是形象财富的生动表现，而装饰性却显得是一种浪费。
- 结构经济方面，是因为采用钢材和钢筋混凝土材料有可能使承受力分解到个别点上或面积上。房屋外包装和"建筑外壳"的形式可能比较自由。
- 风格经济作为"形式的严肃主义"，它代表一种清晰的苦行主义式的形式，代表普遍有效性和客观性，是他们艺术的目标（兰普尼亚尼，第36页）。

• "包豪斯"建筑大卖场——建筑艺术先锋派的集中地

艺术和建筑的结合使"新建筑风格"在功能和形态上有了统一，这就是包豪斯所追求的目标。

1919年在沃尔特·格罗皮乌斯的领导下，1906年由亨利·范德·维尔德创立的萨克森大公国工艺美术学校，和萨克森大公国造型艺术高等专科学校于魏玛联合成立了包豪斯－建筑艺术和工艺美术学校。显然，学校开创初期带有战后表现主义的内向和奔放色彩。这一点，在1919年的第一个纲要中可以看出："让我们成立一个新型的手工业行会，不分阶级，因为划分阶级的那种非分要求其本意就是想要在手工业者和艺术家之间设置一堵高傲的围墙！让我们共同建设和创造未来新的建筑观念！一切都在形式上：建筑、雕塑和绘画，……对全新的即将到来的一种信仰，要有一个很清晰的象征。"

几年以后两极分化显露出来了。在"包豪斯"内部，人们感觉并且认为这种两极分化是伊滕和格罗皮乌斯之间的一种争论。人们说伊滕是"印度的狂热崇拜者、候鸟协会运动、素食主义"，而格罗皮乌斯被人们说成"美国化、进步、技术和发明的奇迹"。1925年确立的"包豪斯"建筑原则已经不再被证明是"哥特式建筑工棚神秘主义"，相反，这些原则在为技术和形式同样起决定作用的未来的手工艺作宣传，手工艺是"工业生产试验的承载者"［格塞尔／洛特豪斯（Gössel/Leuthäuser），第137页］。

"包豪斯想要为同时代的住宅建设作出贡献，从普通的家用器具到成形的样板房。包豪斯坚持住房和住房用具是相互有机地联系在一起的这一种观点。通过系统理论与实践经验——形式、技术、经济领域诸方面——每一个物品都可以从自然的功能上和其局限性上找到自己的原形。"

"本质决定其物。为了使物品——器具、椅子、房子等真正有其功效，首先要对其本质进行研究。……对本质进行研究的结果是，通过观察现代生产方法、观察结构形式和观察物质材料，形成了形式，而形式与传统的不一样，常常产生某种不熟悉和意外的效果。"

包豪斯1933年被国家社会主义者解散之前，从1925年到1932年搬迁到德绍（图4.50、图4.51）。包豪斯崇尚的严谨的形式语言尤其受到密斯·凡·德·罗和格罗皮乌斯的影响。这种语言作为世界风格大约从1930年始，流行于整个中欧和北欧以及美国，晚些时候也流行于东欧。这种风格在德国和意大利由于政治原因却流行不起来。

• 城市规划和建筑学的统一

新建筑风格中包含的"上层建筑的思想"既有路德维希·密斯·凡·德·罗"悲观的人文社会主义，也渗透着汉内斯·迈尔极端的共产主义思想。信仰比较完善的世界里有个更美好的社会，这是推动建筑学向更好发展的一个动因：这种建筑学不是个体化的，而是集体性的，不是限定在某个个别的建筑物上，而是可复制的建筑学的和城市规划的干预，不局限在某一个国家，而是世界范围的。"

以下观念对20世纪20年代城市建筑至关重要，也是颇有影响的：

• 城市建设、建筑、工业生产是社会进步和民主教育的手段。因此，设计不再是"个人寻找某种形式时而有的一种快乐，相反，设计是对美好社会负有的一种道德责任。"

• 考虑到经济问题自然会对建筑物、住房结构、自然风景的消耗产生影响。"在经济萧条的战后时期，努力为百姓造房必然会建造一些低水平的住房，合理利用土地，房屋造价便宜，尽量减少面积，形式语言简单。"

• 有系统地利用工业技术，这使城建和工业装潢标准化和预先制作。但建筑工业对如此彻底变革未做好一切准备，大多数仍然采用传统的生产方式。

• 大量的住宅建设对城建优先于建筑产生影响。为解决住房紧缺而采取的全面措施影响了住宅建设的"繁荣时期"（兰普尼亚尼，第91页）。

技术与社会乌托邦之间的城市幻想

根据19世纪城市乌托邦和城市规划所具有的社会结构和功能，20世纪初所谓"现代化"城市的幻想显示出人们对不断增长的技术化可能性进行了重点研究。社会变化和社会乌托邦以不同方式相互交织在一起。对安东尼奥·圣埃利亚来说，美国的大城市就是未来新型城市的样板，也就是说，未来新型城市的特点就是工业化。相反，陶特却特别强调人要有全新的生活条件，而这种条件也是以技术为先导的。未来城市将变成与自然浑然一体，构成城市的风景。勒·柯布西耶从技术出发提出一种新的城市观念，同样技术也使城市解体。技术决定"当代城市"一直发展到美国的"城市就在家中"。路德维希·希尔贝斯梅最后把建筑物的组合以示意图方式展示出来，样板在很晚的时候才变为现实，而这种现实却遭到人们强烈的批评。

• 安东尼奥·圣埃利亚："Città Nuova"

1913年，年轻的意大利建筑师安东尼奥·圣埃利亚开始规划"Città Nuova"这个大项目，原因是"在文化处于沉睡状态之中的意大利"的建筑艺术的革新促动了他。"未来大都市"的视角和幻想是以美国不断扩张的工业大城市为导向的（图4.52）。"摩天大楼像梯子一样直插云霄，高楼的内部结构自由舒展，电梯与建筑分离；交通命脉宏伟壮观，行车道纵横交错，错落有致；钢筋水泥的桥梁又细又长；井状建筑物、住宅区、铁路线相互连接；斜撑的建筑大胆又雄伟，功能标志并不十分鲜明。"

1914年，连同画家、建筑师马里奥·基亚托内的图画一起举办了一次"高超的技艺画展"。圣埃利亚在画展的说明书里那一声富有激情的呐喊是对新的革命的建筑的一次宣传。几个月以后出版了《未来建筑学的宣言书》一书。该书拒绝了过去的标准，对新

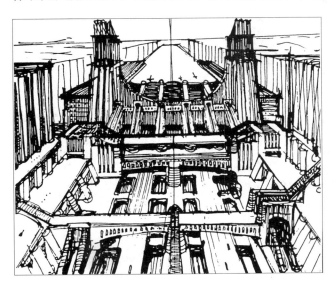

图4.52 安东尼奥·圣埃利亚1913/1914年设计的"Città Nuova"，按照美国工业化大城市设计

第4章 转变：现代城市规划的起源（1910—1925年） **87**

建筑提出了要求：

"-新建筑要有新型材料；

-新建筑要有语言并保持艺术性；

-新建筑突出斜线和简单线条，因为线条是充满激情的；

-新建筑拒绝装饰性的东西；

-从机器世界中创出自己的理念；

-新建筑承认没有一成不变的设计原则；

-新建筑要使人与周围环境协调起来；

-新建筑简单、展示、有生命力，任何一代人都能够和必须建造自己的城市。"

宣言是份理论性文件，意大利参加了这场欧洲建筑学大讨论。"不然一切停留在'激烈'的言辞上。圣埃利亚在出版《前线上的呐喊》这本书两年后与世长辞了。"（兰普尼亚尼，第42、44页）。

• 布鲁诺·陶特：《城市王冠》和《城市的解体》

早在1915年以来，陶特就在研究"城市王冠"这个建筑项目。"该项目应该满足他的社会主义建筑渴望"。1920年这个项目以书的方式出版发行了，内有插图70多幅（图4.53）。"假如这的确是个追求光明的，但还隐藏在表面之下的社会理念，那么真有可能对某种隐藏的东西进行描述吗？对这个问题的回答是：大教堂、大寺院也已经应运而生了。"任何巨大的建筑项目的出现来自于个人的想法，来源于个人的愿望；用陶特今天的话来说，这一愿望就是：城市王冠［陶特（Taut）1，第61页］。

陶特为大型的住宅区"国民家园"画了许多带有表现主义色彩的草图和结构图（图4.54）。这些资料构成了1919年被介绍、被宣传的《城市王冠》一书，这些草图是带有优良植物和动物的庭院、拱廊、楼房、水族馆、阶梯式人工瀑布、喷水池、夏日剧场、植物园和鱼塘的几何学结构。

图4.53 陶特设计的"城市王冠"（1919年）。"杰出的建筑产生于城市。我试图给未来城市的头上带上一顶王冠，并使这一建筑物与广泛散布的居民区分开。"

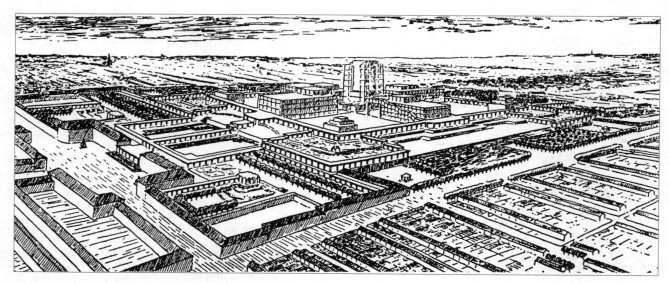

图4.54 陶特设计的"国民家园"（1919年）。"怎样能够不是通过惩罚使罪犯改邪归正，同此理，怎样能够不是通过规划来改善城市，而是从并列中产生出共同生活，产生共同体。"

不令人注目的圆柱式门厅、拱廊、多级长廊构建在同样被拱廊环绕的池塘庭院的上空。巴洛克建筑风格统一画面使人回想起乌托邦社会主义分子夏尔·傅立叶设计的国家宫殿。

这个"城市王冠"建筑项目被人说成是"保守的乌托邦"。该项目的特点是"宗教体验的样板"，根基于"神圣的灵感"和得到"建筑大师启示"的"超自然天赋"[彭特（Pehnt）]。国家社会主义对"城市王冠方案"毫不迟疑的接受确证了对其的法西斯主义指责。

尽管众人批评"这个社会转变过程中建筑有绝对的要求"这种说法，但从"保守的性格"来看，人们不只是把这个"过分尖锐的，有时甚至故弄玄虚的解释"理解为"机智的后退"。即便这种激情带着宗教色彩（陶特以及他的战友都有），但"对人文思想的社会主义更美好的未来所寄予的希望则不停地被召唤出来"（AKB，第61、62页）。

作为对社会进行改革的起因，陶特在《城市的解体》一书中要求的东西到了1920年代从物资方面来看才成为现实（图4.55）。然而，人们必须考虑到他在书中所用的过分理想化的语言，换句话说，抛弃了思想界线。该书的副标题对此也是一个很好的注解："地球是个好住宅"，或者还说："这是一条通往高山建筑学的道路。"早在1919年发表的一篇论文中，他这么说（《大众住房》，1919年第4期）：

"'城市的解体'——这是一种否定。但实际上肯定多于否定。人类又有了自己的地球，不再只是充当地球上的步行者，而是长居在地球上的。假如说，这个存在于未来之中的新事实看起来首先只是实现物质上的愿望，即人们希望更健康的生活和更好的营养，那她的内涵更多：从根本上说，她是比我们现在和过去所认识的彻底全新的另一种文化。假如说我提出要解除城市，我作为建筑师这样做不正是违背自己的艺术吗？最杰出的建筑产生于城市。我在《城市王冠》里给未来城市的头上戴上了王冠。"

陶特想要的城市乃是19世纪社会改革者追求的城市，城乡融合的城市。他1919年埋藏在心里的一种"狂热"之情，到了1925年以后也就成了他设计住宅区的一种模范："我们很果断地把地球的新容貌放在心里。她像今天的大庄园一样，具有合作社性质，她如此经营，以便让更多人有田地耕作，靠自己的庄园生活。一切不毛之地都被花园和小农庄园覆盖着，遍地都是森林、草地和湖泊。"

"后来，居民点遍布四处，其中还有带花园的独宅。工业的情况自然也是如此：工业被切分为许许多多的车间，这样能很方便地满足人的需求。新的交通方式使这种进程的速度加快了：长距离的铁路线退避三舍，取而代之的是汽车，它构成了密密麻麻的更加便利的交通网，几乎只有河运来解决原料的供应问题。"

"市场几乎成为多余，因为居民生活资料的来源几乎完全靠自己解决，人们生活在自己产品的自然交换之中。纸币的权力正在消退，消失……度假旅游停止。……人和人的交往只有在应当交往的时候才发生，即发生在文化宫里……只有当旅游成为稀罕的事情，其价值才产生出来。此外，用谢尔巴特的话说就是"旅游就在家里！""

• 勒·柯布西耶："现代城市"

1925年，勒·柯布西耶在他的第一部书里《城市建筑》以及后来的研究中都把大城市问题放在了首位。"大城市对一切发号施令：和平、战争、工作。大城市是精神食品的加工厂，世界作品都是从大城市里诞生的。大城市的解决办法也适用落后的乡下：时尚、风格、思潮、技术。总之一旦大城市解决了城建问题，乡下的繁荣也就近在咫尺了。"（第74页）

他认为解决问题的"方法"就是靠科技，就是靠"新时代的机械主义"（第25页）。但他也很重视普通的和规划的做法。他把城市的结构问题作为自己研究的切入口。他在从德国开始的那场受到西特的书《一个充满随意性的作品》启发的运动中，看到了人们对"弧线的美化，以及不可超越的美的假证明"。他对"汽车时代的无意义的误判"（第9页）提出了质疑。

"驴赶路，人走路：
人走直路，因为他有自己的目标；
他知道去哪里，他为自己确定了方向，笔直走下去。
烈日下驴赶路弯曲又昏睡，
笨手又笨脚心不在焉，

图 4.55 陶特的"城市的解体"(1920 年)。"城市的建筑学图景——她留在了何处?"

赶的是之字形路,目的是绕开大石头,
为了坡上得平缓些,寻找避荫处。
驴子想尽一切可能不费力气……

驴踩出地球上所有的城市,
可惜巴黎也在其中……

弯曲的路是驴子赶的路,
笔直的路是人走的路。
弯曲的路是情绪、懒散、疲沓、虚弱
是动物本性的结果。
笔直的路是抵抗、行为、有意识的行为,
自控的结果。她是健康和高尚的……

右角规是行动的必要的和足够的工具,
因为右角规确定空间是否有充分的清晰度。"
(勒·柯布西耶,第 5、6、10、13 页)。

- **当代别墅——现代城市**

他在书里对早在 1922 年编制的那个可容纳 300 万人口的"现代城市"规划(当代别墅)作了详细的说明(图 4.56—图 4.58)。勒·柯布西耶是以"托尼·加尼尔的工业城市规划和安东尼奥·圣埃利亚的 Città Nuova 的建筑美学为根据的。与加尼尔不同,勒·柯布西耶走的不是工业城市的道路,而是"综合的交换城市,后来他说:多功能大城市。"《现代城市》包含了柯布西耶城市化的一切基本要素:

- 几何的和直角的平面布置格网;
- 板形的高层建筑作为住宅机器,有公用配套设施;
- 每个建筑群中间有类似公园的自由活动的绿地;
- 车辆和行人分道行驶。

1933 年《雅典宪章》曾经提出要求,城市的主要功能,如居住、工作、休养、交通要分离。由于高层建筑迅速发展,道路应当减少到最低限度,避免过量的行车交通出现。"1925 年,勒·柯布西耶把这个脱离实际的理论研究运用到巴黎这个特殊中心的情况上:由此产生了'瓦赞'规划(Plan Voisin)。该计划包含 18 幢 200 米高的超摩天大楼,取代了有城市特点的历史结构。必要的拆除工作几乎超出一年前就开始了的罗马城在法西斯统治下兴建形象工程的癖好而带来的巨大破坏。"接下来是连续出台的城市规划方案,其中有一项阿尔及尔的无轨电车规划(1930—1934 年),为 18 万人口在海滨盖一公里长的高层建筑,高层建筑的楼顶是一条高速公路。还包括一项"灿烂城市"方

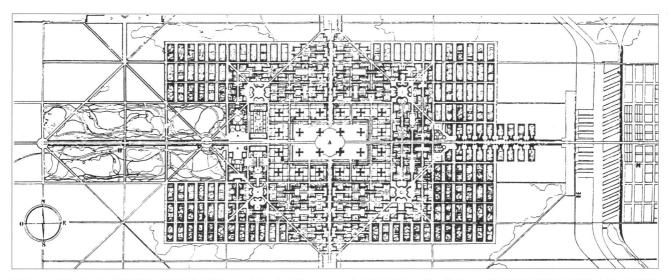

图 4.56　勒·柯布西耶设计的"现代城市"（1922 年）。集机场、火车站和多层十字路口为一体的中心位于十字形摩天大楼的中间。四周是花园城和工业区（右侧）

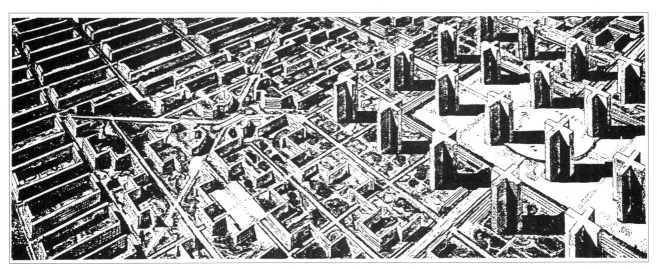

图 4.57　勒·柯布西耶设计的"现代城市"（1922 年）。紧随着作为写字楼和旅馆等"沐浴在日光和空气下"的 24 幢摩天大楼的是街区，整齐划一，独立成块，"城市住宅"。可供 60 万人居住

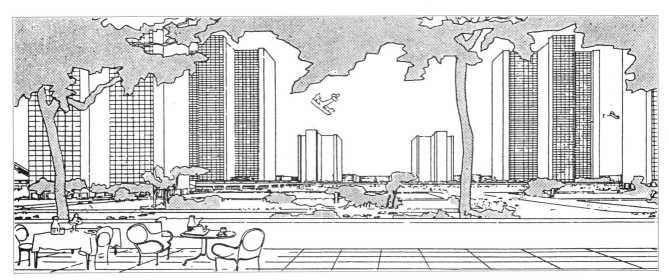

图 4.58　"现代城市"中心一瞥，有人也称它是"垂直的花园城"。"在日光下，这座城市是个巨大的花园，集中了多种多样的建筑艺术理念。它是一幅永恒变化着的图画。"

第 4 章　转变：现代城市规划的起源（1910—1925 年）　91

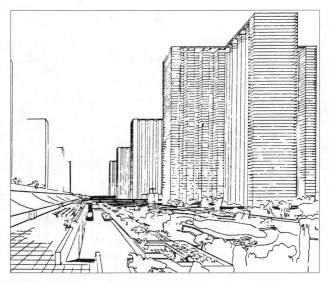

图 4.59　"现代城市"中心是有着 3000 居民／公顷的摩天大楼，矗立在花园绿地中间

图 4.60a　希尔贝斯梅设计的"高层建筑城市模式"（1926 年）。一个很激进的建议……

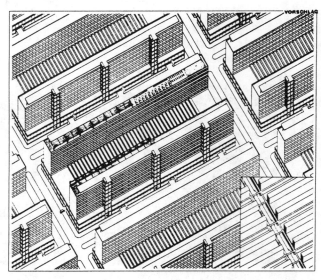

图 4.60b　柏林商业区规划是商业城和住宅城集中在一起，形成多层的城市结构

案（1930—1936 年）（兰普尼亚尼，第 118、119 页）。

勒·柯布西耶以"现代城市"、"居住在花园里"和围绕"中央火车站"四周建立强大的大密度的建筑这些语言表述了二战后会成为现实的城市幻想。这个理想形象对全世界的城市建设给予了很大的启示和影响，超过他 1943 年发表的《雅典宪章》。1933 年在雅典召开 CIAM 国际会议，就具体方案展开了讨论并作了总结。很快这个总结对密集和功能分开理论提出了先提条件。

• **路德维希·希尔贝斯梅："高层建筑城市模式"**

1926 年，路德维希·希尔贝斯梅提出"高层建筑城市模式"观点，他那很激进的语言表述超过《现代城市》（图 4.60）。不相同的地层，如两个呈水平线的大型圆盘建筑构成城市一个完整的架构：商城底下是汽车交通，商城之上是居住地方，有步行区。

自然和任何与自然相关的业余活动安排直至小型屋顶花园，"始终不渝和冷静地从城建的范围里排除出去，目的是为了坚持清理原则"。不让任何树木和草地来干扰"棱柱形、直角的人工性。井然有序和有意识的节制并不害怕单调性，而是很具有魅力的；但结果却是严寒"（兰普尼亚尼，第 119、120 页，参见希尔贝斯梅）。

希尔贝斯梅在 20 世纪 60 年代称自己设计的具有生产、服务、居住三种功能的垂直高层建筑是个错误，并且取消了自己的方案。"我开始调查现代城市的问题时，也做了些城建研究，但大部分是围绕城市技术问题的，而结果导致城建机械论，不重视人的需要和追求。我发现人比技术重要，而技术的目的是为人服务，而不是其他。"

希尔贝斯梅过分强调技术的可能性，最终导致更具人文思想的城市构想，即便技术设计显得干巴巴。

"我的城市理念发生了变化。我从人性出发，从人的居住环境出发和人与环境的关系出发。那么，这应当是一种什么样的东西呢？又有哪些可能性存在呢？我们如何利用我们所拥有的技术来实现那些可能性呢？"……

"城市建筑不仅需要人的想象，但也不能缺少科技基础。我认为，我是第一个认识到物理设计的人，并且去实践它。我试图把物理设计从一切历史的、浪漫的、一切主观的方法中解放出来，按照自然本性，客观直接地发展人的想象和科技基础"（希尔贝斯梅 2，前言，第 5 页）。

第 5 章　繁荣：20 年代城市规划的繁荣期(1925—1935 年)

"上个世纪城市规划片面注重美学而忽略了最基本的实用目的。五层高的楼房像兵营，院子是水泥地，建筑物背面没有阳光，没有花园，这一切不符合人的生活条件。但是作为一个城市最宝贵财产乃是保护人的健康。这一点务必对管理措施施加影响。"

——恩斯特·迈（《新法兰克福》月刊，1926—1927 年第 5 期）

5.1　新法兰克福：从田园城市到新建筑

"大城市过于集中又均质化增长严重危害了城市居民的健康条件。城市必须分散开来，单个但独立成区建筑群应迁至郊区。分散可以减轻市中心的交通负担，把房子建到地价便宜的郊外，从而使建筑方式更健康。就是在这种观点的基础上形成了美因河畔法兰克福一个全新的整体规划方案。"

"关于统制经济在住房建筑业中带来的优点与缺点人们可能会有不同的看法，但不可否认的是在这种统制经济体制下公益性质的建筑业主，无论是县区住房援助机构还是合作社，承担了较大的建房项目，他们根据经济、社会城建等情况，建设大规模的项目，统一管理，将老百姓的住房建设大大推向前进。"

——恩斯特·迈（同上）

城市发展与住房建设

从 1925 年到 1930/1932 年的 5 至 7 年内，完成了"新法兰克福"城建及住房建设方案。这项方案在今天也还是具有示范作用的，并且受到推崇。它解决了住房紧缺问题的两个方面：物质及文化生活。五年后果然有 10%的法兰克福人住进了新城区，新建住房的风格也颇为引人注目。

但人们也在致力于"城市空间重新划分"，其基本思想某种程度上在今天也还是适用的。例如：

• 美因河沿岸及铁路沿线的工业区；
• 划分内城区的文化中心及行政管理中心；
• 减少内城区居民人口；
• 将城市周边地区的居民迁移到市郊住宅区或卫星城；
• 由林荫道、人民公园、体育场地及园林、农林工厂构成的城市绿色规划带；
• 包括由有轨电车及无轨的快速列车构成的分级的交通道路网。

这一方案拒绝了一种集中的平面的发展并包含双重目的：除构建城郊住宅区外（"卫星城"）原有的住

宅区应增设绿地。以此,恩斯特·迈以他的经验和雷蒙德·昂温(Raymond Unwin)的田园城市设想(1910—1912 年)联系起来,尝试一种以现代建筑学要素为基础的组合(图5.1、图5.2)。

与此相关的措施还有,在建造戏院、音乐厅以及新的传媒机构电影院及广播电台时,使其在社会及文化方面发挥新的、不受传统观念束缚的作用。与这一政策有关的其他元素还有:建造统一类型的学校、大众流动图书馆、裸体主义和工人奥林匹克运动会;举办新式观赏及造型艺术讲座;促进艺术界的国际交流以及出版《新法兰克福》月刊等。应通过下列自助机构缓解物质匮乏的状况,消除经济危机所造成的后果:

- 创办失业者工厂,生产时尚家具;
- 创办种菜合作社;
- 建造大众食堂及学生食堂[德赖泽(Dreysse),第3页]。

住房建设工程取得了丰硕的成果。原定计划为10年内完成1万套住房,而实际上5年内已完工约1.2万套。在这方面建筑队和融资发挥了重要作用。住房建设的完成有:

- 25%由城市自身解决(城建局);
- 30%由市有公司承建;
- 45%由合作性及私人建筑公司承建。

在财力融资方面:

- 50%通过房租税收(1926年利息率为1%;1929年为3%);
- 30%通过市储蓄银行贷款(利息率为7%—8%);
- 20%通过个人资金筹集(自由利率,如1929年为11.5%)。

地皮的购置也很重要,因为住房建设需要相连的大片土地面积。这些地皮来自:

- 建筑公司的备用地皮;
- 不动产/房产公司的自主征集;
- 以建筑地价征集来的土地(德赖泽,第4页及后页)。

在刚开始的几年内因为充足的融资每年能完成3000套住房。但从1929年开始由于融资条件恶化资金短缺而使建房速度急剧减缓。举例来讲,金石住宅区(Siedlung Goldstein)的建筑方案就因此而作了变动。原计划将这一住宅区建成拥有8500套住房的卫星城,但实际上由于失业人数的增加1932年仅建成为拥有约800套住房的副业住宅区。(第141页)

恩斯特·迈和"尼达谷"项目工程

为了实现这一着眼于十年的住房建设工程,在

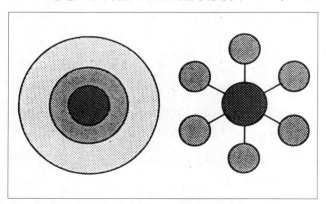

图5.1 法兰克福 1930 年:现有的(左)及将来的带有卫星城的城市发展模式

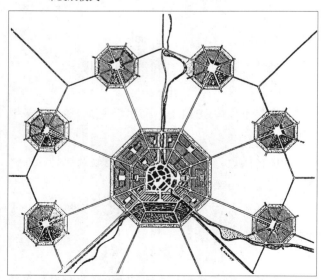

图5.2 "卫星城":雷蒙德·昂温1910年左右(1930年公布)设计的模式。这一模式为恩斯特·迈在法兰克福带来了启发

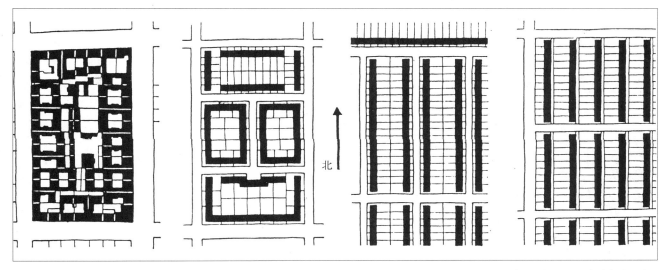

图5.3 恩斯特·迈:"行列建筑作为始终如一的卫生学导出的形式简化",新法兰克福 1930 年。从密集的周边式建筑群到绿色的内院和"开放式"周边式住宅区到建筑群与街道垂直的纯粹的行列式住宅

法兰克福新当选的市长路德维希·兰德曼（Ludwig Landmann）（之前为经济局局长）的提议下，1925 年法兰克福市民代表大会选举恩斯特·迈为市政建筑委员。迈以此全权领导整个建筑行业，从城市及地区规划到地面及地下工程再到花园和墓地。这种权力的集中使他能够从"新建筑"理念上对整个城市的建筑施工施加影响。

1926 年他和其他人一起创办了《新法兰克福》杂志作为喉舌。这份杂志不应该是关于所做事情的科学阐述，而应该施以一种形象的、浅显易懂的方式来展示"新大城市形态的发展"［迈（May），DNF《新法兰克福》1/1926—1927 年］。杂志第一期封面（图 5.4）虽然让人联想到原有城市的改建，但根据迈的意愿，新的住宅区是位于法兰克福郊外的。"新工程的建筑师们对于联邦州处于困境中人们都有一颗温暖的心，没有这种对社会的体验是不可想象的。人们可以直接说，这些人有意识地将社会因素置于新工程的前列。"（迈，DNF，1928 年）

这些因素也是城建的基础。在这一意义上，人们为法兰克福制定了总体规划，这一规划应避免"旧式风格下的城市建设的缺陷"。"以前兵营式的石制建筑像是把人集中圈养一样，使得城市完全没有生气。现代城市建筑的作用应该体现人们生活的新观念。"（迈，DNF，1/1926 年）

城市发展规划的核心部分是尼达谷工程。这一工

图5.4 第一期的封面为普劳恩海姆住宅区的一部分，作为"新型大都市形态"的范例

程包括几个较大的最为人知的住宅区，如"罗马城"（Römerstadt）、"普劳恩海姆"（Praunheim）和"威斯特豪森"（Westhausen），此外还包括几个规模较小的住宅区，如"霍恩布里克"（Höhenblick）、"莱尔姆德街"（Raimundstraβe）以及"米克林荫大道"（Miquelallee）（图 5.5）。1925 年法兰克福的市郊还没有延伸到平坦的、但部分地区会受到水灾威胁的尼达谷，这样至相邻的一些村庄，如罗德海姆（Rödelheim）、豪森（Hausen）、普劳恩海姆及海德海姆（Heddernheim）之间还有一片广阔开放的土地。

虽然法兰克福的建筑师协会不主张占用尼达谷进行施工建设，但迈还是坚持了自己的方案。原因是尼

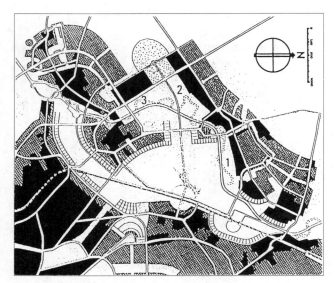

图 5.5 尼达谷"公园":边缘为罗马城(1);普劳恩海姆(2);威斯特豪森(3)

达谷地价便宜,且能够建较大面积的更合理、更经济的建筑群。当然建筑方式要适应当地的地形情况,因地制宜。

尼达谷的众多住宅区在一定程度上构成了一个与伦敦大公园式样相近的公园外围。首先迈争取在建筑上将公园的外围清晰地确定下来。在北部以住宅区罗马城,普劳恩海姆和威斯特豪森为界。但这一工程拟定的是,用一带由众多小住宅区构成的区域将公园和19世纪的市郊隔离开来。河恩布里克、莱尔姆德街和米克林荫大道三个住宅区构成城市的边界,对这一边界从整体上才能理解:它们在城市化边界的最外围,形成了公园新的"前沿阵地"的出发点。

"现在的城市只体现了原定方案的微弱痕迹。住宅区普劳恩海姆和罗马城的北部工程都没有完成。而且西北城购物中心与迈的工程方案不一致。首先开敞的内部区域仍然保留为无人区,它无规划地承受着城市化的进攻,只有尼塔河右岸最宽约500米的地区建设实现了整体设施的思想构造。"[帕内拉伊(Panerai),第116页]

住宅区形式的发展

在相当短的时间内市政建设方案在各个项目中都有变动。例如1927/1928年建的罗马城住宅区是严格按照行列式住宅小楼进行建设,街道都由整齐的行列建筑隔开,并明确标出公共或私人领地。而1926—1929年普劳恩海姆住宅区的三个建筑阶段则体现了一种建筑方案上的过渡。

最初的时候人们仿照东部及中部田园城市的原则,以整齐的行列建筑来隔开街道。因此在西部也严格按照行列来进行建设。由此1929/1930年建成的住宅区便明显带有这一特征。住宅区严格以相同间距为准进行行列式建设,并避免以与之垂直的建筑行列将街道空间切断。人们始终按照"卫生学导出的形式简化"将周边式建筑群改为行列式建筑(图5.3)。

在很短的几年内这种绘画般的田园城市原则已经被讲求实用的现代派所取代。这种建筑无疑是遵循了"新建筑"的规则,由此建筑物直至日常用品的形态也发生了极大的变化:

- 建筑不再追求恢宏雄伟,而是注重简洁纯朴;
- 美学被用来表现所有个体的平等;
- 不再使用手工制成的繁琐装饰及仿制的花纹装饰;
- 大批量的工业制成品被广泛使用(图5.6、图5.7)。

许多风格不同的建筑师被委托来实施住宅区内的施工建筑,但尽管如此在建筑学语言上还是保留了很大的统一特征,因为建筑师们有意识地加入了一些共

图 5.6 法兰克福标准五金小配件,1928年宣传广告。"我们提供新住宅及新家具。"

图 5.7　普劳恩海姆 10 幢板式建筑方式的试验样房。18 名工人在一天半时间内即可完成一幢

图 5.8　罗马城：哈德利安街旁的弧形居住行列。带有通往花园的露天阳台的简单立方体

同的建筑因素。直到今天世界各地的众多游客还惊叹于这种统一性：

- 用前置的水泥板构成的简单的立方体砌成挑棚，隔离墙或阳台（图 5.8—图 5.10）；
- 直线条的建筑排列和平顶；
- 内外墙段比例的和谐划分；
- 水平的窗户带或楼房为水平的窗户带，垂直的楼梯间带玻璃；
- 色彩鲜艳的矿物涂料；
- 由花卉、攀缘植物、矮树篱及乔木等构成的分层次的植被装饰。

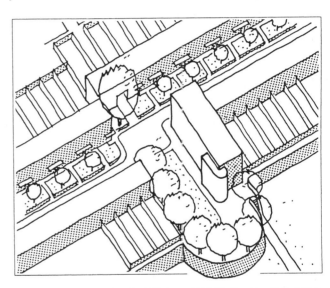

图 5.9　罗马城："堡垒式"建筑打破了行列的单一性，使住宅区与尼达谷相通

露天的空间装置很简单。街道通常由整齐的行列建筑隔开并设有行车道及泊车区。绿化面积包括公共草坪，林荫大道和白杨树等。一些人热烈地赞同这一方案，认为它是人类新的文明进步。另有部分人对此持贬低谴责态度，声称这些工程是布尔什维克共产主义的事物，不属于德国建筑。（德赖泽，第 5 页）

新法兰克福的住宅区

罗马城、普劳恩海姆和威斯特豪森在这近二十个法兰克福住宅区中是占地面积最大和最有名的。这三个住宅区紧靠在一起，在当时是城市建筑的示范性小

图 5.10　罗马城房屋前的水泥板用作前檐及简单的植物装饰

区。但这种示范性只维持了三年。住房面积最大的住宅区是博恩海姆（Bornheimer Hang），小区内街道两旁的五层行列建筑极具城市气息。

尼德莱德（Niederrad）住宅区的设计很特别。区内住房是很多建筑群之字形排列构成的框架。最后值得一提的还有住宅区在行列建筑两端建房，将空间封闭的做法。对于所有这些住宅区的特别之处建筑师德赖泽在他《迈式住宅区的领导》一文的前言中简明直观地写道：

"60年代初我们作为大学生，和恩斯特·迈一起在他的法兰克福住宅区内走来走去，我们被他个人的风范所吸引，对周围一切备感激动。住房虽小，街道也没有考虑到适合现代机动化行车需要，但整个住宅区显得生气勃勃，而且向世界开放——这与很多战后新建的住宅区刚好相反。"

"后来，当我们将这些（同样由迈参与设计的）法兰克福民用建筑群与60年代大批建造的民房相比较时，才认识到其设计的质量实属上乘（当时我们仅仅是觉得它与众不同而已），这就是：突出公用面积的造型设计；相互协调的建筑物的社会功能及其外观造型；浑然一体的城市、住房与自然之间的关系以及居住者所产生的归家感。"（第3页）

- **1927—1928 年的罗马城住宅区**

这一地区的地势是轻微南倾的坡地，从而决定了这一住宅区的一个明显的特点：位于街道两旁的建筑和后面的花园（图5.11），弯曲的街道，位于中间与建筑行列走向相反但与地形相适应的"城堡"（图5.9）很显然地符合田园城市的规则。这一切都不足为奇，因为恩斯特·迈在1910—1912年间在雷蒙德·昂温的办公室中深入地研究过。

总体规划是由恩斯特·迈，赫伯特·伯姆（Herbert Boehm）和沃尔夫冈·班格特（Wolfgang Bangert）以莱贝雷希特·米格（Leberecht Migge）的一个空地规划为基样制定的（图5.12）。大约1200套住房及公用设施的工程是根据8位建筑师的设计由小型住宅股份有限公司（ABG前身为出租房股份公司或花园城股份公司）承担的。

这些住房中有581套是行列式的四居室独户住房，50套是三间或四间一套的双户房，另有551套多数为两至三间的多户住房。住房为砖瓦结构，带有木质平顶并设有统一供暖设备、浴室、"法兰克福厨房"及电力供应。另有一所小学及十家商店，但没有幼儿园和教堂。[德赖泽，第13-18页；翁格斯（Ungers），第87—94页]

北部紧邻着60年代建造的西北城（第249页）。面南的住房楼上能看到尼达河谷。但很可惜住宅区原有的封闭性特征今天被战后修筑的穿越中间绿地的多车道纵横道路打破。

- **1926—1929 年普劳恩海姆住宅区**

这是法兰克福的第一个大型住宅区，位于罗马城和威斯特豪森之间，体现了城市建筑从花园式向行列式的过渡。住宅区三个部分的建设明显体现了从"周边式建筑群到行列式建筑"的变迁（图5.13）。

－第一阶段位于东部，与罗马城相临，有173套住房，1926/1927年间建成。道路两边的建筑明显突出了住宅区内的空间。特别是区内变窄的"大马士革绿地"的道路旁构成了这一部分住宅区的中心。两端阶梯排列的建筑顺斜面地势穿过城区。东部的建设在第二部分才完成。

－中部的第二阶段旁边有一个老庄园，建成于1927/1928年，有569套住房。这一部分同样突出街道，

图5.11　1930年法兰克福罗马城住宅区。　成功地适应了尼达谷的地势及景观

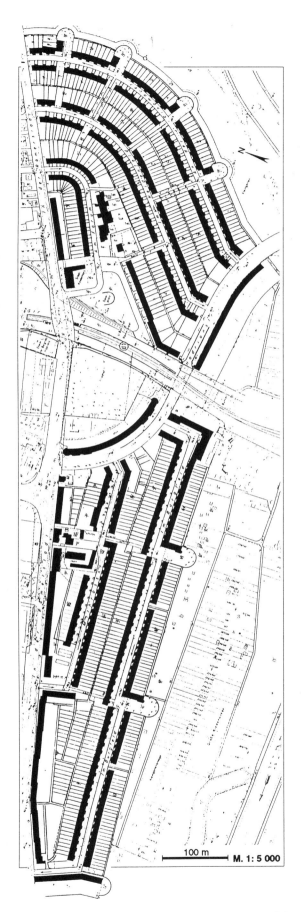

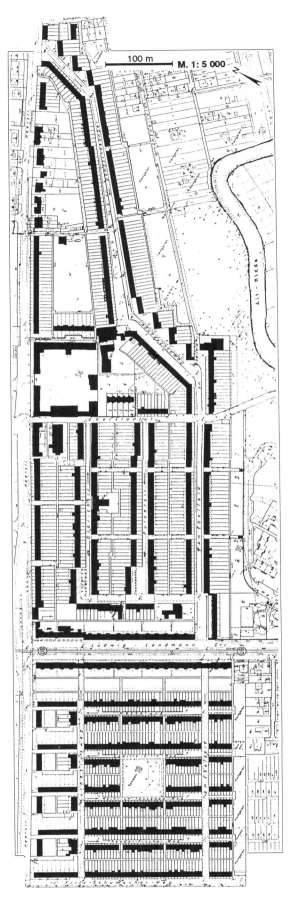

图 5.12 具有构成城市空间的街道边缘建筑群的罗马城以田园城市为范例

图 5.13 有三个过渡阶段的普劳恩海姆住宅区表明了从田园城市到纯粹行列式建筑的变迁

但东西排列的末端没有拐角，街道尽头的小广场由建筑物环绕而成，还可以明显看出前期建筑的影响。

一西部的第三阶段有699套住房，建成于1928/1929年。横列的建筑与街道垂直。南北向的横列建筑一定程度上还是有意突出空间。建筑密集地排列在步行道两边。住房设计各不相同。就像在卡尔斯鲁厄的达姆斯托克（Dammerstock）一样，客厅变换地朝东或朝西被设计在通向花园的地方。

普劳恩海姆的总体规划部分为预制件建筑方式的试验区。该总体规划由恩斯特·迈、赫伯特·伯姆和沃尔夫冈·班格特用莱贝雷希特·米格和马克斯·布罗梅的空地规划制定。第二及第三阶段450套住房的墙壁和屋顶分别使用轻便的加气混凝土和混凝土空心梁建造。开敞空间的逐步过渡方案也很特别。这一过渡首先是从带有屋顶花园的行列式住房，通过一个花园庭院再到小路旁边的种植园（图5.14）。这一拥有1500套住房的住宅区的业主是法兰克福市、地上建筑局和小型住宅股份公司。除近1000套私有住房外还有322套供出租用的住房及123套单独辟出的小住宅（德赖泽，第7—12页；翁格斯，第79—86页）。

• 1929—1931年的威斯特豪森住宅区

这一住宅区（图5.3）是1930年恩斯特·迈"行列式建筑模式"下完全卫生形式削减的最后阶段，与此相应大致为南北走向的两层的横排都在东面辟开一条走道，花园朝西（图5.15）。原定的行列式住房因为经济危机的影响只能建成可后续建设的双户住房。当时的"过渡期最小面积住房"约为40平方米。

通常过长的建筑行列被垂直的街道或狭长的绿地交替中断。住宅区东部边缘建有四层高的拱廊房屋，按90度旋转排列。原定的1532套住房只完成了1116套。通过小型住宅股份公司在1929/1930年的第一建筑阶段内完成了426套，第二建筑阶段1930/1931年在拿骚花园住宅又完成了690套，其中400套住房使用板材建筑方式。

每套住房都设有独立的花园，或是直接开辟出来，或为上层住房过道边的小块地方。通过这种简单的建

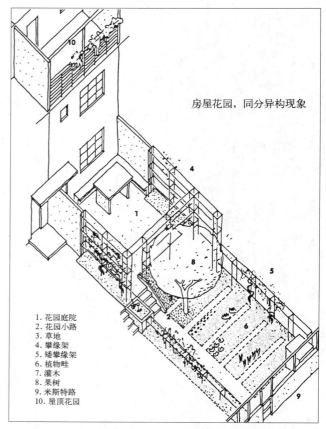

房屋花园，同分异构现象

1. 花园庭院
2. 花园小路
3. 草地
4. 攀缘架
5. 矮攀缘架
6. 植物畦
7. 灌木
8. 果树
9. 米斯特路
10. 屋顶花园

图 5.14 普劳恩海姆住宅区：从屋顶花园到房屋旁的花园庭院再到小型种植园的过渡

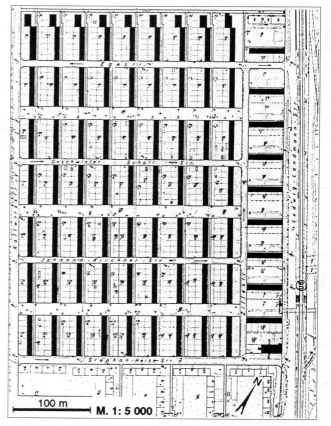

图 5.15 威斯特豪森住宅区：绿化带及街道打断了长而均一的住宅行列

图 5.16　1932 年的空中摄影。今天通过树木及绿化威斯特豪森住宅区已不像以前那么显得格式化

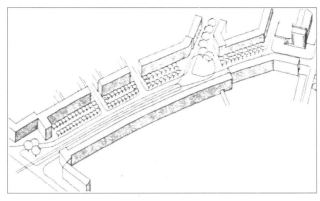

图 5.17　博恩海姆斜坡住宅区内带有高大边缘建筑的维特尔斯巴赫林荫大道的大都市空间

房模式实现了为普通工人家庭服务的社会目标。今天这种图表式的建筑格式（图 5.16）已通过树木及另外的绿化大大简化，甚至视觉效果上也有了积极的改变。这一小区地段安静，交通便利，房租低廉并拥有良好的绿地，因而很是抢手。现有的 3000 户居民（原为 5000 户）绝大多数为首批租用者或他们的后人。

- **1926—1930 年的博恩海姆斜坡住宅区**

这一小区的建筑与尼达河谷"市郊住宅区"的城市结构完全不同。这里没有密集的城市建筑，取而代之的是一幢幢位于路旁的 4—5 层建筑。众多的建筑群在维特尔斯巴赫（Wittelsbacher）林荫大道旁构成了宽敞的，有意识围起来的小区框架（图 5.17、图 5.18）。顺斜坡依势而建，封闭小区边缘的建筑体现了高水平的城建整体性。

按照恩斯特·迈和赫伯特·伯姆制定的整体规划小型住宅股份公司（ABG）建造了约 1540 套供出租的住房。在 1926 年至 1930 年间分五个建筑阶段完成。开始时在多单元房内大多数为 65 平米的 3 间式套房，后来改为约 55 平方米的两间式。在内城的一个大住宅区内建有 63 幢独立住房，面积为 86—105 平米不等，并带有花园。所有住房均配有集中供暖、浴室及"法兰克福式厨房"。

- **1926—1927 年的尼德莱德住宅区**

这个小区作为尼德莱德城市扩建的结束工程，像被声称的那样，环绕布赫菲尔德大街（Buchfeldstrasse），并建于部分现有的城市轮廓上。考莱德街

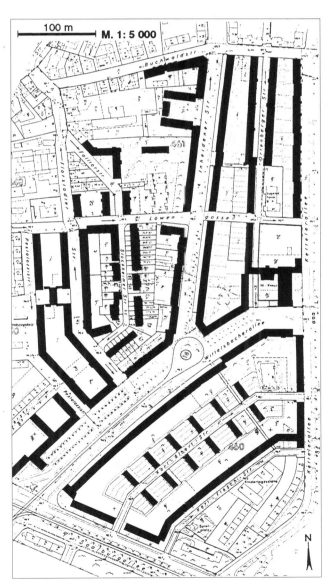

图 5.18　博恩海姆斜坡住宅区：五层建筑在东部边缘建起一道"城墙"，作为城市边缘

（Korridorstrassen）旁边绝大多数为三层住房的周边式建筑区，最显著的特点是突出区内角落建筑而且按高低分出层次（图5.19、图5.20），并因此而被称作锯齿状房屋。这一名称不仅指这一部分带有花园和公共设施的住宅。这里还有很多大厅，集体共享空间，幼儿园或托儿所，阅览室，诊所及公共留宿室。

所谓锯齿状房屋是布罗伊贝格大街（Breubergstrasse）旁的封闭式建筑群。这是新法兰克福唯一一个中央透视的纪念性设施的实例，它是一个联合建筑物，同样在它的方式上也是独一无二的。这种锯齿状的房屋排列特点是为了更好地采光，但也不是仅仅为了采光。因为首先整体的厨房及客厅无论朝向都建在

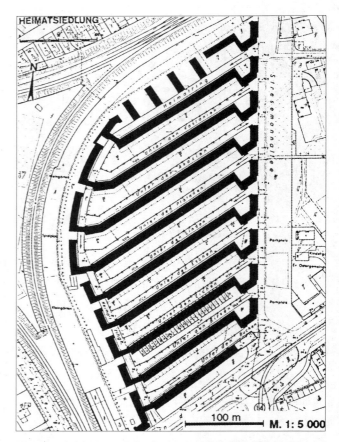

图5.21　家乡住宅区："外环"为四层建筑，保护内部两层的行列式住房不受噪声影响

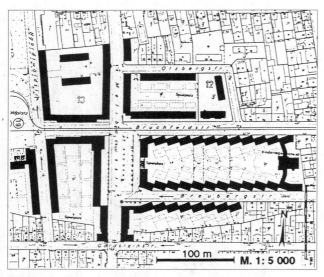

图5.19　尼德莱德住宅区："锯齿状房屋"，带有大型公共建筑的锯齿形封闭式建筑群

图5.20　锯齿状房屋的对称的纪念性设施对新法兰克福来说是一个例外

锯齿内侧。其次它们建在能看到中心建筑的位置上。通过这些人们想暗示，区内是一个特别的社会，类似于维也纳庄园的集体建筑（德赖泽，第36页）。

住宅区内空间的分配是马克斯·布罗梅开敞空间规划的一部分，这一规划直到今天也还有可取之处（图5.22）。像每栋房子配有用矮树篱隔开的四个种植园，供底层和一层租用者使用。并辟出供玩耍的草坪，小区中央同样有大的公共草坪。

• **1927—1934年的家乡住宅区（Heimatsiedlung）**

这一住宅区实际为连贯的三层的行列式住宅，在西北部开辟了一条新道路，南部为花园及绿地，一个4—5层高的"外环"构成了它的空间边界。这也是唯一一个由一个工会资助的小区，它由柏林家园公益建筑股份公司（职员工会联盟的公司）承建，以后由"新家园"接收（德赖泽，第39—42页）。

• **1929年的金石（Goldstein）住宅区1932年改建**

由恩斯特·迈（与伯姆、施瓦根沙伊特等合

图 5.22 锯齿状房屋内的花园庭院，1930 年。 从带有水池的游戏场望向公共活动室

作）设计的最后一个住宅区方案，但是没有实现的是 1929 年时拥有 8500 套住房的金石卫星城。1932 年在经济衰退时期被改建成有 800 套住房的城市边缘自助居住区（第 141 页）。

新型住房

住房的面积和形状与维也纳的乡镇建设不同，而是遵循工人运动个人小家庭住房的要求。大家庭内几代人共同生活充满矛盾，繁多的租房税收及规则，还有工作区域的控制。这一切都应该中止。在这一意义上一种新的供有 2—3 个孩子的家庭居住的"小户型房"出现了。

在住房平面设计及装修方面按科学方法制定出的功能应该为这一目标服务，即创造时间和空间。相互间的消极影响应该避免，情感的需要应该被满足，家庭日常开销应该降低。"法兰克福式厨房"在这方面是一个非常重要的、当时来讲革命性的因素。应尽可能的为家庭的每位成员提供一个有良好通风和采光的房间。卧室应该有清晨日照，而客厅应该有傍晚的日照，因此南北排列的住宅中面向东西的住房很受欢迎。（图 5.3）

28% 的住房为成排的单独或双单元住房，其余都是为收入较高的阶层预留的。住房的装修非常好，所有住房都有浴室和厨房，并且 75% 的设有集中供暖。预定房租不超过普通工人一周的工资，即不超过月工资的 25%。但事实上一栋独户住房平均月租为一个建筑工人协定工资的 37%，因此普通工人无力承受这些住房（德赖泽，第 4 页）。

法兰克福式厨房

新型住房功能方面一个最基本的元素是能够合理地通盘组织劳动全过程及由此产生的厨具装备的新造型。这些装备首次被归入住房的整体设施内。这一被称作"法兰克福式厨房"的设备是 1926 年由维也纳女建筑师格雷特设计的。厨房许特－利霍茨基按照人类工程学和实用的考虑被设计成像工业上的生产岗位，并配有很多厨房用具。

如何使家庭妇女更省力地工作是一个对所有阶层的居民都具有重要意义的问题。不仅没有任何帮助而料理家务的中等收入家庭的主妇们，而且经常需要从事一些兼职工作的工人阶级的主妇们是这样过度疲劳，以至于这种长期的超负荷给整个民众的身体健康都造成了不良后果（许特－利霍茨基，《新法兰克福》月刊，1926/1927 年第 5 期）。

在"居住厨房"之外人们还设计了一种在面积大小上也与最佳劳动过程相适宜的纯粹"工作厨房"（图 5.23—图 5.25）。但阿道夫·路斯（Adolf Loos）宣传一种"居住厨房"，1921/1925 年间许特－利霍茨基（Schütte-Lihotzky）在维也纳与他共事过。"因为一位主妇有权利要求在起居室而不是在厨房度过时光。"1923 年由 J·J·奥德设计、1927 年在魏森霍夫（Weissenhof）住宅区示范建造的这种厨房模式是厨房劳动与饭间的组合体。

住房内最大的、对于共同生活来讲最重要的空间——起居室，紧靠在厨房旁边，由一扇推拉门隔开。这是一种新的、在工人家务中还不为熟知的方式（德赖泽，第 4 页）。

法兰克福式厨房设有全套的坚固不锈钢厨具、碗橱、抽屉、烹饪台、灶具、器具、抽油烟机和洗碗机。但尽管如此还是有批评。早在 20 年代主妇们对于这些用途明确的装置已颇有微辞，由于工业机械化而缩减的手工劳动过程也不是所有人都欢迎的。

"以这种方式人们现在用合理化厨房将这种小房间的每个部分成批地装备起来，随之而来的是人们要求效率的呼声。在这方面新建房的设计师们忽视了合理化家务劳动的怪论，即把单独的劳动过程分解，而且尽可能地减少了时间的浪费，但是工业生产方式的

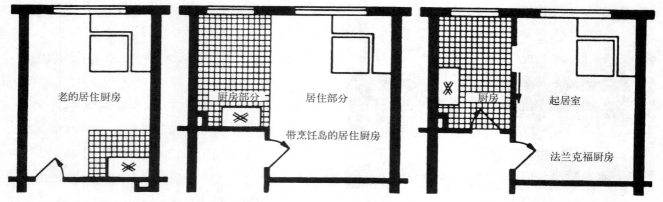

图 5.23　从老旧的起居室兼厨房到法兰克福式厨房："料理家务在完全分离的厨房部分进行。与起居室的紧凑连接通过一扇推拉门隔开

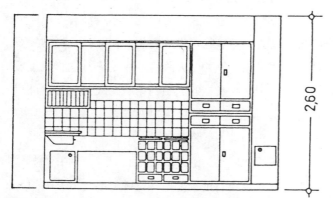

图 5.24　1926 年由格雷特·许特－利霍茨基设计的带有清洁餐具设备的法兰克福式厨房

图 5.25　第一批为大众住房配备的带嵌入式家具的厨房简单实用，拉手设计合理，与简短的路径轻松的劳动相适应

基本原则在个人家务劳动中被取消了，即劳动分工没有了。主妇们像往常一样用手工独自完成家务中的哪怕是最细节的劳动，如缝纫、做饭等。"（施塔尔，第 104 页）

建筑上的合理化

法兰克福住房建设项目高目标的实现只能依靠提高新的建设能力，统一住房水平的明确定义和降低建设及财政费用来实现。因此建设的合理化对于项目在极短的时间内就得以实现具有尤其重要的意义。住房的修建需要下列条件：

- 通过市政建筑公司实现乡镇化；
- 建设流程合理化（法兰克福板材厂，巨型板式建筑方式的先驱，18 名工人在一天半内完成一栋房屋，参见图 5.7）；
- 建筑部件的标准化；
- 住房类型化、行列式住宅及楼房的成组化（用通行的 65 平方米三居室住房取代 75 平方米的，1929 年起建有四人居住的 40—43 平方米的小住房）（德赖泽，第 4 页）。

首批板材房的尝试是 1926 年在普劳恩海姆的 10 套实验房，然后在第二阶段 204 套，第三阶段 265 套板房。在威斯特豪森住宅区建有 400 套法兰克福安装程序的住房，这批住房的所有方面，从城市规划到窗户开销都始终按照合理化原则进行。与此相应租价很低，因此这样住宅区 75% 的住房为工人租住。

但随着时间的推移这种建房方式的缺陷日益显露出来：纸板厂只有在大宗订货的情况下才能盈利。纸板建造方式因为纸板规格之大而不能灵活进行，纸板隔音效果很差而且易受潮，因此造成以后的住房事故。世界经济危机导致了建筑业的不景气。最终导致法兰克福纸板厂在1929/1930年冬季后停产。

就不可或缺的房型发展而言，这种预先建好的、同一式样的相互连接的房屋细节制造了一种特定的统一的房屋类型。这种类型在相互装配的过程中重复多次发生排列。这种序列原则非常同一化，使每排房屋看起来毫无区别。人们放弃了特殊化，放弃了突出性，放弃了个性化［威廉（Wilhelm），第79页］。

5.2 柏林的大型住宅区：住房建设的新尺度

"什么是一个大型住宅区，它对于田园城市运动有什么重要性？"对于这一问题1931年布鲁诺·陶特自问自答地说："一个住宅区规模大不是偶然的，而是因为它要有组织地规划小区居民共同生活需求。因为这一大小不仅仅指提供合理的机构和管理，同样，或更多的是指一种为协调个体和总体关系的一种必要性。我们把秩序理解为一种社会状况。在这种状况下所有同等的要求都可以被共同的、集中的或集体的，或随便人们怎么形容，被满足。从而使得个体的需求得到较大的活动空间。

"这种定义下的大规模住宅区当然不是仅仅指设有统一集中的洗衣店，托儿所，幼儿园或其他的类似设施，也包括由此产生的必须统一共同规划的食物供应和消费。或者换句话说，现在整天呆在家里的主妇越来越少，可以干脆用公共餐厅来取代小家做饭。由此许多原本属于个体居住的功能就被共同的图书馆，练习及演讲室，大厅，公共之家等其他类似措施所取代。以此为出发点可能会设计出另外一种全新的居住方式，因为不同于以往的帝国住房建设项目，人们不再简单地把对生活很重要的部分去掉，而是通过其他的丰富多样的公共设施来填补。这个问题不应被理解为：怎样才能把住房变得更小，而应该是：怎样才能使个体的和共同的生活更加丰富、更加有创造性。"（田园城市1931年1/2期，柏林艺术学院编，第236页）

强制建住房

第一次世界大战后，从1918年到1923年，因为不利的政治和经济条件柏林在建设上几乎没有什么变化。但战前柏林已经是世界上居民密度最大的城市：每公顷面积有750人。而当时伦敦每公顷居住面积仅为8人，甚至在纽约每公顷也只有200人。住房严重超员。官方规定只有带有一间厨房的一室一厅住房居住5人以上才是超员［翁格斯（Ungers），第20页］。1923年货币改革后住房紧缺和新的政治形势的发展需要采取城建方面的措施：

- 由于人口的增长，尤其是农村人口的入迁产生了约100—130000套住房空缺，居民数量由190万增长到380万，特别是1920年的大柏林方案又纳入了从前为独立城镇的5个城镇（夏洛滕堡、舍讷贝格、施潘道、新克尔恩、威尔默斯多夫）和59个乡以及27座庄园。

- 柏林作为"世界城市"的这一要求在住房上也引发了需求，到1919年住房建设绝大部分还是通过私人投资以"投机对象"的形式进行的。这使得柏林成为当时欧洲最大的租房城市。

1921—1928年间出现了很多新的追求社会改革目标的建筑合作社，以及带有来自工业，工会及城市的资金以股份公司形式出现的建筑商。最主要的建筑公司为GAGFAH（职员住房公益建设股份公司），GEHAG（公益家园建筑股份公司），GSW（柏林公益住宅区及住房建筑有限公司），GEWOBAG（大柏林公益房建筑股份公司）和DEGEWO（德国促进住房建设公益股份公司）。

1924年的国家住房建设法制定了社会住房建设的基本文件，并领导成立了住房保障机构，像WFG（柏林公立住房保障协会）和DEWOG（德国工会住房保障股份公司），在1924/1931年柏林共建成住房14万6千套。这意味着每年建成约3万套住房，其中绝大部分为采光及通风良好的行列式住房（翁格斯，第20页）。

马丁·瓦格纳（Martin Wagner）和布鲁诺·陶特（Bruno Taut）

1918 年以来马丁·瓦格纳和布鲁诺·陶特紧密合作共同主持了柏林的大居住宅区规划，从他们首次紧密合作在柏林－布里茨建设了柏林第一个大型住宅区，即传奇般的胡夫埃森（Hufeisen）住宅区以来，这个二人小组在两次大战期间柏林的住宅区建设中成为个性化建设不可忽视的注册商标。他们的成功很重要的一点是借助于在德国工会住房保障股份公司的自创刊物《住房经济》上发表他们的建设活动及经验。"政治责任感，组织上的持之以恒、灵活以及艺术和造型能力的幸运结合作出了历史性的贡献，使柏林建成为了一个对众多建筑和住房政治家、设计师、规划者、实践家、理论家及使用者来讲至今为止还不可到达的圣地。"（波勒里，哈特曼，第 72 页）

马丁·瓦格纳是进过大学的建筑师，从 1927 年起任大柏林城建委员会委员。在法兰克福他认识了恩斯特·迈的住房建设工程并大为赞赏。因此希望在柏林也建一项与此在"规模及风格"上相似的城建工程。但这并不是一项简单的工作。因为"一个项目在真正实施之前经常要通过其多达 30 个主管机关的批准"，在住房建设的规划和完成上除众多建筑师的参与外，尤其是布鲁诺·陶特，作出了主要贡献，他也主要参与决定了城建规划的形式。1924 年他从马格德堡（Magdeburg）回到柏林，任 GEHAG（公益家园建筑公司）的顾问建筑师（总建筑师）并与其他公益房产公司合作。

他在当时的大型住宅区推广了他战前在田园城

图 5.26 法尔肯贝格的中央大道。宽 40 米的广场式街道是地方生活的集中地

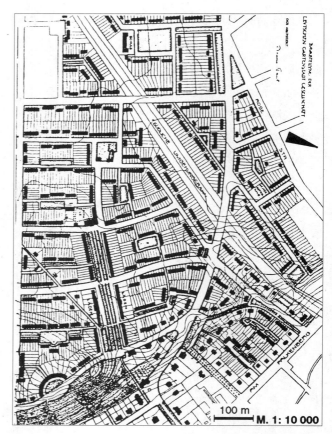

图 5.27 1913 年布鲁诺·陶特设计的田园城市法尔肯贝格，依英国样式建造的建筑街区中的住房庭院

市运动（柏林格吕瑙附近的田园城市法尔肯贝格，图 5.26、图 5.27）方面的经验，陶特现在给他的建筑热情找到了接收者：劳动人民。在他建筑上最丰产时期，他为这些人在柏林设计和建造了 1 万套住房。建房任务被明确，接收者也众所周知，相应的房产商大多为公立的或机关所属的房建公司（波勒里，哈特曼，第 72 页）。

住宅区的城市规划原则

关于城建的形态布鲁诺·陶特在 GEHAG（公益家园建筑股份公司）新闻中写道：在城建规划上多种前提条件中最关键的一条是：找到一个超越作为所谓专业科学出现的专门原则和理论的观点／着眼点。为了从所有解决方案中赢得最大程度的美感，所有条件允许的现有因素都作为生动造型的一种可能而受到欢迎，无论是现有街道的路旁建筑还是行列式建筑都是如此。如泰格尔的低平住宅区"自由乡土"和布里茨（Britz）的三角形地带的大型庭院（图 5.28、图 5.29），

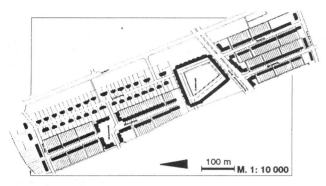

图 5.28 柏林－泰格尔的"自由乡土"住宅区，1924—1932 年由布鲁诺·陶特设计。带有马鞍形屋顶的双户住房……

图 5.29 平顶立方式租住公寓。"乡土庭院"（中）作为一种"通往活泼形态的途径"

它们是由街道走向和建筑工地状况形成的，而没有任何行列式建筑越过它们。与此相反，这样行列式建筑在其开口通往空地处在已经完成的规划上没有边缘建筑（1/2，1931 年，第 9 页及以后）。

对陶特来讲把"外部居住空间"作为住房的补充有着重要意义。因此要有意识地通过规分好的彩色外貌，厅院，宽阔的街道，林荫道及园林和公共设施的绿地来完成。他这样描述这一概念："我们认为，房屋外面直接的外围环境对住房本身来讲有主要意义，它能够提升或降低房屋的住居价值，因此这在同样程度上适用于外部居住空间，这里的外部居住空间不仅仅指花园或多楼建筑上的阳台，而是更多地指城建意义上最基本的整个住宅区的空间 [柏林艺术学院（AKB）2，第 224 页]。

在系列建筑上陶特着眼于建筑的美感，既然目前系列建筑的发展在历史上是一个新生事物，那么它在形式上也应该是全新的，并以此适合自然构建一个建筑形式世界范围"。这一形式世界"应符合生产力发展进程并以小量因素的互相排列为依据。不管是就住房整体还是就细节而言"。新式建筑应该较少地带有细节上的专业色彩而更多地注重整体的发展路线（《建设》1926 年第一期，第 106 页；柏林艺术学院 2，第 222 页）。

柏林大型住宅区的规划和实施

1925 年柏林制定了一项新的建筑法则，规定应通过柏林不同建筑阶层的划分避免小后院的过于狭窄的建筑。在此基础上柏林郊区建成了 17 个大住宅区。虽然密度相对较高，但住宅条件更为优越，每一住宅区有为大约 3 万住房建造的 4 千套房子，其中最有名的有以下几个：

- **1925—1931 年布里茨－胡夫埃森住宅区**

这一住宅区是突出空间的田园城市和行列色彩纯住宅区的混合。它的名字来源于一个与此相应的建筑，建筑环绕一个小池塘建成（图 5.32）。在弗里茨－里德（Fritz-Reuter）林荫大道的另一旁一直延续着许多林苑式风格的三层结构的大面积中心建筑，两边的末端都由南北列的建筑截断，形式不同的街道和花园空间。小区以边缘建筑环绕四周，形式上与总体布局相吻合，因此这种排列一点都不显得呆板（图 5.30—图 5.33）。

住宅区总体规划是由陶特和瓦格纳在前布里茨骑士庄园基础上设计并由 GEHAG 公司至 1931 年建成。1072 套住房中 472 套是两层的行列式独户住房，600 套是面积为 49 平方米（1 间半）至 100 平方米（3 间半或 4 间半）的三层结构供出租的住房。林荫道中心用垂直塔楼隔开的行列被人们俗称为"红色前线"，因为外表涂成了红色。

陶特试图通过条块分割的彩色外表，环绕房屋四周的自由空间因素及街道空间在这一居住区有意识地创造"外部生活空间"。彩色外表受到很多批评，而且今天已显现出来的当时建筑质量上的缺陷也是一个严肃的问题。此外当时陶特还是试图将平顶换成双坡

图 5.30　大型住宅区布里茨－胡夫埃森，由布鲁诺·陶特和马丁·瓦格纳1930年左右完成。大型形式向一条带有极长的建筑"红色前线"的大道开放。瓦格纳1952年说："一个城建及经济上的光辉篇章。"

屋顶，幸好被避免。几年前这一住宅区已被列入纪念保护，至今仍属GEHAG公司所有（翁格斯，第21—28页）。

• **1926—1932年采伦多夫"汤姆叔叔的小屋"，森林住宅区**

森林小区里是以它附近一家花园饭店的名字命名为"汤姆叔叔的小屋"的。它作为新住宅的首次尝试，在大规模上还有欠缺。直到今天也还能清晰地看出它作为首次尝试和色彩效果突出的痕迹。地区中部的地铁在长列的四层建筑衬托下形成了重大的转折（图5.34）。阿根廷式林荫大道旁及其两侧房屋像夹子样连接起两片住宅部分。两部分以不同形式的两层独户

图 5.32　后置的行列式建筑与折弯的行列式建筑一起连接着胡夫埃森

图 5.31　胡夫埃森住宅区及今天的后续工程。街道空间变化多样的形态……

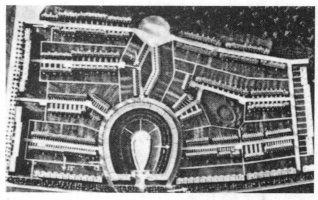

图 5.33　原来的设施模型。城市规划上接近田园城市是显而易见的

108　19世纪与20世纪的城市规划

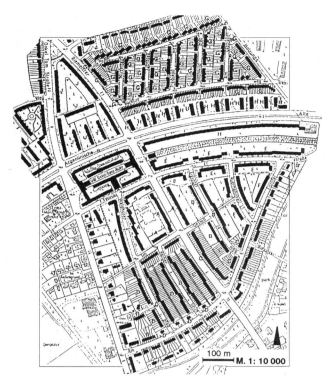

图 5.34 目前状态的"汤姆叔叔的小屋",采伦多夫森林住宅区,由布鲁诺·陶特及马丁·瓦格纳设计

图 5.35 1932 年"汤姆叔叔的小屋'的街道空间"外部居住空间",新的住房类型,新的外观颜色效果

图 5.36 采伦多夫第一建筑阶段的模型,"活动的"行列及横排行列构成的空间

行列住房部分,街道和私人绿地都以横列的与街道平行的建筑隔开(图 5.35、图 5.36)。西北部在纳粹期间建造了一个由各个独立独家构成的地区。

西部柏林在格鲁讷(Grune)森林边缘的住宅区是布里茨住宅区的直接后继者。首次规划在 1924/1925 年就由弗雷德·福尔巴特和阿道夫·佐默费尔德制定完成,形式上只进行了局部修改,建筑商同样是在 1926 年获得这块地皮的 GEHAG 公司,布鲁诺·陶特和马丁·瓦格纳的建筑草图并不是完全没有争议的,因为官方有另外的规划。经决定不再继续采用地方当局关于建造别墅的计划,而是改建为主要以出租房为主的建设。

地方当局根据"保护柏林城不被改建的地方法"委托建筑专家组对建设规划进行了鉴定,由于下列的种种原因,这一规划最终被否决:

- 破坏了费施(Fisch)河谷迷人的自然风光;
- 通往未来地铁站的交通设施不足;
- 住房行列过长;
- 独户住房起到三层住房建筑的作用;
- 不适宜的平顶。

尽管如此瓦格纳在没有得到建筑许可的情况下仍然开工。警察封锁了建筑工地并要求对瓦格纳进行罚款或拘留。对此瓦格纳答道:"我宁愿按照官方的更为健康的事务程序的利益,选择坐牢 10 天或 15 天,以此向公众展示一下大柏林的行政部门是怎么对待一个至今为止完全没有犯罪前科的公民的。这个公民只不过想尽力通过最快的途径来解决住房短缺问题。瓦格纳最终支付了 250 帝国马克的罚金。

在 1926—1928 年和 1929—1932 年的 7 个建筑阶段中在地铁站"汤姆叔叔的小屋"周围共建了约 2000 套 2—4 层的住宅,建筑师布鲁诺·陶特、奥托·鲁道夫、萨维斯贝格、胡戈·黑林在 1926—1928 年建造了 354 套楼房住宅和 391 套独户住宅。1928—1932 年又续建了 754 套楼房住宅和 419 套行列式独户住宅。地铁站旁并设有购物中心及电影院。

布鲁诺·陶特为"汤姆叔叔的小屋"设计了色彩方案,因为他坚信色彩能够产生空间效果,"色彩能够拉大或缩短建筑物间的距离。这样或那样地影响建设的尺度，使建筑融入或脱离自然，因此人们必须想象其他建材一样逻辑地持续地使用它"（陶特，AKB2，第228页），之后制定了色彩使用的基本准则：

— 位于狭窄的街道两旁的房子应通过阁楼层水平划分黄色涂料显得更矮；
— 色彩应突出天空的方向：房屋东侧因为上午清冷的色调要涂成绿色，而两侧为了与傍晚温暖的余晖相应要涂成深红色；
— 门窗的颜色划分要与周围色彩氛围相协调（第29—38页）。

小区落成后不久一位法国记者写道："这里的建筑极具现代化，并由此而令人特别亲切。每一条街道——在成排的枞树后——都有各自不同的样子和各自不同的色调，得承认，这些房子不仅能够传达快乐，还能够感染居民，使他们快乐。"

- **1928—1930年普伦茨劳贝格（Prenzlauer Berg）住房设施"卡尔·莱吉恩（Carl Legien）住房城"**

与上面提到的两个主要从边缘低层建筑为主的住宅区相对比，现有的密度较高的建筑内应有住房设施。布鲁诺·陶特设计的"卡尔·莱吉恩"住房城由三面环绕的五层周边式建筑群构成，风格上与弗里茨·舒马赫同年设计的汉堡"亚勒城"非常接近（图5.37、图5.38）。中心地段的高地价决定了建筑的高密度，但尽管如此据当时的描述是：这里的建筑已经在可想到的最大限度内考虑到了追求高密度下的松散。

外墙和阳台的明朗色调看起来很舒服，很有生气。

图5.38　卡尔·莱吉恩住房城，普伦茨劳贝格。建筑上的安全感防止了租住兵营的效果

与我们所熟知的很多"出租兵营"沉闷的灰褐色相比，每套住房都有一个宽敞背面厅院的阳台，极大扩展了居住空间，横列建筑和两边的房翼都去掉了，光线空气和阳光畅通无阻。建筑已类似于"出租兵营"，但在卡尔居住城里通过建筑上的自信成功地避免了这一点。住宅区的外表同内部装修一样具有时代特征：到处都是明快的色彩和创新，主妇们在这样的环境下感觉舒适。1928年至1930年建造的居住区只是陶特所设计的柏林众多居住区中的一个设施，所有这些居住区都见证着人们在资金有限，讲求经济节省条件下仍力求高质量建房的努力。

- **1929—1932年的西门子城住宅区**

与同时期的很多住宅区相反，这一由马丁·瓦格纳设计的"西门子城"没有独户住房，只建有同式样的四层行列式建筑（图5.39、图5.40）。按当时模式

图5.37　陶特的"住房城"内开放及绿化完好的内院为住房提供良好的通风及采光条件

图5.39　西门子城，1977年。由长条横列环绕并间以绿色区域的严格的行列式住宅

110　19世纪与20世纪的城市规划

图5.40 由汉斯·沙龙及马丁·瓦格纳设计的西门子城（3—10号），作为柏林北部市郊带状住宅区的一部分。从1900年左右的封闭式住宅群（左下）转为50年代的行列式建筑（夏洛滕堡北，12号）

在住宅区小路旁建设的南北向行列式建筑及垂直的街道被一条长长的、弯曲的横截从外观上串联了起来。由奥托·巴特宁设计被称为"漫长的悲伤"的东西向行列式住宅隔开了附近的铁路。

在1929年于西柏林夏洛滕堡北（1955年至1961年之间沙龙设计并已建好了住宅区）以西的一个于1928年已完工的市郊铁路之后计划同时在它的终点站建造一个森林住宅区采伦多夫（"汤姆叔叔的小屋"）。这样1923年之后通过西门子工厂扩建而进一步激化了的住宅紧缺状况应得到缓解。1800套住宅中的1678套由许多不同的设计师像汉斯·沙龙，沃尔特·格罗皮乌斯，胡戈·黑林（Hugo Häring），弗雷德·福尔巴特（Fred Forbat），保罗·鲁道夫·亨宁（Paul Rudolf Henning）以及奥托·巴特宁等"环形"建筑师协会（见134页）的建筑师设计，并且由柏林海尔（Heer）街的公益建筑公司建成（翁格斯，第39—48页）。

行列之间要保持相对的间隔距离，16米高的隔28米距离。这种加密是有意识地安排的，以便使在住宅区的中间保留一块尽可能大的空地。沙龙认为绿地不仅是当地儿童的游乐场所也是住宅区的老居民相互邂逅或结识的场所。他在当地计划阐述报告中说明了邻里的意见，邻里是一种步行大约一刻钟就可以穿越；这块绿地适合于儿童们的活动，面积大的足够在其中进行保险；小的足够让人产生对故乡的感情。

- **1929—1930年"白色之城"，席勒林荫道住宅区**

1929年开工建造的席勒林荫道住宅区又被称作"白色之城"，因为区内的4—5层建筑全改成了白色。在北部柏林的赖尼肯多夫（Reinickendorf）。奥托·鲁道夫、萨维斯贝格、威廉·比宁和布鲁诺·阿伦茨设计了一套现有的周边式建筑缓和为横排建筑结构的方案（图5.41—图5.43）。通过狭长的纵向南北排列使得房屋主要是东西朝向的，构成街道空间的被打开的封闭式建筑物是显而易见的。只有在日内瓦（Genfer）大街上的建筑是以行列式呈扇状的。但是它在北部以较小的角度和40米宽的席勒林荫道上的上部建筑构成了一个道路终端。

图5.41 奥托设计的"白色之城"席勒林荫道的上层建筑作为街道的终结

图 5.42 "白色之城"铺散的行列仍明显带有早期周边式建筑规划的痕迹……

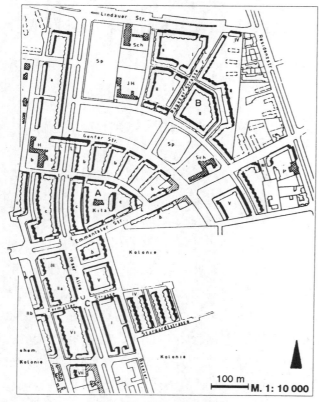

图 5.43 ……但狭长的南北走向建筑群使大多数房屋得到一个很好的东西朝向

图 5.44 哈瑟尔霍斯特住宅区：1932 年的具有严格的行列式住宅的第一建筑阶段，在 1955 年后得到了和缓的补充

"优等生"公益住宅有限公司在城市自己的土地上建设了 1200 套小型住宅，住宅的 30% 只有 48 平方米，50% 为 54 平方米，其余为 63 或 70 平方米使用面积。在公用设施方面修建了 27 座商店，一所托儿所、五间公用洗衣房和一座热电厂。由于建筑群的特性以及宏伟的和树木绿化的街道这个住宅区今天还有一座大城市的特征。这一城区对住房的巨大需求清楚地表明了这里极高的居住价值（翁格斯，第 49、50 页）。

• 1931—1932 年哈瑟尔霍斯特德国研究所住宅区

在"德国建筑及住房业经济研究所"简称 RFG 的倡议下，在西门子城西面将主要为附近的西门子公司的工人及雇员建造一个住宅区。这一研究所建立于 1927 年宗旨是促进已定的住房建设计划，并对新技术和经营方式的改善进行初步实验，从而降低建房成本，促使房建合理化。1928 年研究所为 4000 套住房及基础设施建设方案进行了全联邦范围的设计竞赛，共有 221 项方案获得认可，其中 13 项得到奖励。

一等奖获得者为沃尔特·格罗皮乌斯和斯特凡·菲舍尔及他们所设计的具有"周密科学性"的四个变体（图 5.45、图 5.46）；奥托·黑斯勒也是获奖者之一。奥托·巴特宁，恩斯特·迈，弗里茨·舒马赫，马丁·瓦格纳及另外一些著名建筑师都是评奖委员会的成员。

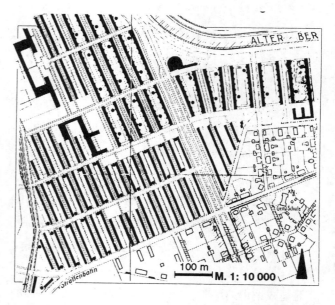

图 5.45 柏林－哈瑟尔霍斯特：沃尔特·格罗皮乌斯及斯特凡·菲舍尔获得一等奖的方案实际施工时并没有那么"呆板"……

图 5.46 行列被缩短，间距变大，穿插横列创造了空间。向北面扩展

他们制定出很多供选择的标准，用以最终清除城建上已日益不足的旧观点，旧方法。这也与 RFG 研究项目一个最根本的部分相符合："对建有东西朝向住房及不同房屋间距的行列建设作调查并发展多样的平面布置类型。"

格罗皮乌斯与菲舍尔的方案主要是由东西朝向住房构成的南北行列，为了避免单调没有的板地进行排列。在 1931/1932 年的两个建筑阶段中总共建了 1224 套住房，但没有配备集中供暖系统，公共设施方面也仅配备了统一洗衣坊，这一住宅区（造价为 4000 万帝国马克）并不是由 RFG 资助的，而是通过第一次抵押。房租税收抵押银行及帝国第三抵押银行（利率为 1.75%）筹资建成（翁格斯，第 57—65 页）。

今天建筑已被密集的草坪，灌木及树木覆盖。建筑物的色调，也淡而柔和。所有住房都朝向绿地，这被居民们公认为一个很大的优点。"虽然住宅区已有 50 年历史，但因为它优秀的城建方案，直到今天仍被居民称作是积极意义上的'现代'居住区，对于'老式建筑'这一带有负面色彩的称谓主要指内城区带有后院但却看不到树木及绿色的大型周边式建筑群。"（翁格斯，第 64 页）

5.3　想象和意识形态之间的住房建筑

"所有的建筑工程正处于调整之中。整个地区各个部门的重要人士都行动了起来，为了采取有效措施来解决我们所面临的持久性的住房紧缺问题，新建筑的宣传期已经过去了，着有助于阐明两法的根源，然后就是时候对运动场进行实际的测量和精确的估算了。"

"这个住宅是一个操作技术的有机体，由许多单一功能有机组成，当工程师长期以来就对工厂以及工厂的产品进行考察研究，并寻求最简洁的处理方法时，即以尽量小的机械力和劳动力消耗，最少的时间，材料和金钱来达到最高的效果，建筑经济上不久前才为开始住宅建设追求同一目标。"

"建筑意味着生活过程的塑造。多数人有相同的生活需求。因此使广泛的生活需求得到统一的满足是合理的，是符合商业行为的。要每一幢房屋显示出不同的平面图，不同的外部布局，不同的建材以及'建筑风格'于是就是不太现实的。这些意味着个性的消失以及错误强调。每个人在同排所形成的风格类型中保持着选择自由。"

"当个人在对商业性的系列生产失望的情况下，能够实现他们对住房的要求愿望，那时才算完成了发展的最终目标。从总体情况上看住房以及装修根据住户的数目和风格将是不同的。"沃尔特·格罗皮乌斯［"为合理住房建设进行的系统准备"。摘自《包豪斯》杂志（德绍），1927 年第二期］

新型封闭式建筑方式

20 年代由于资金原因和建筑工地问题在法兰克福和柏林这些大城市的边缘地区建成了大规模的住宅区，并且是"在绿草坪上的"，就像后来在二次大战后的大规模城市扩建。人们不能忘记，除了这种"卫星城方案"还有一些城市扩建以"德国经济繁荣时期的地区"为榜样也完成了扩建工程。举例如下，弗里茨·舒马赫设计的汉堡住宅区，汉诺威的南部之城，慕尼黑的勃斯塔尔以及维也纳的乡村住宅等。

所有的工程都涉及封闭式建筑，大多为四至五层的建筑，但在法兰克福和柏林也插入了一些行列住宅。

但封闭式建筑的内院不再作为商用，而是经过绿化作为供居民使用的空地。虽然很多计划在第一次世界大战前就制定了，但直到房建繁荣时期从大约 1925 年起才得以完成。

- **汉堡和弗里茨·舒马赫**

1924 年至 1933 年之间，弗里茨·舒马赫在汉堡对建筑街区做了深入研究并指出：那时"城市的外围地区"并不被看作是"独立的地区"。公共的街道空间只是"建筑群构造的后果"。"关于周围街区中的建筑群之间留出的空的建设（美化）不再是人们讨论的唯一中心，相反人们认为建筑群以及在建筑群之间的住宅区的发展，是由于当时的形势所造成的。随着当时有关土地利用的法令颁布，根据街区的布局和以此布局为基础的紧密相连的建筑工地的划分形成了这种带有某种必需条件的建筑群。"

这种建筑群不仅是"美观的事物"，而且与"街区和广场的效果图"相比而言只同样还体现了"大型建筑物的社会类型（形态）"。"在柏林成百上千的住宅兴起了后院的过度发展以及汉堡兴起的紧密式后厢房——仅仅为了使这两座城市被称为大城市——这些不仅是无责任感的建筑企业随意设计创造的后果，而且它们的初始阶段是位于相关城区的街区草率而无意义的布局，同样，这种布局可能导致不可避免的混乱，人们可以那样安排街区的布局，则包含了那种初始阶段——通过实践只表明了一种合适的住宅建设群结构。"

"城市规划的出发点首先是这样理解的：除了纯粹地从外部美观的角度考虑，其实不需要改良的，最多就是对其作一些修饰之外，还出现了对建筑内容的社会学形式的考虑。

在关系到艺术之前，关系到的是体面（舒马赫，第 10 页）"。当时在汉堡的典型例子就是位于巴姆贝克（Barmbeck）的被称为"小住宅居民区"的杜尔斯贝格（Dulsberg），好像是一个先驱，另外是威斯特胡德（Westerhude）的亚雷城（Jarrestadt）：

－小户型住宅区杜尔斯贝格 1919 年

这个小区是由负责工程项目的市政管理部门提议的，1919 年舒马赫在周边人的帮助下完成了传统的建造规划（图 5.47—图 5.50）。初步布局中的主体是一条宽 50 米，长 1000 多米并略微曲折的绿化带，其中设有游乐场，儿童戏水池，花园以及运动区。与原先的规划相比，人们大量的增加了绿化带面积，并将建筑物的高度从五层楼降到了三层楼高。绿化带被铺设成带状的，通风地交叉小块，这些块的进深很小，立即使得后端的利用不可能实行。尽管楼层降低了，但是舒马赫仍达到了大约与原计划相同的住房面积，还达到了相同的经济效益 [弗兰克（Frank），第 256 页]。

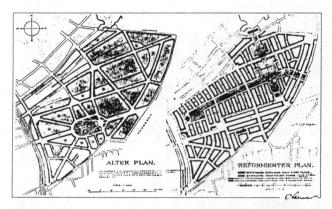

图 5.47 杜尔斯贝格地区的一项带有绿化带及小型封闭式建筑群的"激进改造"方案

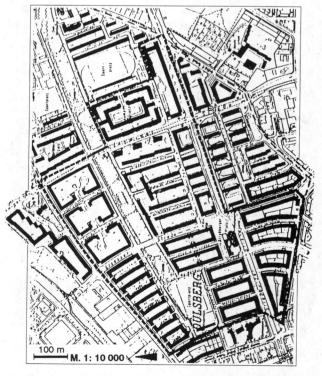

图 5.48 今日的汉堡巴姆贝克的杜尔斯贝格住宅区。建筑群与可利用的空地的关系

图 5.49　杜尔斯贝格住宅区 1930 年左右。绿化带内多种多样的公共绿地设施……

图 5.50　从草地运动场、花园一直到横向设置的运动及游戏混合体的大型游乐草坪。整体方案

图 5.51　1930 年左右汉堡－温特胡德的"亚雷城"。围绕一个中心广场建成的封闭庭院式行列

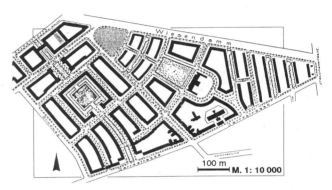

图 5.52　亚雷城的建造从西到东展示了一个"从周边式到行列式"的发展

图 5.53　1930 年左右的亚雷城：弯曲的行列或平顶的横插建筑创造了绿色的、充分利用的内院

－亚雷城（Jarrestadt）1926—1928 年

房屋建造部门请了弗里茨·舒马赫设计了一个新的住宅城市，一个包括十块街区共 1800 套住宅的城市。在 10 位建筑师之间的竞争之后，人们决定采用规定的城市公共建筑的地基标准（图 5.51、图 5.52）。竞争的内容是设计一种 4 层、5 层和 6 层楼房的建造方式，也就是说比法定的建房规划升高了最多三层楼。住宅区的建筑材料是规定的缸砖，至今仍广泛使用。延伸的街区在侧翼仅仅只用两层高的楼房来封闭，以此造成了行式建筑的形象。街道的长度通过建筑向一边轻微的曲折排列使其看起来缩短了（图 5.53）。街区的中心坐落着一座大型的广场，配有道路和植物布置出的花纹作装饰。

舒马赫对缸砖的偏爱在汉堡的大都市化建筑上追求的是美学标准。他的想法已经获得了认可和支持，在人们看到大城市建筑中的混乱以及统一建材的普遍效果之后，面对在汉堡改革者中重新流行起来的砖砌建筑，人们已经认识到了这种需求，也对此表示认可。

"除了传统的市政规划方法之外，例如固定不变的建筑类别以及建筑趋势,他还从建材统一的规定中,对私人业主以及建筑师个人风格的追求遵循中找到了其他的控制方法。红砖对他来说根本就是一种针对现代化大都市盛行的'风格－建材嘉年华'的武器。"(弗兰克,第30页)

关于亚雷城和布里茨小区"从周边式到行列式"的转换,舒马赫强调:"周边式布局在美观上相对重视简洁,当人们把它与普通的封闭式街区联系起来时,情况变得更加难以处理,因此必须避免住宅建筑中的周边式布局。在现代的小住宅建筑中,对街区已经进行了通风要求的测试,为了在保护环境卫生的要求下能形成低价的房租,要尽可能有效地使用土地。由此人们制定了做多样最合理的体系,由于对简洁的'行列式住宅'地面的挖掘,这种见解显然胜过了其他的。"

"这种见解会变得相当冒险,因为只有非常灵巧的手艺才能用微小精密的辅助仪器来使行式街区住宅达到一个还过得去的效果。也许人们普遍会说,他们可以将这些效果处理得令人满意,如果他们愚蠢地关注着不太大的土地。行的端部就像一组被有序分割的屋体一样在一条笔直的街道上按顺序排列;最好只排列在街道的一边。"(舒马赫 3,第42页)

- **汉诺威南城 1930 年左右**

在 20 世纪 20 年代中期汉诺威也遭到了严重的住房紧缺问题,到 1926 年才增加住房,并作为私有经济资产供使用。此后,私人业主和合作社每年又建造了大约 3500 幢住宅而不是 500—1000 幢。住房问题解决了,因为汉诺威在多个城区包括南部,获得了更大的地产。希尔德斯海姆(Hildesheimer)街与铁路线之间的街道网建设于 19 世纪 90 年代,1906 年进一步完善了计划向南更远的地区延伸。在卡尔·埃尔卡特(Karl Elkart)的领导下,城市公共建筑部门制订了一个建筑规划,该规划遵循的是从前的封闭式建筑(图 5.54)。

"与新建筑的观念相适应整体布局以长列构成简单明了的划分。主要是长方形南北排列的建筑群,建筑群边缘是封闭式建筑,而内部区域则没有建筑,建筑的实际施工,主要是在 20 世纪 20 年代后期及 30

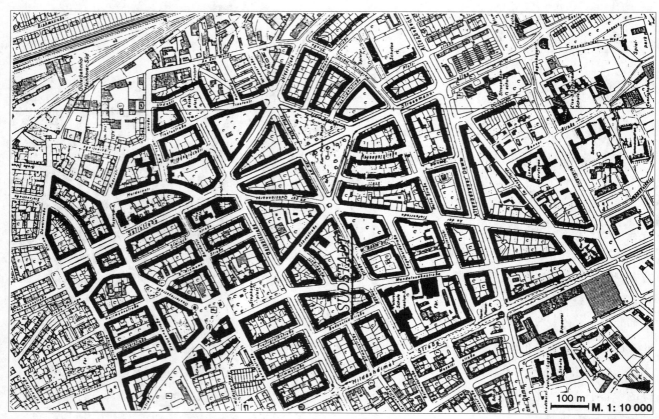

图 5.54 1930 年左右汉诺威南城的建设是新形式下封闭式建筑方式的一个范例。 1900 年左右街道两旁建筑线计划的街道网屏被修改。封闭式建筑群被缩小,而且内部被绿化

年代初，与既定的方案稍有偏差。"（默勒，第 124 页）

基本布局颇具特色，它以街道轴线为基准，并建有很多令人印象深刻的广场（卡尔－彼得斯广场，盖伯尔广场）（图 5.55、图 5.56）由不同建筑师建造的 4 至 5 层建筑设有装饰用的缸砖材料房表。相应的建筑形体（高层建筑，山墙，雕塑墙面）以及植被突出了轴线及广场的城市空间分布。这一范例显示了封闭式建筑方式对不同建筑观点及已经改变的住房需求及交通条件方面的巨大适应能力。

• **慕尼黑：博斯泰（Borstei） 1923—1930 年**

由建筑师及建筑公司老板伯恩哈德·博斯特（Bernhard Borst）私人倡议设计及建造的博斯泰住宅区是"慕尼黑多层住宅城市建设最具意义的大型住宅区"之一。在城市时间上限定期限提供使用的大约 7 公顷土地上从 1924—1930 年共建造了 776 套住房。这是为想住在城市附近的普通市民阶层提供的"高级租住公寓"，但并没有放弃舒适的居住条件。这表现在：早在 20 世纪中期就配置了车库，设有集中供暖，大量商店及其他许多公共设施。

城建的高要求在很多不同元素上都可以被发现（图 5.57—图 5.59）。整个设施为花园式建筑风格，房屋环绕在绿化完好的内园匹周并添设雕塑以突出其安静的氛围，删除露天阳台明晰了建筑外表并增强了美学效果，花园内园为小区共同生活服务的作用也进一步体现出来。

住宅区以分割清晰的居住单元划分形势产生了空间形态及大小的多样化效果，房屋的色彩及简单的建筑细节甚至各幢房子配置的车库都各不相同

最近几年建造的较大型住宅区，如施瓦宾的柏林大街旁或纽芬堡的温特里希（Nymphenburg Wintrichring）环路的住宅区都极符合博斯泰的传统风格并强化了其城市规划的意义。它们大致都沿袭了历史上的模式，围绕着绿色的无交通噪声的安静的内院，为 3 至 4 层的房屋建筑群 [盖佩尔（Geipel）等，第 571、572 页]。

图 5.55 汉诺威南城的盖伯尔广场，1992 年。装饰有深褐色缸砖的装饰的房屋立面

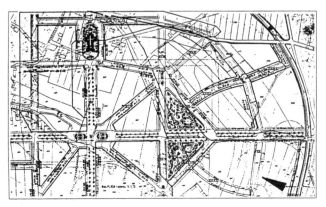

图 5.56 南城的原有方案，设有林荫道，三角形的卡尔－彼得斯广场和带教堂的盖伯尔广场

图 5.57 慕尼黑的博斯泰。住宅区的方案给人一种早期维也纳庭院的印象

图 5.58 博斯泰：绿色的内院，规模及形态各不相同，保证了安静的居住环境

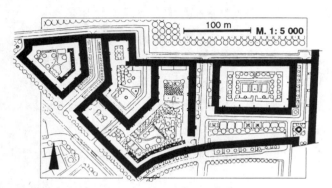

图 5.59 博斯泰的建筑向外自成一体，只有入口处与街道相通

- **维也纳庭院**

其他城市"现代"封闭式建筑的不同范例使维也纳庭院的"独一无二性"有局限性，它因为出版物和公众的参观而远近闻名，并且这些规划相互之间影响很大。但维也纳城建外貌的多样化是众所瞩目的。虽然初始时不同建筑设施的这种极具城市性的紧密建筑方式与周围直接的环境极少相符，因为庄园仅存在于各种各样的"绿色草场上"。但不久后他们大多数便被迅速扩大的城市赶超以至现在他们已被周边的建筑包围，与其他周边式建筑群相比庄园很大的不同之处在于社会福利需求，配备了多种多样的公共设施。这些远远超越了一般意义上的，大多时候非常少的装备，洗衣房减轻了家务劳动的分量，幼儿园使得主妇们至少可以从事兼职性的短时工作。

"多楼层的超级周边式建筑群以城堡式拒绝了现有的、福利上经常不同的环境。这些环绕内园组合而成的自给自足的封闭式'平民宫殿'设有商店、游乐场所、浴池、健康卫生医疗站及俱乐部的，撤去了巨大的纪念碑式的墙面。这些住房非常简朴，初始时面积仅为 38—48 平方米，1927 年后为 40—57 平方米，与阿姆斯特丹表面的奢华形成鲜明的对比。紧迫形式下政治方面的自立可能使社区考虑到要赋予众多建筑堡垒式的风格。魏玛共和国新住宅区内松散的行列式建筑风格，并不符合维也纳的空间及政治条件。经过三四次转手之后的表现主义被推荐为对这种充满冲突的形势的合适表达。"[佩特（Pehnt）2，第 196 页]

"超级街区"对外是"红色维也纳"大型住房建设项目显而易见的标志。因此尽管人们承认它的巨大功绩，也仍然招致了许多批评。但即使是反响很大它也只是占全部设施极少部分。因为从 1919—1934 年的 379 次建筑为超过 20 万人建造了约 64000 套住房。在经济衰退最严重的时期为社会福利建设项目创造了一系列政治及财政条件。这一项目因受外界及社会经济因素的影响可分为三个阶段：

— 1919 年至 1923 年的准备及规划阶段；

— 1923 年至 1929 年左右的 5 年计划建造了 25000 套住房，已提前于 1927 年完成；

— 1929 年至 1934 年的公民战争及经济衰退时期 [曼格（Mang O.S）]。

20 年代初严格的保护租房者权益规定及廉价的居住城市家政服务减少了城市大型建筑业公司的收入来源，另外租房利率税收也因为低廉的房租收益甚少。因此为资助住房建设引入了新的税收制度：

— 对私家汽车、马匹、昂贵的酒店及家仆等奢侈享受征收豪华税；

— 依照拥有住房的房主应帮助那些尚未有房的人的原则从 1923 年起征收住房税。

另一项措施为有目标的土地政策，到 1930 年左右维也纳四分之一的土地将归为乡镇所有，以此来完善红色维也纳广泛的社会福利投资基础。"地产的利用、税收权及住房的强制配给等在它们的联合作用下产生了一种自动控制机制。这一种半自治的运作机制对资本主义经济体制不仅仅是一种补充，而且在这一体制内取得了成功。"（布拉姆哈斯，第 35 页）

建筑的多样化、城市规划上的包容及基础设施建设也全部符合在剩余城市郊区按社会阶层归类排序的政治意图。这在下面的几个例子中得到了简单的描述。从中可以清楚地看到，即使是建筑规划也被理解为集体事业。

"乡镇住宅建筑的建筑师们——虽然在庭院入口处（即使是在最低的台阶上）使用了大理石板，在我们这个年代并不被看作是现代建筑学的大师，不被认为是功能及材料方面进步的英雄，但他们是一个虚构的工作小组的成员。他们的工作从根本上应是默默无闻的，并需要听从于一种政治理念。"（曼格）

- **桑特莱滕庭院（Sandleiten-Hof）1924—1928 年**
由建筑师埃米尔·霍佩（Emil Hoppe）、奥托·舍恩塔尔（Otto Schönthal）、弗朗茨·马图舍克（Franz Matuschek）、西格弗里德·泰斯（Siegfried Theiss）、汉斯·雅克施（Hans Jaksch）、弗朗茨·克劳斯（Franz Krauss）及约瑟夫·托尔克（Josef Töck）共同设计完成，在 1924 年左右开始的维也纳乡镇建筑大型项目中这些"庭院"获得了一种新的空间构造特征。拥有 1587 套住房的桑特莱滕面积最大的住宅设施同样具备这种特征（图 5.60、图 5.61）。

除了对市容的添加外，单个住宅设施部分及庄园均连成一片错落有致地环绕在一个中心广场四周，有些部分甚至极富浪漫气息，这对后来的一些项目具有重要的示范左右，经过招标竞选处的这份基本设计方案向南朝维也纳森林丘陵靠拢，构成一个非常开阔的住宅区，为适应四周环境住宅区的形式设计为公园里

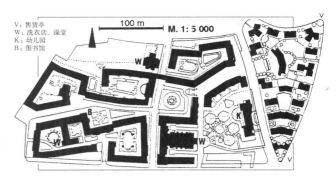

图 5.61　桑特莱滕庭院。带有安静内院的不同建筑部分创造了空间质量

的一个租住别墅式公寓（布拉姆哈斯，第 49 页）。

形式多样的城建元素，如富有浪漫气息的广场，缩短的街道之间的间隔，瞩目点及变幻的视角等都是辛勤努力的结果。这些都是与 19 世纪的"网目城"形成鲜明对照的经历沧桑建立起来的城市。

虽然与桑特莱滕住宅区同时主要由瓦格纳的学生们海因里希·施密特（Heinrich Schmid）和赫尔曼·艾兴格尔（拉本庭院）（Hermann Aichinger）进行的设计也进行了类似的尝试，但不管在之前还是之后其他类似的大型住宅区都没有达到这种与之相媲美的空间质量（曼格）。

- **拉本庭院（Raben hof）** 从 1925 年起由海因里希·施密特和赫尔曼·艾兴格尔建造，拥有 1109 套住房。这个宏伟的住宅区与城市整体结构配合极其完美，以至几乎看不出其旧城区的衔接处（图 5.62）。建筑"传统保守"，但尽管如此建筑物还是体现了一种由现代窗饰及中世纪的梯形三角墙构成的"和谐的历史拼贴画"（布拉姆哈斯，第 39、46 页）。

图 5.60　桑特莱滕庭院的中央广场。通过若干商店和横向街道构成较大的公共空间

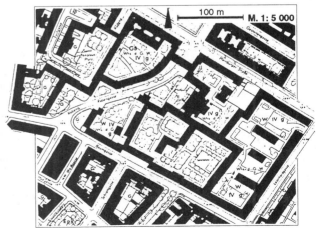

图 5.62　拉本庭院的住房建设：新的城市空间与原有建筑结构的连接几乎天衣无缝

- **卡尔·塞茨庭院(Karl Seitz-Hof)** 由胡贝特·格斯纳（Hubert Gessner）规划和建造于 1926 年，拥有 1173 套住房。与胡贝特 1924 年建造的拥有瓦格纳学派典型恢宏风格的罗伊曼庭院（Reumannhof）不同，边侧内院的设置通风良好并完全地人性化（图 5.63、图 5.70）。超大规模的半圆形入口区域从外部使人产生一种恢宏的印象，从而赢得"平民住房宫殿"的称谓（曼格）。
- **乔治·华盛顿庭院（George Washington-Hof）** 1927 年由建筑师克里斯特（Krist）及厄尔尼（Oerley）设计，拥有 1000 套住房（图 5.64）。这片延伸很广的住宅区以公园外貌的建筑自成一体，因此在这里丝毫也谈不上"与世隔绝"，与其他维也纳庭院完全不同。此外这个"文雅的城市边缘住宅区"还向由小果园及其他空地构成的城郊区域开放。
- **恩格斯庭院（Engelshof）** 建于 1930 年，是瓦格纳学派鲁道夫·佩尔科（Rudolf Perco）的后期作品。拥有 1467 套住房，数量超过了卡尔·马克思庭院。因为规模的排列这一住宅区有意识的遵守了其他城建的原则（图 5.65、图 5.69）。发散式的建筑布局在住宅区内部构成很多带有较高城门建筑的广场楼房形式，同时也造就了一个从多瑙河对岸俯瞰整体建筑概貌的视点。"广场的次序明显具有奥托·瓦格纳意义上的宏伟及轴向性等特点。还有这里将开阔的边侧庭院建成公园式样，这都将向高层的发展减少到可容

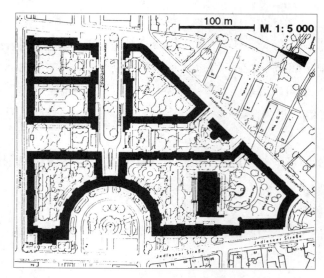

图 5.63 卡尔·塞茨庭院：在中央轴线及通风绿化完好的内院外部建有一个宏伟的半圆形入口

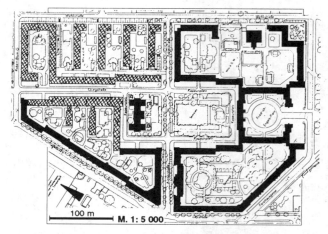

图 5.65 恩格斯庭院及其后期后续工程（画有阴影线的部分）。奥托·瓦格纳意义上的宏伟及轴向性等特点

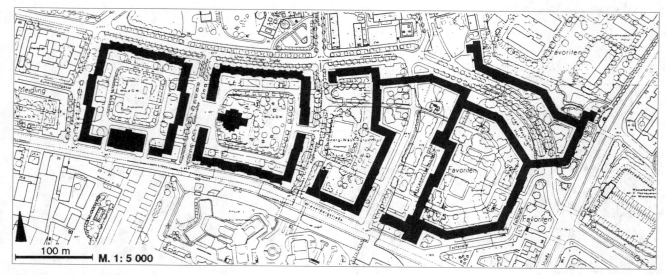

图 5.64 乔治·华盛顿庭院：这些大型街区由于边缘的马鞍顶建筑略显低小，拥有众多类似公园并种有各种植物的内院：金合欢院、榆树院、桦树院、丁香院和槭属院

忍的尺度。"（曼格）

- 卡尔·马克思庭院（**Karl-Marx-Hof**），一个壮观的住宅设施，1927—1930 年，由城市建筑局的建筑师卡尔·恩(Karl Ehn)设计（图 5.66—图 5.68）。最初它拥有为大约 5000 居民提供的 1325 套住房，现在居民大约有 2200 人。庭院交通便捷，与市区有轨电车、公共汽车等近距离公共交通设施衔接极为方

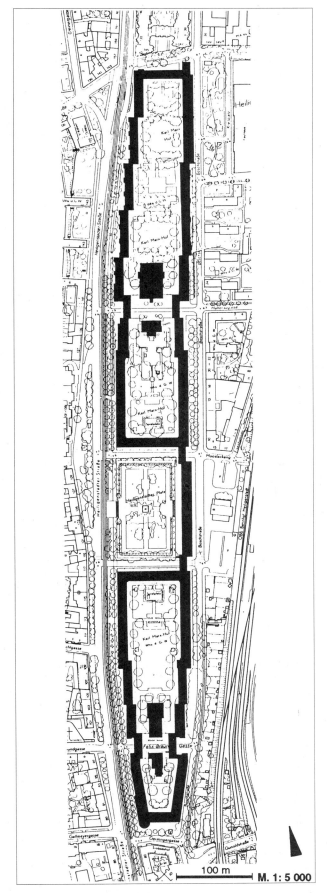

图 5.66 卡尔·马克思庭院：两个狭长庭院之间的一个公共广场划分了这一超过 1 公里长的建筑物

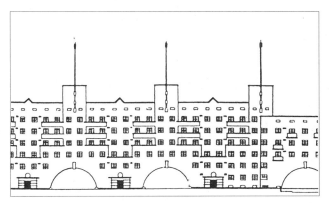

图 5.67 卡尔·马克思庭院。中央建筑部分的宏伟特征成为红色维也纳的象征……

图 5.68 ……并与为当时约 5000 位居民提供的简单小巧的住房形成了鲜明的对照

图 5.69 恩格斯庭院入口处引人注目的大门建筑。"平民居住宫殿"的统治性建筑风格

图 5.70　卡尔·塞茨庭院的半圆形入口建筑自信地影射了维也纳胡浮堡皇宫

便。其中的小面积住房与宏伟的庭院外观形成奇特的对照。一半以上的住房仅由"起居室兼厨房"、卧室、储藏室及附带的前厅和卫生间构成，总面积约为 41 平方米（雷佩，第 21 页及以后）。

庄园内有很多公共设施建筑：两个洗衣房、两个公共浴室、两所幼儿园、青少年之家、卫生所、25 个饭馆、图书馆及邮局等。但尽管如此平均 96 位居民才拥有一个洗衣位，200 位居民才有一个淋浴，300 名居民才有一个浴缸。

卡尔·马克思庭院成为了红色维也纳的象征。在 1934 年与"家园自卫队"的流血冲突中那里的工人们以此为防御工事，他们在持续多日的搏战之后才被战胜。80 年代末这些住房进行了现代化改造，部分小户型被合并扩大，并且住房外部也得以修葺（布拉姆哈斯，第 61—64 页）。

• **认可及批评**

维也纳庭院对与在 19 世纪声名狼藉备受谴责的封闭式建筑模式的城市规划上的和解做出了重要的贡献。其一方面被称赞是解决了住房紧缺问题，另一方面也因为较大的建筑密度而受到责难。因此来自曼海姆的城市首席医生斯特凡（Dr.Stephan）于 1931 年在一次奥地利民众健康协会大会上声称："维也纳在住房卫生方面的成就今天已经是举世公认的事实。最初多方面的责难今天已被证明是解决维也纳住房问题唯一可行的途径。是一项值得惊叹的举措，是独一无二的。"但他并没有引用当时著名的范例法兰克福及柏林。

第一次世界大战后立即负责维也纳郊区住宅建设的阿道夫·路斯（Adolf Loos）（第 97 页）。在 1926 年左右反驳说："建设乡镇住宅是为了培养党派精神，人们将居民聚拢到一起，是为了让他们支持选举这一政党。"

人们甚至特别有针对性地称卡尔·马克思庭院为"亚洲压迫狂统治欲及残忍的权力目标的汇聚地"，称它体现了"刚刚流淌出的血红的、深红的鲜血"，"整个城市就是一座独一无二的可怕的堡垒！"（《列宁在维也纳》，1930 年，布拉姆哈斯，第 65 页）

按照现在的视角恰恰在城建方面无疑是积极的肯定的观点占了上风。20 世纪 20 年代的田园城市及大型住宅区建设不断蚕食自然景观，直到今天城市发展仍然沿袭这一进程，但维也纳庭院走出了一条住宅区建设节省土地的道路，这条道路在我们在这个时代至少开始了它的复苏。

行列式建筑作为理想的住房形式

在德国合理化建筑的发展脱离了老城区及其城建基准，首先周边式建筑群被间接的作为建筑物与建筑地皮的关系而保存，仅仅是撤去了两侧的封闭式环绕建筑。在大约 1928 年周边式建筑群完全撤消及行列脱离街道之前，行列住房仍然构成街道两侧的城市空间的边沿。先驱者的经验涉及到城市尺寸并越来越多地简化了形式词汇。

"将建筑物侧面与楼层之间的区别排除——这是空间同一化的结果——类似的体现在对房屋立面的处理及对小间类型的重复模数上，在这些小间类型上曾一度确立的突破与城市空间并没有明晰的对话，建筑物成为准备完全解散城市结构的主体"[帕内拉伊（Paneral）等，第 181 页]。

这一"从周边式建筑到行列建筑"的发展是在对理想住房模式深思熟虑的基础上产生的。这一理想模式使行列住房成为"连贯的卫生导致的形式缩减"（图 5.3）。南北序列的住房行列中的住宅，入口为东向，起居空间为西向并最好带有露天阳台，虽然很多依照这一城建准则建造的住宅区经常出现不一致的情形。如达姆斯托克住宅区，但这一理想住房模式的观念还是作为"城市建设学说"一直被保留到现在。

"实用建筑"的住房模式受到社会福利先行者们的观念影响，他们对城市无产者在租住兵营式住房内恶劣的生活条件备感焦灼。光线、空气流通及采光都处于最低限度，必须创造一种更健康更自由生活的前提。而这最终采用了行列住宅模式，空间的组织并没有考虑整体生活要求的平均中庸。而是各个区分对待，因此各部分的功用重又统一到一起，这贯穿到地表及整体草图构建上，这与从花纹装饰的租住兵营墙表真实性的欠缺形成了对比。"[威廉(Wilhelm)，第80页]

由此而来的后果对城建的影响是深刻的，因为城市被划分成：工厂、住宅区、公民之家、街道、花园等不同的功能区域。行列式建筑把城市规划降低为一种技术准则，而没有空间构成，其社会意义为"生物上真正的居住"及"社会合理化在美学上的超越"[乌利希(Uhlig)，第57页]。

卡尔斯鲁厄的达默斯托克住宅区（Siedlung Dammerstock）1928/1929年

如果要讲一个住宅区视作行列式建筑典范象征的话，那么这就是卡尔斯鲁厄市的达默斯托克住宅区，等间距的南北行列创造了完全同一的居住条件，它不同于威斯特豪森的行列住房，没有哪怕是丝毫的曲折。其没有空间的局促感，同样格鲁普斯这个名字也被视作为新建筑招牌并由此最频繁的被城建与建筑学证明为一种新理念转化为现实。但仍然有批评人为设施太过"格式化"，没有可供经历的外部空间（兰鲁尼亚尼，第122页）。因而带有一种科学的冷漠，不够人性化。

"这种社会工艺学——似乎被建筑学家及自然科学家们视为无价值——毫不妥协不受蒙蔽，但也同样冷漠，陷入了建设理念社会的蒙太奇的时刻，为了拼合在一起而首先进行分割支解，于是这些也作为添加，行列式建筑是相同的、预制的建筑构件与其同一化的，预先设计好的生存空间相符合。"（威廉，第81页）

同许多20年代后半期的住宅区一样，开始考虑建设这一住宅区时，初衷也是为了解决住房短缺及失业问题。早在1928年5月施奈德市长就在一次市议会会议上要求："达默斯托克市南部城区到1929年年中就应该建起建筑群，建成一个示范性住宅区，从在最新的经验及着眼点上促进解决人民住房问题，这些住宅应该能够容纳六口之家（父母、两个男孩、两个女孩）。按面积及装修的不同最大限度地利用每寸空间，但房租不得超过50帝国马克（面向收入较高的工人）或最多100帝国马克（面向中级官员及小市民），"另外还应建立一个新的住房建筑公司。"

达默斯托克地区位于市中心南面约3公里，几乎位于田园城市卡尔斯鲁厄旁边。1928年7月对这一地区进行了招标。从43个参选的方案中评审委员会（由迈、密斯·凡·德·罗、施密特黑纳等人组成）将一等奖颁给了沃尔特·格罗皮乌斯，二等奖颁给了奥托·黑斯勒（Otto Haesler），除少数几个方案外其余方案全部为行列式建筑设计。最终的建设方案由格罗皮乌斯及黑斯勒共同制定，完全为等间距的标准的行列式建筑（图5.72）。但由于费用方面的原因缩短了一半的围绕行列住房的新辟街道，因此住房交替地面向东西两个方向。经济性战胜了纯粹的理论。

由于这项开辟而采用了格罗皮乌斯的方案，但他仍建议沿街道两侧建成与之平行的行列住宅（图5.73）。这一设计与行列的数目，与垂直于行列方向的三条街道及东部行间距较大的四层式房屋行列相适应。但尽管如此，仍然可以看出，图解上有益的基本草图模式明显带有黑斯勒方案的特点。

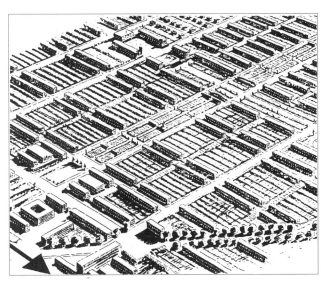

图5.71　1929年的"合作社城市"，作为W·格罗皮乌斯的对应规划的由C·勒歇尔设计的大型居民区

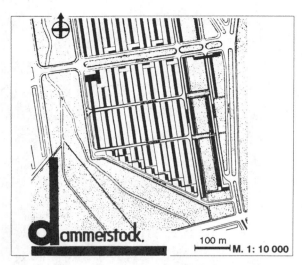

图 5.72 格罗皮乌斯及黑斯勒 1929 年制定的获得一等奖的达默斯托克居民区规划方案

在格罗皮乌斯的领导下另有 8 位建筑师参与了施工过程,因此整个住宅区给人一种很完整的印象,如同出自一人之手是很令人惊奇的。整个建设严格的构建准则产生了这种效果:全部为平顶(带有半封闭式挡檐的马鞍形平顶)。同样的窗型设计,白色的房屋立面,银色的墙角。简朴的房门和统一规划的花园。早在 1929 年 9 月整体 750 套住房中的第一批施工阶段的 228 套就已经完成,因此能够开展为期一个月的"居住使用"展览(图 5.74、图 5.75)。

由于资金困难,没有能够实现如此低廉的租金,以致之前设想的主要居住对象,即工人、小职员及多子女家庭未能入住。后期工程也因为经济原因及 1933 年后出现的政治原因而一度停止,二战后的续建虽然大致保持了初始时的模式,但马鞍顶的双户式住宅造就了一种截然不同的风貌(图 5.76)。但不容忽视的是达默斯托克住宅区与之前也是之后出现的阿尔布河(Alb)对岸绿化带的韦纳菲尔德住宅区(Weinerfeld)在城建方面构成了一个整体(图 5.77)。

图 5.74 ……在一期建筑中(1929 年航空照片)为"使用居住"展览做宣传

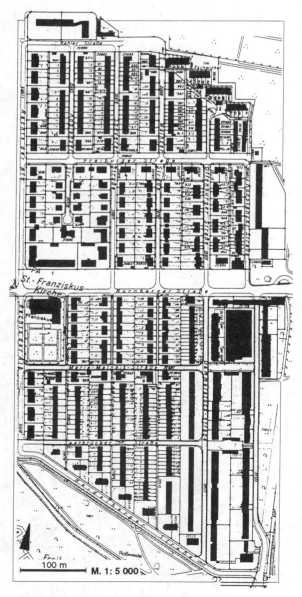

图 5.73 1994 年的达默斯托克住宅区,1945 年后在北部增加了双单元及行列式住宅……

图 5.75 带有当时出租行列住宅(图左)及后期多家庭住宅(图右)的达默斯托克住宅区街道

124　19 世纪与 20 世纪的城市规划

这一住宅区引起了舆论界积极的反响，但尽管如此，仍存在激烈的批评。新的施工方法及形式并不是总能被人理解，因此住宅区不久之后便被称作是"抱怨住宅区"并产生了一首"达默斯托克之歌"：

"你可以到达默斯托克来看望我，
我的宝贝，但一定要独自来，因为缺少位置，
这里即使是最虔诚的人也学会了诅咒，

图 5.76　达默斯托克住宅区在原有城建方案行列住宅及双层住宅基础上的继续

图 5.77　达默斯托克与韦纳菲尔德住宅区以阿尔布河绿化带相连构成了一个城市规划的整体

这里人们只要稍稍转身，就会马上昏倒！
如果我不在家，而你又没有钥匙，
那你只需要斜靠着那个小房子，
不用等太久，就会压进去一些，
然后墙就后退了，然后你就躺到了房子里。"

工厂联合会：住房建设试验

1907 年赫尔曼·穆特修斯（Hermann Muthesius）建立了德国工厂联合会，后来在邻国也随后出现了相应的联合组织，这一联合会的工作首先是通过教育，宣传及对相关问题的一致表态将工商业工作与艺术、工业、手工业等相联系，以使其变得高雅（见章程第二条），但一战后由于住房紧缺除艺术文化方面的事务外，还添加了社会福利方面的任务。

为解决住房建设方面、社会福利上、经济上、工艺上组织上以及卫生上的问题，人们作出了系列理论上及实践上的努力，但这还不足以在这一方面贯彻发展及新理念，不足以拉近居民圈子，出于这种考虑，我们产生了一种想法，建筑师们，不管已经是联合会成员，还是已在争取加入联合会的，都给他们一个机会，以便实现自己想法来解决实践问题（翁格斯，第 157 页）。

工厂联合会 1927 年在斯图加特举办了"住房"展览会，随后 1929 年在波兰布雷斯劳的住宅区，1930 年在维也纳、1932 年在苏黎世附近的新比尔（Neubühl）及布拉格和布尔诺附近的捷克住宅区都举办了类似的展览（翁格斯，第159—221 页）。所有这些住宅区相对于城建一以上的原因较少，而是更侧重对住房建设的新贡献方面，比如在斯图加特甚至在联合会内部处于领导阶层的建筑师们之间产生了一场意识形态方面的争论：1927 年由先锋派建筑师小组"环形"建造了魏森霍夫住宅区（Weissenhofsiedlung），与此同时期，1933 年由保守派建筑师小组"板块"建造了考恩霍夫住宅区（Kochenhof siedlung）。

• 工厂联合会住宅区魏森霍夫，1927 年建于斯图加特

保罗·博纳茨（Paul Bonatz）在 1926 年初斯图加特乡镇委员会决定从整齐划一的房建项目中建 60 套试型长期住房后为联合会设计了第一个平面图，在如何解决东部斜坡房屋凸出部分的问题上保守派主张建造山墙朝向街道的房屋，而以理查德·多克（Richard Döcker）为首的一派则提出反对，并为此求教于密斯·凡·德·罗，但最终并没有达成令双方都满意的设计，博纳茨与施密特黑纳不再参与，而是由密斯·凡·德·罗制订了一份建筑方案。

在这 60 套单元房非常短的施工期中，从 1927 年 3 月到 7 月（图 5.78、图 5.79），在里夏德·多克领导下来自五个欧洲国家的 15 名建筑师参与了这次施工。他们中有密斯·凡·德·罗、奥德（Oud）、勒·柯布西耶、格罗皮乌斯、珀尔齐希（Poelzig）、沙龙、约瑟夫·弗兰克、多克、布鲁诺及马克斯·陶特、希尔贝斯梅（Hilberseimer）、贝伦斯（Behrens）、斯塔姆（Stam）等人，他们几乎都属于"先锋派""环形"建筑团体，一部分现代建筑引发了强烈的抗议，在 30 年代这一住宅区被诋毁为"阿拉伯村落"并发行了相应的照片剪辑（图 5.80，基尔施、翁格斯和约迪克／普拉特）。

"同时期的其他住宅区都通过最小化的平面图，合理的施工方法，典型的标准定额住房来创造最小化的居住空间。但魏森霍夫住宅区则恰恰相反，它是一个大胆的尝试，在住房建设新认识的基础上这一住宅区的公寓及独户住房发展了多种多样的类型，将他们展现在公众面前。"（翁格斯，第 157 页）

密斯·凡·德·罗在 1927 年对魏森霍夫住宅区的施工作了如下描述："在接受这项任务时我就已经清楚我们会按照与常规观点完全相反的方法来开展，因为所有严肃的不同意这一房建问题的人都会清楚这种复杂的特征'合理化及典型化'这种军人呐喊及房产公司对经济效益的需求都只涉及到问题的一小部分，虽然这一部分很重要，但只有当它处于正确的布局里时才有实际意义，与此同时，或更确切地说是除此之外，还有创造新住房的空间问题，这是一个只能发挥创造力而不能够以计算或组织等方法来解决的精神问题。"（《形式》，8/1927，第 257 页）

图 5.78 1927 年斯图加特的魏森霍夫住宅区。新建筑在一个地点被展示给公众

图 5.79 东部魏森霍夫住宅区，1927 年："在德国建设的其他建筑看起来完全不同。"

图 5.80 1933 年左右纳粹诽谤魏森霍夫住宅区为"阿拉伯村落"并称之为"德国的污点"

- **反应：考恩霍夫住宅区（Kochenhof-Siedlung）1933 年建于斯图加特**

魏森霍夫住宅区及其举办的展览吸引了来自世界各地大量的游人访客，新式建筑的这一成果及其他一些令人吃惊的成功却更加激化了持有不同建筑观点的建筑师们之间的矛盾：建筑大师如保罗·舒尔策－瑙姆堡要求建筑必须符合传统，关于手工艺性及与景观相匹配，并与一个国际建筑风格文化上的"新建筑的劣等性"进行笔战，另一方面现代运动的先驱者们也结成团体来对抗"官方的不客观的异议"。

"政治上的煽动宣传及建筑施工订单的减少不久后更加激化了不同派别的建筑师之间的矛盾"。1928 年纳粹党思想家阿尔弗雷德·罗森贝格（Alfred Rosenberg）建立了"德国文化战斗联盟"，从 1930 年起它发展为反对新建筑的"德国建筑师及工程师战斗联盟"（杜尔斯／内尔丁格，第 24、25 页）。

在魏森霍夫住宅区建成后短短几年，在施密特黑纳领导下 23 名保守派建筑师在"德国文化战斗联盟"的参与下就建成 25 幢木结构双户家庭住房，在"斯图加特 1933 年德国木结构住房及公寓建筑展览会"上展出（图 5.81、图 5.82）。紧靠魏森霍夫而建的桁架式、封闭式、板式及框架结构建筑模式房屋的典范是"歌德花园住房"。

把德国住房图片固定下来的要求逐渐在一种"血与土地的建筑风格"中停止了下来（兰普尼亚尼，第 132 页）。这一"纳粹分子对斯图加特耻辱的回答"魏森霍夫住宅区是由博纳茨及施密特黑纳领导下的"板块""种族德意志"（纳粹用语）的建筑师团体作

图 5.82　考恩霍夫住宅区："德国住房的图片"作为纳粹对魏森霍夫住宅区的回答

出的。他们后来也支持拆除魏森霍夫住宅区的计划，但这一计划却没有完成。（哈克尔斯贝格，3）

建筑学和城市规划中的意识形态争论

哈克尔斯贝格将 1900 年后建筑学以及城市建设方面不同的观点看法划分为"三种不同的流派"：

1. 民族（种族）建筑学，受到青年运动及田园城市运动要求的影响，这里粉墨登场的是日渐突出的纳粹主义。直至社会进化论的沙文主义和种族主义。应当承认的是这一运动富有浪漫色彩的一面，其传统手工特色的趋势与科技、大众、现代化及国际化均形成强烈对比。

2. 国际化、工业化及社会人文化建筑学源于技术、材料及功能的观念，功能在这里并不仅仅指"纯粹的功能"而是更加根本的指自由、平等、健康及个人发展潜能的组合体，"我们也可以安慰地称这一流派为 1789 年法国大革命从未实现过的乌托邦式的民主目标，初始时这一流派完全是优秀的、先进的，无论是最小型的不统一的小团体，还是后来 1924 年至 1933 年间基本上由激进的公社领导时。"

3. 纯粹古典主义建筑学，特点为对称。行列及规范的形式，"每一个大门都极其宏伟，门把手安置得如此之高，只有公众才能够触及，将行动化至虚无的无止境与其说显示了令人惧怕的统治倒不如说是建筑结构上用以保持距离的武器。"

"大型社区，首先是法兰克福，加上柏林、马格德堡、布雷斯劳、卡尔斯鲁厄直到斯图加特都给德国建筑学史带来之前从未存在过的事件。"

图 5.81　1933 年斯图加特考恩霍夫住宅区。德国文化战斗联盟：用德国木材建房和住宅

"与这一大型运动同步的还有日渐增长的民族性古典的传统型运动，民族化的建筑师们汇集在一个所谓的'斯图加特学派'，聚在博纳茨和施密特黑纳或舒尔策-瑙姆堡周围，属于右翼保守的亲联合会势力，与左倾的资产阶级现代派相敌对，此处仅举几例，他们一脉继承了前辈的尖式山墙及略显沉闷的建筑风格，在已被投机钻营分子及所谓狡诈智慧的犹太人所占有的魏玛，试图从歌德花园住宅的复制建筑学来帮助那些因担心失去刚刚起步的产生而终日气馁不安的市民们，帮助他们保持等级传统及沿袭的抗议自由"。

"双方都不够宽容又傲慢自大。刻薄恶意的论据，致命的危险都是民族传统主义者的产物，是纳粹的踏板行驶者。因此20世纪的世界主义精神作为犹太布尔什维克主义来反对的德意志民族特性的自认为是杰出传统的狭隘观念及自以为是。"（哈克尔斯贝格，2）

5.4 城市改建与自给性住宅区

"在我这方面我想强调，在旧城市中保护及保养的不是单个建筑和纪念碑，而是一种长远的概念空间和统一。除了个别估量我们都是逐步地，经过一定时期地对整体进行估量。我们已经认识到，美丽的个体在适应整体的环境中赢得了突出地位。也对其周围不令人喜欢的不自然的魅力个体起抵触作用，就如同博物馆陈列品有许多情况一样。我并不是完全否定此事，单独纪念碑必须被保护。但这里涉及的，如同先前所说的是整体，即首先是空间性。"

——特奥多尔·菲舍尔

（3，旧市区与新时代，1931年）

对历史城市的批评及城市改建

除了新建筑的市郊住宅区及一些内城的发展外，就像表明的那样，现有的城市也在发生着变化。"适应美丽的整体"及文物保护的问题具有越来越大的意义。在此，功能的调整，例如居住状况的改善，以及"通过新的交通工具进行必要的交通改革"。弗里茨·舒马赫在1951年的回顾文章中称其为城市的"改造发展"。

"当人们探寻一座城市的建筑历史时，就会认识到，城市正处于一种持续不断的改造发展中。所以这项任务的这部分在第一刻并不显得是一个全新的事物。有利历史时期的改造发展似乎发生于内部，增长力的发挥如同在植物中一样，这样的改造足以产生新的美景。我们今天都不能等待这样一种形式是另一种形式的半意识发展。

迫使改造的作用，本质上不是来自于内部，而是在外部。其动摇了旧的结构。主要是其对应今天的交通要求。结构不再发展，要求扩建，突破，首先交通改道，使其作用向外继续延伸下去。"

"一种新力量向旧城市形体进军能够经常进行非常有必要的令人痛苦的外科手术。但它同样能利用好处，为了在交通兴趣之外满足社会的必要性。人们没有这些推动力也许无法很快开始冒风险进行。这是一门特别的艺术，将无法持续下去的已形成的居住状况'翻修'同交通改革结合在一起。这也在交通繁忙街道由于价值高的商业地段的形成而带来提供资金的优点。"（弗里茨·舒马赫 3《现有城市的改造》，第12页）

1928年在威尔茨堡的"文物管理及家乡出土文物保护大会"上，举行的讨论带来了城市改建明确的矛盾：一方面对新事物功能的适应；另一方面对新事物塑造的适应（图5.83）。卡尔·格鲁贝尔（Karl Gruber），如同特奥多尔·菲舍尔与恩斯特·迈介绍的那样，遭到责备。在但泽（波兰的格但斯克的旧称——编者注），他关于建筑裂缝闭合的建议同"新建筑艺术"进行对照，"虽然是恰当的"但确有"错误的空想"（图5.84）。其中表明了一种倾向性，日后纳粹分子着手研究并形成思想意识。

特别是美术史学家威廉·平德尔（Wilhelm Pinder）通过其1933年在"文物保护会议"上作的文章在这方向上产生影响。在"民族特性与故乡全国联盟第一次国家会议"的框架内举行的集会应该是根据格言"涂上泡沫，刮净胡子"进行的一项"城市风貌清洁运动"的开端，平德尔想将城市及其形象完全贡献给这项运动。"整体性哲学支持着我们伟大领袖的思想——整体及形象哲学的思想。新城市破碎的图像是自由主义立场不由自主的自画像。这是所有人对在

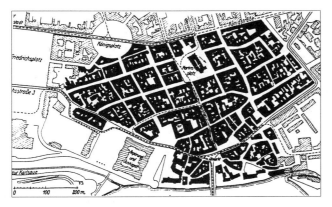

图 5.83a　卡塞尔旧城区的整修：作为"清除简陋破烂城区"的措施

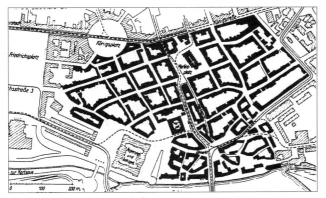

图 5.83b　按照 G·约布斯特 1926—1933 年的规划将周边式建筑群从内部进行了疏散

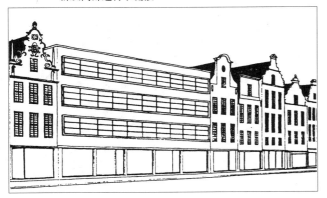

图 5.84a　在但泽（今格但斯克）填充了一个建筑空缺，作为"新式建筑艺术的胜利"……

图 5.84b　1928 年卡尔·格鲁贝尔的一项反建议："保持街道壁墙及城市空间效果的和谐。"

国家保护下的所有事的抗争，在这里能找到这种抗争的画像。出于大众利益为大众考虑的时代只需要整体性。"

同样旧城市平面图结构的改变，即作为在保留历史建筑线情况下的建筑群的疏剪于 20 年代中期开始在许多城市中实行，在 1933 年之后为创造"新德国建筑艺术"意义上的"纳粹党州分部首都"而改变了用途（杜尔特／古乔，第 238—242 页）。

雅典宪章与功能分离

城市改建，特别是强烈的住宅居民区建设，必须看到其同不断增长的功能分离之间的相互关系。"功能分离"这概念在两次世界大战间的时期同样在非城市规划者方面，是同 1933 年的雅典宪章最紧密地联系在一起的。雅典宪章在 1933 年总结了关于城市规划原理的第四届 CIAM 会议的结果。这里有四种文本，其中之一于 1941 年由勒·柯布西耶（引文同上）发布。CIAM（国际现代建筑协会）在 1928 年底的第一次会议上根据柯布西耶的建议在瑞士西部的 La Sarraz 宫殿上创立。第二次 CIAM 会议于 1929 年在法兰克福／美因河畔举行，主题是"住宅最小值的研究"。

也就是说，宪章宣传了作为主要请求的城市功能的一贯的分离。城市发展说明的分析性及纲领性部分则在雅典宪章的这种用途改变中被放到了一边。历史的分析及对那时城市状况的描述在今天的时代也具有显而易见的现实意义，以至于有必要加以研究（文章摘录第 309 页）。

雅典宪章在其分析部分——用重要的陈述——确定了如下的原则：

- 城市发展是有一定经济条件的。

由于工业化使旧城市构造的协调性被破坏。机器规定了工作条件，另一方面规定了工作场所的布局及在城市中的位置。

- 住宅是投机的剥削对象，不公平的分配，开敞空间配备不良。

住宅作为自由市场的商品——虽然对满足人类的基本需求是绝对必要的，但却在不利的城区出现高密度，而在有利的城区密度却很小。空地大多远离大众居住区。

- 经济发展是个体或投机商的即兴作品。

工业企业的种类、规模和位置由个体未加协调地确定。同样商业区商号也是根据利润率最大化的想法要点进行聚集。

- 功能分离造成了劳动人民的迁居流动。

在住宅、工作场所及绿地之间，由于很大的城市占地面积形成了相当大的"强制道路"（强迫的迁居频度），同时引起的交通产生了对行人的危害。

- 城市由于一些私人利益的粗暴而变得混乱。

经济的力量超越了管理当局的控制及社会团结，以至于一些私人利益无情的粗暴引起了无数人的灾祸，他们必须生活在大多未规划的混乱的城市中受亏待的部分。

由这个——缩短描述的——分析中可以为将来的城市规划引出下列要求：

- 城市必须在保证个人自由的同时促进集体的行为。
- 城市只允许被看作是具有城市规划主要功能居住、工作、休闲及运动等的功能统一体。
- 住宅必须是所有城市规划努力的中心。
- 工作场所必须最小限度地远离住宅。
- 绿地必须归入住宅区域，并作为业余活动设施并入整个城市之中。
- 交通作为城市主导功能的联结只有服务的任务。
- 集体利益必须比个人利益有优先地位，在这件事上特别要阻止肮脏的地产投机游戏。

类似的思想内容在30多年前的1898年就已出现在埃比尼泽·霍华德的书《明日的田园城市》中（第46页）。尽管莱奇沃思（Letchworth）和韦林（Welwyn）的例子已实现，霍华德的田园城市方案还是摆脱了他的社会福利政策的组成部分，并且以"田园城市郊区"计划，通过大多数为一层的、松散的完全绿化的建筑方式"改变用途"为富裕居民阶层的居住区。

同样雅典宪章的主要意图也作了新的解释，通

图 5.85 雅典宪章：1947年美因兹战后规划中用图画提出的要求

过这方法简单地忽略或隐瞒了社会批评的分析及社会政治的要求。而研究并且宣布的却是应该受到批评的城市规划的功能部分，一部分甚至是功能主义的部分。

尽管宪章由于劳动人民上班的"强制道路"极为遥远而批判了大范围的功能分离，但仍旧作为宪章根本的目标被利益集团强烈宣传并使之转化为现实。为了使干扰的工厂脱离居住区，市区差别意义上的小范围的功能分离被简单地移植到了整个城市，并且在"功能主义"的意义上作为城市规划方案进行推销（赖因博恩，第9—13页）。

住宅建设的瓦解

1929年10月25日纽约交易所崩溃（黑色星期五）后，世界经济危机紧跟着到来，给德国带来了大量的失业与房荒。生产受到了强烈抑制，采用缩短的工作时间，并大批裁员，以至于失业人数在1932年从280万增长到超过800万。然而因为居民总数及从事劳动的人的数量明显比今天少，当时失业者的比重超过30%。在危机的最高点时有超过40%的有劳动能力的民众失业。

在从1928年起工业的剩余资本投入到这个领域之后，住宅建设的繁荣只延续了很短一段时间。因为生产时间大约要两年，所以1930年300000多套已建成的住宅才产生作用。住宅建设由于经济的原因被削减，以至于1932年只建造了140000套住宅。尽管出现房荒，特别对于"小人物"来说已经非常严重，住宅建筑与租金条件却不断地恶化。结果使公共的财政资助降低，最多降低了85%，租户的保障降低，而使房荒上升。

很明显，各种各样使租金下降的努力都未能得到力求的结果。只有很少一部分，在1924年至1928年间建造的小住宅得到公认，普通职员及其他低收入人群，能够获得所要求的租金。许多通过规格化、标准化、系列生产及大型建筑计划来降低住宅生产成本的企图，只有可能在极少的特殊情况中，才会获得"负担得起的租金"。据估计，成本削减不会在一切范围内转移给租户，而是作为盈利增加保留在建筑公司处。

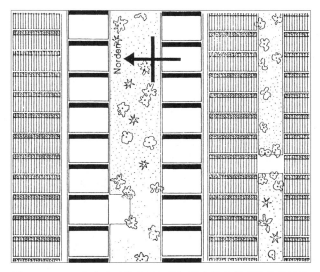

图 5.86 1929年的金石住宅区。最初带有较高行列住宅的建筑模式……

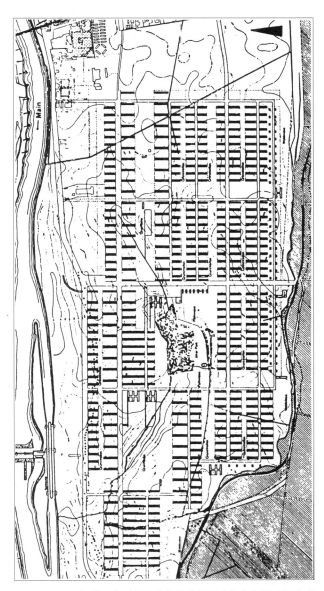

图 5.87 ……绿带及位于绿化带旁边的行列式建筑如同威斯特豪森住宅区，1932年被完全改变（图5.91）

第5章 繁荣：20年代城市规划的繁荣期（1925—1935年） **131**

这看上去是不合理的。因为失业与缩短工作时间，紧随着1928年后的经济合理化改革，租户的支付能力却变坏了一倍多。

对于这种情况的反映就是在1930年根据"对小住宅建筑的国家准则"而推动的面积为32—45平方米的"小住房"。将住房建设转移到乡村也是解决危机的一项措施。小型住宅或棚屋为失业者及钟点工搭建起来，但通常没有排水，用水及电气设备。"小块土地也属于每幢房子，在这个土地上分的土地定居的移民能按自己的需求生产食物。这都试图使工人能抗拒危机。大城市附近的副业移民住宅区同样也有使工业企业获得骨干员工的作用，因为人们优先照顾申请移民位置的专业工人。"（施特拉特曼，第46、47页）

带有田园城市理念的副业住宅区

"失业问题的解决方法"在城市规划中同样能看见，尽管在"副业住宅区"的构想中对此没有论及。"城市失业人口回到乡村的回迁移民区"与田园城市观念协调一致，但已实现的移民区形式与其完全不符。此外这些努力很快就贯彻了纳粹思想。1932年在一建筑艺术与城市建设月刊中已经有例子将副业移民区称作"大众团体的基层组织"。围绕着一个广场的房屋后面是副业使用的田地。由这种分派形成了一种新的达到景观与人，经济与人之间的统一的生活和经济思想意识［图5.88，佐伊梅／哈菲曼（Säume/Hafemann）］。

除了劳动部的小农住宅区的提议以外，财政部宣传了市郊住宅区，也称作"原始住宅区"，"贫困住宅区"或"危机住宅区"。国家为一个移民位置的"现金支出"最高达1500帝国马克被认为是足够的。"德国总统对于保障经济与财政安全和控制政治不法行为的第三个规定"规定了如下的措施：

- 建立市郊小型居民区；
- 准备为失业者提供小花园；
- 国家政府进行补贴。

在居民区中应该按照"无金钱经济"，这是国家银行主席路德偏爱的主意，按照救助经济，失业者在居民区的设施中相互帮助。并且从事园艺的失业者用生产的食品同工业失业者生产的工业产品进行交换（乌利希，第62、63页）。卡尔斯鲁厄的居民区达默斯托克；也按此，特别在1945年后，作为城市郊区居民区继续推动。同样法兰克福的恩斯特·迈的最后一个项目（与伯姆、施瓦根沙伊特一起），1929年建的田园城市金石（Goldstein），在3年后也改变了设计。

- **市郊自助住宅区金石（Goldstein）**，1932年，法兰克福。这个住宅区的原始尺寸，一个有着8500套住宅的卫星城，是严格垂直对着街道的排式建筑（图5.86、图5.87），它是沃尔特·施瓦根沙伊特（Walter Schwagenscheid）在"空间城市"（第187页）意义上做出的贡献，副业岗位被降低到了800个（图5.91）。为此城市组织起钟点工和失业者们成立自助团体，并出租建筑土地给他们，还给每一个开拓者现金3000马克、建筑材料、一张简陋房子的建筑图纸以及花园种植和小动物饲养的一份说明，能确保小动物的营养。

20世纪20年代成功的背后是彻底的倒退，总而言之就是：没有自来水，没有公共设施，没有固定的街道的随意的双户住宅。获得空间和时间来开展文化和政治活动的原始希望必须以土地上的工作作为牺牲品［德赖泽（Dreysse），第5页］。每一个家庭必须工作4000小时。那些共同完成了的附有住宅和牛舍的小农场随后在开拓者中间被抽签分配。

在这段时间内在另一些城市边缘也发展了许多副业住宅区，比如在1931年底在斯图加特大约有40000名失业者（约20%）有住房困难。而在1932—1935年间，用很多小住宅区解决了这一问题，这些住宅区是施泰因哈尔登菲尔德、霍夫菲尔德、希拉赫瓦尔德、沃尔夫布施和诺伊维茨豪斯，共1012个副业地点各占地600—800平方米。

- **施泰因哈尔登菲尔德住宅区（Siedlung Steinhaldenfeld）** 在1932—1935年间，斯图加特施泰因哈尔登菲尔德住宅区在两条平行街道上的411座单户住宅和双户住宅被当作城市边缘住宅区而开始建筑（图5.89、图5.90），随后，在1950—1970年间，扩建了多户住宅。城市高层建筑厅的规划随之出现，地产将以继续建造权来分配。这里在房屋的建造中也有个人及集体的贡献，规定通过一个大花园进行自给。

独户住宅作为"意识形态的载体"

对于住房改革家而言，独户住宅直到20世纪20年代中期才成为他们公认的理想。虽然以前社会改革家在房屋居室建造方面的愿望就已经实现（后来的克劳伯居住区）。此后，由于支付能力弱的住房寻求者

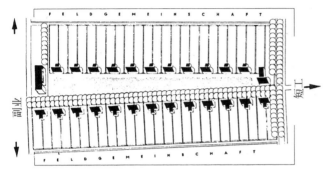

图 5.88 1932年一个"副业住宅区"的造型。"乡村广场共同体"作为民众共同体的细胞

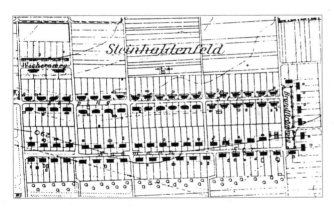

图 5.89 斯图加特施泰因哈尔登菲尔德住宅区。一个20世纪30年代自给自足住宅区的范例（1951年的平面图）

图 5.90 施泰因哈尔登菲尔德：通过建房及利用大花园自给自足来创造工作

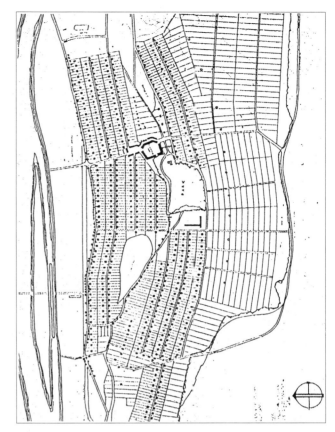

图 5.91 1932年法兰克福市郊住宅区金石。4000小时内完成的"简易住房"建造计划

迫使（建造商）降低建筑成本，导致在楼房建造方面开创新路，就如同先前被描述的那样。在此，不应忘记的是，新的市郊居住区住宅的大部分以行列式住宅的形式面世。

1930年之后，独户住宅的含意获得了补充，作为"一种创造就业的措施"（图5.95）。"自助服务"在1918年后的几年内就已经有巨大的意义（第96页），然后在20年代中期出于经济的原因使其被认为不再必要，现在"自助服务"又成为了一种财政上与政治上的愿望。很多书刊报道了关于这个问题的实际的一面，如同1932年的"私人住宅：小住宅，组合式住宅，园亭茅舍"，在副标题上有详细的说明，"单户，多户住宅，周末度假小屋，花园式及小木屋式住宅。它们的设施与布置遵守'扩展房屋'及'国家资助自助式房屋'的规定，及关于建造规格式样，权利问题，提供资金的可能性及成本估算等方面进行顾问。"[格罗布勒等（Grobler u.a.）]。

德国田园城市协会也参与了关于在合作居住社区

第 5 章　繁荣：20 年代城市规划的繁荣期（1925—1935 年）

将自己的房屋作为"共有财产"的可行性的讨论。秘书长阿道夫·奥托（Adolf Otto）如此写道："居住区的这种形式，在最近的30年内，首先通过德国田园城市协会的工作，已经取得了令人满意的进步，主要适合居室改革爱好者。虽然他们希望有带花园的独户住宅，但不想将其作为财产来拥有。田园城市爱好者及土地改革家已经完成了将花园住宅作为财产或出租而赢得更高声望的工作；这两项运动到处都在为整个花园住宅区的实施而工作（格罗布勒等，第9页）。

但出现的情况是，纳粹主义者为了他们的"血与土地政策"而将独户住宅占为己有。带花园的小型住宅在最初的几年内被宣传为"'大众同志'理想的居住形式"。"这些所谓的居民点应该通过（准确规定的）经营为自我供应作出贡献，以确保战争中的食物供给，以及使工人与'泥土'联系起来，使其成为纳粹国家政治上可信的支持者。因此，'居民的选择'按照'党派归属，种族纯洁性，遗传健康，生殖能力'等标准进行"（杜尔特／内尔丁格，第42页）。但在1945年后私人住宅甚至仍然扮演了意识形态载体的角色，作为对抗居民共产主义影响力的措施（第230页）。

社会福利导向的小型住宅区设计方案

小型居民区及由此相关的住房供应问题，同样让注目社会福利的左派规划师从各方面进行全面考虑，并且在相应的计划中仔细推敲。这里不仅整个居住区，而且单个楼房作为"扩展房屋"都扮演了一个角色。

• 莱贝雷希特·米格：具有土地生产力的卫星城及扩展的居民区

沃普斯维德的园林建筑师莱贝雷希特·米格在1929年作了"居住与住宅区方式的关于替代单方面依赖于工业劳动的提议"。为此，他发展了一个名为"具土地生产力卫星城"的计划，其生态循环的意义——正如我们今天所说的——居住区与其周围的自然景观之间应该产生一种劳动分工的相互作用（图5.92）。这样垃圾及废水应该被净化并且用于为居民生产食品的集约性园艺业中。这种模式让人不禁想起霍华德的田园城市（城市规划，1929年，第43页）。

米格将"具土地生产力的卫星城"同他的"扩展的居住区"联系在一起（新城市，1932年3月，图5.93、图5.94）。这种观点认为，在"无限贫穷的情况下"，"土地工作"比"建筑工作"更重要。"米格在一个新的未来的城市—农村—文化中看见了不同于资本主义城市文化的，正在进行的，即将到来的更具人情味的发展。在他的模式中他设想将小园圃居民，花园住宅居民，副业居民加以混合，由此形成一个'工作细胞'。几个这样的'工作细胞'构成一个'生产共同体'，并接着产生新的，集约的'成果地区'，它们决定着将来的国家发展。"（乌利希，第66页）

• 马丁·瓦格纳：新城乡及扩展的房屋

马丁·瓦格纳带着大量的文章参与了关于城市与农村之间关系新秩序的普遍讨论。他在1932年带着24个论点参加了"柏林经济空间的新建"这一讨论。这很有必要出于合理性将工作时间缩短并实现

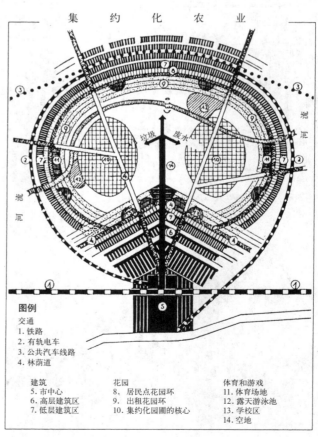

图5.92 1929年L·米格设计的"具土地生产力的卫星城"，与自然风貌一致的居住形式

"半职工人",他作为工业工人在副业中也作为园丁工作。在一副插图中瓦格纳指出,"不依赖于市内区位的工业部门是如何迁移到郊区的,'并使那被田园城市居民区所环绕'"。住宅与工作地点在一个空间单元的中世纪城市由于运输的增长在功能上分别发展(图5.96)。通过一个大约有50000名居民的"新城-乡村"使得居住地点又能位于工作地点旁边,从而使运输减少(在今天称作"更短路途的城市")(乌利希,第66、67页)。

马丁·瓦格纳用"扩展的家"提议具体说明了城市结构的讨论(图5.97)。这能够连续的以较小的技术支出适应房主的财力和住房建设必须明确地接近下降的购买力,但不是以与其说是一种国民经济欺骗的自助的形式,而是随着建筑工业化程度的提高只会导致真正的价格下降。用"新城"规划理念及"扩展的家"马丁·瓦格纳追溯田园城市运动的命题与模式,他在几年以前还在争议性地探讨这一问题(乌利希,第65、67页)。

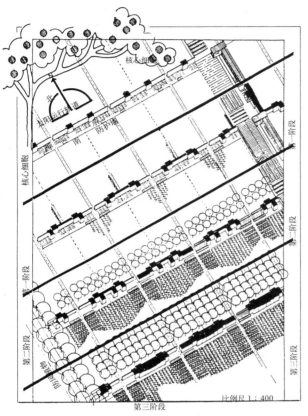

图 5.93 1932 年 L·米格设计的增长的住宅区,从一个住房核心(上面)出发慢慢发展……

图 5.95 1930 年多特蒙德附近的独户家庭住宅。"相同房屋类型组成的行列产生的效果"的思想载体

图 5.94 ……成为一个完整的平房住宅,带有可圈养动物的偏房和大的花园

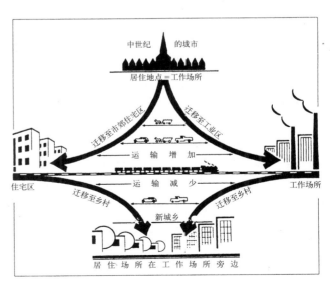

图 5.96 M·瓦格纳,1932 年:将交通作为功能分离的原因及通过"新城-乡村"的解决方法

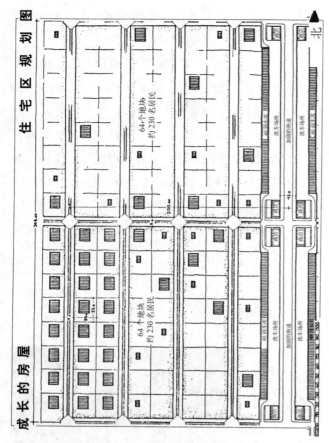

图5.97 1932年马丁·瓦格纳设计的"成长的房屋"住宅区规划图。对财力及需求的适应

5.5 区域尺度的发现

"是的，一个城市越充满活力，她与周围世界的关系也就越活跃。这种混乱总是试图在我们的时代留下毁灭性的烙印。如果人们不想任人摆布和无所作为地产生无意义的混乱，这种关系就必须被保护，改造及发展。单独有城市总体的有意义的城市规划是不够的，如果城市规划真的想充分考虑生活的神经，她就必须从许多持续发展的内在联系出发。"

"区域规划成为了实现这一认识的代名词，这一词汇意味着，生活的内在联系的有计划编排必须延伸到集体之外的整个生活空间。一座城市所处区域的内在联系需要一种有规划的秩序。这样空间发展就从有机的城市规划进一步走向了区域规划。"（弗里茨·舒马赫，3，第21页）

城市规划的及区域的现状

产生于19世纪，通过铁路导致的迅速增加的空间机动性使人们认识到一座城市的规划在城市边界处并未停止。因此埃比尼泽·霍华德也为他的田园城市建议单个的城市联合成为一个"城市组团，"该组团必须通过一个"铁路系统"连接，因为至今为止只有"铁路混乱"存在："事情的本质是，第一个铁路网络不是按照统一的设想建造的。"但现在，在城市快速交通这一领域的巨大发展，最紧迫的是，我们应以扩大的规模利用这种方法并且根据类似的规划建设我们的城市，就如同以前我为它在基本特征中设计的一样。多亏有了快速交通设施，在我们人口过密的城市中我们将比以前彼此离得更近，同时，又在最健康和最有利的条件下生活（霍华德，根据波泽纳，第144；见第48页及下页）。

其他的例子同样也表明了空间规划时关于地方尺度的争论，这一争论越来越具有保护景观的特色。首先为了保证食物供应而力求保护大面积的农业用地，这样在20世纪20年代就为稠密的居住区部分建立了没有建筑的平衡区域，这些区域应与一个"地区性的绿地系统"连成网络。

"当时人们将区域规划理解为在一个较大空间的总体规划内将所有的生活功能聚合在一起。这种总体规划还对居住地点、工作场所、绿化面积、交通路线及工业场所和疗养场所的并存进行有序的规划。人们认识到，如此的一个规划不仅仅是规划技术的问题，而且用此还会做出经济、社会和文化政策方面的决定，或者至少为其做准备"（BPB联邦政治教育中心）。

这里有不同的组织形式，从规划共同体与地方自治社团之间的协议，到也有国家行政机关和经济共同体代表参加的工作团体。区域规划发展成为了一个乡镇、国家，以及例如来自经济界的其他参与者的共同任务。1929年成立的"德国区域规划机关工作共同体"就已经包括了29%的德国国土面积及54%的人口。1935年"国家空间规划局"的建立使纳粹主义者将区域规划集权于中央，并直接服从于政府（联邦政治教育中心）。

第一批居民点规划联合会及大城市规划

很明显在 20 年代，特别是在公众关注的城市规划焦点大城市及其附近，一个城市的规划，不包括其市郊的规划是不可能完整的。"城市—市郊—难题"如同我们今天所说的那样，在城市区域内对多种多样的空间联系来说需要一种规划上的适应。下面描述了当时区域性合作的三个例子，同样它们也总是特别强调了绿地面积与绿地供应。

• 鲁尔煤区的居民点联合会（1920 年）

这个地区规划协会是鲁尔地区多年以来对适宜的空间及组织秩序深思熟虑的结果。这一地区是在 19 世纪无规划和随着居民点密度的增长而发展起来的。一个重要的愿望就是在众多乡镇和城市的内部和之间保护充足的绿地与空地。因此 1910 年杜塞尔多夫行政专区主席召开了由埃森副市长罗伯特·施密特领导的"绿地工作委员会"。1912 年完成的关于杜塞尔多夫行政专区居民区总体规划编制原则的研究报告，清楚地指出，一个孤立的绿地规划是不够的，需要一个全面的地区发展规划［弗罗里普（Froriep），第 2914 栏］。

依照今天的看法，重要的是地区发展规划应包括全部空间，也就是说包括城市规划、交通、经济、供给和休养。在这个基础上普鲁士人在 1920 年通过特殊法令，完成了具有特殊形式的，为完成共同目标而组成的区间大协作组合，即鲁尔煤区的居民区联合会，她首先承担了在城市规划、居民点、交通及空地（疗养地）的自我管理和委托承办等任务（联邦政治教育中心，图 5.98）。联合会的职权在 20 世纪 80 年代被缩减到一个区间大协作组合的作用。

• 大柏林 1910/1920 年

柏林周围许多独立乡镇之间的地区协作处于乡镇协作与乡镇合并到大城市的领域之间。1910 年的一次大柏林发展设计竞赛为城市规划的整个造型带来了许多建议。但普鲁士政府拒绝了周围乡镇的并入，并在 1912 年通过一项特殊法令，建立了大柏林的区间大协作组合。这一联合会在交通，城市规划以及保护和获得休闲用地等方面有特殊的权利。

"联合会首先在真正的合作意愿方面宣告失败。柏林市继续遵循其乡镇并入的计划，而市郊乡镇并不总是乐意赞同凌驾于其上的要求。所以 1920 年随着联合会的解散形成了统一的大柏林行政单元。"（第 113 页，联邦政治教育中心，图 5.99）

• 大汉堡 1937 年

与普鲁士大城市阿尔托纳、万茨贝克和哈尔堡威廉斯堡交界的独立的汉堡感到很难在自己的地区解决居民区问题。此外到 20 年代这几个城市一直在进行激烈的经济贸易竞争。1918 年革命后，市政委员敦促领导人士、高级公务员（也包括弗里茨·舒马赫）对大汉堡问题发表意见。对舒马赫来说除了居住区用地问题外，还有公园和绿地面积等重要的规划方面。1921 年他递交了一份研究报告，在报告中他用了著名的"鸵鸟扇"图表表明了"汉堡自然发展"的"轴线模型"（图 8.126）。这个以现实形式出现的轴线方

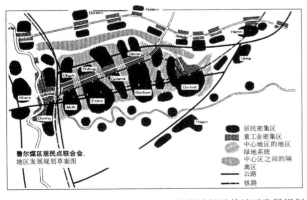

图 5.98 鲁尔煤区的居民点联合会。为保持绿地的地区发展规划

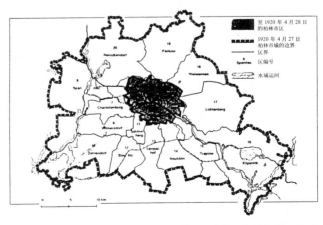

图 5.99 1920 年的大柏林统一行政单元，由 5 个城市镇，59 个农村乡镇及 27 个小区组成

案直到今天仍是汉堡空间规划的基础（第301页）。

但一直无法进行合作，因为在进行了进一步漫长的协商谈判后，1928年末才缔结了建立"汉堡－普鲁士区域规划委员会"的国家协议。"这种分散是可能的，因为在我们地区内的重要位置上，已经存在巨大的城市规划设计。它们不应该被夺走，而应该将它们统一起来，并放在大的观察角度之下。"舒马赫的估计被证明是错误的，因为除少数的特殊情况之外，规划的实施都没有达成协议。这导致1937年几个毗连的城市并入汉堡（联邦政治教育中心）。

沃尔特·克里斯塔勒（Walter Christaller）的中心地点体系

1933年，沃尔特·克里斯塔勒（1893—1969年）在他的博士论文"南德的中心地点：关于有都市功能的居民点的发展和分布规律的经济与地理的调查"中阐明了中心地点这一理论。但1960年以后，他的中心地点体系才被普遍的承认，并在区域和地区规划实践中付诸实施。

中心地点理论的核心内容是：一个地方的中心性是根据其重要性的剩余计算的，这一剩余为减去当地居民需要的货物和服务之后的量。其基础是所谓的劳恩哈特"价格漏斗"。地方价格由运输成本而上升，直到货物或服务不再被需求为止。通过界限值他确定了从"援助中心地点"到"国家主要地点"等9个中心度等级（克勒珀，第3853栏）。

克里斯塔勒对三个基本原则进行了区分：

1．对于中心地点的分布来说，供给原则是能够表示特征的。

下一级中心地点经常位于一个由上一级中心地点组成的等边三角形的中心，其被做成更高级别的中心地点。这些三角形联合成六角形集群。

2．归入原则不受中心地点分布的影响而改变，但却受"等级次序"的影响，即归入一个管理中心的影响。

3．交通原则作为主要标志"下一级中心地点的恒定位置位于两个上一级中心地点连成的交通线的中心。"（劳施曼，第46—48页）

有线形交通—基础设施叠加的"中心地点体系"的应用，使具有中心地点和发展轴线的点轴状体系成为了大尺度空间规划的基础。

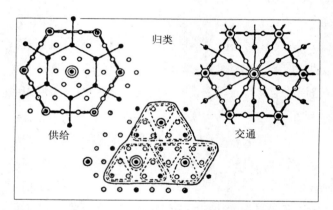

图 5.100　1933年W·克里斯塔勒按照供给原则形成的"中心地点"：供给，管理，交通

第 6 章　倒退:"第三帝国"时期的城市规划和建设（1935—1945 年）

"在德国的建设任务中，德意志城市的重新布局占有特别重要的地位。一批大城市将通过设置典型的广场和街道而取得新的中心地位，将来其他城市的建设也应按照这些中心城市进行。位于首位的是对首都进行重新布局。同样，作为运动中心的慕尼黑、纽伦堡和对外贸易城市汉堡以及具有相同意义的林茨都应该重新进行布局。"

——阿尔贝特·施佩尔，1943 年
帝国首都建设总监

6.1　城市规划意识形态的理想典范

"当前的工作更应当满足于开拓道路和播下知识的种子，今后的城市建设者应该对作为新的构成原则的居民社会结构更加注意。根据地区情况对街道流量进行体贴的调整已经成为未来城市建设者们的内在需要。尤其要避免出现美国大城市冷漠的棋盘式体系和自由主义时期全无计划的城市扩张。人类自身，生活和工作，将决定未来城市的主要形式和内容。"

"我们希望，从这些种子中萌发的文化生活能够发出新芽，结出适合我们的工作并能造福德意志民众的果实。当然这需要完好的种子、适宜的土壤和合适的时间。我们也希望，我们的种子能经受得住批判。"

——戈特弗里德·费德尔，《新城市》，1939 年

作为城市规划和建筑学的基础的意识形态

20 世纪 30 年代初的经济危机导致了新建筑的城市规划在经过短期的繁荣之后突然中断。一种匿名的"乡村住宅区建设"的电影镜头是突然而完全的，正如法兰克福金石（Goldstein）的例子表现的那样（第 146 页及以后）。然而其社会动机不应否认的是，城市规划朝着早期工业社会城市居民迁往乡村方案的退步，也为"夺取城市规划的权利"提供了意识形态的土壤。"现代城市建设"的先行者们遭到了"排挤"，田园城市运动的追随者们也在意识形态上被包围并最终遭到压迫。国家主义和"民族的"建筑师和城市建设者获得了成功，他们给田园城市思想造成了至今仍无法弥补的损失。

"当人们看到的只有极端的特例和过时的榜样以及有意夸大的灾难时，就只能更多地谈论起对大城市的憎恶了，这也是该时期尖锐爆发的敌视大城市的本质所在。另外值得注意的还有，纳粹党大肆宣传对大城市的敌对和对乡村的向往，具有很大的煽动性，他

们在资产阶级政党的竞选中拉拢选票。他们明白，既要对乡村和城市居民的敌视大城市的情绪表示赞成，又要将那些文化先锋诬蔑为大城市漂泊感及其声名狼藉的标志。"（施奈德，第13页）

国家主义种族主义的重要思想家汉斯·F·K·京特在1934年出版的《城市化——从生活研究和社会科学的角度看其对人民和国家的危害》一书，成为了抵制大城市的代表作。在书中他将"都市漂泊感"的概念定义为"是人类精神背离人类生活基础的过程"。城市化意味着"从社会学上看，由于技术和精神力量的应用而带来的漂泊感的危险，人们无法检验这种应用对于全体利益的价值。"城市有吞噬高价值的遗产设施的特点，"而另一方面它们（指城市——译者注）越来越倾向于留下劣质的遗产。"（施奈德，第13页）

国家社会主义者不仅追求在新设计和新建筑中意识形态的体现，而且还按照他们的设想对城市和乡村进行改造，以便使他们的权力要求也能够外在而且持久地得以显现（图6.1、图6.2）。因此"帝国首都建筑总监"阿尔贝特·施佩尔在他1943年出版的《新德意志建筑艺术》一书中写道：

"根据德国城市新形象的法律创造了对新建筑来说必不可少的法律手段。因为这些法律手段围绕的首先不再是单一的努力：交通规则、旧城整顿、住宅建设、绿化等，必要时也有相关法律适用；它更多的是关于新的城市中心、某个城区的重点建设中心，它必须统帅每一个私人建筑。在城市中心的改造上确有必要解决其他的城市建设问题。形式、新建筑的外部形象都取决于其内容、意义和目的。这些建筑为全体人民服务：礼堂建筑、剧院和纪念堂。同样，国家其他的新建筑都要与此相适应，建立起完整统一的具有代表性的街道和广场空间。这些应当是我们新的城市之冠，我们今天的城市中心。"（施佩尔/沃尔特斯，第9、10页）

即使在最小的村庄，民族主义意识形态也在建筑上、外观上表现了出来。"即便在最不引人注目的建筑中，统治要求的普遍存在构成了一个完整的背景，在这种背景下高速公路也具有了意识形态的使命。"（杜尔特/内尔丁格，第14页）

"第三帝国"时期住房建设的阶段

大约在1924年至1929年期间，即在魏玛共和国住宅建设的繁荣时期，几乎住房建设的一半是由"房租税抵押贷款"提供资金的，但1933年资金中的公共份额却减少到20%，1937年更减至10%。尽管国家社会主义者表明要致力于住宅建设，公共资金却仍然很少。20世纪20年代新住宅中的很大一

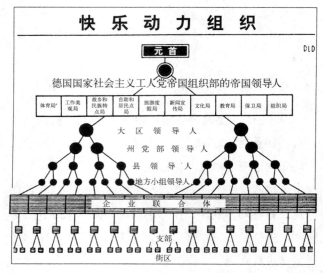

图6.1 KdF"快乐动力"组织的等级制度。意识形态上的党派利益深入每一单个的建筑群

图6.2 为避免村庄和大城市的弊端而作为城市建设样板的小城市

部分都未能完成（年平均 340000 户），通过私人资金从 1933 年至战争开始的 1939 年每年仍有 300000 户住宅完工。"第三帝国"时期的住宅建设可以简单地划分为以下几个阶段：

- 1933—1935 年：根据共和国的紧急命令继续进行小型住宅区的建设。重点从大城市转向中小乡镇以及人烟稀少的农村和边境地区。
- 1936—1939 年：类似于田园城市的住宅区和为国防军"全体人员"和四年计划企业"普通工人"建造的带有"花园住宅"的个别新城市。
- 1940—1943 年：在对"德意志生存空间"东扩的期望中，在"整体规划和造形"的框架内，为战后的"社会福利住宅建设"做准备（图 6.3）。

这三个阶段都表明了政府努力逐步加强对住宅建设的控制和操纵。但负担则尽可能地转嫁到私人建筑商身上（存款人、住宅建设企业、工业），同时，由于银行利率普遍下调，从约 9% 下降到 5%，"帝国保证金"的提供和全面的经济景气，私人的投资热情大大高涨了 [托伊特（Teut），第 252 页]。

当时住宅建设工作的重要基础受到了费德尔决定性的影响甚至由他确定。在他的《新城市》，这部"20 世纪 40 年代城市建设文学的典范之作"（托伊特，第 311 页）中，他对此作了总结。作为"德意志住宅事务专员"，费德尔在一次演说中说道：

"在我众多的公开报告和演说中，我一直把住宅的重要性作为民众政治的问题来强调，但也对这些住宅区的罗曼蒂克提出了警告，认为它们不能保证同时为住宅区的居民提供长期的工作。住宅区，尤其是新建住宅区、新乡村城市只应该建立在那些具备了继续生存的经济条件的地方，或者建立在具备了局部的原材料来源为移居在此的居民提供长期工作的经济条件的地方，这些原材料可以就地加工或通过新的工业而产生或通过转移而产生。"

城市边缘的住宅区因为通常远离市中心和工作地点只能为不健康老城区的"拆迁"而被批准兴建，以便使大城市可以得到光线和空气——一定程度上的新鲜空气。因此住宅区的新建和城市改建是城市建设的本质的规划要点，但也带有明确的意识形态的动机：

"这些新的住宅区和小城市将随着它们在大地上的出现，随着它们加入复苏的德国经济生活的节奏，随着它们建立健康的社会关系，因其与德意志祖国的亲密关系而成为最优秀的德国建筑艺术的典范。"（根据托伊特，第 313 页及以后）

图 6.3 1940 年花园住宅建筑局：德国住宅区图。德国生活空间的形态——东部的一个新建区。住宅区主体、村庄、市场、县城的秩序和形态，根据克里斯塔勒

城市规划的标准值和"秩序原则"

第一部全面科学地关于城市中"国营和私营经济设施"的规模和分配的著作是戈特弗里德·费德尔写于1939年《新城市》一书。直到20世纪60年代末它仍是城市设计者的经典作品，但因其过去的身份背景只在规划局和办公室里悄悄地使用。直到1968年克劳斯·博尔夏德的《城市规划的方向值》、1972年弗里德里希·施彭格林的《关于规模等级和分配的作为住宅区和城市单位的固定大小的中心设施的功能要求》等其他作品才又重新涉及这个主题。

戈特弗里德·费德尔和他的助手弗里茨·雷兴贝格在120座约有20000人口的城市中研究了：

- 一个住宅区包括些什么设施；
- 这些设施有多少；
- 独立的设施有多大；
- 它们属于什么？（第431页）

"取材于现实生活，立足于实际形势，总是批判地对待调查结论，无论它们能否在其现有的或将要成为的形式上真正正确并且良好地服务于大众需求和公共生活，我们的指标就是这样得出的"（第2页）。这是一个"从居民的社会结构中建立新的城市设计艺术的尝试"，正如这本书的副标题所声称的那样。

正如一开始在"综论"中所阐明的，因为每个城市都是一个"组织"，所以它们也就很容易具备相似性。"我们所设想的关于一个成长良好的人或匀称的其他生物的和谐以及内在秩序的图画使得我们相信，如果我们努力为所有的日常生活、公共生活、私生活和经济生活确定标准值和规格，我们就是走在正确的道路上。如果我们借助于人类身体的图像向自己解释关于大小和数量、关于人类身体单一的组织和关节间的相互关系和作用，就会非常清楚这项工作的重要性和必要性了。"（第2页；图6.4）

针对"面积划分和结构图"我们调查了十座城市，以便对"一座城市中面积的划分"获得相当的理解。单项数值在一张表格中反映出来，平均值则借助一张图表来表现（图6.5）。因为一座拥有约20000人口的中等城市的理想形象已经出于意识形态的原因预先确定了下来，所以对不同设施的调查根本不用计算出最佳的城市大小。这本书的第一部分是这样解释这项预定指标的："为什么是20000人口的城市？"对大城市和村庄的种种弊端的列举必然导致对"小城市"的积极评判，认为只有小城市才避免了一切弊端只保留了优点。这样表达的城市建设样板与从霍华德的三个磁力比较中得出的结论非常类似（第47页）。

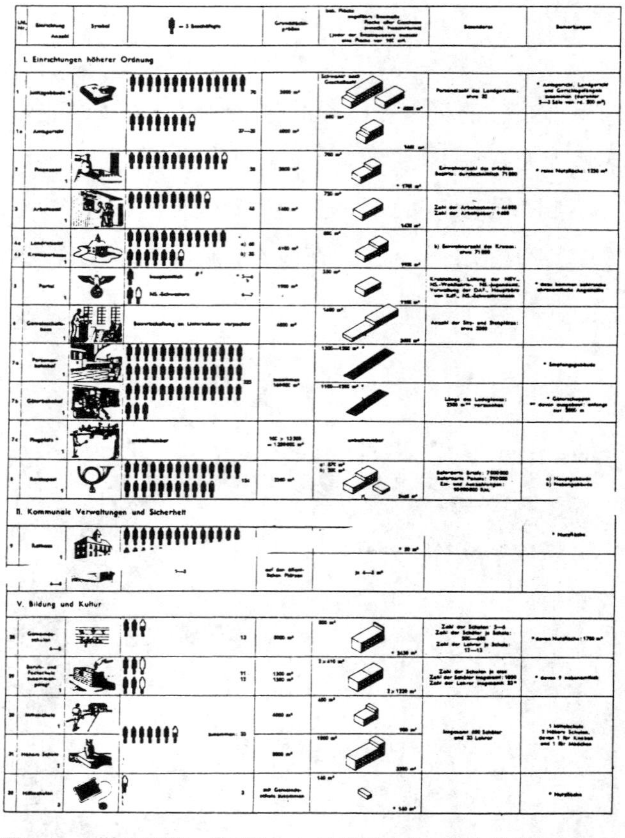

图6.4　戈特弗里德·费德尔：一座20000人口城市公共设施的标准值

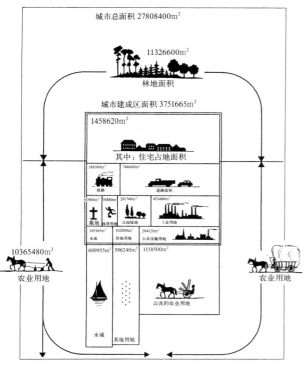

图 6.5 一座20000人口城市的面积分布。为未来的城市做出结论。1939年

"新城市"的城市规划样板

费德尔认为，大城市的弊端是（第24页及以后）"儿童太少，没有定居生活"和"交通的牺牲品"。村庄的缺点有："文化设施不足甚至完全缺乏，文化生活中心欠缺，管理组织生活没有进展，没有广泛的工商业生活。"大城市和村庄的优点却可以在小城市得到完美的统一。

- 大多数的国家行政机关和几乎所有的地方性行政机关都以简单的方式存在着；
- 那里也有文化设施；
- 劳动力和销售市场形成一定规模；
- 房屋旁的私人花园和城市周围的耕地使人们与土地直接相连；
- 必要时小城市总是可以依靠直接环绕它的乡村供给。与周围的村庄空间相近、路程短；
- 由于开放的土地直接与其草场田地、森林水域相接，也减轻了不健康的、局促而霉烂的住宅的危害和危险。这样亲近自然"可以促进健康后代的成长"，并可以"很自然地产生要孩子的愿望"。

"因为上述原因，我们努力考察现有小城市的结构并得出结论，即从民众政治的角度看来，约有20000居民的小城市将带来最健康的生活条件"（第27页）。作为"组织"的这种"小城市"一方面以带有许多下层核心的"小区"围绕城市中心组成，另一方面遵守严格的等级制度并从属于"州和德国的更高组织"，这也可以追溯到书中提过的克里斯塔勒的空间分析方案（第146页）。在单一概念中也被称作"城市主体"的组织设想明显的带有意识形态的烙印，并涉及"德意志民族共同体"。必须为共同体寻找一个形式，"以便使每个人都依靠他人而活，并为了他人而活"。许多下层核心也常常成为一个更高秩序的基层连接，以形成服务于整个地区的出色的设施。单一的区域中心应当这样塑造，即每一个地区的生活都清晰地围绕它的中心以及更高一层的核心组织直到城市中心（图6.6）。正是因为如此，城市才必须从属于更高的"州和德国的组织"（第19页）。

费德尔认为，对1945年后被称为"公立学校单位"的小而完整的住宅区来说，公立学校是"组成核心的力量"。"一个有两个班的公立学校里（一个班女生，一个班男生）大约有500—600个孩子。因为大约15%的居民是学龄儿童，约3500个居民可以结为一个共同体。这个共同体中当然也包括一系列的商店和其他设施。这也取决于建筑的方式，是否把这些设

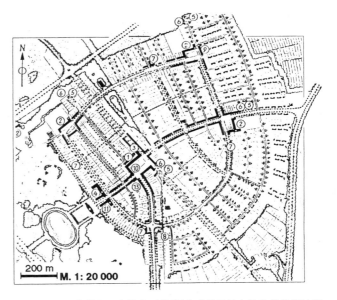

图 6.6 G·费德尔：大住宅区的范例。"基于社会结构的依照计划的有组织的发展"

施与学校统一成一个核心,或家庭主妇的购物路线是否太远。如果从住宅到中心的距离超过 500 米或 600 米,那么除了学校这个核心之外最好再设置几个小的核心,更多的必需品商店,如食品商店等,就可以设置在那里。"(费德尔,第 19 页)

6.2 "德意志人民共同体"的住宅区

"城市建设者今后必须更多地让社会共同体的内在结构来引导自己的艺术创造力:新的城市形象必须体现出这种生动的必要性,城市结构也是为这种必要性服务的。不允许只作为纯粹建筑思想的空洞的形式出现。"(费德尔,第 19 页)

仿照田园城市的住宅区

按照费德尔的设想,成千座小城市都应仿照田园城市来建造。他在《未来城市的结论》中把埃森的玛格丽特高地作为"实际的范例"提了出来。H·林普尔也曾在 1938 年的赫尔曼·戈林城的设计中把田园城市作为形式的榜样,它与 1919 年布鲁诺·陶特设计的 300000 至 500000 居民的扩大的田园城市有着明显的相似性(图 6.7)。费德尔也列举了当时意大利的一些新的城市建设,赞扬它们是"墨索里尼的浮士德式艺术品"。

一座有 20000 人口的"新城市"的建设开端通过许多份设计图而具体化。"这里重点不是所谓'理想城市'的设计展,而是实际的个案"(第 459 页)。从海因茨·基鲁斯(图 6.8)的设计中可以清楚地看出与田园城市近似的结构。因为没有规定草图的具体设计领域,城市规划的典型烙印就很明显了。每一个细节上都可以看到埃比尼泽·霍华德的田园城市示意图的影子,例如中间是宽阔街道的环形住宅区、零散分布或占地很大的设施与相互联结的铁路线。供给设施的分级完全受执政党的影响:从"小核心,每日需求,纳粹基层组织",到"核心,每周需求,纳粹地方小组"直到"主核心,每月需求,纳粹县组织"。

费德尔不仅考虑按照他的样板"创造性地"塑造新建城市,对于现有的城市,即便是对于大城市,"已

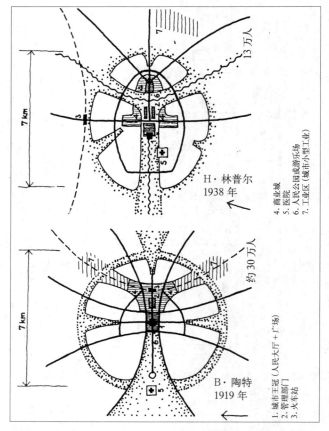

图 6.7 1938 年赫伯特·林普尔的赫尔曼·戈林城规划方案抄袭了 1919 年布鲁诺·陶特的方案

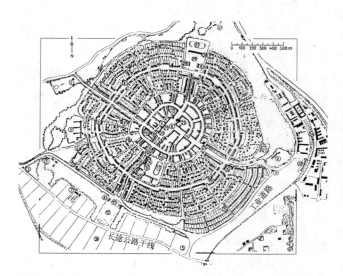

图 6.8 海因茨·基鲁斯根据 G·费德尔的"新城市"构想为一个城市设计的草图

知的地理测量作为指导方针同样适用"。"大城市是在迄今为止的社会和经济生活中产生并建立起来的,所以不能完全排斥大城市,只不过它们如今的形式不能令人满意,不再符合产生于当今人类共同体中的观点

而已。在现在这个人类共同体中，每个人都是人民中公平的、有生存能力的一分子。帝国（以及大城市）对有最大独立性的有组织的基层共同体进行的改造将把我们渐渐引向一个新的共同体和生活形式"（费德尔，第471页及以后）。

住宅区规划和"帝国花园住宅局"

费德尔在他的书中提到"新城市"的样板之前，实际的住宅区规划其实就已经存在了。从1934年初开始，费德尔作为"帝国住宅区事务专员"，就对州范围内的住宅政策产生了巨大影响。他的建议事实上也比"专家小组"的结论重要得多。在此之前住宅救济组织就已经被"一体化"了，此后不久就加入了原有的"德意志劳动阵线花园住宅局"（施奈德，第116页）。在1934年花园住宅区的方针上，对于其"本质和意义"，帝国花园住宅局作了虽然宽泛但充满意识形态风格的讲述：

"花园住宅区是德意志工人的生活和工作形态，让他们可以基于神圣的权利利用一块故乡的土地，使得家庭可以从中滋长身体和灵魂的健康力量。通过管理应当从本质上提高他们的生活水平，在危急时刻可以避免紧迫的困难。"对于"花园住宅区规划"他这样说：

"作为一个整体的住宅区必须与当地的特点和谐一致，不能影响它的特征和美丽。……不是地点上的一致性、而是其多样性决定了一个有组织的住宅区和一个好的建设规划的本质。社会建设的必要性同时也是造型的出发点。……除了经济地点的类型外，带有小额土地补贴的居住地以及手工工场和商店也都是必要的"（施奈德，第117页）。按照这个思想设计并建成了许多住宅区，例如：

• **慕尼黑的拉默斯多夫模范住宅区**，如同斯图加特的科亨村住宅区一样，作为建筑学和住宅区政策的选择，在1933年底根据17个建筑师的设计而建造（图6.9）。192座房屋沿街而建。住宅区里只有一座小花园。慕尼黑的住宅事务负责人想以此"确定未来的'纳粹住宅形式'和帝国内新住宅区的标准。与多层楼房

图6.9 慕尼黑的雷默村住宅区。在自己的地基上、住在自己的房子里，和"土地"联系在一起

图6.10 1941年，位于斯图加特的法萨嫩住宅区工程。中心广场上带有大礼堂的小城市设计

和出租房屋相反，在自己的地基上住在自己的房子里应当使'人民群众'重新扎根于土地，并把他们拉近'多子女的、纯种的德意志家庭'。但因为住宅区并不符合官方对帝国小型住宅区的规定，即平面图应该设计花园能够实现部分的粮食自给，所以，该住宅区设计方案虽然在宣传上投入很多，但仍未能得到纳粹党的支持"。这个住宅区保存完好，今天处于整体保护之下（杜尔特／内尔丁格，第74页）。

• **不伦瑞克的玛舍罗德住宅区**，1936年作为"样板住宅区"在德意志工人阵线建设办公室的领导下由建筑师尤利乌斯·舒尔特·弗罗林德设计而成（图6.11）。可以辨认出它的几点典型特征。带有"集会场所"的中心区域和副中心作为大规模的封闭的建筑物边缘在空间上形成了清晰的边界。街道两旁的开放式单户住宅和行列建筑在边缘通常会有一个建筑上的终止。短街道上的"住宅花园"作为城市建设的基本元素也令人想起田园城市。

图 6.11　1936 年，位于不伦瑞克的玛舍罗德"样板住宅区"。田园城市和单户住宅排的结合

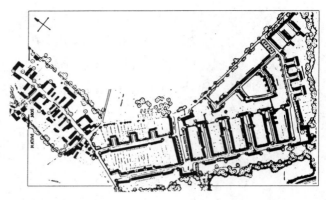

图 6.13　萨克森的普尔森，1939 年。村庄（左）依照封闭的、城市化的建筑结构来扩建

设计上和当时住宅区的外在形象上的相似性绝非出于偶然（图 6.12—图 6.14）。帝国花园住宅局通过建筑师的指导和扩建对住宅区的形式和外观产生了影响。其中以保罗·博纳茨，保罗·施密特黑纳和城市规划师海因茨·韦策尔为代表的"斯图加特学派"的影响不容低估。

图 6.14　作为样板的雷根斯堡，朔滕海姆住宅区，1933—1939 年，"如画般的、本土的造型"

海因茨·韦策尔及其学生的影响

海因茨·韦策尔（1882—1945 年）在慕尼黑和斯图加特学习建筑时就深受特奥多尔·菲舍尔的影响。他自 1919 年起担任斯图加特城市扩建局的负责人，1921 年起成为城市建设专员，1925 年起在斯图加特大学担任教授职务。"韦策尔的意义最初在于他

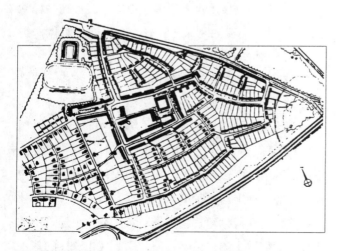

图 6.12　纽伦堡施特赖歇尔住宅区，1939 年，中心为封闭的建筑物，而边缘为松散的

的教学能力,这种教学能力由于他与建筑师保罗·博纳茨和保罗·施米滕纳在思想上的一致性而发挥出来"(奥斯特沃尔德,第3721行)。与施米滕纳和博纳茨不同的是,他停留在专业的层面上,不让自己与政治、意识形态发生联系,而他的几个学生在这一点上则恰恰与之相反。

对于韦策尔来说,城市建设首先是"城市建设艺术","地区条件和视觉秩序所构成的形象"。他尝试从中世纪的范例中寻求他的准则,他也有意识地借鉴西特,并按照他的要求:"向老东西学习"(图6.15、图6.16)。自然而然的,他不推崇造型雄伟的大城市,而更青睐较小的住宅单位:"决定性事件常常发生在乡村和中小城市。""韦策尔的城市建设艺术的两个基本原则"是作为社会原则的"邻里关系"和作为城市建筑原则的"空间"(施奈德,第120页)。

韦策尔从人员和家庭、住宅和房屋的分配中推导出"邻里关系",从中又产生了其外在形象和邻里关系的空间。这种"空间"应当是广场或道路空间,并且应当由数量有限的建筑体构成,以便获得更好的视野。"空间边缘"或内在区域的扩展可以增强空间的作用。一片"草地广场"可以这样构成,"在那儿邻里之间可以相互碰面,行人的行动具有决定性,汽车的行动受到限制。这种空间——应理解为休闲空间——只能与等高线平行,这一点无需更多理由。"

特奥多尔·菲舍尔已经在他的《六篇报告》中以普林内为例列举了这种地区中心位于最高点的情况。他的学生韦策尔说明,"焦点"应当是基准点和住宅区平面和切线之间在结构中的"交点",它们必须按照其价值整理并为公众保留特殊建筑(施奈德,第12页;奥斯特沃尔德,第3721—3725行)。

韦策尔的几个学生担任了住宅区规划的重要职务。如维利·基希纳,1936年为帝国花园住宅局成员,之后在约瑟夫·乌姆劳夫手下在规划部门工作。乌姆劳夫不久之后在帝国元首和帝国加强德意志民族性委员会规划和土地总部负责城市规划(托伊特,第330页)。1965年他在斯图加特成为空间秩序和土地规划的教授并保持到1969年。

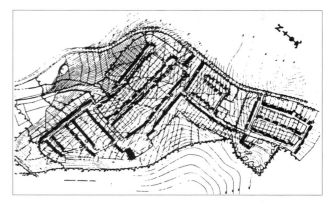

图 6.15 萨克森的乔鲍住宅区。1938年根据海因茨·韦策尔的原则设计……

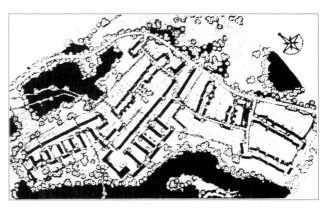

图 6.16 ……至1940年被改变:"广场(中下)被建筑所环绕,住宅区显得更完整"

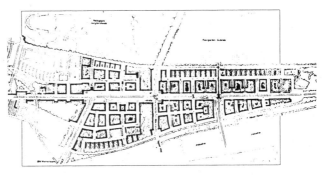

图 6.17 柏林夏洛滕堡北部一个住宅区的设计,约1942年。在西门子城(左)旁边……

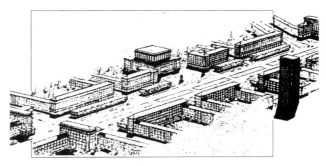

图 6.18 ……应当是有着宽阔街道的大城市设施。1955年起实现了沙龙的这个规划

第6章 倒退:"第三帝国"时期的城市规划和建设(1935—1945年) 147

"邻里关系","城市之冠"和元首原则

"第三帝国"的住宅区虽然在形式上没有完整地展现世纪初的德国田园城市,但却遵循了它们的空间设想。从这种意义上来说,这些建筑群的形成既借鉴了韦策尔的"邻里关系"设想,又参照了建筑史上的范例。另外,它们除了体现了住宅区基本元素之外,还深深地打上了政治意图的烙印,因为政府坚持"归民住宅区"的指导方针,以便促使住宅区"形成有组织的生活共同体。"(图6.19、图6.20)

这些住宅区的另一个标志性因素是四周建筑环绕的中心广场都会耸立着一座"人民会堂"(图6.21)。通常会堂经常和一所学校、一个希特勒青年之家和一个纳粹党的建筑一起形成"新的中心"。斯图加特市长卡尔·施特罗林博士对此解释说(施奈德,第122页),只有这样才符合我们的目标,即"在城市建筑的外观上、尤其是在社区设施的优势上都能够体现出我们这个时代的世界观"。因此,纳粹党人在进行"公共房屋"建设时,不仅在概念上采用了田园城市运动和居民运动以及与之相关的城市建设思想,而且还滥用它们直接为其意识形态服务。

"一个四周环以公共建筑、整队会堂的集会广场的形式在首批地区首府改造措施中已经逐步成为典型。只有在个别案例中因为地区实际情况,广场与会堂分隔开来。会堂必须根据他们的内在意义构成未来新城市或新城区的形象。为了能够胜任这一城市建筑学的任务,必须或者利用建筑手段、或者利用地区的实际情况使它们与其意义相符地突出于周围环境之上。"(约瑟夫·乌姆劳夫,1941年,《集体的建筑》,根据托伊特的摘抄,第330页)

一些建筑师在很早以前就认为城市中公共设施引人注目的地形是"城市之冠"的适当位置,最终由布鲁诺·陶特概括地肯定了这一点(第102页及以后)。开始时是关于最重要的公共设施的布置,例如埃比尼泽·霍华德的田园城市模式以及雷蒙德·昂温,他在1910年说:"它适用于为有固定集体生活的集体设计一个家。这种生活需要一个核心,这个核心应当由管理建筑、博物馆、学校、会所和教堂组成。"

1919年布鲁诺·陶特在他的书中将"城市之冠"

图6.19 赫伯特·林普尔的一个军备厂的工人住宅区(约1940年,紧连着工厂)

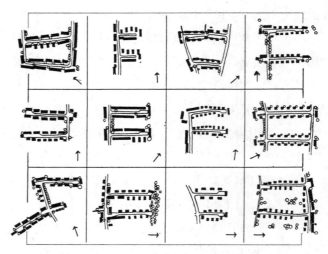

图6.20 在建筑规划中"邻里关系"作为"有机的生活群体"的建筑表达

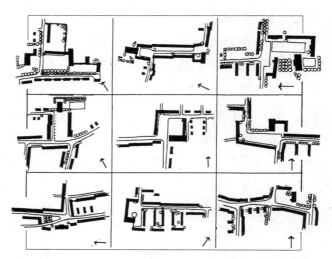

图6.21 一些"花园住宅区"中"人民会堂"作为公共设施位于中心广场

描述为一个城市的灵魂，在这样的城市里，居民区被设计为田园城市式的建筑，城市因为城市之冠而获得点睛之美。它由一个建筑群构成，包括歌剧院、剧场和会堂，而且"一座水晶宫使其完美"。在其中应当"唤醒所有内在的和伟大的感知"。随后是1920年汉斯·沙龙对于一个"会堂设想"的草案，他描述了一个梦想，"指引自己本身和充满期望的人群向上攀登直至顶峰。"（施奈德，第104页）

作为"元首原则"和"全体人民"的体现，"人民会堂"在"第三帝国"的城市建设中处于规划的中心点。这基于独裁的"元首政府"的设想和政治生活中群众机会的重要性。"一方面，对于控制住尽可能多数的人是策划中的'群众生活'的目标，另一方面，这些活动也迎合了参与社会和国家生活的普遍愿望。无论是彼得·科勒设计的沃尔夫斯堡还是赫伯特·林普尔设计的萨尔茨吉特都考虑了城市之冠，至少以被拔高了的人民会堂的形式，来符合当地的地理条件。"（施奈德，第104页）

6.3 理想城市方案和新城市

"城市景观不是要表现形式艺术的新的理想城市，而是以新的世界观和政治准则为基础的以重新获得'生活统一'为目的的抽象的组织思想。它是这些认识的基础，即数千年来我们的城市文化在不再被生物学肯定的发展过程中由于人口过剩、缺乏逻辑性和弹性而遭到破坏，大的帝国一方面由于如此产生的大城市厄运，另一方面由于农村人口向城市的流动而灾难临头。因此，我们在城市地区追求能够避免迄今成为大城市负担的所有弊端和不足，并在'州共同体'中以乡村规划和城市建设为出发点探索出至少能部分遏止农村人口流向城市的方法。"

——汉斯·伯恩哈德·赖肖，1941年
（《旧帝国和德国新东部的城市规划原则》，摘抄于托伊特，第340页）

"城市的解体"和城市景观

其实早在对历史的"冷酷城市"（黑格曼）的批判以及对世纪之交所鼓吹的多种形式的城市-乡村模型的批判中，从城市结构松散的意义上所作的"城市解体"的努力就已经产生了。霍华德时期就已存在了"城市联合"，不断的有较小的单一的住宅区联合统一成较大的住宅区中心或者城市。1935年弗里茨·舒马赫假设，"通过分裂成各自独立的新的小型生活中心实现大城市的分散，这跳开了狭义的城市建设"，而纳粹的城市规划者将其解释为极权主义的设计在等级制度下的小型单位中"对人民大众生动的最小细胞——家庭的巩固和加强"。大约20000个居民应当生活在"新城市"（戈特弗里德·费德尔）、"住宅区单位"（弗里德里希·霍伊尔，康斯坦蒂·古乔）或者"环形城市"（帝国花园住宅局）中。住宅区单位的草案于1944年在阿尔贝特·施佩尔领导下的重建规划工作班子中被肯定为原则样板(杜尔特／古乔 1，第175—186页）。

在"斗争时期"和纳粹统治的开始阶段给人一种印象，似乎高度发达的工业化德国（1932年68%的人口居住在城市中）应当会由于"所谓的耗尽民族生命力的城市"的"瓦解"而退回到由农民和农业工人构成的民族。到了1935年，随着政府对"经济优先权"的肯定，这种"城市退步"的假设已经演变成为城市的"扩散"。

一个松散的结构也符合第一次在国家的城市建设史上得到提高且与"德意志民族的自卫"联系紧密的广泛的"防空"要求。典型的，并不仅限于德国的对于田园城市设想的误解形成了由形式相同的、一目了然的住宅区单位构成的城市地区。这是一个设想，"它的意义和它的'中心'，即使不是出自对'元首及其追随者'的效仿，也是出自一个将集中的国家权利置于个体之上的现状"（托伊特，第311页）。

根据建筑史上的范例，对于住宅区单位间的广泛相连也做了要求。汉斯·伯恩哈德·赖肖在1941年建议，将"中心城市和线形城市（带状城市）"（图6.22、图6.23）的两种基本类型都发展成为"城市地区"（杜尔特／古乔 1，第189页）。这个尤其深受地区和州的规划影响的草案成为战后城市建设中不同范例公认的基础。1941年威廉·沃特曼描述道：

"未来的城市不能将历史上的城市作为形式的榜

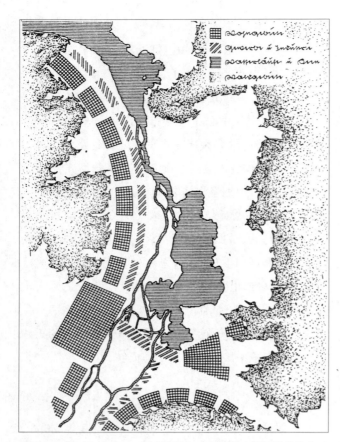

图 6.22 1940 年 H·B·赖肖为什切青空间的发展设计的带状城市。住宅区带作为……

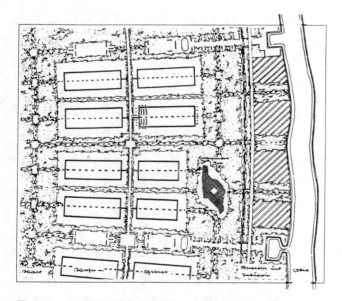

图 6.23 ……"新时代"的城市扩建：工业区在奥德河与交通带之间，居住区朝西

样，由于太多的人口以及由此决定的较大空间、由于社会结构发生了完全改变，它们之间有了本质的区别。任务就是，塑造城市中现存的居民住宅区和工作地点，以便能够驳斥针对城市的谴责；城市居民的生活应当

重新健康、生动地运行起来。城市地区的思想将满足这一要求。不能将这一概念解释为仅仅降低建筑密度和高度、用绿化带将建筑群分散开来。城市地区要求的是有意识地依据我们民族的政治划分、从人民大众的思想出发、与地区有着生动联系的新的城市细胞形结构。在住宅区单位中单个的人将重新感觉得到与整体的联系。"（关于城市景观的思想，摘自：《空间研究和空间规划》1941 年第 1 期，根据杜尔特／古乔 1 摘录，第 192 页）

所有这些年的设计思想和草案在 1945 年之后又都出现于被摧毁的城市的重建计划中——却是以稍微改动后的语言，以避免落伍、特别是声名狼藉的纳粹宣传惯用语。这是一种"延续性，不能仅仅将它解释为参与其中的设计者和一种日渐复辟的政治的生存历史，它基于新的关系将专家们置于主导位置之上。"（杜尔特／古乔 1，第 193 页）

理想城市构想和"X 城市"

城市边缘住宅区的建筑元素基本上以中世纪的城市为榜样，带有弯曲的街道和不规则的广场以及低层的小型住宅群。除此以外，也有按照 19 世纪城市扩建运动中的轴向性和街区形式的理想城市构想，但坚持保留在中等城市的规模。

沃尔夫斯堡的设计者彼得·考勒曾经这样回忆说：理想城市的模式受到了阿尔贝特·施佩尔的影响，"从许多单一的思考和讨论或者表态中提炼概括出来"。但图纸（图 6.25）却不是由施佩尔所作，它一直遗失，1976 年科勒修复了它并宣称：

"我想要描述一下我们当时看见的情形：'轴'旁边是大约等宽的建筑带，这些建筑的高度和密度向外逐渐降低。根据需求和城市人口的不断增长可以将单一的建筑带不同程度地拓宽或向前伸展（如箭头所示）。'轴'延伸到'会堂'前的'广场'。轴的建筑尽可能高；它的凹凸使得小的次要的侧轴或横轴成为可能，在它们旁边是所有的公共设施。侧轴 B 和 C 也许在技术上和地理上是必须的，但却并不重要（甚至是会干扰）。"（施奈德，第 94 页）

科勒继续说道："榜样就是绝对统治者的建筑师

的任务的完全表达。目的和出发点都是统治者，他的意志，他的宣传，在会堂中出现；在任何其他场合都让人想起广场，轴通向那里，又从那里返回直到最后一座房屋。空间的分配'标志'或是更多的'暗示'着统治者的意志；笔直的轴是他的'必然性'的标志，直角'暗示'着错误、排斥、淘汰任何其他方向（具体的和转义的意义）。"（施奈德，第94、95页）

这一由建筑师H·埃格施泰特和德国劳动阵线建筑事务所1943年在施佩尔的领导下设计的"理想城市设计"（图6.24、图6.26）是乌瑟多姆岛上"X城"的并非不重要的基础之一，适合20000人的6000户住宅从1936年起就只是一个与武器试验点有关的小型住宅区。"X城市"单个的街区规模约为700米×400米，圆形广场和位于中轴另一端的"会堂"之间的距离约为2400米，是慕尼黑从统帅会堂到凯旋门的两倍（施奈德，第96页）。

科勒在1976年评价道："施佩尔无疑是那种'艺术家'，他有能力完全下意识地、不加考虑地、不受理性控制地、只是直觉地和本能地用他艺术之神的符号语言说话。" 同年施佩尔自己针对"X城市"的设计说道："我当时只对图案的美感兴趣，那种张与驰的对立。"（施奈德，第96页）

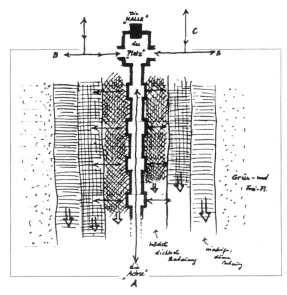

图6.25 受A·施佩尔影响的一张理想城市的规划草图，1938年，1976年由彼得·科勒修复

图6.26 X城市中心区域的模型。19世纪的轴线设计和街区建筑形式

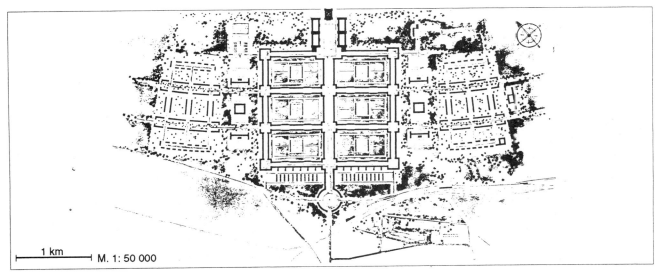

图6.24 建于乌瑟多姆岛上特拉森荒野附近的X城，1936年。根据A·施佩尔的构想设计的20000居民的城市，带有120米宽的中轴，通往"会堂"前的"广场"："统治者是目的和出发点。"

新城市的基础和条件

这种形式的、直角－轴向的理想城市构想肯定影响了与大工业企业相关联的新城市的塑造。但更多的是意识形态的榜样所起的作用，它们最终构成了新的"城市组织"的外形和功能的基础。戈特弗里德·费德尔对此说：

- "未来的城市将具有不同的特征。它们必须如同单个的建筑一样按照新时代的精神来塑造。这些属于新的世界观的新城市将是新的共同意志的最明显和最持久的表现。它们将是也必须是有机地从国民的社会结构中发展出来。它们的设计、它们的建筑、它们的街道和广场必将服务于新的生活意志、工作和新的共同体的节奏。"

- "未来的城市将以一种完全不同的方式服务于国民的生活和工作，而不是我们的现代大城市那样的杂乱无章的房屋堆积。应当认识并科学地研究城市和住宅区的新的塑造原则，以推进新的城市建设和城市规划艺术的基础。"

- "在设计和建设上、在它们和谐地融入地区和环境上、在它们对县、地区和帝国的关系上，未来的城市应当是新的时代精神与阿道夫·希特勒创造的新的大德意志的生活和工作意志的生动体现。单个的建筑物、它们在城市规划中的数量和位置应当从国民生活和工作的生动的结构中发展而来。"（费德尔，第1、2页）

大型工业企业的建设，例如沃尔夫斯堡的汽车厂和萨尔茨基特的钢铁厂，与强制实行的武器生产有着直接关系。工业设施的建立需要大量的劳动力，他们来自不同的地区，因此需要住处。由此很快产生了一种想法，给工厂设施补上一个自己的城市。这也是由于"新城市"的持久的宣传最终需要变为现实。从过程上来说是容易的，因为不存在法律的约束力，民主的决定程序也被希特勒的命令所替代。"这一'元首命令'就仿佛一个'偶像'，对它的怀疑就是罪过，任何异议、犹豫都要受到反驳，而要求热情的支持、至少也是臣服。"（施奈德，第27页）

"一个肤浅的观察可以得出结论，从两个已经开始建造的和其他计划中的新城市引出了一个发展过程的开端，此一过程也许只是因为战争的影响才告中断。但仔细地观察就会发现，上述的工程仅仅来源于某个人的倡议，没有显示出任何的'规律性'，只是一场'独裁领导的混乱'。"（施奈德，第92页）

1937年萨尔茨吉特－赖本施泰特－赫尔曼·戈林工厂城市

"赫尔曼·戈林城的设计从以下基础出发。首先重要的是城市对于工厂的位置。它决定了从居住地向东到工作地、冶炼厂厂区南北两个最重要的大门间的交通网的设置。第二个需要注意的是城市北边采矿企业的位置，它们的人员也应当安置在城市中。这要求建立通往矿区所在的利希滕贝格高地的合适的交通线。这些道路也连接着城市和长满树木的美丽的山间休闲区。"（建筑师赫伯特·林普尔，1939年；根据托伊特摘抄，第325页）

1937年7月15日"柏林'赫尔曼·戈林'采矿和冶铁帝国股份公司"在萨尔茨吉特开始建立。随后戈林指定"赫尔曼·戈林帝国工厂"的钢铁厂的位置在萨尔茨吉特－赖本施泰特附近，1937年12月就破土动工。铁矿在当地开采，煤却要从鲁尔区运来，因此必须开凿一条通往中德运河的支运河。整个工程占地22000公顷。

这个迄今为止拥有28个农村乡镇、20000居民的农业地区瞬间发生了变化，但却不能接受工人的涌入，到1938年底就已经有了17000名工人。国务委员迈因贝格对此说："当然这些离开了家，1000至2000人集合在一个营地的工人，其安置蕴含着巨大的危险。"（施奈德，第62页）

同样在1937年建立了不伦瑞克"赫尔曼·戈林"帝国工厂住宅股份公司，决定了一项住宅建设计划。建筑师赫伯特·林普尔承担了这项任务，建造帝国公司所有的住宅和管理建筑。首先住宅建设在现有的居民点进行，设计的住房总数估计为10000套，在不久后产生了"新城市"的设想，一座"纳粹的模范城市"。

林普尔提出了五个地点，1938年11月戈林指定了其中的赖本施泰特附近的一号地点（图6.27）。林普尔1939年说："这个一号地点位于冶炼厂的西南面，与工业区和矿山区相连，交通最为便利，而其最大优势就是风向位置。施泰特尔堡附近的地点的优势是与不伦瑞克和沃尔芬比特尔两座城市毗邻。"

经过对新城市发展潜力的一系列调查，问题涉及到乡镇的、文化上的、经济上的独立发展性；灌溉、排水设施是否良好；建造自然休闲疗养区的位置；长、短途交通运输的问题，特别是对城区能够在未来良好、有效的继续发展以及城市扩建的调查结果使大家得出结论，地处冶金厂西侧的方位Ⅰ号在最近五个调查过的方位中是最有利的（托伊特，第325页）。

但是很快就被证明这个位置是很不利的，因为没有树木导致建筑物缺乏防风能力，另外工厂排出的有害物质在刮东风时会对居民区造成损害。来自沃尔夫斯堡的建筑师科勒就此声明："对于住宅问题林普尔等建筑师一无所知。"（施奈德，第68—74页）

城市扩建第一阶段应涉及130000人，面积近2000公顷。为后期改建阶段中计划300000居民起草了一份城市设施规划，一条位于正中的、长达近2公里的东西走向的"主轴"，加上一条短横轴占据了主导地位（图6.28、图6.29）。沿着这条主轴，由于处于弗洛特佛河谷，建筑地基较差使得建筑物很少，占主导规划的是一些管理建筑以及公共设施。"人民大厅"以及"主广场"组成了所有设施中的最高点，在

图6.27 带东部工业设施的赫尔曼·戈林工厂城市地点Ⅰ的模型

图6.29 第一个规划方案示意图。体育场还位于两轴的交点

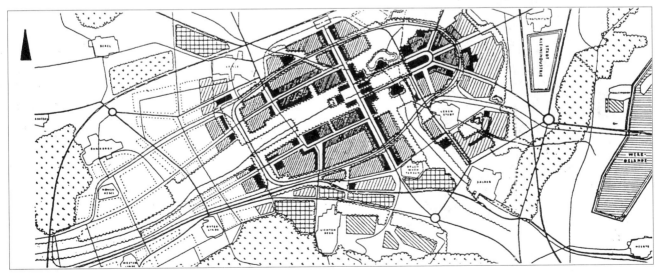

图6.28 赫尔曼·戈林工厂城土地利用分布图，中间为绿轴，"城市王冠"为东西横轴上的"人民会堂和广场"。东部为工厂区，西部为扩建区

第6章 倒退："第三帝国"时期的城市规划和建设（1935—1945年）

人民大厅后面还有一座水池，按照规划规模将和主广场一样，以此作为过渡，组成山谷景色（施奈德，第103页）。

对于在注释文章中着重提及的"城市王冠"林普尔表示："在城市平面图中就明显显示出来，人民大厅是城市中最重要的建筑。第二个要着重强调的是继续保持在大面积绿化地区中体育场所的建设。这些公共建筑以及设施在达到足够的居民人数之后就会被证明是必不可少的，应当紧随住房扩建、学校建设和商业建设，借此使这些从帝国各地集中在一起的居民能够融合为一个新的集体。"（托伊特，第328页）

不过房屋建设的步伐却没能达到预期的每年6000—10000套，追溯起来有三条主要原因：

- 1938年时建筑材料和建筑工人都很紧缺。
- 随着1939年战争的爆发，人们都集中于武器的生产。
- 1942年发生了建筑业停业事件和对"和平计划"的禁令。500000名建筑工人被送往军备工厂做工。

尽管如此，但是根据新的城市建设方案，到1943年还是建立起超过10000套房屋（图6.30），以及战后到1961年近19000套房屋和私人住宅。在萨尔茨吉特－赖本施泰特建立了一个对整个城市开放的购物区，这个购物区对于那些已经建好的居民区的关系最为直接（本书第188页，图7.46）。尽管居民数上升到了100000人以上，但仍未达到预期的250000人的目标。

"人们将瓦腾施泰特－萨尔茨吉特的计划与KdF-汽车厂城市"计划做了比较，得出了这样的想法，与沃尔夫斯堡相反，在萨尔茨吉特可能工作着一位严守国家社会主义教义的城市规划者。林普尔确实与政治没有任何联系。对委托人作出有关预测趋势的研究可能是建立在这种努力之上的，即不危害重要任务的实施。"（施奈德，第104页；图6.31、图6.32）

1938年沃尔夫斯堡"KdF－汽车城"

正如汽车牌名所表达的那样，KdF（"愉快力量"）汽车公司是一个新城市的萌芽。希特勒自己很早以前就对利用"大众汽车化"来解决汽车问题有着浓厚的兴趣。1933年，在他"夺得政权"后不久，在第23届柏林汽车展开幕式上宣布了以下4点计划：

1. 将国家性质的代理商剥离出目前交通体制的框架；
2. 逐渐减少轿车税；
3. 着手实施大规模的公路建设计划；
4. 促进举行摩托车比赛。

德国汽车工业却与其相反，态度有所保留，只有1934年费迪南德·波尔舍拿出了小型汽车设计方案，"类似于大众小汽车"，1923年这种汽车的第一张草图被一份专业杂志称为"大众汽车"。现在大众汽车应该满足以下条件：在公路上持续车速为每小时100公里，耗油量为每100公里7升（每100公里行驶费用低于3帝国马克），四座或五座配置，有气冷设备和售价低于1000帝国马克。这种车型三年后成熟了，在对其他地点经过大量调查研究之后，大众汽车厂于1938年5月26日在不伦瑞克北面的法勒斯莱本附近举行了奠基典礼（施奈德，第29页）。

对汽车产生几乎天真的热情和对空间占领的侵略性与大众拥有私家车的渴望一起出现。汽车不但有"速

图6.30 新城的东部，除第7部分之外基本实现了规划

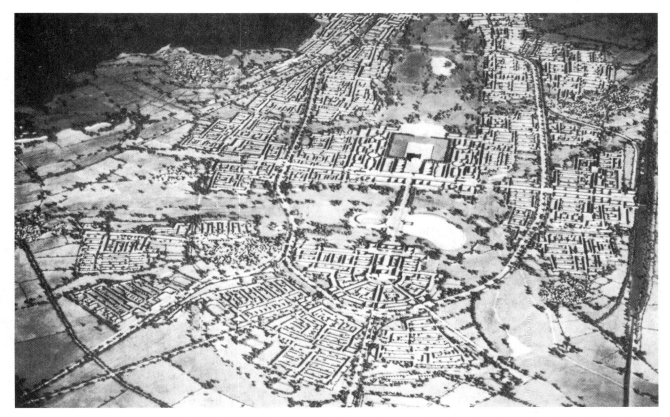

图 6.31 赫尔曼-戈林工厂城市,城市设施模型,1941年,东部。两条"绿轴"被雄伟的、正方形的人民大厅连接起来并且在大湖一处"娱乐设施"处交叉

图 6.32 沃尔夫斯堡,从前的"KdF-汽车城",1988年,城市设施模型。大众汽车工厂(这里只是局部)不又仅只在建筑上统治着这座城市。波尔舍大街(中间)作为市中心不完全的延长部分

度上的美感，还能体现出财富以及统治欲"（考特 1，第 18 页）。可是，1940 年汽车公司建成之初，却在生产军用交通工具，这一切在计划中没有明确规定，但也没有被排除在外。1934 年，在一份公文批注中注明了汽车要具备 3 个成年人和一个孩子的座位。"这个要求也是符合军事上的要求的，因为按照结构上的距离有三个人的位置，一挺机枪和弹药的位置。"

1937 年已经有了一份旨在通过拓宽城市街道改建城市的规划准则。1938 年 7 月 1 日，汉诺威省最高行政长官颁布了建设汽车城的公告，汽车城建在法勒斯雷本附近在黑斯林根老村外加自 1928 年就属于其的沃尔夫斯堡田庄区和其他乡镇的部分土地上。在不伦瑞克教授们的规划被摒弃之后，规划的任务就落在了施佩尔在大学读书期间就认识了的建筑师彼得·科勒身上。

科勒和他的朋友赫伯特·诺伊迈斯特、诺伯特·施莱辛格此前就已经制定出许多替代的方案，其中之一便是"奔腾之马"设计方案（图 6.33、图 6.34）。它与后来的设计方案在本质上是非常相似的，围绕克利韦尔山的环形公路，对着工厂入口的主街，工厂的正面位于"城市之冠"的对面。位于克利韦尔山上的党产建筑物被称为"城市之冠"，或者称为"阿克罗波利斯"，形成了与工厂平衡的建筑物（图 6.35、图 6.36）。这个构成城市风格的建筑群借鉴并吸收了"国民之屋的构想"。工厂是劳作的地方，"城市之冠"应当成为人们度过业余时间的场所。

"用花岗石建成的'奥茨堡'，与 1500 米长的大众汽车工厂正面对称，统治着这座城市。整个城市就仿佛处在工厂和城市之冠的中间，被紧紧夹住。这是个政党统治的真正压抑的象征"（考特 1，第 45 页）。这座城市在森林面积很大的景观中经过多次扩建后，人口从 3 万经过 6 万增长到 9 万。施佩尔为了做到万无一失，让人审查了这座城市是否能成为最多有 40 万居民的一座更大的城市（施特拉克／舒斯特，第 34 页、第 40 页）。

"城建方案应当顺应时代精神。用应当是人们生活任务一部分的'塑造空间生活'，人们想为民众塑造生活。与此同时还以政治组织的方式对民众'进行塑造'。对城市景观的'蜂窝式'建设是在'住宅区'形体上

156 · 19 世纪与 20 世纪的城市规划

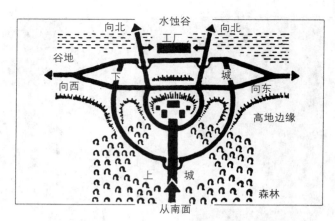

图 6.33　1937 年的"KdF－汽车城"设计方案的基本思想草图。1949 年由科勒绘制

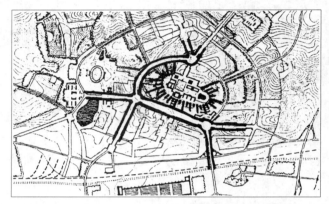

图 6.34　"KdF－汽车城"。"奔腾之马"作为城市最突出的地方由环绕"城市之冠"的主要街道组成

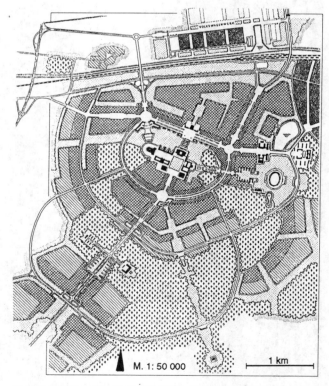

图 6.35　1938 年城市的重新设计图。这个规划表现了对待地形的谨慎态度

图 6.36 油画中的赫伯特·诺伊迈斯特的"城市之冠",约 1938 年,根据其设计模样描绘的

图 6.37 施泰姆克贝格居民区内马路。1940 年,具有街道伴随的和横向设置的一排排住宅

进行的,住宅区具有艺术造形能力和体验性的特点;但即便如此,从'自然景观形式'这个总体结构上看,集体形式应当在住宅区细胞之上,从而实现'自然式'的整体主义。"(施特拉克/舒斯特,第 29 页)

从 1938 年中期到 1939 年第一个城区"施泰姆克贝格"的 450 幢住宅已建造完成,工厂职工也已入住。沿街道两侧主要是行列式的双层住宅和一层楼的联体住宅,主要是垂直分布的。一片仅被街道横穿两次的中央绿化带,被视为"所有居民每日出行的绿色脊柱"(科勒语)与附近地区对接起来。在这片"安静的中央绿地"上还有许多商店以及其他设施。然而,科勒却把这行人与车辆行驶的道路完全分离的做法称之为"多此一举"。大约在 1939 年末,约有 600 多套住宅被视为"不为战争服务的项目"而被明令禁止(施奈德,第 47—50 页)。

建筑物最密集的是中心地区,不过大部分都是不算太高的三层建筑(图 6.41)。街区建筑加之少量里面的房子组成了街区道路,绿化面积很大。尽管如此,到 1942 年,也就是工程完全被禁止之前,"新大陆"建筑公司还是建好了近 3000 套住房。到 1945 年,大众汽车厂几乎遭到彻底破坏之前,该城市已经拥有近 25000 名居民。

赖肖在 1950 年制定的总体建筑规划中(图 6.39、图 6.40)预先只考虑到 65000 名居民入住,但很快便超出了原先的数字,从 1957 年开始,科勒尔,当城市公共建筑委员会顾问将土地面积方案扩大到可容纳 13 万居民(施奈德,第 50—54 页)。1938 年制

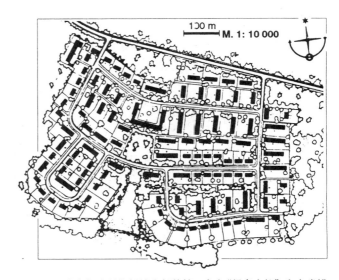

图 6.38 施泰姆克贝格新城东部的第一个由"绿色支柱"和各类设施组成的住宅区

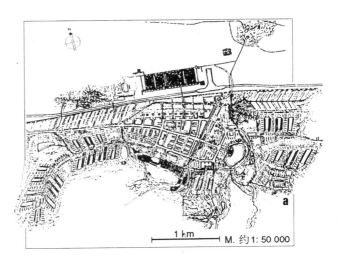

图 6.39 沃尔夫斯堡线形发展设计图。1947 年由 H·B·赖肖和埃格林设计

定的城市基本规划即使细节上做了数次改动，最后方案还是被保留了下来。尽管这样，对于沃尔夫斯堡市来说，如何再造一个"城市中心"却很难，因为大众公司不仅集中了众多工作岗位，而且由于提供了许多的公共设施，大众的城市"中心地位和作用"日益显示出来。

"沃尔夫斯堡国家社会主义的创建规划展示出了一个功能完全分开的城市，作为政治权力和新社会形式的思想宣言，显示出城市之冠这个城市中心。也就是这个计划在战后城市发展的进程中没有重新拟定，或者是出于没有能力，或者是由于不安全还是因为害怕触及到那个敏感的问题而被搁置了起来。沿着有其历史的州属公路出现了许多为全城人服务的供给设施，但范围有限，相反城区中心作为所谓的副中心——为住宅区提供服务。"

"相对较早迁入这条州属公路范围内（今天叫波尔舍公路），即传统上的城市中心的设施是：市政府，文化宫，教会中心和市场，还有集经济、文化、宪法于一体的古典的建筑群。尽管如此，这个地区从它的建筑形式以及建筑意义对于市民来说还是个不毛之地，虽然它是近期经过了不懈的努力'建成'的，是为了填补空白，好像有些突然，很显然，直到现在，人们才有这种感觉。"（施特拉克／舒斯特，第12页，图6.42）

6.4 城市 – 新规划和权力展示

"1933年革命对于德国来说是一次重大变革。除了政治和社会变革外，文化觉醒也开始了。阿道夫·希特勒自己也接受了这样的革新任务。建筑艺术是他的最大嗜好。有序化和明了化是其追求的目标。要把握住最基本的东西。首先不是追求'风格'，而是形式。更确切地说是与基本问题相关：德国新建筑艺术应当从新生活中产生，应当在石头建筑中象征性地反映出国民和时代，由此，不拘泥于此任务，而以自身的内涵，获取自己的形式。"

——阿尔贝特·施佩尔《新德意志建筑艺术》，1943年

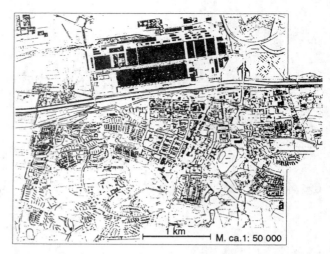

图 6.40　战后续建的基础，正如1985年的图纸中展示的一样（a = 施泰姆克贝格）

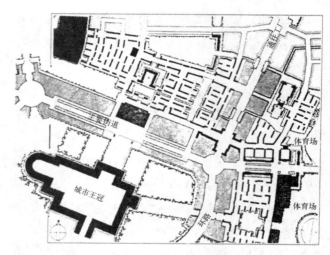

图 6.41　市中心建设规划，在"城市之冠"周围建设居住区。这些住宅区通向东北部的工厂

图 6.42　具有领导意义的波尔舍大街由于其文化设施和坐落于市场广场上的市政厅而逐渐发展成为市中心（1968年）

城市规划的结构设想

城市改建早期带有小城痕迹的结构设想，追求的是舒适的田园城市风格，再加上中世纪的活动布景装饰物，马上就出现了大城市的过度尺度：具有统治性的轴线和军事的雄伟建筑的广泛蔓延的城市空间。作为这类城市的典范，阿道夫·希特勒提到了巴黎和维也纳，同时希望能够超越这两座城市。"柏林是一座大城市，但不是世界大都市。仔细看看巴黎吧！这座世上最美丽的城市！或者维也纳！这些都是取得了巨大成就的城市。柏林却是由无序的建筑群堆积而成。我们必须超过巴黎和维也纳。"（施佩尔 2，第 88 页）

虽然希特勒显出对建筑学和对城市规划的兴趣，但却没在质上有所发展。不过他还是对这些城市了解最多的人，正如施佩尔的报道中所说："早年他就已经研究了维也纳和巴黎的图纸，全部内容都被他记住，并且在讨论会上使用。在维也纳，他惊叹于环形公路的创造，以及城市大型建筑：市政府、议会大厦、音乐厅或者胡浮堡皇宫和博物馆等，并大加赞赏。他将这些城市部分按照比例记下，并且学到了，具有代表性的大型建筑如纪念碑四周都应保持空旷，以开阔视野。另外他还对由乔治·奥斯曼在 1853 年至 1870 年在巴黎期间，花费 25 亿金法郎设计而成的大型街道路口、新的环形大道留下了深刻的印象。他认为奥斯曼是历史上最伟大的城市规划师，并且希望自己能够超过他。"（施佩尔 2，第 89 页）

因此他宣布将在五个"元首的城市"柏林、慕尼黑、纽伦堡、汉堡和林茨建设大型广场，宽阔街道及雄伟的公共建筑（"永恒的建筑"）。尤其"城市轴线"是城市规划中可以展示国家权力的重要元素，除了作阅兵大道之外，还可作为林荫大道，但这只是次要的："最核心的是将领袖的原则视觉化，作为国家社会主义统治的中心宗旨。建筑艺术的形式、比例和规模的作用是，通过建筑学尺寸加深人的印象，并通过昏暗的、冷酷的建筑氛围威慑国民。"（佩奇，根据施奈德，第 105 页）

除了自 1937 年开始实施的大城市改建规划外，所有"州首府"所在市的相应规划也在筹备之中。在法律基础上，1937 年 4 月 10 日颁布了"德国城市改造法"，按照此法其他城市也应该重新改造。除了柏林和魏玛已有长远规划外，其他城市都要开始编制巨大的规划，它们计划在巨型广场上以统治性的"集体建筑物"的方式建造"地区论坛"和新的"城市王冠"。"巨大的形式和建造规模决定其应采用经久耐用的建筑材料，其中大部分是钢筋混凝土加入天然石料，这些'永恒建筑'将每天出现在市民眼中，用来证明'千年帝国'基业稳固。1940 年军事上的成就使重塑公告中的城市数量持续增加。……建筑师一直推动自己的规划，直到盟军进行空袭后才首次受到限制，并于 1943 年开始被迫进入过渡期，为重建被毁城市作准备。"（杜尔特／内尔丁格，第 28 页）

新秩序规划

通过"德国城市改造法"，那些列入"元首公告"的城市应在"城区设立代表国家社会主义的标志性建筑"。在法律文献中的解释是这样的："根据国家的意愿，这些建筑将作为德国重新崛起这个伟大时代的外在证明，展示帝国中大部分城市有组织、有计划的扩建项目。处在第一位的自然是帝国首都的宏伟建筑。"在那些重新规划的城市中除了对新的交通设施、绿化地带和体育设施进行扩建外，对内城结构的重塑上并没有太顾及原来的结构。一座加高的神圣设施（"石碑上语言"）与当时的"活动"需要相当吻合："信仰的建筑，它的目的在于，将生动的经历以视觉的方式表现出来，并以巨大的、超越其他所有建筑的形态展示在我们面前。它们将成为国民心中圣地"（《新帝国的建筑》，1938 年，根据杜尔特／内尔丁格，第 14 页）。

• **魏玛**是一个特别的重新改造的例子，赫尔曼·吉斯勒在 1942 年不仅对平面上的整个规划，而且对内城的细部重新起草了详细草图（图 6.43、图 6.45）。意义最大的就是在老城北部设立了地区论坛，在交通上通过一条街道轴与火车站及两条平行的通往高速公路的马路相接。那些城市扩建的土地被绿化带和休闲设施、体育设施从中间阻断。

这个早在 1933 年就让人期待的地区论坛于

1938 年正式建成（图 6.44）。德国为了修建这个风格上独一无二的设施，牺牲了一座公园、约 500 套住房，这座设施在战争中保存了下来。曾打算将其广场作为"两万人阅兵场"。它的东边是人民联盟大礼堂，南边是省政府大楼，北边是 NSDAP（纳粹党）分部。西面坐落着德意志劳动阵线署，对面则是警察局。"划分成很小单元的城市平面布置的大部分被僵直的建筑线重新塑造。西南部计划建设带有纵向延伸的广场设施的宽敞马路，这种街道形式强调了新城市的轴向性结构。"（杜尔特／内尔丁格，第 10、28、58 页）

图 6.44　魏玛地区论坛及"人民大厅"。这是当时唯一建成的设施

纪念性的大型设施及建筑项目

慕尼黑和柏林修建"奢华大街"的大型规划应该最明显地满足意识形态对建筑艺术和城市规划的要求。对庞然大物的狂热特别在大厅建筑物上达到了顶点，如柏林可以容纳 18 万人的"大会堂"，其可以容下多个位于其一侧的帝国议会。慕尼黑为新的火车站设计的圆顶，比柏林的大会堂还高，甚至可以称为金字塔（施奈德，第 14、98 页）。

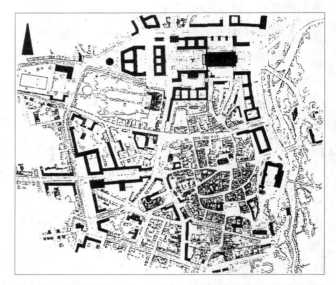

图 6.45　魏玛内城的改造，1942 年，有地区论坛（上部）城市平面图上僵直的建筑线

图 6.43　省会城市魏玛的新布局，1942 年，意识形态对于城市建设影响的例子

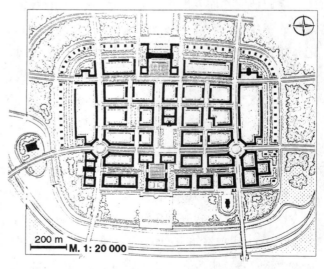

图 6.46　雷克的齐兴瑙内城改造图。一个"拥有强大市中心和清晰的道路网"的城市

160　19 世纪与 20 世纪的城市规划

- **慕尼黑的"奢华大街"**，从卡尔广场到新火车站这一段就超过 3000 米长，本打算作为"纳粹运动首都"的纪念碑（图 6.47—图 6.49）。在由格斯勒（慕尼黑城土木工程总监）和博纳茨设计的火车站圆顶后，应继续建设同样长度的"奢华大街"。该圆顶应成为"世界上最大的钢筋混凝土结构的圆顶建筑"（施奈德，第 98 页）。

- **柏林的"大型街道"** 是施佩尔作为建筑总监时帝国首都改造计划中的城市南北轴，后来被称作"日尔曼大街"，在 1937 年至 1941 年间被设计出来（图 6.50—图 6.52）。该大道应有 7 公里长，120 米宽，规模上超过其巴黎的榜样："香榭丽舍大道有 100 米宽。无论如何我们都要把我们的马路修宽 20 米"，希特勒如此说道（施佩尔，第 90 页）。

另外柏林的"大型街道"在长度上也能以 7 公里超过巴黎的香榭丽舍大道 5 公里多。在北部的"大会堂"和施佩尔设计的新火车南站之间将修建一座 117 米高的凯旋拱门，它将远远高过 70 米高的巴黎凯旋门，同时它还应有 170 米宽。这个根据希特勒草图而设计的建筑将有 330 米 × 1000 米的火车站站前广场，它将作为战利品大道用那些缴获的坦克和大炮构成。这条有向崇尚武力者致敬的大街两侧应该建造大型的国家建筑及经济建筑。比如外交部、陆军及海军总司令部、歌剧院、市政府和火车北站。

图 6.48　慕尼黑"奢华大街"的模型。其从拥有一座 200 米高的纪念碑的……老火车站广场

图 6.49　作为方尖柱的"纳粹运动纪念牌"，延伸至世界上最大的钢筋混凝土框架结构的圆顶建筑

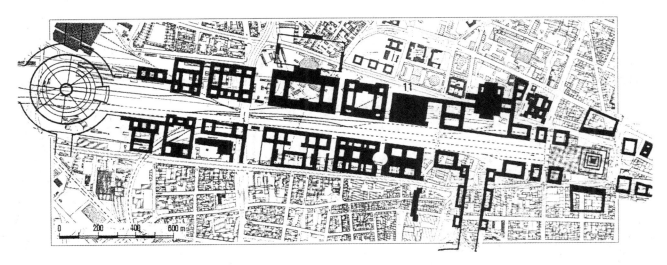

图 6.47　通过回移现有的火车站（右）建设慕尼黑的"奢华大街"。1937 年赫尔曼·吉斯勒规划的一条宽达 120 米的"巨型轴"，两边有公共建筑，并以高大的火车站圆顶建筑作为终结点

第 6 章　倒退："第三帝国"时期的城市规划和建设（1935—1945 年）

"所有的建筑都应散发出尊严、权利和奢华的气息并且信奉新古典主义,虽然不可轻视电气化和浪漫的色彩。它应该在排除私人投机的情况下在一个包罗万象的规划中以奥斯曼的风格得以实现。1941年建立了一个公司联合体。同年施佩尔禁止所有非战争必须的建设工程,以至于这项希特勒希望借此将自己提升到与罗马恺撒大帝和拿破仑地位相同的大项目,只能停留在开始阶段。"(兰普尼亚尼,第142页)

6.5 城市的破坏与第一批重建草案

"我发现不用多说,那就是重建这个词意味着保守,对现存的建筑进行重建,就是指保持原样,即'新的城市要与老的一模一样'来进行建设。不过我们也有一个很有利的先决条件,就是我们对于城市进行重塑的概念早就产生了,而且如此重建的城市都会受时间上、时代等外部条件的限制,无论如何从一开始它

图 6.50　柏林的"大会堂"巨型圆顶建筑可以容纳18万人,令帝国议会(圆圈所示)看上去十分渺小

图 6.51　阿尔贝特·施佩尔领导下的首都柏林新规划图。亚历山大·弗雷德里希的钢板雕刻展示了"大会堂"和"凯旋门"(右侧)之间的南北轴。"大型街道"应当比……

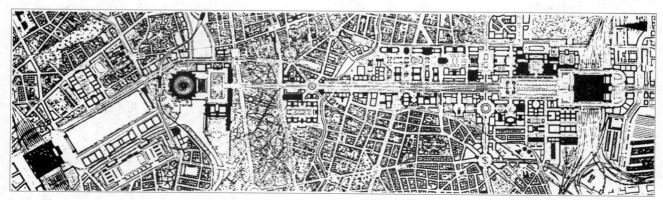

图 6.52　……比香榭丽舍大道宽阔。在凯旋门和一个火车南站之间应构成一条"战利品大道"。"对于所有技术上的,社会学的,经济上的城建问题进行根本革新。"

就是一种精神上的约定。因此我们需要更多去研究，那就是使重建活动发生的契机——空战对于城市重塑到底起了多大影响。但无论如何我们都可确信，空战不是我们进行城市全方位改造的始作俑者。"

——鲁道夫·希勒布雷希特，1944年2月
（引于杜尔特／古乔，第94页）

战争中的重建计划

施佩尔从1942年初开始担任军备部长，从1943年着手"准备重建被毁的城市"。施佩尔组织著名建筑师和规划人员在柏林组成了一个工作班子，确定如何"最少最省"地进行重建活动，完全放弃了当时的有关重塑的主流思想，即城市重建应富丽堂皇，建筑雄伟。大部分工作人员和记者都在修改现有的计划，并且依据尽可能精确的损失统计揭示出城市未来的发展方向。"你们共同基础是新的计划已在脑中利用，这就是由轰炸造成的'城市的机械的松散'使人口密度有所下降，并且城市'住宅群'被排列在一目了然的'住宅区'细胞中。它们应与地方小组纳粹党分部政治排列的大小和结构相适应。逐步占主导地位的范例是从1940年开始宣传的'城市景观'草案，根据该草案，城市中那些特色景观将更加明了化，而主要的强化方法便是加宽绿化带和建设两旁无建筑物的大道。"（摘自杜尔特／内尔丁格，第34页）

在战争后期重建计划中对上述思想都或多或少有所提及，并出现在现有的城市平面图结构中。在达姆施塔特，卡尔·格鲁贝尔在1945年初为老城提出一个新草案，完全放弃了过去的街道网及建筑结构（图6.53），继续推进汉诺威城重建规划草案。卡尔·埃尔卡特1938年的城市规划重新塑造方案（图6.54）。它对现有的城市结构有多方面的干预，以便达到真正重塑的目的。对于汉堡，最后汉斯·伯恩哈德·赖肖草拟了一份新居住区草图，用全新的城市结构要素对被毁的城市进行带状的重新安排（图6.55）。接下去的是一些——也可能算是——典型的例子（杜尔特／古乔，第389、615、711页）。

"大部分重建小组的设计师都留在关键性的岗位上工作；许多他们在1945年前就有的想法涌入了为未来城市建设编写的教科书中：由汉堡城重塑改造取得的经验总结出的汉斯·伯恩哈德·赖肖的论文'有机的城市规划艺术。从大城市到城市景观'是第一部并且也是德国战后城市规划方面很具启发意义的教科书。"（杜尔特／内尔丁格，第34页）

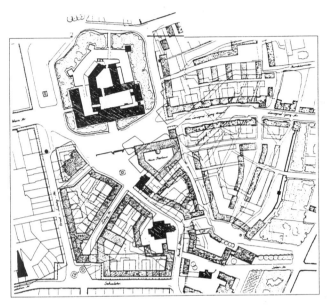

图6.53　卡尔·格鲁贝尔的达姆施塔特市中心重建图，1945年，老的平面图被放弃了

图6.54　汉诺威具有从火车站到市场教堂并延伸到滑铁卢广场的轴向突破，1938年

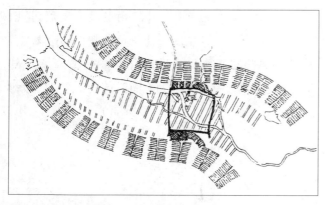

图 6.55 赖肖设计的大汉堡居民点示意图，1944 年，作为一个"有机增长"的居住带

战争结束时的建筑活动

战争生产的日益集中，1941 年制定"最少建设预算"，因为这些都是不为战争服务的项目。轰炸造成的损失也带来了艰巨的修建临时住所的问题，必须要建造房屋。在 1942 年施佩尔"第三个战争年度推进房屋建设"的公告中指出，所有的非必要支出，"比如建筑学塑造，装饰家具等"被严格禁止。同时关于"城市防空设施建设的方针"也有大的变化。它们的作用很明确，那就是所有城市建筑都应有防空设施，同时这与城市建设的主导方向相一致。

"防空的需求给城建提出了一项任务，提升城市空袭灵敏度及使住宅区通过相应的措施去尽量减少损失。应如此去实行：

a）城市和住宅宽敞化；

b）受空袭威胁的设备及工厂与居民区完全分离；

c）建筑松散化。"（摘自杜尔特／古乔，第 24、25 页）

对于高层住宅，恩斯特·诺伊费特 1941 年受施佩尔的委托开始进行有关"住宅防空防炸措施"的研究报告。有人提出建设"房屋中配备有防空设施的住宅群"（图 6.57）。这种由很多层堆积起来的掩体通常被当作游泳池来使用，从外面也看不见。此外 1942 年为"空袭难民建造临时房屋"的计划开始实行，但该计划须以"工业化的生产"为前提，以节省"建筑材料及劳动力"。然后从 1943 年初开始，诺伊费特发明了"战争单元型"临时房屋，随后"帝国单元 001 型"房屋（图 6.56）也开始生产。这些临时房屋的建设从普通建筑禁令中排除了出来（杜尔特／古乔，第 27 页）。

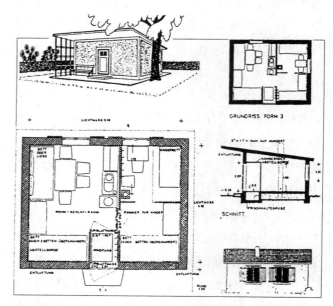

图 6.56 为空袭难民设计的临时房屋，帝国单元 001 型。第一年时就有 100 万套

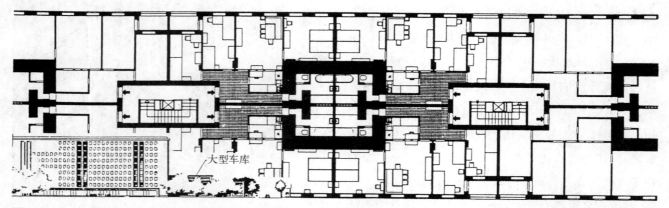

图 6.57 作为房屋核心的地下室掩体，恩斯特·诺伊费特的关于"住宅防空防炸措施"的研究报告，1941 年。"地下掩体和楼梯间相交错。从前看只是一样的住房窗户和门廊。"

不久后这种简朴的 20 平方米左右的墙（砌式）结构的 001 型房屋数量不得不大幅削减。与此同时考虑建设临时木板房屋，正如 1944 年 8 月重建工作班子大会上一份个人记录中所说："应急房屋要真正起到救援作用必须注意以下几点：1. 空间受限化。2. 结构简单化。3. 极度标准化。设计中既要考虑建造单独的棚屋又要考虑建造棚屋群。沃尔特斯的意见是，由于木板房建筑在专业人士的顾虑中诞生，因此人们将对该问题进行周密的调查分析。"（杜尔特／古乔，第 110 页）

城市毁坏的程度

"我们可以这样肯定，在空战中被摧毁的房屋、目前仍可利用的还不到总资产的 10%，而在拥有 10 万人口以上的大城市中竟然达到了 30%。目前为止自战后遗留下来的全部损失仍占财产总数的 4%，而在大城市中达到了当地房屋资产的 20%。除了当前存在的大批问题外，这些大城市目前存在的住房严重损失的情况还将带来城市生活前景方面及城市重塑方面的问题。"

鲁道夫·希勒布雷希特（摘自杜尔特／古乔，第 96 页）1944 年初在完成对"24 座遭受空袭的城市的周游"后，在自己的损失结算报告中，结合自己在"重建规划工作组"的职责范围后指出，现在还是"全面战争"结束的一个开头而已。德国 1939 年有的 2400 万套房屋中，通过 1944 年初对 24 座城市进行损失推算，只有"约"100 万套左右的住房被完全毁坏。战争后期，1945 年 5 月，西部被占区超过 1000 万套房屋，大约有 230 万套被完全摧毁了，另外相同数的房屋被严重损坏，导致与那时相比，建筑数量减少了近一半。

最严重的就是城市，首先遭破坏的就是大城市。那些城市的房屋破坏率通常都超过 50%（图 6.58）。柏林大概为 80%，汉堡 60%，慕尼黑 45%，科隆为 70%，不来梅 60%，汉诺威 65%，斯图加特 60%，纽伦堡为 60%，其他城市情况也差不多。"1945 年秋人们开始往城市回流。人们尝试在地下室和废墟之中建成第一座能栖身的临时处所。"（杜尔特／古乔，第 144 页）

图 6.58 战争对德国城市的破坏。 内城的住房损失更加严重

图 6.59 瓦砾堆似的德累斯顿，在市政府阳台上俯瞰。大火持续了四天四夜

图 6.60 瓦砾中的斯图加特内城,1944 年(市政府塔楼后)。"天空一直到早上都是红色的。所到之处都是浓烟、大火和不安的人们。上千人无家可归,流离失所。"

第 7 章　新开端：第二次世界大战后的重建（1945—1960 年）

"代替重建的是新秩序：通过对我们这个时代遗留下来的楼房结构和城市布局的严格考察表明，其中存在着大量的建筑错误和蜕化扭曲现象，它们虽然可以通过技术、建筑和城市规划的手段加以改善，但是不能从根本上得以消除。而战后废墟上的重建，只能粗略地解决这些问题，却不能使新建的城市从根本上摆脱过去的不和谐和杂乱无章。因此，要充分利用战后这个难得机会，从根本上建立一种城市总体规划的新秩序。"

——约翰内斯·格德里茨，1945 年
（摘自杜尔特／古乔，第 234 页）

7.1 重建成为工程基础设施的现实需求

"对 70% 被战争摧毁的城市（城市中超过 50% 的建筑被彻底夷为废墟）进行重建，这需要社会各方面的参与；首先要尽快确定，到底还有多少住房可以利用，以尽快即便用最原始的工具搭建可以栖身之所、临时住宅、社会供给机构等；每个星期天我们都要带着一群饿得面黄肌瘦的妇女和儿童打扫砖瓦。白天，我站在打扫出来的砖瓦堆上发表演讲，讨论全新的自由，讨论我们正在建设的新世界；晚上，我举行报告，谈论未来的城市（在这个城市里，过去城市建设的错误将得到克服），谈论崭新的村庄（在这个村庄里，将再也没有地主的存在），谈论所有的人都能熟悉的艺术。我们还举办了很多届展览会，举办了第一次音乐会，还举办了众多歌剧演出（在制糖厂中）。"

——胡贝特·霍夫曼 1987 年关于 1945 年的德绍
（摘自杜尔特／古乔，第 152 页）

基本需求的实际满足

德国城市的严重毁坏导致了市中心以及相邻地区人口的显著减少。那些已经迁居到乡下或者临时居住于郊区的人们，在战争结束后，想方设法尽快搬回位于城中的住所。除此之外，来自德国东部地区的数以万计的人们也必须找到容身之所，他们中的大部分人都涌进了城市，因为只有在那里人们才能从经济上尽早达到基本的生活水平。

那些在战争中受损或者部分毁坏的住宅楼和工厂，只要还存在居住的可能，都被重新修建以应急；同时，交通道路，还有社会供给机构，都得马上整修，否则城市生活就不可能重新正常运行起来。另外到处的废墟以及瓦砾也都必须清理扫除。那些还可以使用的建筑材料被挑选了出来，剩下的部分都被运到郊区，堆成了一座座废墟山，几乎每一座稍有规模的城市都有这么一座废墟山（Monte Scherbelino）（图 7.1）。

清理工作主要由妇女完成，因为很多男人都在战争中丧生或正被作为战俘关在监狱里（图 7.2）。所以，城市重建工作一开始是以无所不用其极的行为来满足最简单的基本需求为目的的：设法搞到居住空间和食品！

《建筑艺术和形式》杂志很早就揭露了与之相关的规划中的失误："赤裸裸的自我保护，明显的自私自利，非人道的行为，对所有领域的反应，旧所有制关系者的自我防御和抵制，以及不惜一切代价的再生产和重建，这些就是我们建设的现实，既是一种经济形势，又是一种道德形势，它的影响直至建筑和城市规划的最后一个枝节。由于软弱的官方经济受到各种规章制度的约束和控制，没有能力为生活所迫的人们提供最基本的必需品，另外一种不受控制的崇尚暴力原则的地下经济就随之产生了，这种经济形态的所作所为给重建事业造成的损失，在很多地方是即便在有更完美的规划的情况下也是无法弥补的。"

然而，人们的回归城市并没有立即导致城市中心地区人口的显著增长。一篇关于不同时期人口超过80000的城市地区的人口发展及人口分布的报道揭示了其中的巨大变化（图 7.3、图 7.4）。

- **1939—1950 年**　战争期间和战后前期的一个显著标志就是中心城市人口的持续下降，一开始由于战争的摧毁人口大幅下降，后来虽然有大批的难民涌入，人口仍呈缓慢下降趋势。乡村和中小城市接纳了大批城市难民，他们在返回城市时大量定居在大城市的边缘地区。

- **1950—1956 年**　该时期的人口流动与以前相比呈现出截然相反的特点。随着人口的缓慢增长，相对于市中心人口的迅速扩张，城市外缘人口数量萎缩。因为城市边缘地区没有提供新的住宅，而城市中心却紧急修复了许多住宅，这些楼房容纳了城市地区人口增量的 77%。

- **1956—1961 年**　随着城市周围新住宅区楼房的大规模建成，人口的空间发展再一次出现转折。各中心城市人口逐渐接近并达到战前水平，并以略低于其

图 7.1　斯图加特的比肯科普夫山。到 1957 年总共有 150 万立方米的废墟砖石堆成了 40 米高的废墟山

图 7.2　"清理废墟的妇女"在废墟中寻找在房屋重建时可以再利用的建筑材料。1946 年，多特蒙德

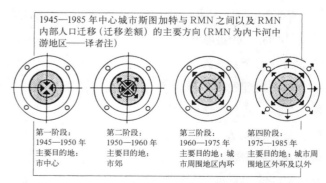

图 7.3　继人们返回市中心之后，自 1950 年始，很多人迁移到城市郊区和固定地区

周边地区的人口增长速度小幅上升。城市边缘地区的人口开始持续增长。

- **1961—1966年** 由于城市地区人口的减少，最终有中心城市受到损失。市区功能向服务业的转变（即"第三产业化"）显示出了后果。那些城市化地区，甚至城市边缘地区的人口都随着住宅的建成而急剧增加。可以说，这个时期的整体发展与初始阶段类似。

以慕尼黑城市地区为例，所描述的人口持续增长状况可以在空间上展示（图7.5）。城市聚集区职能上的增加并没有不可避免地导致人口密度的大幅上升。即便是在城市化地区，虽然其人口数量出现增长，但该地区并没有出现真正的人口密集化的趋势。"正好相反，城区所推进到的地区，至少从住宅区楼房的表面看，已经不能称之为城市的一部分了。"（布施藤特，第3222—3231行）

在经济发展过程中也呈现出显著的变化。工业工人的实际工资早在1948年就开始上涨并在1950年达到了战前水平。到了1971年，工资已经上涨到1950年的三倍。"随着收入的稳定增长，出现了对消费品需求的增加和住房条件的明显改善。比如人均居住面积的增加：1950年为14.9平方米，1968年则为23平方米。"（杜尔特，第14页）

决定城市平面布置的因素

二战后，决定城市平面布置的因素往往对城市重建起着决定性的作用，但这些因素——如道路、土地所有制和建筑物存量（图7.6）——不是看不见就是看不清楚。

- **道路**：道路的地下基础设施是恢复城市活力的重要资源，因为它们被大量地保存了下来。
- **土地所有制**：土地所有制对重新规划城市，特别对市中心是决定性的。自从19世纪之自由主义以来，土地所有制一直是城市发展的决定性因素。无论是那时还是现在，看不见的土地界线始终在很大程度上影响着规划的决策。

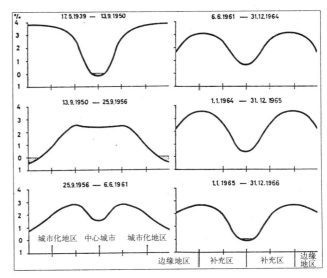

图7.4 人口超过80000的城市地区年度人口变化示意图（按百分比）

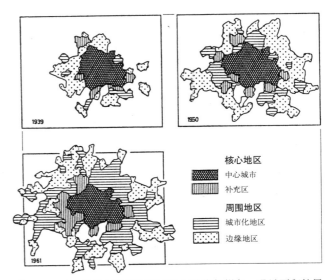

图7.5 1939—1961年慕尼黑城市地区的空间增长。通过面积扩展造成较低的密度

图7.6 汉堡大街上的临时住房，基础设施影响着重建的速度

随着"民主的引入",即战争胜利者似乎从外部重建了我们社会的形式,新的土地所有制也成了讨论的话题。有关土地和生产资料公有化的话题并不是什么禁区。然而,供应和提供必要的、基本的物品和服务在这个问题上导致了实用主义解决方案的产生。这样为使未加控制的重建不破坏重大的改建规划,一些城市——如1946年的斯图加特——将被破坏50%以上的城区划为"禁建区"(图7.7)。特别是在内城,应该给城市规划者以时间来设计他们的重建方案,以适应城市结构的新要求。

在战争的最后几年,几乎在所有的城市都已经有了这方面的考虑。在其目标和措施方面,城市规划者的意见分歧极大,其中一部分人的看法特别不同。早在60年代,就有人抱怨土地所有制是城市新秩序的障碍。"也许就没人去认真讨论过,重建德国的困难境况同这种土地所有制、投机的地价和没有对城市面积进行重新安排有着密切的关系。因为,虽然私人财产可能对集体会有致命的危害,但是,它仍然是一种禁忌,一个谁也没有勇气去触犯的'神'。无论是哪个立法的组织,还是哪个政党。"(米切利希,第19、20页)

就在战争刚刚结束极度贫困的非常时期,人们已经做好准备在有序的规划下实施一个新的城市重建方案。而战后残余的建筑实际就是城市规划和建设的基本出发点。很多地产占有者违反有关地区禁止建筑的规定私自建造了一批违规建筑,这些行为最终影响到新的城市基础设施建设的有效贯彻实施。虽然重建工作迫于普遍房荒的压力不得不仓促匆忙开展,在有些地方难免存在一些建筑失误,但毕竟是务实而实事求是的。以斯图加特为例,20世纪50年代初就有60000居民无家可归,只有迅速开展重建工作才能使他们最终有一处安身之所。

然而,那些在战争中幸存下来的建筑物,除了被用于单纯的"遮风避雨"之外,并没有得到哪怕最简单的保护。在城市规划者看来,这些建筑不过是因其无关紧要而被忽略,从而没有被战争摧毁罢了。所以,在柏林,有大量的建筑队伍已经忙于将古典主义建筑物的装饰物和饰体拆除,以便适应"新现实主义风格"了。尤其是那些公共建筑物,更加得不到人们足够的重视,常常为了街道和其他交通设施的建立而被拆除。例如,20世纪60年代初,在斯图加特,人们就把王宫拆除,以便给一座多层的交通建筑让出地方。而现在,斯图加特的人们已经认为这是城市中心上的一块污斑。

重建政策中的修复趋势

重建政策体现出城市建设上的矛盾或者尴尬之处:一方面,文化遗产需要保护;另一方面,新建的城市必须满足新形势的要求。菲利普·拉帕波特曾对

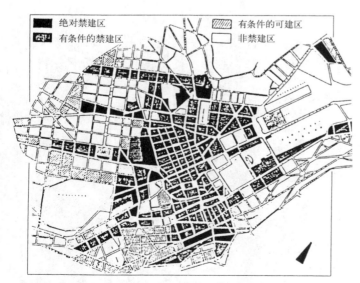

图7.7 1946年斯图加特的禁建区规划。不应该让无规划的建筑给新规划造成困难

图7.8 1946年的弗赖堡内城。在重建(浅色的部分)时考虑历史上的城市平面布置

"1945年德国城市重建的主导思想"进行过简明扼要的阐述,从他的阐述可以很清楚地看出当时城市规划者的观点,以及贯彻实施这种主导思想的困难。"在某些方面,对旧城市的特征要尽可能的进行保护和保存,但这决不意味着,现在还要重新修建中世纪的弯弯曲曲而过于狭窄的羊肠小道。从根本上说,建筑规划更多的应该从我们现在的时代,从我们的需要出发。"

20世纪70年代中期以来,许多老城区"按照我们的需要"被大规模拆建,老城的独特风貌不得不让位于所谓的进步。但是也有很多城市在进行重建工作的同时也把旧城保护放在重要的位置上,把城市布局和建筑结构的变革与旧城风貌的保护统筹兼顾起来。正是从这个意义上,卡尔·格鲁贝尔一直致力于在新城建设和旧城保护之间寻找一个恰当的平衡点:重建而不是拆建。他的规划"对于已被摧毁的历史建筑,不像他的对手理解的那样进行单纯的复制,而是根据'神圣'超越'世俗'的'价值等级',进行重新的塑造。他的规划方案不可避免地失败了。只有在弗罗伊登施塔特(位于德国巴登-符腾堡州),从1949年8月始,人们根据他的设想,按照路德维希·施魏策尔的设计方案(图7.9),统一对整个城市进行了规划和建设。"其他大规模保护历史城区的典型实例还有明斯特,弗赖堡(图7.8),当然还有被称为"中世纪玩具博物馆"的位于陶伯河上游的罗滕堡(杜尔特/古乔 1,第248页)。

随着家乡保护运动的持续发展,一股主张革新手工业建筑和景观建筑的思潮逐渐兴起并在城市重建工作实践中取得了日益重要的地位。虽然这股思潮很容易被其反对者攻击为在"血与土地主义"上是对纳粹住宅区建设方案的延伸和扩展,但在战后以尊重私人财产和私人房产的住房政策中还是获得了很大成效。

"虽然'第三帝国'的很多工业建筑为在1933年至1945年之间现代建筑的延续提供了直观的证明,但被新共和国作为完整无损的遗产继承了下来的却是那些被纳粹官方贬为'文化布尔什维克主义'的新建筑理念。20世纪60年代,这一新建筑理念遭到全面庸俗化而被广泛误用滥用。只有少数几个坚持20世纪20年代新建筑理念的人才得以有机会在战后德国发展其设计方案。因为很多人在混乱时代或已去世,或被驱逐,或被折磨得精神崩溃。"(杜尔特/古乔2,第235页)

建筑上的"平庸主义"不久就遭到了强烈的批评。卡尔·格鲁贝尔就是其中的批评者之一。1952年他写道:"遗憾的是,城市重建部门仍然固执的竭尽全力大规模的建造多层的楼房以供出租。如果由此引起的后果比地产投机时期的后果更为美好的话,那么,德国今天所有地区的概图确实太令人震惊而激动不已了。即便一个尚未被彻底摧毁的小城市,除了只懂得批量生产一排排五层的楼房之外,根本就不知道其他途径以解决其住房问题;看着成排的五层楼房,总让

图7.9 1980年左右弗罗伊登施塔特市重建后的市中心。市场广场周围的建筑物是1950年按照路德维希·施魏策尔的设计方案建设的,由于费用的原因建筑物采用了檐口固定的形式而没有建成历史上山墙向街的房子

人情不自禁的想起卡片箱或者羊棚。"（第192页）

"回归绿地"是对市中心陷于停顿的重建工作的反应。哪一种才是最适合居住的方案？关于这个问题的激烈争论被深深地打上了复古趋势的烙印。地产开发经常被迫延缓，不过这样绝对大有裨益：很多老城的主要部分得以保留，虽然一些新的规划方案要求把它们拆除。

1952年，格鲁贝尔对荒谬的现状大加指责："不可思议的是：城市边缘到处都密密麻麻地建满了多层楼房，甚至都新建了四通八达的街道，然而市区及其地下建筑却无人问津。之所以在城市周边地区，即使有些地方交通并不便利，但还是挤满了居住的人群，就是因为直到今天，曾被摧毁的市区仍然还没有得到很好的重建。虽然地产商缺乏资金，但他们仍然坚韧地握紧每一平方米不肯松手，他们根本还没有认识到要对市区进行比被摧毁前更有层次更有规划的建设，并以此来减少土地极限的压力。"（第192页）

7.2 "城市景观"和"邻里关系"

"如果接受了'小区住宅'的观点，即用以小区为单位的同样舒适的住宅楼代替原来舒适但低矮的住房，那么关于大城市因为其住房大部分是两层的联排房不能进行科学规划的职责是不能站住脚的。大都市还应该具备一个中心商业区以及超越各城区的地位突出的中心区域。在城市最为重要的地区，同样绿化优美，被誉为'城市王冠'的建筑高高矗立，以其绝对的高度引人注目。自然条件也是塑造城市形象的重要元素。与建筑物等值的菜园和绿地就跟建筑物一起构成了一个城市景观。显而易见，这种重视生态和自然环境的城市形态才符合我们这个时代的生活观，较之于先前任何一个时代所设计的城市设施，它更适应现在的时代。"

——约翰内斯·格德里茨，1945年

（摘自 杜尔特／古乔 1，第235页）

实践新理念之可能

城市被摧毁并不是考虑和规划城建的唯一理由。对许多城市设计者来说，这给他们提供了一个实践新的城建理念的机会。从20世纪20年代开始，一大批城市规划者已经从事于"城市现代化"工作了。然而，那个时代无疑并没有成熟到对建于不同时期的建筑进行功能转变的程度。"决非偶然，魏玛共和国时期，住宅区建设最重要的项目都是在城市外围落成的。很多人建议通过明确的空地建设政策对城市及其城区界限进行划分，如弗里茨·舒马赫在汉堡，卡尔·埃尔卡特在汉诺威，马丁·瓦格纳在柏林，他们都曾经提过这样的要求。然而这些建议只能慢慢一步步地实现。在对封建专制时期城市建设的毫无规划进行批判的过程中产生的很多愿望在新的共和国并没有得到实现。"有些社会改革思想后来逐渐倾向于反犹太主义或者视民族社会主义为新兴城市建设的榜样，这些思想后来被纳粹时期的城市规划者引用。"后面提到的很多思想在战后的城建讨论和建设规划中起到很大的决定作用。从某种程度上讲，这同时也是城市建设去纳粹化的过程。"（杜尔特／古乔 1，第175页）

从城市建设的角度看，战后对于实践新的城建理念是有利的。一方面，房荒迫切要求在尽可能短的时间内建造大量的新楼房。战后德国是一块"现代试验田"（伊利昂／西弗茨），新的建筑艺术都能实践证明它们的长处。另一方面，城市被战争摧毁严重，看来——至少在那些"先进的"规划者看来——有必要重新进行彻底的建设。然而直到今天为止，数十年之久的城市批评和各种各样的"人文城市"构思，也没有做到对现有的城市进行切实的改造和彻底的转变。因为单单被摧毁的市中心，已足以证明要做到这一点是行不通的，所以——就像城建历史中的一样，在某种程度上作为开始的第一步——至少先根据新的城建理念进行城市扩建。

"纳粹帝国的结束应该也是城市崭新的开始。经过了梦魇般的战争之后，一个古老的梦想似乎正要成真；这个梦想——其他国家亦是如此——自从工业城市兴起之后，早在战争之前，就一直被人们用彩色的画面描述：城市与自然相互渗透，城市扩建带着自己的风格，建筑物之间横亘着宽阔的弧形空地，这些都与19世纪的以低矮的租售楼房和窄小的后院以及狭窄的街道为特征的水泥城市构成鲜明的对照。"

城市和"有机的城市规划"

其实在战后"有机的城市建设"思想成为城市发展的一种重要趋势之前，城市规划者早就把城市看作一个有机体了。自从田园城市运动以来，城市建设对生态环境的重视日益加强，这可以通过下面的概念清楚地得到体现："小区化城市建设"、"健康城市"、"城市自然扩建"等。这个趋势在纳粹时期体现得尤为明显。"在这样的设计规划中，只需要替换少数几个单词，就足以达到表述上的非纳粹化了。"（杜尔特／古乔1，第194页）

然而正是"艺术上的'非纳粹化'以及对城市中轴线、纪念性建筑物和对称建筑结构的态度鲜明的放弃（现在纯粹出于形式上的原因重新成为了一种时髦）导致了建筑师思维对建筑历史的脱离，和对近代历史的排斥。"（杜尔特／古乔1，第217页）托马斯·西弗茨曾这样回顾当时的历史："我们对于我们职业的历史渊源知之甚少——我们都是反历史主义的实证论者，我们跟所从事的专业历史的关系更多的是出于直觉，我们只研究少数几个现代'教父'和他们的作品，如勒·柯布西耶，密斯·凡·德·罗，以及格罗皮乌斯，他在哈佛大学当教授的时候，把所有的建筑专业历史书籍全部从图书馆中清除，目的是避免他们的学生受到历史中建筑师们的引诱。"（西弗茨，第9页）

由于对建筑历史缺乏了解，所以，当设计者的设计草图与前人的设计方案（想象中，它们是超越意识形态之上的）相比，常常能体现出一定相似性的时候，也就不难理解了。"尤其是城市作为有机体城市规划（在意识形态唯物主义定义的意义上）可以被设想为是一种自然秩序的固定物，而规划设计者，就像一个对生命负责的外科医生，就像一个专家独立地面对社会及其历史，以无可置疑的连续性进行工作。"（杜尔特／古乔1，第217页）

- 赖肖："有机的城市建设艺术"

《从大都市到城市景观》，这是汉斯·伯恩哈德·赖肖的一本书的书名，在这本书里，他极其简明扼要地阐述了1948年战后城市建设的发展方向。他根据城市小区化建设方案，并结合城郊一体化思想，设计了一种住宅区示意图（图7.10）。

赖肖在书中这样阐述说："该住宅区示意图体现了秩序和自然的统一，在生活规则的基础上充分考虑到自然的自由。就像一株正常生长的植物的花朵都要朝向太阳一样——这只是一个比喻，一家一户的房子只能（只能这样）位于住宅区的边上。只有这样，人们的视线才能到达公园的深处，住宅区里主要的建筑物才能得到充足的阳光，而那些位于角落里的附属建筑、厢房或者阳台等也可以避免被那些令人讨厌的窥视者从外面看见。正是出于这样的考虑，城市规划部

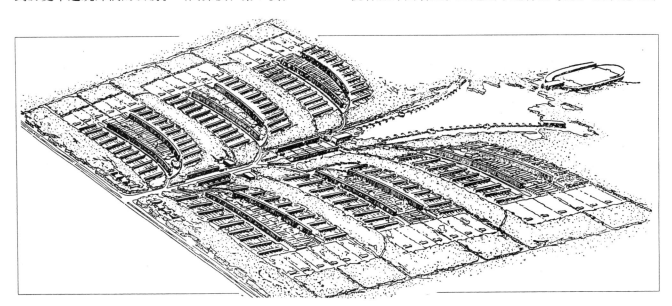

图7.10 汉斯·伯恩哈德·赖肖遵循"有机的城市建设艺术"思想设计的邻里关系示意图，1948年。与历史上紧凑的城市相比，这种新的设计方案是作为一种由自然空间确定的城市景观的有机城市

门才采用了我们的设计图。……但同时还要注意避免单调呆板，几乎每个设计图一开始都会遇到这个问题，只有充分考虑当地历史尤其是地理和地形条件，才能形成所有有机体的独特形式。"（赖肖1，第32页）

赖肖使城市风貌成为城市建设的构造原则，他大力宣传城市建设正处于一个转折点：

- 从拥挤的城市转变到由自然地理确定的自然城市；
- 从僵硬的、几何的、无机的城市转变到按照自身规律发展的有机的城市；
- 从静止的三维城建艺术转变到——也是时间上的——动态的有生命力的城市景观造型和组织艺术（考夫曼，第3205栏）。

新城区的城市规划理念

"有机的城建艺术"思想一方面在其插图中率先介绍了赖肖设计的住宅区示意图，然而另一方面，却为其他建筑理念提供了一种抽象的"上层建筑"。赖肖后来在自己的另外一本书中增加了一个变得越来越重要的观点：公路交通对城市结构的影响及由此引发的后果。所以副标题也就定为——"混乱交通中的道路"。

• 与汽车相适应的城市

正如汉斯·伯恩哈德·赖肖一再抱怨的那样，他这本在1959年出版的书的标题在其意图上遭到完全的误解。虽然作者赞同的是：在一个新的城市平面图中，汽车和人相互并立，相互依存；但直到今天，这个标题仍然被人们理解为城市通过汽车进行统治的同义词。

"城市中，人与汽车存在的合理性同样重要，其发展也一直是城市建设学迫切关注的一个问题。在很多大都市变得日益迫切必要的市内高速公路，对于城市的交通这个有机体来说，顶多不过是较大的外科手术而已，根本就不能期待它能够完全彻底地根除交通困难问题，就像在医学上一次外科手术根本不能根除器官的痛苦一样。在这个意义上，这个病入膏肓的城市躯体需要一次全面广泛的身心诊治。这就要求根据人们的行为习惯、认知和反应能力将交通过程、道路规划、交通秩序、交通教育和交通控制视为一个统一体，并以其所有的城市规划结果设计适应汽车的交通系统。"（第5页）

赖肖考虑的出发点是我们城市规划为具有在多种多样变化中的网目规划图的"混乱的遗产"（图7.13）。"先前的城市交通系统是由轿子、行人和马车决定的，由于汽车在街头不能直角拐弯，所以这些落后技术的产物已无法与现代庞大的城市交通体系相适应。但是在对古典主义形式的狂热的膜拜下，它们还一直是现代城市建设的灾难。……现在的城市道路网就像裁缝说明书上的曲线，只能找到每条线的头和尾，但其整体却杂乱纠结，令人头晕眼花。城市周围新建的道路网，以及城市扩建中的道路，也是如此。……即便城市交通道路网从上几个世纪始才逐渐变得没有秩序和节制，从文艺复兴时期的棋盘式道路规划到现在的'无系统中的系统'来看，道路网的恶化是一个持续的过程。"（第6、7页）

赖肖从"生物体的循环系统"（第19页）和自然延展的交通线路中发现了一个"理想的榜样和目标"（见图7.11、图7.12）"在自然中我们常常能发现疏导的例子，如在树叶和花瓣的脉络中。它们疏导的方式最经济最简短，所以我们的排水系统和供水系统也应该采用这样的原则——就像三角洲的溪流和地下水脉……如果我们把目光更远的投向过去，就会发现其他的简单而自然的交通构造的范例，不是从开始所说的城市建筑艺术上，而是从田野中和村落里自然延伸的交通线路上。"（第12页）

赖肖从中得出了有机的"交通和疏导系统"（图7.14）。

- 在该系统中，交叉点减至最少，安全性、经济效益和效率上升，噪声、成本和有害气体下降；
- 在该系统中，完全没有十字路口，只有少量交叉点，街口取代了十字路口，从而避免了众所周知的"死亡十字路口"现象；
- 在该系统中，简约醒目的路标流畅而又有秩序地导引着从四周到市中心的交通；

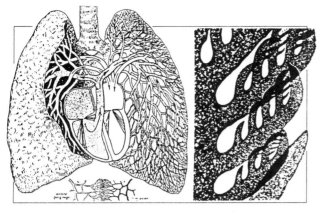

图 7.11 赖肖：有机的自然界的运动方式是城市规划的"理想范例和目标"

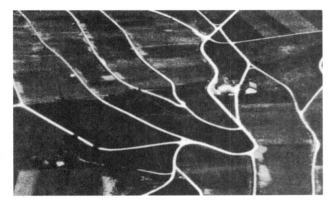

图 7.12 "田野中和村落里自然延展的交通线路作为生活的痕迹"

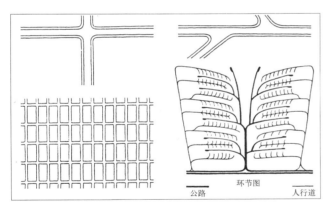

图 7.13 有机的城市建设的基本元素。结点很少分叉

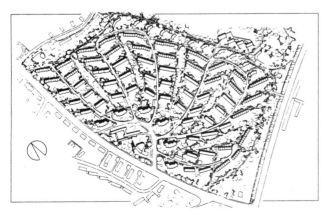

图 7.14 位于埃森的玛格丽特高地田园城市的"有机的"扩建方案，汉斯·伯恩哈德·赖肖设计

——在该系统中，街道支线末端或者死胡同旁边建有便利的车道和人行道，通向两边，通向市中心，通向郊区；

——在该系统中，为了避免市民攀越路栏发生事故，为了避免行人遭受废气和噪声伤害，车道和人行道彼此隔离；

——在该系统中，充分考虑人与汽车两方面的情况，对转弯处的车速进行了科学的限定，既保证人身安全，又保证交通畅通（第24页）。

在这本书的最后，赖肖针对书名引起的误解做出了反应，他说："或许我还应该——确切地说，是针对汽车城市，而不是针对符合汽车规则的城市，谈一下自己的看法。只要汽车还是由人来驾驶的，那么它的行为、它的能力都一定是支持交通和道路系统的。……这当然并非表明：我们要放弃自己驾驶的理性而听任汽车自己行驶。但是它推迟了我们的思想和行为联系的顺序。从这个意义上讲，此处所涉及的主题只是有机的生活和环境的一部分，也是一个我们这个机械化了的时代需要迫切解决的问题。"（第88页）

• 分区的和松散的城市

1957年，"分区的和松散的城市"概念由约翰内斯·格德里茨、罗兰·赖纳和胡贝特·霍夫曼提出。在这样的城市中，住宅区和使用区得到明确的划分，建筑物和绿化带相间，与休闲风景区相近（图7.20、图7.21）。这个名字成为城市建设新理念的典范。不过这个提法其实早就不新鲜了，因为早在1944年的一本书中就出现了这样的说法。一开始被称为"有机的城市建设"，但是后来因为与赖肖的早就存在的项目重名而不得不改名。格德里茨当时三管统计和概念分类，而霍夫曼则在未来生态城市规划的基础部门工作。"人们试图尝试，将莫根陶计划引向有利的一面，使人们都居住在乡下。"（霍夫曼，引自 杜尔特／古乔，第221页）

在这个设计方案中，就像霍华德早就宣传的那样，城市与农村融为一体，两者的优点有机地结合了起来。图7.15很清楚地表明了这一点。"松散了的建筑需要城市进行适当的划分。在一片拥有一个建筑紧密的中心的房屋海洋（1）和沿着公路干线（2）的放射状扩

建带的地方出现了一个由或多或少夹杂着独立的城市小区组成的具有自己的地方中心（3）的有机结构。"（第19页）

"就像城市的增长是理所当然的一样，它今天的形式更少地被视为对将来同样有效。它就像过去80年以来的城市扩建一样是受时代约束的，因此它并非不可改变。住宅区和工作地点聚集在建筑紧密的市中心，居住在多层楼房中，每天费时费力地搭乘昂贵的交通工具上班、购物以及购买其他的必需品，昂贵的人工绿地，长时间行驶才能到达自然风景区：所有这些都被错误地当作了有意义的有机体，人们还为它的顺利运转感到骄傲，正如同为城市的'面积之大'感到骄傲一样，正是它使得这种组织必不可少。"（第9页，图7.18）

"分区的和松散的城市示意图"（图7.16）展示了土地利用的空间布局，同时也是组织功能区的一种细分：

——"土地利用区分布示意图"以严格的"功能区分"为基础（第213页）。不同的土地利用区，居住区、工作区、休闲区，通过街道相联系，通过绿化带相隔离。"城市的划分和每个部分通过绿带的明确的空间分隔"从多种原因考虑都是有利的。绿化带除了可以划分居民区之外，还具有从农业到体育和休闲设施的开敞空间的功能。"这样不仅已建的，而且未建的地区也重新作为城市生活空间有价值的一部分，如此就从景观特征中为具有生态责任感的城市规划得出了重要的提示。……那么索然无味的城市沙漠或荒原就会变成充满活力的城市景观。"（第25页）

——"组织区域划分的示意图"从"街坊"即1000—1500套住房和4000—6000居民的"小学学校单元"开始，应当补充为带有"中学和初高级中学"的4000套住房＝16000居民的中等规模单元的"城市基层组织"。"市辖区"最多由50000居民联合组成。"这样就产生了一目了然的包含三或四个单元的划分：四个街坊组成一个城市基层组织，三个基层组织组成一个市辖区，四个市辖区组成一个市区等。""城市基层组织的带状或线状安排以避免过分的交通聚集，从而为居住、工作和休闲地点间的尽可能短的道路提供

了特别的交通技术优势。"（第24、25、27页）

"住房形式与绿地"之间的关系和"分区的和松散的城市的用地需求"也被深入研究。"通过多层建筑获取的面积在四楼和五楼以上已经没有什么实际意义了"（图7.17）。"由平房组成的城市有多大？"的问题由下面这个论断来解答（图7.19）："如果所有住房都是占地600至1000平方米的单户住宅（图7.19b例），城市就必须无限大；由于郊区过分松散的建筑，现今的城市

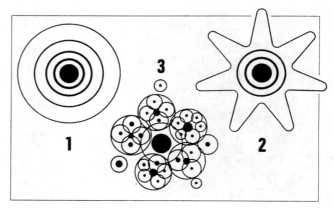

图7.15　城市扩展：围绕着稠密的中心同心圆式（1），星形（2）或者作为有机组织（3）进行扩展

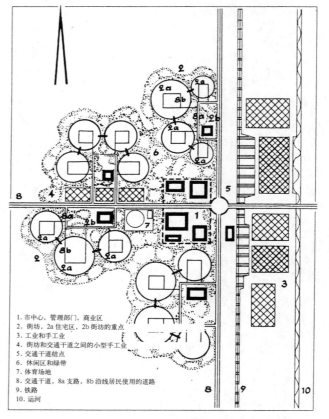

1. 市中心，管理部门，商业区
2. 街坊，2a住宅区，2b街坊的重点
3. 工业和手工业
4. 街坊和交通干道之间的小型手工业
5. 交通干道结点
6. 休闲区和绿带
7. 体育场地
8. 交通干道，8a支路，8b沿线居民使用的道路
9. 铁路
10. 运河

图7.16　J·格德里茨、R·赖纳、H·霍夫曼的"分区的和松散的城市"示意图

即使内部建筑非常密集也将很大地膨胀。""相反,如果所有房屋都是只占一个小花园那么大土地的成群或成排的平房(图7.19d 例),城市总面积不会比今天的大,而是会更小,也不会比一座由大范围的高层住宅组成的现代都市要大,因为那随后必要附加的小花园抵消了节约下来的微不足道的建筑面积(图7.19c 例)。一座真正组织得好的松散的城市无论如何是不会无限膨胀的。"(第37页)

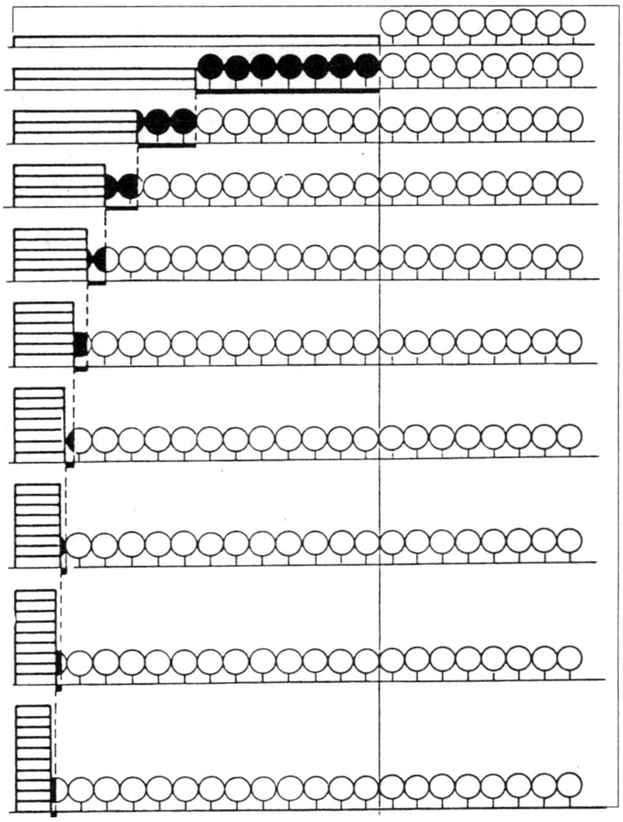

明日的城市 这是埃里希·屈恩1957年在柏林国际建筑展览会上的参展设计,这一设计试图寻求"明日的城市"的新的理想模型。它主要是以现代化的和修改了形式的老建议以新的理想模型提出。因此埃里希·屈恩的200000人口城市的规划示意图(图7.22)展现了带有彼此间清晰分离的住宅区的类似于带状城市的结构,其中"绿地"与时代相符,具有重要意义:"'绿地面积'作为城市的'中心'占据了以前建筑的、

图 7.17 多层建筑在四楼和五楼以上可获得的面积是非常小的

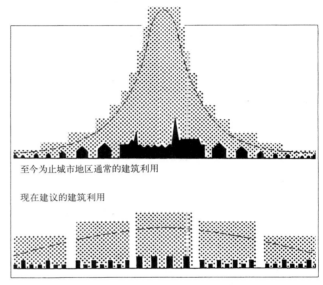

图 7.18 城市内部的高密度和外部的低密度(上图)应当变得更加平衡

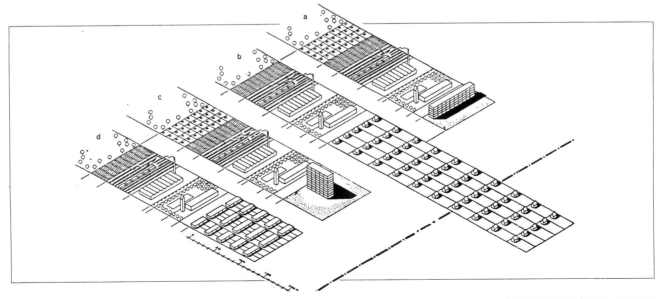

图 7.19 单户住宅(b)、四层楼房(a)、高层楼房(c)和密集平房的面积比较。平房使得"一座真正组织得好的松散的城市无论如何是不会无限膨胀的"

第 7 章 新开端:第二次世界大战后的重建(1945—1960 年) **177**

城市规划的中心点（教堂、宫殿等）的位置。绿色'中心'的造型可以是各式各样的，在它四周环绕着政府、管理机构、教会和社会的建筑。这个绿色'中心'通过宽阔的绿地或绿化带与开阔的田野相联系。"（杜尔特／古乔 1，第 218 页）

屈恩在 1957 年的一份书稿中解释了他的"关于城市与城市规划的本质"的设想，它一方面在理论上与其他理想模型相区别，但在空间的实现上，如示意图所示，却很相似：

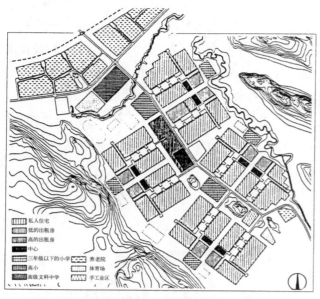

图 7.20 F·福尔巴特：瑞典一座中等城市拥有 10000 居民的城市单位，67% 为单户住宅

图 7.21 理想模型："一个松散的但功能上紧密联系在一起的由单个细胞组成的合适尺寸的组织。"

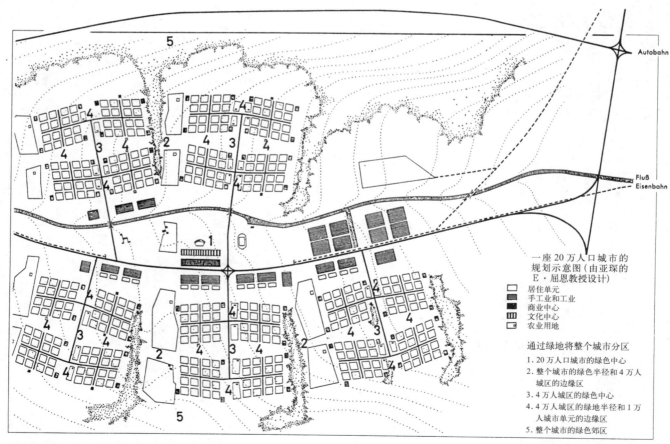

图 7.22 埃里希·屈恩的 200000 人口城市示意图作为柏林 1957 年的展览"明日的城市"的稿件。"城市与景观相互补充；但是城市永远不可能变成景观，景观也决不可能变成城市。"

178　19 世纪与 20 世纪的城市规划

- 反对"城市作为有机体":

"必须突出强调,城市不是有机的构成物,更严厉地说,不是有机体。在不存在有机体的地方寻找它的努力——比如在国民经济中工厂被称为有机体,虽然作为一种向自然求助的表达是可以理解的;但其中却有着得出不切合实际的结论的危险和不符合本性的要素混淆的危险。……人们乐于进行的将道路比喻为树叶的叶脉是本质不同的特征之间的勉强联系。"(第203页)

- 反对"城市景观":

"城市与景观相互补充;但是城市永远不可能变成自然景观,景观也决不可能变成城市。一种真正的渗透会抵消城市与景观的差别。在今天喜欢使用的概念'城市景观'中存在着越过消除城市本质的界限的危险。"(第205页)

- 赞成"科学的基础":

"城市规划的目标在今天只能通过科学的工作来实现:有意识地塑造的城市,我们周围的人都可以在其中健康、安全、快乐地生活。'生活'意味着存在的全部深度与广度,生活意味着居住、工作、娱乐、休闲、节日、快乐、振奋、责任、秩序、集体。给出这种城市生活的特征与形式,就叫作城市规划。"(第210页)

- 赞成"分区的城市":

"城市规划与世界观的关系有多么近,在我们的时代三次清楚地得到了证明。在我们做出决定之前有三种选择,一是让城市无阻碍地扩张,二是利用控制措施将城市分区,三是根据可能性使城市分散。出于多种原因做出的决定是——社会学已为此作了准备——采用分区的城市。"(第208页)

沃尔特·施瓦根沙伊特1949年的空间城市——以其众多的单一的要素作为理性模型对战后的城市规划产生了影响,或者至少将现有的设计准则总结为一个总体构想。城市空间,称为"外部空间",不再是城市规划师意识中公共的道路空间,而是建筑群中由道路隔离的绿色空间。沃尔特·施瓦根沙伊特在1921年已经间接地将"空间城市"的概念解释为:"具有繁忙的过境交通的必要街道应设在空间以外;交通不繁忙的街道可以穿过空间而不会破坏它。人们不是居住在路边,而是住在空间边上或空间里。"(普罗伊斯勒,第44页)

沃尔特·施瓦根沙伊特在20世纪20年代就致力于撰写他的具有"德文字体"(Sütterlin)全手写内容的带有自己的图纸的著作。他首先在"住城"、稍后在"空间城市"的概念下在专业期刊上发表了多篇文章,其中也包括建筑示意图(图7.23),并在1923年策划了一个巡回展览。战后几年后,在1949年之前,出版了《空间城市》一书,副标题为《给年轻的和年老的、门外汉或自称的专家的房屋建筑与城市规划。对一个含糊不清的主题的随笔和评论》。

"为了产生感情上的联系而提出天真的语言和保守的图纸、偶尔地利用讽刺的距离,即在这种情况下找到帮助实现类似空间城市的城市规划方案的人,这种尝试首先很少会成功。"按照他的方案的法兰克福西北城区的建设1959年才在他高龄之年取得成功,虽然这件作品只取得了一个三等奖。城市建设委员汉斯·坎普夫迈尔有他的政治意图,他说:"为西北城区设计的沃尔特·施瓦根沙伊特式的空间城市是一个开放的城市规划系统的延伸,一个可选择的系统,……如上所述,一个开放的、民主的、多元化的社会的构想。"(普罗伊斯勒,第136、16、17页)

1968年沃尔特·施瓦根沙伊特死后,他对空间城市和方案构想的最初观点被画成图纸——更具可读性——1971年由恩斯特·霍普曼和塔西洛·西特曼在《我最后的书:空间城市及其延伸》中再次被表达出来。以下为其中的摘要:

= 对空间城市的最初观点:

"我在树林里和草地上散步时思考怎样建造房屋。当我踏入林间草地或仅是踏上林间小路,就会感觉到亲切、安全。我突然想到,人们只要在方形里盖房子!我立刻被这个主意吸引住了。我画了一个院子,它构成了一个空间。我种上果树。这就产生了一个果树坪。相对而立的成排房屋应当构成一个空间!1920年我画下了这么多空间群,都可以独立举行报告和展览了:矩形的、正方形的还有圆形的空间!我称我的作品为:空间城市。"(第16页)

"我制作的第一个空间当然环抱着一个果树坪,如同我在放假时在叔叔阿姨那儿经历的一样。我思索

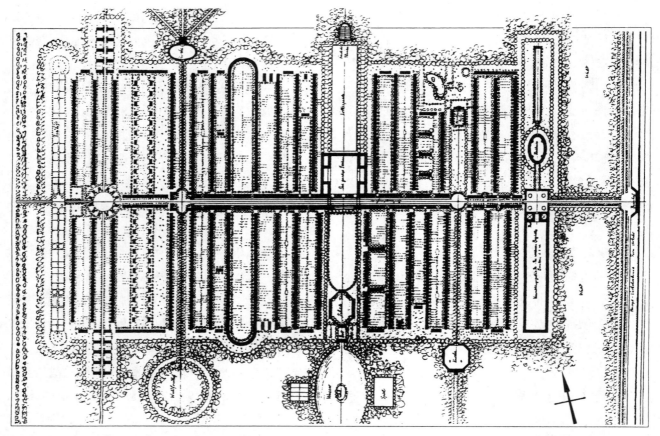

图 7.23 沃尔特·施瓦根沙伊特在 1920—1923 年间的"空间城市"建筑示意图。住宅区和商业区的大小通过"两侧有附加空间的中轴体系"进行了限制

不同季节的富丽堂皇：花期，秋天的颜色！一株被白霜或白雪覆盖的树也会令我惊奇。外部空间开向南面。在房屋里可以观察到游戏场上的孩子。"（第 17 页，图 7.24）

"所有这些空间，这些外部空间，从一开始就被考虑在一个特定的关联内，我将它在一份建筑计划中表现了出来。这只是理想模型，如同人们今天可能会说的，应当适应自然情况和不断变化的要求"（第 19 页）。在此适用下列原理：

－住房和交通的完全分离；
－建筑物朝阳的合适地形；
－外部空间造型的无限可能。
＝开发系统：

"城市规划中的最重要任务之一就是'开发'，即用道路及附属物分割一个地区和道路旁房屋的安排。道路在设备、养护和更新上要花费大量金钱。因此应尽可能少地修建道路！用最少的道路费用实现最大的建筑效益。"（图 7.25）

－一条街道的立面建筑群：

图 7.24a 沃尔特·施瓦根沙伊特："我根据自然给我的榜样塑造空间：……

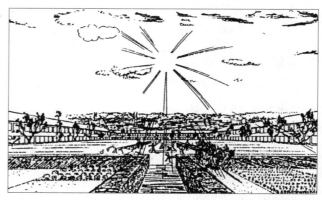

图 7.24b ……矩形的、正方形的还有圆形的空间！我称我的作品为：空间城市。"

180　19 世纪与 20 世纪的城市规划

"蚕食街道的开发系统。街道,左右都是房屋。无论成排、成群的房屋或单户房屋:这些房屋都建立在道路两侧,"正面"朝向道路。世界上所有的城市都是根据这一原则建造的。没有向着太阳。平面图一般都是镜像的。如果一侧偶然地设计成朝阳,那么另一侧肯定就是错误的。"

- 成排建筑:

"节省街道的开发系统。为了避免道路灰尘和噪声进入住宅,一排房屋应与街道垂直。人行道从公路通向门前。所有的建筑排都南北向朝阳,间距相等。所有房屋享有同样条件。"

- 成组建筑:

"街道缺乏的开发系统。在此采用了朝阳,或南北走向,或东西走向,但都避开街道的建筑排。并尝试了所有建筑的原始概念和空间。与楼房群相比,单一房屋丧失了其立体上的重要性,即服务于一个更高的理念:空间。成排建筑虽仍然依赖于街道——但在建筑群设施和纵深排列的外部空间中就可以脱离街道而自由了。建筑群松散地用一条连线与街道相连。房屋可通过人行道到达。住宅最大限度地朝向阳光。"(第30页;图7.26、图7.27)

奥托·恩斯特·施魏策尔:卡尔斯鲁厄的城市规划学说

奥托·恩斯特·施魏策尔从1930年至1960年

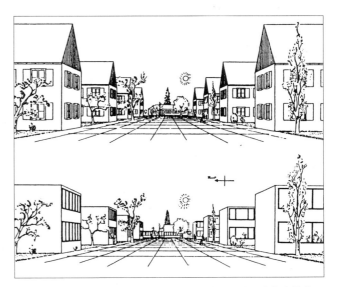

图7.26 成排房屋的不同屋顶设计。"垒顶的问题是口味的事情。"

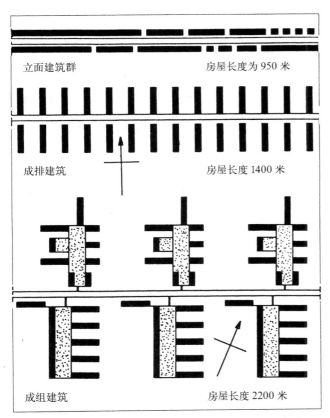

图7.25 街边建筑成排建筑(上)、成组建筑(下)和"开发系统"的比较

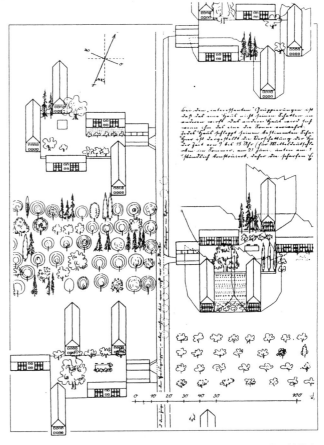

图7.27 不同朝向的建筑组成的房屋群。法兰克福西北城区的准备性制作

第7章 新开端:第二次世界大战后的重建(1945—1960年) 181

的教学活动记录在《研究与教学》一书中，这一活动不仅因为战争而分成两部分，而且其内容也有不同。

- **"新城市：一座大城市的理想规划"**

设计于1931年（图7.29）。它由许多带状的封闭的住宅区组成。住宅区位于铁路沿线，"由居住有10000至20000人的平房、中心建筑或高层建筑"构成。"整个城市有机体的中心点是一个长形的广场，它清楚地表达了经济和文化的强度流。住宅区通过一个作为保护带的由高大树木组成的宽带与工业相隔离。工人应能够在20到30分钟内走到工作地点。这个时间标准决定了住宅区在纵深上的扩展。"（2，第13页）

单单从图纸上就能发现这种形式的城市设施是何其的雄伟，然而这种雄伟绝对不符合奥托·恩斯特·施魏策尔的城市规划准则——一个即便是在今天也同样重要的原则："每一个城市规划的目标都应当是，不仅仅从风景的维持和保护的经济原因出发为建筑设施尽可能少地占用土地。城市总面积需求的布置应当是：最大限度地保留绿地和空地，因此得以提供一个空间以便满足意外之需。"（建筑与自然的关系，1935年；2，第9页）

- **关于建筑方式**

这个1962年的论述可以说是20世纪50年代城市规划的"经验报告"和"20世纪60年代卡尔斯鲁厄城市规划学派"的"行动纲领"（图7.28）。

"今天，过去的街区网络作为大秩序体系面对的是一个完全不同的世界，它在建筑学造型方面已经陈旧过时了……

现在所呈现出来的，是一个面向自然和社会开放的外向型的新型生活形式。生活空间的发展突破了建筑领域至今为止的规模和完整性。景观的广大地区必须包括在城市之中。建筑与生物紧密地联系在一起。在这种新的情况下，要求在造型上也要解决这一问题。而解决方法是转向形成一种关系到人类的新秩序。"……

"另一方面，房屋的视角转换使住房避开了石铺的道路，在隔离交通噪声的绿地中确定了方向（图7.32）。……由于对建筑和交通的不同法律规定，石头城市的僵硬的系统必须越来越多地让步于一个弹性的系统。交通连接和建筑-空间的建设的连接，跟交通法规和建筑法规是相互矛盾的，即交通流通并不依赖于建筑的式样，这个认识必将得到贯彻实施。……通过这个转变实现了住宅与绿色自由空间的密切联系，这种绿地或表现为一个已经存在的风景，或表现为以树木和水重新塑造的景观。"（2，第16—18页）

建筑规划的精确与清晰和其中的形式相同的建筑排在1945年之后仍然被人们继续采用，即使以一种较为和缓的形式。莱茵豪森的平面图显示了这一点，它是相同"建筑群"的叠加（图7.30、图7.42）。奥托·恩斯特·施魏策尔的这种以多种变体在实习设计中也能见到的设计特征，被他的学生和接班人阿道夫·拜尔和卡尔·泽尔格继续遵循，例如卡尔斯鲁厄的森林城。独特的是许多方案中的"图解的优雅"，正像特里尔的田园城市马丽亚霍夫所表现的那样。以"卫星城"为设计主题的设计竞赛作品（此竞赛也有大学生参加）都不能获得评奖委员会的青睐。最后新

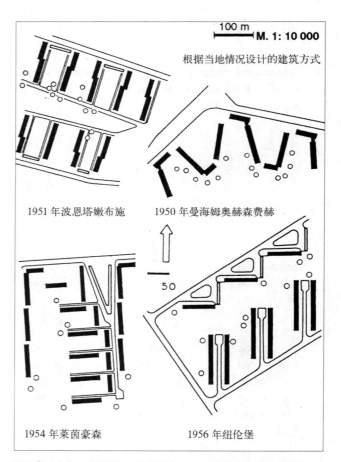

图7.28 奥托·恩斯特·施魏策尔：避开街道和面向绿地的不同的建筑方式

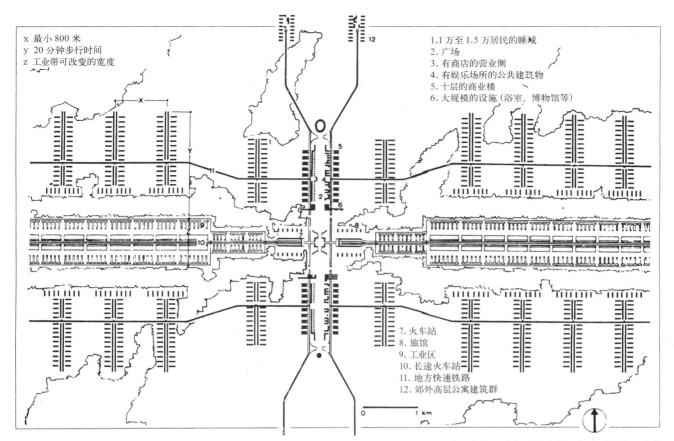

图 7.29 奥托·恩斯特·施魏策尔:"一座大城市的理想规划",1931 年。"整个城市有机体的中心点是一个长形的广场。住宅区通过一个高大树木组成的宽带与工业区相隔离。"

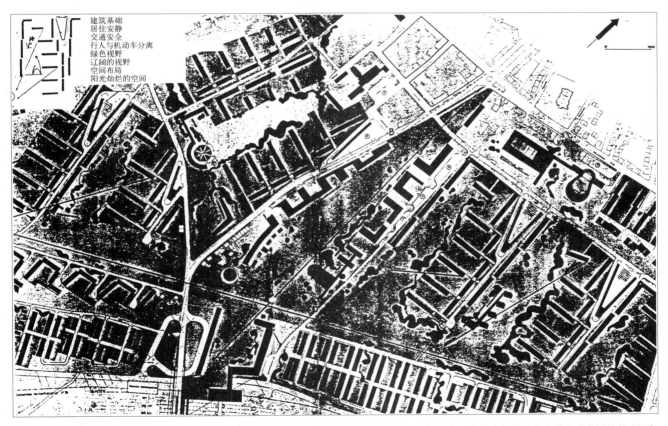

图 7.30 莱茵豪森市中心住宅区的一份参赛设计,1954 年。分行的城市单位编组(图 7.42)围绕一个带有相邻的商店带和公共设施的"绿色中心"(图中央)

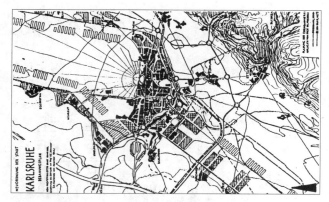

图7.31 奥托·恩斯特·施魏策尔设计的卡尔斯鲁厄城的新秩序。用绿色间隔呈带状扩展到周边地区

图7.32 城市规划的理想模型：住房定位在自然风格的"居住安静"的绿色空间旁

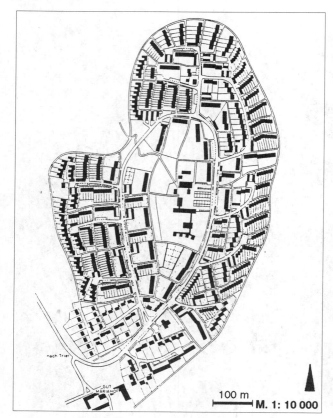

图7.33 E·屈恩设计的特里尔-玛丽亚霍夫社区。有高层建筑的绿色中心，被斜坡上的平房所环绕

城区按照亚琛的埃里希·屈恩的规划建造，他的方案虽然不是很漂亮，但却更加实用（图7.33）。

• 一座大城市的理想中心

一座都市的理想中心是以"绿色中心"的设想为根据的（图7.36、图7.37）。通过汽车，城市中心应当直接能够与"现代快速交通"毫无间断地建立联系。因此需要围绕内城建立一个"长方形或椭圆形的快速交通环"，它使得"容纳所有交通以及控制内城交通

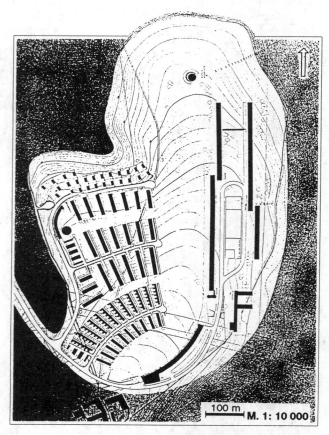

图7.34 奥托·恩斯特·施魏策尔设计的特里尔-马里亚霍夫规划图。平房和可眺望城市的高层建筑作为……

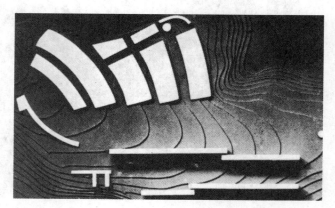

图7.35 一种情景的体验和处于我们这个时代的一种见证的建筑和景观的关系之中

184　19世纪与20世纪的城市规划

图 7.36 奥托·恩斯特·施魏策尔：1957 年的理想市中心，绿色空间旁的商业带和另一侧的公共建筑组成"绿色中心。""建筑物与绿色的开敞空间组成了新的大型建筑艺术形式。"

的流出与流入"成为可能。后来在法兰克福的西北中心实行了一个与之相应的交通方案（第 283 页）。

商店和商业建筑以及公共建筑和文化建筑都围绕着宽约 100 米只保留人行道的绿色空间展开。建筑物与绿色的自由空间组成了新的大型建筑。快速交通环上的汽车司机围绕全部设施驾驶，环边上的大型停车场和高层车库可以容纳这些车辆。从这里可以步行到达市中心的任何一处。商店运货可以通过已经安置在商业区之下的隧道进行（2，第 83 页）。

- **1960 年后的城市规划和住宅区风格**

奥托·恩斯特·施魏策尔的传统在卡尔斯鲁厄工业大学得以延续，特别是卡尔·泽尔格，作为他当时的学生和同事将之继承并发扬。一方面是对在卡尔斯鲁厄旁的莱茵塔尔带状社区发展的思索（图 7.31），另一方面这些住房与社区的形式也应用到实践中，例如卡尔斯鲁厄的森林城市（第 206 页）。建筑群中的建筑都遵循着住宅朝向绿地的原理。房间前尽可能开放的立面使得所有住宅都能有一个自由的、也可能是倾斜的视角看到的"剩余的景观"（图 7.38）。"奥托·恩斯特·施魏策尔学派"在卡尔斯鲁厄的影响力之大，从卡尔斯鲁厄城市设计局将卡尔·泽尔格所设计的方案指定为比赛的参照的系统略图就可见一斑（图 7.66）。

城市空间的新定义

战后的设计师们在汽车交通和道路分布的问题上争执不下，他们将新社区内的道路空间更多地视为"非

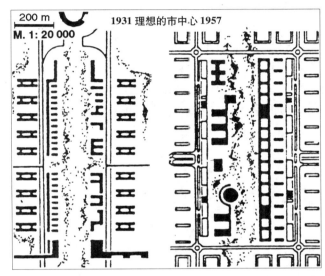

图 7.37 1931 年的理想的市中心（左）与 1957 年的理想的市中心的对照。空间原则的进一步发展

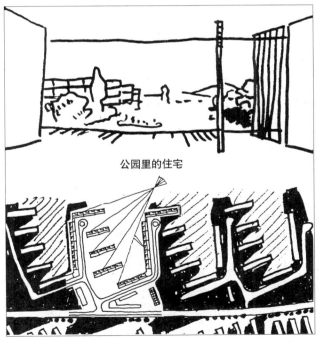

图 7.38 "公园里的住宅"，具有可以看到空间和远景的自由的、倾斜的视线（下为平面图）

第 7 章 新开端：第二次世界大战后的重建（1945—1960 年） 185

空间"。它原本只应当为机械化的道路服务，因为人行道和自行车道早已被分开安置。道路呈梳状延伸，绕过绿化带，通向城区中心、体育和休闲设施或只是通向田野。而赖肖走得更远，他甚至想取消路旁的人行道（图7.41），因为这样可以"节省40%"的用地。在许多新城区，人行道被取消了（2，第61页）。

"与19世纪城市扩建中的狭窄的道路空间相比，现在'流畅的'空间是弧形伸展的交通带：围绕在绿地中的自由空间取代了街道两旁立面组成的走廊，其中单户住宅不规则分散成为'城市规划的主要特征'。建筑物从道路两边后移和取消了十字路口的道路系统体现了人们对时间和速度的新的理解。"（杜尔特／古乔 3，第33页）

但是，道路空间也因此丧失了它的原本作为"开放的城市空间"的多种作用。如今设计者的注意力集中在一个"新的城市空间"，它被住宅楼所和避开道路的绿地所环绕，与自由的田野有着直接或间接的联系。

在沃尔特·施瓦根沙伊特的"空间城市"中，与楼房群相比，单一房屋丧失了其实体的重要性，而是服务于一个更高的理念：空间，因为"人不是住在街边，而是住在空间中"（图7.39、图7.40）。奥托·恩斯特·施魏策尔也认为，"交通连接和建筑－空间的建设的连接，跟交通法规和建筑法规是相互矛盾的，即交通流通并不依赖于建筑的式样"，这个认识必将得到贯彻实施。

通过房屋从路边"后移"实现了"住宅与绿色自由空间的紧密接触"（奥托·恩斯特·施魏策尔）。如果不去想道路和不断增多的停车场以及车库，人们应当会产生如同住在"公园里"甚至"森林里"的幻

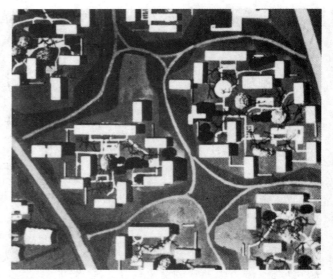

图 7.39　西北城区的建筑群：建筑围绕着一个绿化的、无交通的"空间"

图 7.40　"步行从西北城区的任一点到另外一点，完全不需要汽车。"

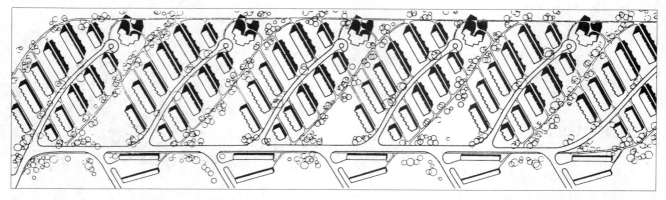

图 7.41　赖肖："去掉行车道旁危险的人行道可以节省用地40%。在绿地中重新铺设舒适、宁静与安全的步行小路有着经济上的优势。"

觉。城市规划的目标不再是城市空间的塑造，而是私人、绿色空间的形成，它与"绿化带"相联系：而"绿化带"可以避免每一个城市痕迹的出现。

因此奥托·恩斯特·施魏策尔对卡尔斯鲁厄的森林城市大加赞扬（第206页），"森林作为首要的风景元素"将整个地区分隔为"小的区域"。"这样就没人注意到，这里居住着20000人。"

作为城市组织原则的汽车交通

1886年戈特利布·戴姆勒发明的汽车60年后就成为了城市规划中的一个决定性因素。这种发展通过1938年新建的"KdF快乐动力汽车城"而被引入德国，并在1945年之后不久开始加速（图7.42、图7.43）。"KdF快乐动力汽车城"（后来的沃尔夫斯堡；第163页及以后）主要生产"KdF快乐动力汽车"（"力量来源于欢乐"），即后来的大众车。从此，预期中的载人汽车交通发展就占据了城市规划思想的中心地位，因为道路交通一直是"城市生活和经济活力的象征"，"根据设计者的信念，应当为它创造近乎无限的空间。"（杜尔特／古乔 3，第40页）

汽车被颂扬并因此为城市造型确立了标准。"这种新的交通工具，它的运行完全掌握在人的手中，它更需要心理上的安全，因为它缺少机械的和轨道连接的安全。它必然导致一种新的空间感的出现，它必然给我们——这些技术的崇拜者——以信仰它的勇气。……弯曲的路不仅是驴子的道路，也是人的道路，甚至是他们汽车的道路。笔直的道路产生于丁字尺上的一笔线条，并由绘制它的人来保障"（罗兰·赖纳，第133页）。赖纳以此来反击勒·柯布西耶："弯曲的路是驴子的道路，笔直的路是人的道路。"（第10页）

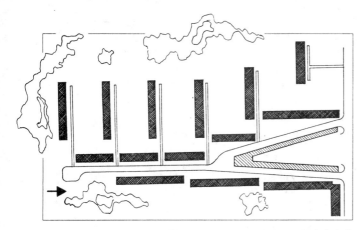

图7.42　莱茵豪森：奥托·恩斯特·施魏策尔的建议，在车库庭院"隔绝"发动机噪声（右）

汽车的驾驶动力学决定了道路的走向，因为"交通"只有完全在"有组织的城市规划艺术"的意义下才能得到保证，而且"汽车不能拐直角。"虽然赖肖想要一个"适合于人类的城市"（2，第5页），但是汽车交通的条件只有在"适合汽车的城市"才能够得以实现。汽车优势在城市规划中得以体现，没有汽车的人被驱赶到独立的人行道上，而汽车则占据了越来越多的空间。

"而'空间'不再是立体意义上的所谓'走廊道路'，而是互相联系的自由空间的无限连续统一体中动态的交通带。以封闭形式塑造的建筑空间通过典型的'第三帝国'的规划和广场设计因其作为国家权利的体现而臭名昭著。未来在于开放的、流畅的空间，在其中即使是石质的大城市也会布满不断增多的绿化带。而建筑物则呈梳状排列在道路两旁。"（杜尔特／古乔 2，第40页）

沃尔特·施瓦根沙伊特在1945年前就将这种道路建筑秩序作为他"空间城市"的根本观点。他也向重建或现有市区的重新规划宣传这种"模型"（图7.44、图7.45）。街边建筑应当是梳子状的、垂直排列于街道两侧。在旧有的地基上可以建造商店并可利用地下室。在许多城市这种计划甚至被定为内城重建计划的决定性因素，但却只能在少数道路上实现。不

图7.43　动态的道路走向：杜塞尔多夫1950年前后新的快速道路和北莱茵大桥（模型）

图 7.44 沃尔特·施瓦根沙伊特：即使在重建中，古老的、历史性的街边建筑也应当……

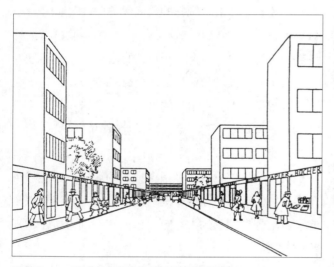

图 7.45 ……转变为带有路边低层商店的建筑排

断增长的摩托化很快使快速道路或高速路通到住宅区的附近；这些道路的交叉路口大都占地很大。特别是 1960 年以后的住宅区都被这种强势的道路所环绕，例如曼海姆的福格尔斯唐（Vogelstang）或纽伦堡的朗瓦瑟（Langwasser），甚至直接被切断，像不来梅的新瓦尔（Neue Vahr）或杜塞尔多夫的加拉特（Garath）（第 244 页及以后）。

但即使是内城也未能幸免，也必须为汽车交通的进步付出牺牲（图 7.46）。一个典型的例子是汉堡从堤坝门（Deichtor）通向制绳场的（Reeperbahn）米勒门（Millerntor）的东西大道（图 7.47、图 7.49）。早在二战以前，人们就曾计划穿过已有的建筑群建造一条城市中心的道路。战争的破坏减少了阻力并最终

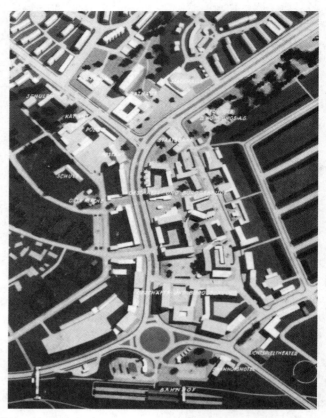

图 7.46 萨尔茨吉特 1955 年左右的城市中心模型。快速道路旁的购物中心（中间偏右）和公共建筑

图 7.47 汉堡东西大道的"贯通"（1955 年前后）由于战争因素而在政治上（如议会讨论、听证、公众参与等——编者注）变得容易了。……（右下）

在 50 年代促成了"道路的突破"（塔姆斯·沃特曼，第 250 页）。还有不少这样的工程是通过高架道路——至少是规划上——实现的。在斯图加特，社民党的议会党团主席在地方议会说，"如今在交通高峰的时候，斯图加特已经处在交通混乱之下，正常交通面临崩溃"，正如 1962 年 4 月 28 日《斯图加特报》报道的一样。因此，为长久计，内城的一些地方除了铺设高架路之外，别无其他方法能够切实地缓解交通压力。

居民的社会混合及邻里关系

人们长久以来所追求的理想的城市建设，即城市与自然的相互渗透，城市的非城市化通过一种社会性的组成部分得到了补充，通过一种建筑形式上的混合，从独户住宅到四层中等高度建筑再到高层建筑，应该使不同居民间社会化的混合得到促进。这种观点是与一个名为"邻里关系"的方案联系在一起的。早在 1929 年美国人阿瑟·佩里（Arthur Perry）就已经设想将"街坊单元"作为"城市规划的新基础"，对他来讲如果城市规划能够修正城市的"自由增长"，那么大城市就会是一个"心理与物理和谐的有机体"。

因为特别是小孩子可能在汽车交通中发生危险，因此每个小学周围都应该设立一个"保护区"，这一具有"纯粹住宅特征"的地区将由约 4800 户居民构成。这些首先应该为改善住房而采取的措施使人回想起科林·布坎南（Colin Buchanan）提出的"生态环境区"及 70 年代经过讨论并在此基础上建立的"交通安静"方案，除经过这一地区的主要交通干线外"内部街道网"应满足下列要求。

- 通过狭窄的街道使通行能力只能满足当地交通的需求；
- 通过设置弯道和上下坡来防止快速行驶[克拉格斯（Klages），第 18—20 页]。

对于德国的战后直到 20 世纪 60 年代的城市建设来说"邻里关系"是治愈大城市的"匿名化"，以及与此相关的"孤独化及疏远现象"等弊端的万能方案（图 7.48）。对于城市建设者来说"邻里"同时也是"城

图 7.48　西北城内一个作为具有"安全感"的小型"邻里"的"空间群体"模型

图 7.49　用于许多高效的过境交通的"宏伟的道路突破"

第 7 章　新开端：第二次世界大战后的重建（1945—1960 年）

市空间划分的一个理想的基本单位"，这种通过绿化带隔开的单位构成了一个"有机的城市结构"，从而符合了城市松散化的理想。疏散的设想看起来似乎是"理想的人文城市建设方案"，因为城市建设中的人性其实就是人类完全无争议的社会性融合，共同体，安全感，整体感以及邻里之间的亲近，这些正是人们草率地迁出他们乡村的出生"圣地"时所失去的东西（克拉格斯，第5、6页）。

所谓"小学单元"是一个可容纳约5000名居民的城市单位，正像佩里1929年设计的那样，这些单元集聚成为现有住宅区中具步行范围大小的"居住细胞"或与城区连在一起。目的是为了使学校成为"邻里单元"的核心，以便正在成长的一代能对周围世界有直接的体会（普法伊尔1，第211页）。特别是战争期间已经将"居住区细胞"作为"新城市"的部分来宣传的城建商人们激烈地加入了讨论。除为不同社会阶层的混合而特别设计的不同住宅形式外，公共设施的配备和居住区域的高度绿化都是一个平衡的和社会的邻居关系（赖肖）的方案的组成部分。

但想通过新的城市建设来唤醒一种新的城市意识和居住区意识的希望，实际上并没有实现。新居住区内虽然实现了居民社会性的混合，但他们之间的融合从一开始即使没有被阻止，也是很困难。"因为住房紧缺居民几乎没有自由选择的权利，即使不太适合他们也只能搬入分到的住房里。当住房稍有缓和的时候，即使是刚出现可以自由选择的可能性，这种混合便开始解体。"首先是处于社会上层和下层的两种居民，希望能够同"自己人"住在一起，而技工、职员等"标准中间阶层"在住房及生活方式上并没有太大的差别（普法伊尔2，第45页）。

伊丽莎白·普法伊尔（Elisabeth Pfeil）由此断言：通过将一个大城市解体为一系列小城市的做法和将大城市居民从中解脱是完全没有必要的。必要的是使城市在任何情况下都成为一个"可生存"的地方。汉斯·保罗（Hans Paul）也认为企图给邻里以接触社会是一个思想上的错误。邻里关系不是将住房排列到一起后自动产生的，而是在需要的地方才会出现。

如果想使建房上的编排取得效果，还必须要有一定的社会前提因素。大城市的邻里关系作为标准观念是完全没有说服力的，但一定程度的信任和在城市居住小区内部的社会化有可能在长期的共同居民或者亲朋好友的迁入及近距离接触的基础上产生。而对下一代人来讲则会在共同成长和相同的幼年经历中发展出邻里关系（普法伊尔2，第52、53页）。

7.3 第一次城市扩建及新住宅区

我们要求：

远离冷酷的城市，前往彻底绿化之城。

远离百万人口城市的巨瘤，前往单个市区的小组联合。

远离工业与住房的纠缠，实行工业区及居民区的明确隔离。

远离千篇一律的道路网状系统，建立合理的枝状系统。

远离街道边缘的建筑，建设朝向阳光的行列式建筑。

远离封闭的后院，前往绿色的开放场地。

远离临街的立面，换成安全可塑的建筑群。

远离单调的行列，突出重点来营造活泼。

远离呆板的楼层数字，营造可塑的城市画面。

远离六层的出租住房，建成三层的行列式住房。

远离屋顶扩建住房的应急措施，建立最佳的满楼层的平面布置。

远离利润率的特权，确立健康居住的特权。

——海因里希·施特罗迈尔，1953年

（"通过松散化使城市得到复原"，德国建筑师联盟大会上的发言，引自：杜尔特／古乔2，第660页）

"新城市"的住房供应及城市规划

新的更好的城市的预言应该在旧的非人性的城市边缘新规划的住宅区内成为现实，但住房缺乏首先决定了城市扩建的形式和住房的建筑风格。现有建设的完善并没有着眼于有一个"城市规划的大格局"及一个统一的居民区模式。这种住房建设的实用主义在以后较大住宅区内也被普通采用。大多是四层的带有平缓的马鞍形屋顶的建筑，这在立法中也有相应条款。

在1960年第一部联邦建筑法（BBauG）生效之前，10年来一直采用的是1950年颁布的第一部住房建设法。从联邦德国1949年5月23日成立后首先是出现了联邦和州之间对于职权的激烈争夺，同样在建筑立法方面也出现了这种情况。由于历史的原因人们对太多的中央集权有一种恐惧，各联邦州制定了自己的建设法，尽管很多的规划者和建筑师们都赞成一种"集中的规划"。1951年汉诺威的城建委员会委托鲁道夫·希勒布雷希特（Rudolf Hillebrecht）在当地的"建设"打出一条横幅，内容为："所有德国联邦州的议员们联合起来，制定一部新的建设及土地法！"

但开始这一倡议并没有结果，因此联邦通过一项新建政策间接地对建房施加影响，但仍有部分联邦州自行其是。但出乎意料的是联邦的这一政策，通过集中的资金投入直接促进住房建设及辅以税收政策促进个人建房，取得了极大的成绩，建房数量之多创造了"复兴奇迹"的神话。1950年联邦政府预计到1965年完成180万套住房的建设，实际上1951年至1965年间共完成住房310万套，远远超出了预期目标[拜梅（Beyme）等，第1011页]。

城市建设的规划来源于之前提到过的已经酝酿了几十年的主导方案。围绕这一方案人们不断地召开专家会议及举行展览，逐渐达成了一个基本的共识。1957年在柏林以"未来城市"为主题的国际建筑展览会（汉萨城区，第225页）为这一"规划合理，充满生气的城市"起草了一些基本原则：

- 未来的城市应这样规划，即通过工作场所、住宅和休闲场所的合理布局尽可能地减少城市的交通。尽可能地将工厂，住宅区和疗养区隔开。
- 应防止各市区通行过路的载重汽车。
- 未来城市的居住单元应是一个步行城，距离学校或购物商场至多2公里路程。
- 无车辆交通的街区应无噪声、无灰尘、无震动、无废气。
- 步行区内儿童们应该在安全中成长、学习和玩耍。
- 各街区之间的市区交通道路旁不应有加建的建筑物。

- 市中心区的公共交通应广泛地采用浅层地铁或地铁及高架路。
- 街区间私人交通和公共交通的连接道路应通过住宅建筑用绿地屏蔽起来（奥托）。

作为城市扩建的第一批新住宅区

大约50年代末规模较小的城市扩建作为封闭的整齐划一的城郊住宅区的先行措施被首先采用，以便满足迫切的住房需求。这些地区的建设方案既不注重整齐行列式的现代周边式建筑方式，也没有意识地追求田园城市的活泼风格。

初始阶段绝大多数住房为略带倾斜平顶的一至四层建筑，后来则完全建成了平顶，公共设施的配备大多仅停留在希望中，因为住房建设处于十分重要的地位。众多住宅区中的几个例子应该范例性地提及：

- **波恩罗伊特**（Reuter）住宅区于1949—1952年间按照马克斯·陶特方案在韦努斯山（Venusberg）和罗伊特大街（Reuterstrasse）之间建成（图7.50）。这一位于交通线旁的小型住宅区建有不同的住宅类型，带有平缓的脊状屋顶，行列式住宅楼从一层到三层不等。

式样简单的住宅楼或建在街道两旁，或排成与街道垂直的行列，围绕着向外的私人绿地。住宅区建筑

图7.50　波恩罗伊特住宅区。由不同街道空间及穿过行列式建筑物的绿色内院构成的概貌

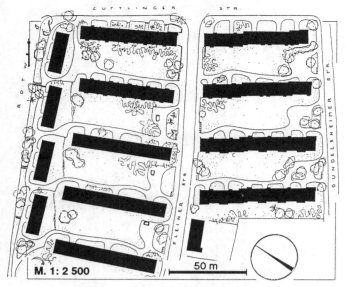

图 7.51 罗特维戈住宅区的建筑方式。通过斜置的行列及横列住宅构建内院

图 7.52 带西部沙龙高层住房的红色之路住宅区的周边式行列式建筑

密度很低,与"适于家庭的邻里关系"相适应。这一理想模式在有礼貌的波恩人北城的郊区显得极具农村乡村气息(杜尔特／古乔3,第60、61页)。

• **斯图加特罗特维戈**(Rotweg)住宅区由斯图加特重建中心和市规划局共同规划,大约25家建筑合作公司于1948—1959年承建(图7.51—图7.53),这些社会福利住宅解决了战后严重的住房危机,同样也是行列式建筑直角的排列,块状的,这样就能产生封闭的外部空间。根据住宅建设法的标准这些三至五层带有马鞍脊宽阔屋顶的住宅楼的平面布置都极为节省。这一至少有18000居民的住宅区后来又通过高层建筑(汉斯·沙龙设计的"罗密欧与朱丽叶"楼),教堂,以及沿着主要街道的七所学校及商业建筑物得到了完善。

• **慕尼黑博根豪森**(Bogenhausen)公园住宅区1954—1956年按照弗朗茨·鲁夫(Franz Ruf)为汉堡公益房建公司及巴伐利亚新家园信托管理处制定的方案,由众多建筑师共同建造(图7.54、图7.55)。在费希特尔(Fichtel)山大街和戈特赫尔夫(Gotthelf)大街间的22公顷土地上建了一个主要为真正朝向街道的周边式住宅区,住宅行列之间还应该有集中的绿地,以符合"住在公园"的要求,并建有节俭的环形封闭街道。这一着眼于"有组织的城市设想"的"公园式住宅设施"共有约2000套从四层,五层至八层的行列式住房及十二或十五层的五座T形塔式高层

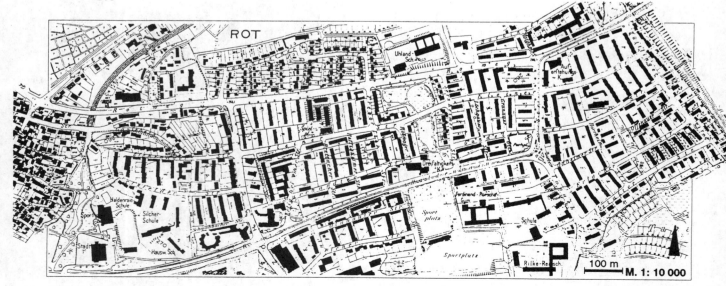

图 7.53 斯图加特罗特维戈住宅区。这一战后住宅区通过绿化区隔开,向东延伸与祖芬豪森(Zuffenhausen)城区的"老斑点"小区相连

建筑（杜尔特／古乔 3，第 57 页）。

- **不来梅的田园城市瓦尔**（Vahr）1955—1959 年作为第一个市内绿地上不来梅大型住宅区，新瓦尔紧临东部建成（图 7.56）住宅区的设计者恩斯特·迈称这一住宅区为"瓦尔旁边的绿色城市"，因为他设想在绿地上建房。这与 20 世纪 20 年代末他在法兰克福的做法完全相同，当时他和莱贝雷希特·米格（Leberecht Migge）几乎只是在较低的住宅旁设计了私人花园，而在这里他完全放弃了私人绿地，不仅是平整的行列住宅拥有自己的花园，不同的高层"出租住房"也建在类似公园的美丽地区。

迈试图废弃历史上钢筋水泥的城市，而建立开放的，带有公用绿地的城市，对于绿色城市他于 1955 年写道："既然没有适宜于构建邻里关系的天然地形，设计者们就应该有意识地去努力，可以突出绿地以创造一个适宜于居住的环境……可通过挖土方案改变地形——即使经济效益很低——创造公园风景。"样板为瑞典住宅区，赖肖（Reichow）在他"有机的城市建设艺术"一书中也介绍了这一范例（格沃巴公司，第 28 页）。

作为"新城市"的城市边缘住宅区

大约 20 世纪 50 年代末在建造了一系列延伸得很广的住宅区，住房紧缺状况暂缓一段落后，第一批城市边缘住宅区设计完成，这批住宅区完全能够被称作是"新城市"，并且其中的一部分，如沙原城（Sennestadt），就已经成为了"新城市"。这些新城市中的大多数不仅仅在空间上有边界，而且在时间上也是完成的住宅区。在将来和任何时间都不会过时，也就是说处于整体和完整性上永不过时的状态，对历史的变迁来说没有设计上的开放性(伊里翁／西弗茨，第 10 页)。

绝大多数的大住宅区源于理想城市的构思，因此也应该满足城市规划者和建筑师们美学上的要求。这首先涉及到城建方案，因为建设还承担着很大的解决住房紧缺的期限压力，因而从外观上看布满这些住宅区的大多是些"中等产品"，如供出租用的带有平缓马鞍脊屋顶的建筑群等。20 世纪 60 年代则出现了新

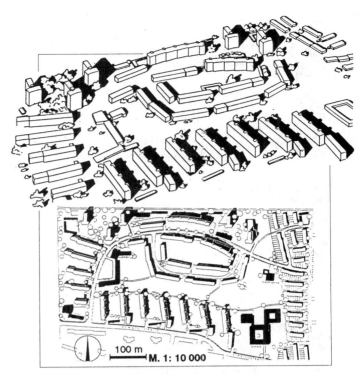

图 7.54 慕尼黑博根豪森公园住宅区。中央绿地区通过南部与街道横置的……

图 7.55 ……行列而显得更加宽阔。住宅区北部边缘建有高层住宅

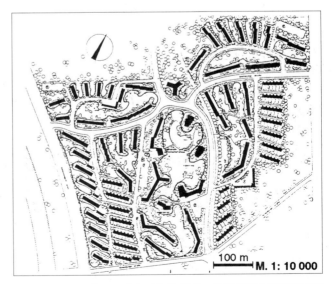

图 7.56 E·迈的田园城市瓦尔的规划，位于新瓦尔西南部（第 244 页）。不来梅边缘的"绿色之城"

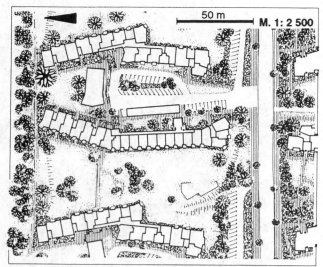

图 7.57　汉斯·沙龙北夏洛滕堡的"居住庄园"。相互弯曲行列式建筑……

图 7.58　……构成了一个空间封闭的内院并向外形成一个喇叭口形的绿色通道

一代的住宅区，这些住宅区无论是建筑格局还是建筑风格都着眼于首批"新城市"（参见第 8 章）。

1945 年后城市扩建或"新城市"建设第一批产物中有以下一些特征需要提及：

- 住宅、社会保障机构、商业设施及工作地点之间的联系尽可能紧凑和采用步行联系。
- 建筑布局绿化自然并与整体风景协调。
- 与过去的城市及以后的"新城市"相比较，建筑及居住密度较低。
- 混合多种建筑形式，如高层建筑、低层建筑、楼层式居室及独幢家庭住房等。
- 小学、幼儿园及日用品商店相邻、中间用绿化带隔开。
- 步行道与机动车行驶道位于同一平面，并列平行隔开。
- 住房，中央建筑及近距离公共交通的停车点间最大步行距离为 700—1000 米。距幼儿园及小学则仅为 300—500 米（伊里翁／西弗茨，第 10 页）。

第一批城市扩建中有一些应该简短提及一下。这其中也有一些战后的"古典式住宅区"。如柏林的北夏洛滕堡住宅区。比勒菲尔德的沙原城，卡尔斯鲁厄的沃尔特城，及不太有名的"田园城市"：罗伊特林根的奥舍尔–哈根（Orschel-Hagen），以及纽伦

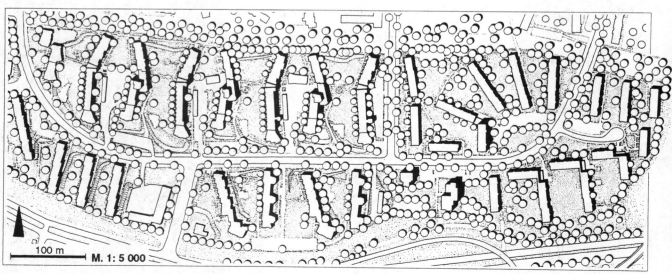

图 7.59　柏林北夏洛滕堡住宅区由垂直朝向中间的街道的南北朝向的行列组成。带有较高层建筑部分的轻微弯曲的行列起到了空间构成及绿带的作用

堡的朗瓦瑟（Langwasser）住宅区的设计竞赛阶段，它在多年的施工过程中经历了许多变化，相似的变化在格罗皮乌斯城也发生过，最后埃森许滕施塔特的建立应该说是前民主德国早期城市建设的展示。

- **柏林北夏洛滕堡 1956—1960 年**

按照汉斯·沙龙（Hans Scharoun）和公益住房建设公司（GSW）的构想应在西门子城（1929—1932 年）的东面作为带状城市的一部分建立一个有5000套住宅的住宅区。1955 年分配给汉斯·沙龙及其柏林机构的这项任务所产生的结果成为 BEWAG 公司领导施工的其他规划的基础。沿海尔曼（Heilmann）环应建造六个"住宅庭院"。在北部完成一幢高层住宅楼，底层设有商店，并与奥托·巴特尼一起为 1929 年建成的朗根雅莫（Langen Jammer）设计一座边房（第 119 页）。

沙龙建议建造一些四层的与新开辟的街道垂直的南北走向的行列式住房，并由此形成两个轻度弯曲的"居住农庄"（图 7.57—图 7.59）。"这些农庄是城市不可再分的最低限度的统一整体。它的规模应视它所在的城市的大小、特征及作用而定。这样它们就成为城市结构的构成因素，并使得城市间有了严格比较，并在根本上防止了与其他城市同一化。"

将住宅对齐的行列式建筑的优点应该与整个设施的强烈空间效果连接起来，因此行列被建得弯曲并在末端内旋，产生了凹凸的外部空间，以用来泊车或植上公共绿地，位于转折点上的住房每两行就建有一幢九层高的单独耸立的塔式高层建筑［施彭格林／纳格尔（Spengelin/Nagel），第 135 页］。

依据极其缜密的调查确定了一种小型住房的趋势，并由此导致了相应的住房方案，之后每一住房行列应容纳约 650 居民，每个"居住庄园"约 1300 户居民，建筑体的巨大差别生动的房屋立面和按梯队排列的高度造就了公园般的住宅区风格，建筑物之间和新辟街道旁密集的绿地也起到了减缓住宅区建筑密度的效果。这一住宅区 0.8 的建筑容积率（建筑密度）在当时确实已经是相当高的密度，直到今天这些住房也还是很具有吸引力的。

- **1956—1965 年比勒菲尔德（Bielefeld）附近的沙原城（Sennestadt）**

"因为我们打算在沙质草原低地区建一座'城市'，因此刚开始时私底下仅仅作为工作标志，我们称其为'沙原城'，这一称号现在已具有了国际意义。"1965 年沙原二乡镇被授予"市的"称号并将名字改为"沙原市"，由此沙原城有限责任公司（第 229 页）主管奥托·恩格勒（Otto Engler）1980 年描述了这一大型住宅区的规划意图。

1954 年夏汉斯·伯恩哈德·赖肖（Hans Bernhard Reichow）在沙原城的设计招标中获胜，由此可以将他"有机的城市建设"和"适合汽车的城市"的设想变为现实。景观条件是一块处于自然保护之下不可进行施工的小河谷和一个废弃的充满了水的采砂场，因此决定了整个城市的划分为一个"绿色的十字形"（图 7.60）。

"地形及对其进行的改造决定了城市风貌的个性化整体形式，它的划分及整体建设衔接及方案的中心设置。因为一个城市其工作场所与住宅区，交通运输与开发区及城市供求之间多种多样的沟通不应该有缺

图 7.60　沙原城的基本方案："带有行列式建筑的街道在天然绿地旁分叉延伸。"

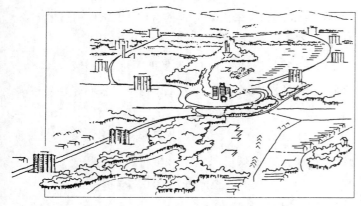

图 7.61　汉斯·伯恩哈德·赖肖设计的沙原城"城市景观"由一系列高层住房和公共建筑物构成了……

图 7.62　……条顿堡林山侧影前的一个标志性结构

图 7.63　沙原城的居住行列与绿地及周围自然风貌直接关联。……

陷，因此新的城市风貌就具有了带有我们这个时代特征的划分和机构独特整体形式。"……

"不仅是在城市风貌的问题中自然与建筑相应的形态元素使沙原城成为一个活的范例，而且从人的行为及他们对周围环境日益增长的要求出发的有机的城市规划的目标也能产生新的解决方案。这样首先是在交通和住房建设问题上，尤其是通过考虑城市规划的第四个尺度——所有城市生活的节奏。"赖肖（3，第231、232页）在描述城市规划方案基本原则时如此说。

城市的实际建设也与设计者的初衷完全吻合，即环绕"中心绿地"建两条主要街道。每条街道又分出许多小的"枝杈"（图 7.65）。赖肖进一步提出：

"住宅区自身的开辟按照内部分叉的原则进行，通过这种开辟使得街道能够完全适合交通流量由市中心到郊区愈来愈小的情况。这是一个优点，能够保障新开发区经济的优势（第236页）。"因此住宅的排列就有轻微的倾斜垂直，穿过绿地的梳齿状岔道形成了住宅区里独立的步行小道（图 7.83）。

"在住房建设中原有的像卡尔斯鲁厄-达摩斯托克（Karlsruhe–Dammerstock）和柏林哈塞尔豪斯特（Haselhorst）的大住宅区那样的僵硬教条主义的行列式建筑物规划，已经变得生动活泼和松散化，另一方面在同等高度屋顶，坡度和朝向的建筑地区引入了迥然不同高度和基本形式各异的生动的建筑物混合。作为新事物首先出现的有独立的塔式高层住宅的添加，主要为了无子女家庭及单身客户设计，而有孩子的家庭则主要住在平房和中等高度的住房内"（图 7.61—图 7.64）……"在沙原城内并没有建一些带有大型停车场的巨型购物中心，而是将一部分不同的购物商店建在

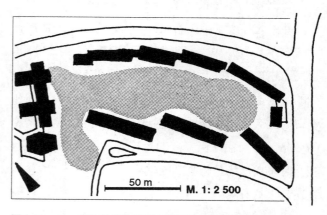

图 7.64　……部分建筑的排列有意将绿色内院环绕其中

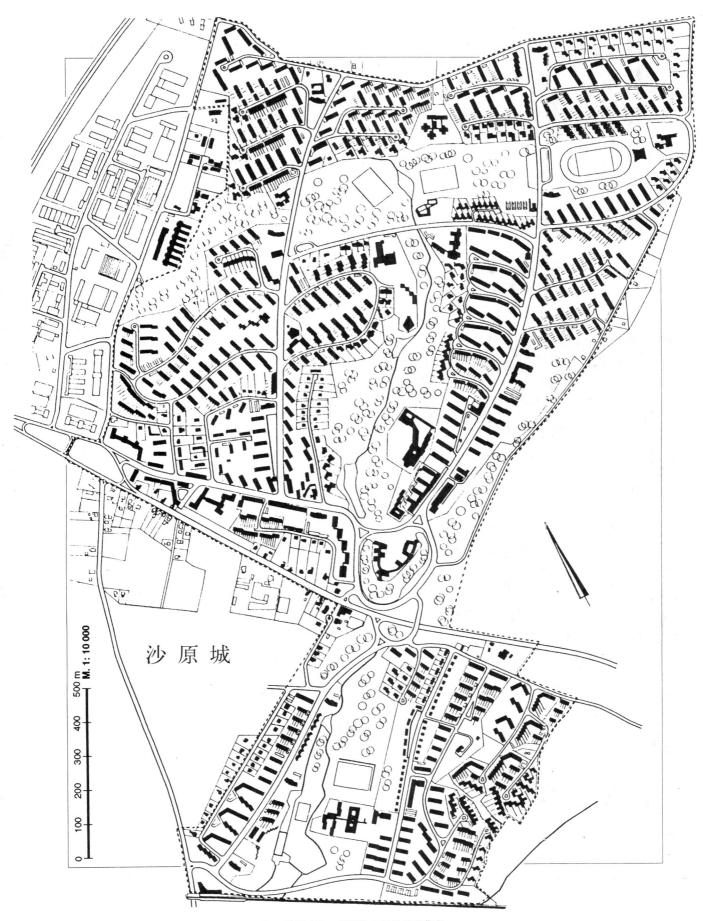

图 7.65 彼勒菲尔德附近的沙原城，1968 年。汉斯·伯恩哈德·赖肖的有机的城建艺术

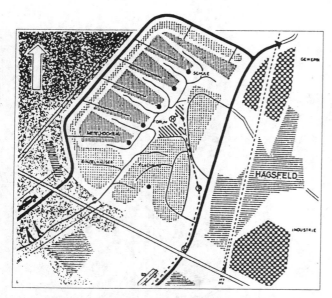

图 7.66　卡尔斯鲁厄的沃尔特城。作为招标预定指标的结构方案如此强烈地受到……

图 7.67　……施魏策尔学派的影响，所以泽尔格的方案获得一等奖一点都不令人惊奇

图 7.68　迅猛发展的机械化将沃尔特城的街道演变为车库及停车场

各个市区内，市中心再建一部分商店。小型商店供应日常需求，大多建在各个市区的广场附近（图 7.86），并且为了满足人们对周末市场的频繁需要，在各购物中心的边缘还辟有一块中心地段。"（第 241、242 页）

人们为 2000 个住房单位的设计进行了竞赛招标，原计划 1956 年有 3500 居民，但最后实际迁入了 6000 户。由于住房建设取得飞速进展，住房面积增加到 400 公顷，居民数目也随之增加，由最初的约 5000 人（1954 年，沙原城二期）增加到 1968 年 2 万户，1972 年起沙原城拥有约 25000 户居民了，而仅次于彼勒菲尔德。

• 1957—1966 年卡尔斯鲁厄的沃尔特城

二次世界大战后卡尔斯鲁厄只剩下 67000 居民。1950 年又重增加到 20 万，此外还有意识地对老城区进行改造，以满足人们对住房的需求。施魏策尔（O.E.Schweizer）在他的鉴定中建议，为约 35000 户居民将城市扩建 300 公顷，其中 220 公顷森林，即哈尔特（Hardt）森林宫殿东北部的一块地区，他建设这块离旧的市中心 5 至 7 公里的地区的理由是：

- 早在 1925 年的总体建设规划中就已经规划好在城市的东北部实行大面积扩建。
- 规划面积中的大部分都位于市区。
- 近距离的公共交通看起来没有问题。
- 离内城很近。
- 周围自然环境优越。
- 从地理上讲宫殿和卡尔斯鲁厄内城区都位于这一地区的中心点，但城市并不因此而同时成为重心。
- 城市在 1715 年建立后有重点地向东部，西部和南部发展，通过建森林城人们也可以在北部哈特森林建一个重要的住宅区。

以上是当时的城市规划局局长埃贡·马丁（Egon Martin）回顾时的一段话（伊里翁／西弗茨，第 26 页）。

1956 年按照市政规划局详细的预先规划进行了一次城市建设招标（图 7.66），在计划中的约 225 公顷土地上（150 公顷森林，75 公顷田野），按每公顷约 100 户居民的纯居住密度标准，应容纳约 15000 户居民，

在参选的 29 名竞标者中卡尔·泽尔格（Karl Selg）获第一名。他是当时颁奖会主席施魏策尔的学生（图 7.67），泽尔格在他的设计中积极突出了以下几点：

— 尝试为 2 万居民建立一个完全没有交通负担的中心。

— 形成一个能够综合现代高速交通及居民安全并与野外绿地相连接，也就是综合现代基本建筑因素的建筑单位。

— 建立一个具备完全新式建筑形式，由现代情况发展而来的中心，与旧城市的中心形成鲜明对照。

— 森林作为主要的地貌因素将整个地区分成独立的小区，从外观上各小区是分开的，因此人们感觉不到整个地区有 2 万之多的居民。

整个地区分为西部的森林区及东部的原野区。这是 20 世纪 80 年代由泽尔格重新设计的，关于森林区此处应该一提的是：它遵循了有组织的城市建设观念（图 7.68、图 7.69）。在西部辟出一块单侧地区，并修筑了很长的街道，据此建立了 5 个狭长的住宅单元。

图 7.70　沃尔特城（森林城）清晰的行列式结构今天由于茂密的森林状绿化而几乎无法辨认

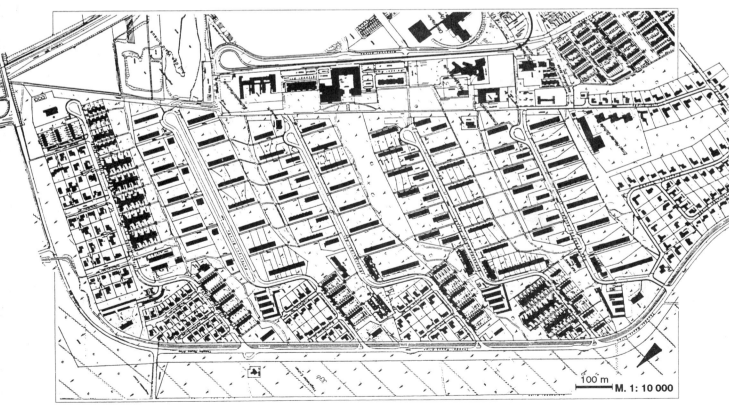

图 7.69　卡尔·泽尔格 1994 年建造的卡尔斯鲁厄-沃尔特城。住宅行列分布在五条由西部边缘街道延伸出的小巷两边。中间绿地上的步行道通往市郊铁路连接的小区中心

住房行列与800米长的小巷垂直。这些小巷在第一部分双倍弯曲，小巷两边设有次中心商店，小巷末端设有带有基础设施的主要中心，但直到今天也还没有实现，并没有通往内城区的铁路接轨。

在西部街道交汇会有很多作为"标志"的高层住宅，被一些独户家庭住宅，双单元住宅和行列住宅环绕，其后接下去的是四层的带有平整马鞍脊顶供出租的住房。森林区的建设工作开始于1957年并持续到大约1966年，除上述提及的困难外，今天还出现了另外一个较大的问题，即当时没有考虑到机动化速度如此之快，以致现在没有足够的停车场（图7.68），居民的减少也是问题。1970年森林区和田野区的居民有13700人，但1982年已降至12230人，主要原因是缺少较大的和小型的住房，因为社会住房最小是三间式的。

各小区之间道路旁边保留了100米宽的森林被辟为游戏场所及主要的步行小道，但它并没有被频繁使用，因为尤其是光线太暗让人觉得不够安全。行列式建筑物之间保留了很多森林里的古老树木和新植的树木，因此在高大的森林里"城市"几乎看不到，从空间上来看没有森林的行列是一种开放的建筑方式，但在森林城的行列里人们没有这种感觉，即使在较长的行列和道路旁也没有。观察者总是处在森林之中，林主导了建筑的格局甚至高层建筑，并产生了一种舒适的，某种程度上亲密的空间效果（伊里翁／西弗茨，第36页）。

- **纽伦堡的朗瓦瑟住宅区（Langwasser）**

设计竞赛和1956—1960年的第一期建设规划

"朗瓦瑟并没有什么特别之处，这部分市区没有什么恢宏的具有吸引力的建筑风格。它并不是完善无缺，也不是联邦园艺展览，它只是反映出了战后建设的可能性：一个勇敢的城市和它的公益住房建设公司WBG早在1956年就进行了一次城市规划招标，这次招标在它的基本特征方面直到今天也还可称得上是建设的基础。建筑师们只能建造社会福利住房建设框架内可能的东西。18年的建设过程是一条艰难的道路。"[公益住房建设公司（WBG，纽伦堡－朗瓦瑟，绿色城区，1974年，第2页）]

作为"新城市"，这一本来预定为40000居民居住的朗瓦瑟大型住宅区，其建立经历了一个多变的前奏和多年的方案改造过程。在此只讲述一下这一过程的开始，竞标及第一批建筑措施，即大约到1960年的过程，进一步的规划将在后面再加阐述。1954年纽伦堡市议会决定进行城市规划设计竞赛的这一地域是位于纽伦堡东南部的"帝国党大会用地"的一部分。1934年阿尔贝特·施佩尔（Albert Speer）设计的"运动的庙宇之城"总体规划，划出700公顷土地用于建造巨大雄伟的建筑，950公顷土地建造希特勒青年团及纳粹党冲锋队党卫队营地作为50万帝国党代会代表的住处，1957年项目承建者（纽伦堡市公益住房建设公司）从自由州巴伐利亚从其中征得600公顷土地作为住宅区用地（德国城市规划和景观规划协会巴伐利亚分会1，第32页）。

1956年的方案竞标要求住房形式多样，外观富有生气，灵活多变，将城市建成一个有生气的而不是"沉睡"的组织，同样四方各来自不同社会阶层的居民也应该有不同的居住条件，与这一方案相呼应设计了多样的住房类型：

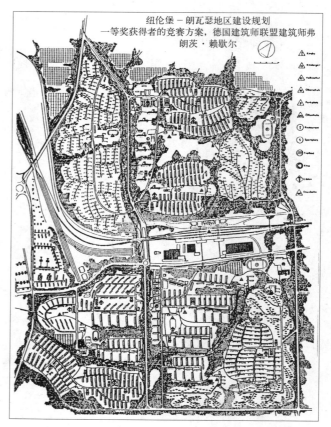

图7.71　纽伦堡－朗瓦瑟：一等奖获得者弗朗茨·赖歇尔的方案。以交通道路分开的四个住宅区

— 50% 为多层式多户居民住宅楼；

— 25% 为两层独户家庭行列式住宅；

— 15% 为一层的住宅区住房；

— 10% 为单户住房（德国城市规划和景观规划协会巴伐利亚分会 1，第 48、51 页）。

竞赛一等奖获得者为建筑师弗朗茨·赖歇尔（Franz Reichel），他所设计的方案使整个地区处于一种富有生气的邻里关系氛围内（图 7.71）。通过铁路线与其平行的街道及一条垂直走向的主要交通道路将城区划分，评奖委员会认为："设计者以令人信服的方式表明，整个地区从通过整体高度上的单位划分被掌握。这一设计的基本思想首先是建立在创造一个通过宽阔绿化带彼此明确隔开的邻里关系，其中部分为独户家庭住房，部分为行列式的多层住房。"

这种通过相互连接的绿地各个街区隔离的方式使得居民经过最短的距离到达市区内的绿地成为可能。这样位于北部的人民公园和相邻的帝国森林就被连接起来。通过这种方式相连绿地内的步行休憩小道就可

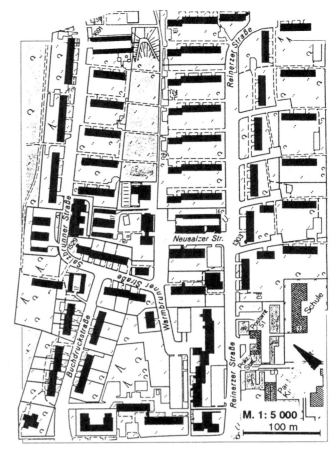

图 7.73 朗瓦瑟第一建筑区，弗朗茨·赖歇尔，1957 年。典型的战后行列式建筑

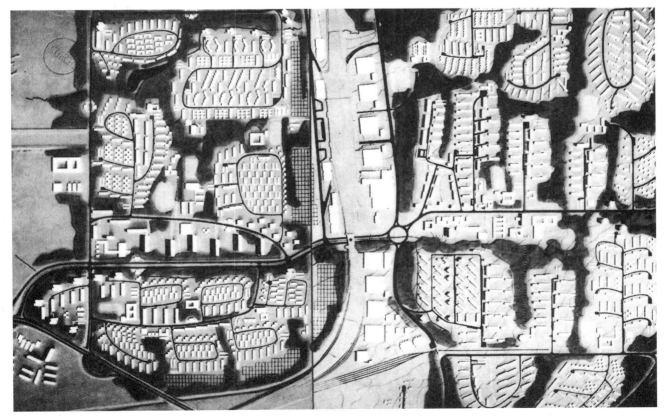

图 7.72 朗瓦瑟，纽伦堡的一个新城区。1960 年第一建筑方案的模型。相连的绿色系统内松散的行列及平顶建筑构成的"邻里关系"。街道旁的副业及中心

图 7.74　罗伊特林根郊区的奥舍尔－哈根住宅区。马克斯·古特尔设计方案的模型。"一个成熟的方案"

图 7.75　辟有步行道的绿地旁的平阔马鞍顶的四层行列式住宅

以不受车辆交通的影响，绿地内的邻里关系也相应地设立了学校、教堂、幼儿园等公共设施，工商业主要位于中部，在地铁沿线（德国城市规划和景观规划协会巴伐利亚分会 1，第 51 页）。

1957 年公益住房建设公司承担了朗瓦瑟地区的规划建设并为以后的"弗兰肯中心"东边和铁路南部的第一个建设区开工奠基（图 7.73）。1960 年的第一个建设计划（图 7.72）包含以下几个方案及基本形式上的改变：

－将计划入住居民数目提高到 48000 人；
－大幅度削减独户家庭住房数量；
－增加建筑密度，多建高层住宅；
－混合不同住房形式；
－将中心地区面积增加一倍；
－扩大工商业的用地面积（德国城市规划和景观规划协会巴伐利亚分会 1，第 54 页）。

进一步的规划步骤和建设阶段参见第 263 页及其后几页。

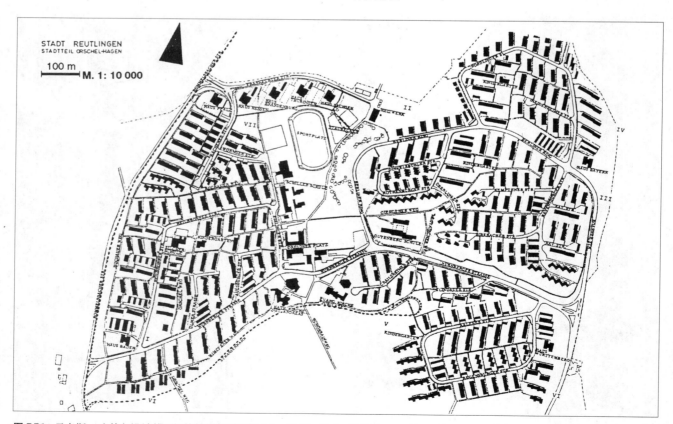

图 7.76　马克斯·古特尔设计的罗伊特林根郊区的奥舍尔－哈根。带有开放住宅及运动场所的南北走向绿色区域分割出四个住宅单元。外部的 8 字形街道和通往"绿色中心"的步行道网络

202　19 世纪与 20 世纪的城市规划

- **1958—1965/1969 年罗伊特林根（Reutlingen）的奥舍尔－哈根（Orschel-Hagen）住宅区**

20 世纪 50 年代中期罗伊特林根还几乎没有较大的相连的及价廉物美的住宅区，因此需要建立一个足够大的城区，以满足城市未来几年内住房建设的需求，因为这一地区只可能是位于城外的新住宅区。因此在北部为新城区划出了奥舍尔和哈根的部分耕地，为了贯彻以下的住房政策目标如"联邦性的展示计划"，国家资助了一些措施：

- 压低土地价格以争取便宜的建筑地皮；
- 开工建设之前将整个住宅区完全开辟出来，常年将建筑任务委托给建筑公司，其目的是通过合理化以降低建设成本；
- 尽可能实现住房个人所有，只按需求建造出租住房；
- 建立集中供暖和热水系统，以将经济和舒适相连接并同时考虑到空气的清洁；
- 建立统一的天线设备，取代每户房顶上的"天线森林"；
- 将人行道与机动车道分开；
- 每户住房配一个储藏室或停车间；
- 通过公共及私人的公园，花园设施来绿化住宅区；
- 住房建设及与其相配套的公共设施同时开工。

在 1958 年有四份设计草案的专家鉴定人竞赛中来自达姆施塔特的马克斯·古特尔（Max Guther）获胜。他的方案被评奖委员会认为是"城建和经济上都够成熟"的作品（图 7.74、图 7.76）。这一拥有 3000 套住房的住宅区被一道南北走向森林覆盖的绿色区域分成两部分，这块区域里设有运动休闲场所等公共设施。四个小住宅区（带幼儿园的邻里）的行列住宅被之字形街道及绿带中单独的步行小路连接，住宅楼的建筑形式依据居民社会混合的不同而有很大的变化，从独户居住的平房到行列式住宅到四层式出租住宅再到 8—12 层的高层住宅不等（图 7.75）。奥舍尔－哈根因为区内大面积的绿化可称得上是"田园城市"，事实上这一名称确实被采用，因为当时的联

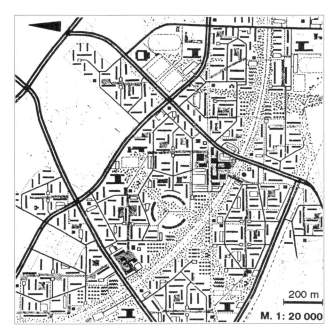

图 7.77　柏林的格罗皮乌斯城。W·埃伯特 1961 年的原则方案（局部），从根本上改变了……

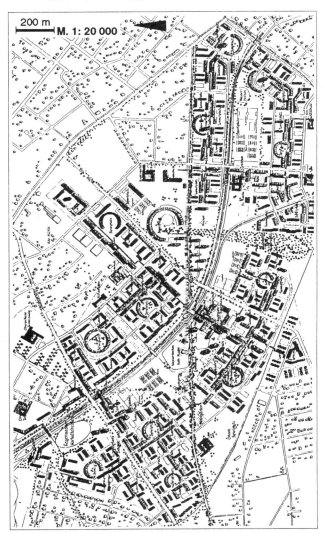

图 7.78　……1960 年沃尔特·格罗皮乌斯的第一个 TAC－规划。地铁截面旁的中央街道受到极大批评

第 7 章　新开端：第二次世界大战后的重建（1945—1960 年）　203

邦住房建设部长吕克（Lücke）在1958年将国家的资助与"田园城市"的建设联系起来。

• 柏林的格罗皮乌斯城（Gropiusstadt）
1958—1960年的第一期规划

柏林的格罗皮乌斯城原本是以它的所在地命名为"柏林－布科夫（Bukow）－鲁多夫（Rudow）"（BBR）住宅区，但在1969年沃尔特·格罗皮乌斯去世后改成了现在的名字。这个住宅区具有一个相当长的和多变的规划历史。在1962—1975年间在一块265公顷的城区土地上实现了平均为1.36的建筑容积率，为大约4万5千居民建造了18500套住房。其中90%的居民住进了社会福利住房。70%属于直到31层的高层住宅楼，在这里只介绍1958—1960年的第一期建设的情况，其后的状况将从第269页开始继续介绍。

1955年GEHAG（公益住房股份公司）提出一项倡议，直接促成了在柏林南部建立新住宅区的规划。GEHAG在1927年布里茨住宅区的建设中有相应的经验并试图与一贯的建设传统衔接，将住宅区作为居住带一直延伸到鲁多夫。1958年的首次建设方案草图以8000—9000居民为基点出发并包含以下几项基本原则：

－住宅区与工作区隔开；
－合理划分邻里居住区并配备公共需要设施；
－通过绿地和休闲区划分建筑区并使其松散化；
－赞同高层住宅楼。

在关于格罗皮乌斯城的讨论中人们提出一种设想，即通过建高层住宅楼来节省土地，这种方法早在20世纪20年代勒·柯布西耶和30年代沃尔特·格罗皮乌斯就大力推行过，这种方法在初始时遭到质疑，但最终还是为建筑师和政治家们所采纳（图7.79）。与此相应建筑市政委员施韦德勒（Schwedler）早在1957年就表示："人们在追求城市的划分和松散化，在努力改善居住条件。学校、托儿所、运动场地及其他类似设施应安置在绿地中的合适位置上。'典型的绿地'必须以能够赋予城市活力的'社会性绿地'取代。""住房建得越高，空地的份额就划分得越多。"（贝克尔／凯姆）

1959年公益住房股份公司委托沃尔特·格罗皮乌斯和他的美国工作室TAC（建筑合作事务所）为这一地区编制一项城市总体规划，这一地区应被建成约有16500套住房及配套设施建筑容积率约为0.6的无工业纯居住区。1960年5月第一套方案建议提出以下一些基本因素（第一个TAC规划，图7.78）：

－带有绿地的东西走向中央主街道及开放分段式的地铁线路；
－为44000居民建造要求的一至四层式住宅楼；
－不同的建筑式样，从行列式建筑到U形结构再到圆形或半圆形建筑群，仿照布里茨的马蹄铁形状，像霍马格（Hommage）仿照布鲁诺·陶特一样。

图7.79 格罗皮乌斯城的施工完成，最初被称作"柏林－布科夫－鲁多夫"住宅区，以建筑密度大及四层楼房为特色。高层住宅旨在节省出可供使用的空地"社会福利绿色"

第一个 TAC 规划遭到强烈批评，因为它不符合市政府和公益住房股份公司的要求，特别是空阔的中央开辟区的设计导致了柏林 TAC 联络规划师维尔斯·埃伯特（TAC 规划批评方案的产生）（图 7.77）。格罗皮乌斯在 1961 年初同意仔细研究各种不同的批评意见并于 3 个月后拿出第二套 TAC 规划（第 269 页）。"我撤除了在中心绿带建一条中央街道的做法，而是在南部的和北部各建一条主街道，对这两套方案都是既有赞同也有反对，特别是对于避免机动车路线和人行道交叉方面。我们相信，我们规划的主要特征在两条街道系统中也会得以保留。"

功能分离与建筑形式的混合

功能划分，即住房，工作，供应及之间相连接的交通等设施空间上的划分（图 7.80、图 7.81）及由 19 世纪及 20 世纪初城市的增长而发展起来，直到二战结束后 1933 年才为人所知的"雅典宪章的胜利"其实是源于一个误解，因为勒·柯布西耶只是设想在居住范围内部，仅限于一个"住房小组"来进行居住，工场及业余活动场所的划分（第 126 页）。

但尽管如此现代城市建筑的典范还是从城建使用的严格划分出发，而且这种划分甚至是最基本的因素（参见划分的和松散的城市，第 184 页）这也符合 1945 年后的时代精神。汉堡市市长、市政建设委员保罗·内费曼（Paul Nevermann）1953 年在一次声明中明确表示："我一直不懈地并卓有成效地宣传它（雅典宪章的胜利）。这是汉堡民主容易接受新事物的标志"（杜尔特／古乔，第 659 页）。新城建方案的先行者也极力主张这种功能划分："由于很多众所周知的原因人们希望将工业区、铁路设施及主要交通道路等与住宅区隔开。这其实源于很久以来的一种要求，即将居民从周边地区的噪声、烟雾、废气等干扰中解放出来。"（格德里茨等，第 25 页）20 世纪 50 年代的城市扩建及新城市同样也符合这种对不同功能区域进行划分的模式。住宅区应保证不受工作的干扰，工作区与居住区应该用绿地隔离或至少通过其他区域的一些混合保持最起码的距离。以上这些观点在 1960 年的联邦建设法及 1962 年的建设利用划分法中得到体现并对所有建设具备法律效力。

建筑形式的混合既有城市外观方面也有社会学方面的原因。除了运动变化的城市草图之外，战后的城市规划者们还要求建筑物具有"不同高度的生动发展"以预防"乏味无趣"。施瓦根沙伊特形象地描述的这一理想模式，直到今天也还很多次被推广："首先是高低建筑的交替给了城市一个面孔，建筑高度多样化的混合将会令建筑委员会和建筑警察大吃一惊。比如目前为止城市里还是这一部分是平房，另一部分是两层建筑，再一部分为三层建筑。所有建筑都划分明确，这就是我们城市里枯燥乏味的地方。"（2，第 39 页）一直到 20 世纪 60 年代初城市扩建的较大范围还都是

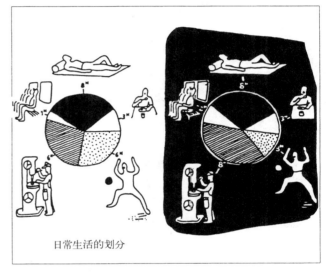

图 7.80 功能分离开始于日常生活的分工（规划部门，美因茨，1947 年）

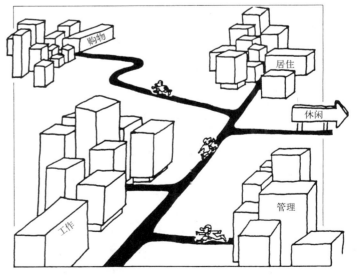

图 7.81 功能分离的实现（"雅典宪章"，1933 年）导致了交通量的增长

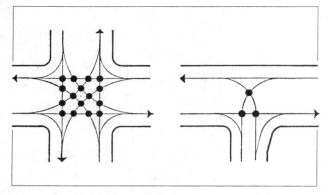

图 7.82 为减少交通风险比起交叉路口来（左）赖肖更喜欢采用三叉路口（右）

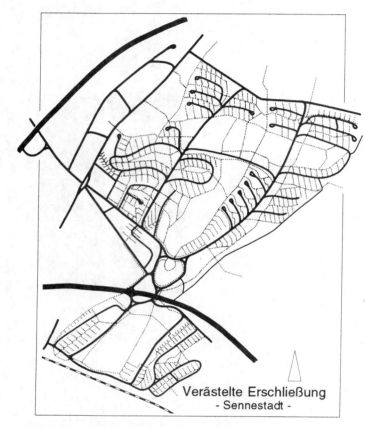

图 7.83 沙原城：带有隔开的步行道的"歧叉开辟"的典范

图 7.84 机动车道与步行道的分离是战后的一个重要城建目标

同一化的建筑模式，如行列式住房或宽阔的地毯式住宅区，但之后便开始了建筑形式的混合，大多是式样多变的小型住房群。但也有人赞成统一建筑形式："即使是或多或少由同一式样，同一类型的小型住房组成的居住区也根本不会让人感觉单调。这一点不仅在旧城，而且在许多的田园城市中都有体现。在无尽头的封闭式'建筑线'印象中我们忘记了，最多的城建构造可能性存在于最简单的建设中，即建筑物之间相互的和与景观的生动关联，通过或长或短的群体及行列间有节奏的后继性，通过绿地前凸或后凹的跃进即使在造型单一的地方也能使街道及城市外貌呈现建筑及空间上活泼的效果，其中的每栋房屋在剩余的整体中都有自己特定的，可以明确区分的位置。"（格德里茨等，第86页）

从社会学的角度看住房形式的混合源于不同社会群体对不同住房类型分配的需求。这与家庭结构和其他社会特征及不同阶层的经济能力有关。"多子女的家庭不合适住在高层住房，平房对于他们是适宜的类型，孩子们需要尽可能多地与花园接触，而不是四层或五层的楼梯及电梯。人口多的家庭，定居者及喜爱花园的家庭住在较低的房子里，而较高层的住房里住一些经常搬来搬去居无定所的或人口少的或更喜欢从高处观赏而不愿亲自收拾花园的家庭。"（施瓦根沙伊特，2，第39页）

以这种方式实现了住房形式以及不同阶层居民的混合，以便建立一种"社会性的邻里关系"（参见197页），但短时间内建成的住宅区并不具备一个繁荣的市区的条件。虽然比较而言市区内的建筑结构比较单一，但那里经常存在一种混合的社会结构。相反"新城市"内在共同生活方面出现了很多新问题。因此在60年代人们要求社会科学家们也参加城市规划工作，正如海德堡－埃莫特斯格隆德（Emmertsgrund）住宅区所做的那样（第259页）。

在短短几年内建起的这些城市部分同时也入住了新的居民，但也以同样的方式渐趋老化，跟不上居民随时代发展所提出的不同要求。规划必须尽可能地预先考虑到所有需求，因为在已建成的城区内缺少一种使不同形态，功能及用途的住房形式进行混合的"长期的补充与结晶过程"。"过去几年在规划方面人们对社会科学家们参与规划处理的要求越来越明显地提高了。首先的原因是，希望借助社会学，社会心理学及行为研究来限制决策空间，扩大关于新住宅区居民需求的知识基础，甚至能够预测到这种需求。"（海尔，1974年，第182页）

开辟：街道与步行道的分离

"未来在适合汽车行驶的城市里机动车辆与步行者无论在市区，还是在住宅区，和在野外，原则上都应该在空间上分开。"汉斯·伯恩哈德·赖肖（2，第39页）的这一信条与所有规划者及政治家们认可的1949年后新住宅区及新城市的理想模式完全一致（图7.84）。他甚至要求对这种某种程度上具备"普遍适用性"的规划进行法律规定：

"将人行道与机动车道分离的作法应通过统一的规划法在新建筑区定为规则。"（第34页）从经济方面他也提出了一个相应的在新建设区内放弃在机动车道旁边设人行道的做法（第61页，图7.41）。

将两者分离的理由是很明显的，而且在今天也许还很现实："步行者尤其是汽车交通的牺牲品，他们从汽车中受益极少，反而深受其害，除面临受伤及生命危险外还受到噪声及发动机废气的烦扰。因此对人类来说几乎没有什么比这个更不值的事，即先在汽车里安置一个可用的器械，然后再被它在引申意义上从自己身上压过去。"（第33页）

在第一批较大规模的城市扩建中人行道与机动车道的分离是按照"高度相同"原则进行的，也就是说，在同一住宅区平面上人行道与机动车道各占据两侧并以梳齿状结构延展入住宅内部。赖肖设计的这种模式在基本原则上与网状系统完全不同，因为十字交叉路口通常是不同交通工具易发事故的"风险点"，所以在设计上就完全放弃了十字交叉而变为简单的三岔路口（图7.82）。在1960年后建造的第二代大型住宅区内步行者的安全通过行人地下通道和人行天桥得到了保障（第241页）。

对于开辟的总体定义，不仅仅指交通设施，有以下区分："内部开辟"及其设施仅为计划内的住宅区服务；"外部开辟"有很多高级设施，除交通设施外

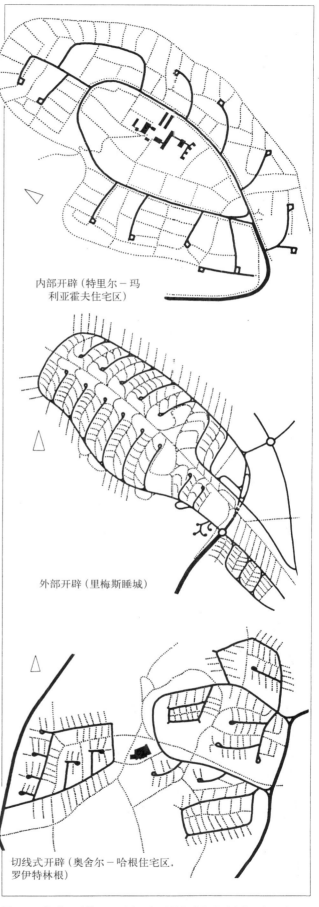

内部开辟（特里尔－玛利亚霍夫住宅区）

外部开辟（里梅斯睡城）

切线式开辟（奥舍尔－哈根住宅区，罗伊特林根）

图 7.85 街道开辟的不同形式，但总是与步行道（点状线）分开

第 7 章 新开端：第二次世界大战后的重建（1945—1960 年）

还有其他技术性基础设施,从排水设备到供热供电站等一应俱全,住宅区的道路开辟一般来讲有以下两种基本的"交通开辟系统"及由其转化而来的几种变体构成:

• **内部开辟** 有一条带有很多向外延伸的岔道的弯曲环形主街,它的承载的交通流量不是很大而且无法避免会出现步行道与机动车道的交叉。因此仅适用于小型住宅区(特里尔-玛利亚霍夫住宅区,图7.85)。

但作为"枝杈式开辟"这种形式又很直观,交通关系也很明晰,绝大部分为同一方向,如通往市中心(沙原城,图7.83)。

• **外部开辟** 形式为一条环绕住宅区一周的环形道路。虽然造价昂贵,但有很多优点。如它避免了十字交叉路口,而且住宅区内部的交通非常有条理,从而使得不受机动车交通干扰的步行街区域成为可能(里梅斯河旁的住宅城,图7.85;曼海姆-福格尔斯唐住宅区,第262页)。

在外环线不完整的情况下采用的是"切线式开辟",以众多分支及"梳齿状"弯形道路来构建区内交通。(罗伊特林根的奥舍尔-哈根住宅区,图7.85)。

"哪种开辟方式适合城市建设并经济节省要通过深入地实地考察来确定。在这方面建筑场地的地形结构及总体交通状况显得尤为重要"(联邦建设部1,1965年,第54、55页)。

"绿色中心":购物中心及基础设施

这个由埃比尼泽·霍华德提出来的田园城市的计划不仅仅是先前所说的想象中的松散的无穷绿色的城市和已经建造好的样子如莱奇沃思和韦林,而是公开的也是许多设计者明确表达的那种绿色中心的愿望。

"在中心有一个圆形的,占地大约2.25公顷,带有喷水池的花园广场,围绕着广场的是一些大型的公共建筑——市政府、音乐厅、报告厅、剧院、图书馆、博物馆、画廊和医院。每一个建筑都围绕着大面积的花园。连接着这些建筑物的是一个面积为58公顷带有宽敞的运动、休闲场所的公共公园。每一位住户都很容易到达那里,在中心花园的四周围绕着宽敞的玻璃大厅——开口在公园一侧的"水晶宫"。这座建筑物是人们在雨天避雨的场所,这一华丽的防雨棚就近在眼前的意识吸引着人们在没把握的天气情况下来到公园。这里陈列着不同种类的商品,并且可以买到大部分的日常用品,这种购物可以在深思熟虑和悠闲的情况下进行(霍华德,引自波泽纳,第62页)。

新住宅区购物范围内的商店行列只是单面的并

图7.86 1965年左右沙原城单面的商店行列:沿街道的一列带有突出的"纸质屋顶"的陈列橱窗在20世纪50年代的住宅区里是极为普遍的。高层居住公寓成为指向点

且像霍华德的田园城市一样指向绿化区域。这就是施魏策尔1957年设计的"理想中心"（图7.37）。并且相应地建成了新住宅区的一些范例，就像沙原城（图7.86）。另外的公共设施松散地围绕在中心绿化区的周围或如学校一样与绿化带相连，但是很快在德国就根据美国"购物中心"的式样在快速路的旁边设计了作为购物中心的"商店街"。施瓦根沙伊特（图7.87）这样解释说明道：

"这儿不是这里一个商店那里一个商店彼此分开的，而是所有的商店都聚集到一条商业街一个居住设施的中心中，这样主妇们就能够在一个地方买到所要采购的物品。购物中为了避免不必要的路程，而把商店邻接在一起，这不仅仅对居民有利，而每一个商店也能从别人手中获得利益。这些商店不是位于住宅楼的底层，从建筑上看，商店和住房并不相配。楼梯间对上面的住宅来说很重要，但下面却不适合建商店。商层需要有不同于普通住房的深度的空间，若其中有支柱或烟囱则会阻碍到商店本身。"

"对于这一地区的市政建设的基本思想是：在这里建成一条步行街。在建筑物的背面，是像商店街旁的公路。每一个建筑物除了和步行街相邻外也和公路接连，这样人们可以开车前来酒吧、餐厅、电影院、舞厅，或离去。那些通道可以通向其他的街道。人们很少开车前来。大部分都是步行来的。他们拥有一条更漂亮的街道，这里步行者比汽车重要。

我们要建筑不乏味的生活区吗？我向往一个真实

图7.88 在重建后的鹿特丹的利巴恩成为欧洲大都市新型购物中心的典范……

图7.89 ……两列商店旁建有很多高层住宅及办公楼

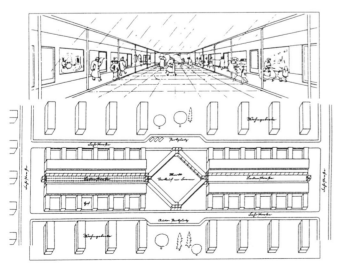

图7.87 施瓦根沙伊特早在1949年就极力宣传独立于住房之外建一个两列的商业中心

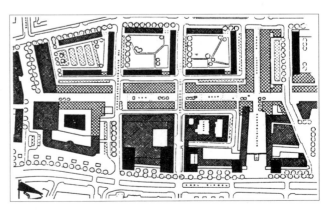

图7.90 作为步行区利巴恩连接了两端的作为"购物磁力"的两个大型百货商店

的城市里生机勃勃的生活！"（施瓦根沙伊特2，第45、44、47页）

购物中心大多数情况下根据"两磁铁原则"建设。也就是说，在步行区的两端是"购物磁力"，最好安置百货公司，顾客穿梭于两者之间一层的商亭中。在以后的规划中，商店为两层，并配备寓所，主要供给商店的员工。经典商店街例子是：

• 鹿特丹的利巴恩（Lijnbaan），1951至1953年作为欧洲的第一个步行区由约翰内斯·亨德里克（Johannes Hendrik）建筑师事务所的范登·布罗克和雅各布·B·巴克马（Jacob B.Bakema）设计并完成（图7.88—图7.90）。街两端同样有必需的"购物磁力"，为活跃气氛西面的商店行列之后有带高层住宅的庭院。在对面则建造了办公室及其他的商务建筑。

德意志民主共和国城市规划原则与艾森许滕施塔特市

与西德有显著区别的东德城市建设的发展只有几个方面要阐明。在建筑技术中优先采用大板结构的建筑方式及对德意志民主共和国手工业传统的抛弃是一条完全不同的建筑学及城市规划道路上的第二步。在此之前有一个短的被称为传统的阶段，这一阶段是建立在"城市规划的十六个原则"之上的，这些原则由德意志民主共和国政府于1950年7月27日决定。下面这些关于功能分离的声明应该简短地被引用，紧接着说明其在"新城"艾森许滕施塔特建设中的实际应用。

• **德意志民主共和国城市规划原则**

"城市规划及我们城市的建筑形态（塑造）必须表达德意志民主共和国的社会制度，我们德国人民先进的传统以及整个德国建设的伟大目标。对此如下的原则起到了作用：

1. 城市作为居住区形式形成并不是偶然的。城市是对于人类集体生活来说最经济、最有文化的居住形式，是构造及建筑形态上政治生活和人民国家意识的表现。

2. 城市规划的目标是和谐地满足人类在工作、居住、文化及休闲方面的要求。……

3. 城市无法'自我'形成并存在，而是以可观的工业规模为工业而建。确定城市形成的因素（工业、行政机构、文化场所）仅仅是政府的事情。

4. 城市的发展必须服从合理性的原则并且保持在一定的限度内。……

5. 城市规划必须以有机体的原则及消除城市缺点考虑城市历史形成的结构作为基础。

6. 市中心构成城市决定性的核心。市中心是居民生活的政治中心。最重要的政治、行政、文化场所就坐落于市中心。在市中心的广场上举行政治集会，列队游行，以及在节假日举办大众庆祝活动。在市中心建造着最重要及最具纪念意义的建筑物，表明了城市规划的建筑构造布局特征，确定城市建筑的轮廓。

7. 在坐落于河旁边的城市，河流及其河岸道路是城市的主动脉之一及建筑学轴线。

8. 交通为城市及其居民服务。不应将城市扯开，且对居民造成不便。过境交通应在市中心外并远离中心地带，在其边界之外或引向城市的外环。主要交通道必须考虑到完整性与居住区的安静。

9. 城市的面貌，其独自的艺术形象，由广场，主要道路及市中心决定性的建筑确定（在最大的城市由高楼确定）。广场是城市规划的结构基础及建筑构造的总布局。

10. 居住地带由居住区组成，其核心是区中心。其中有为居民建造的一切必要的文化设施，供给机构及具有城区意义的社会公共设施（机构）。居住区构造的第二个环节是由住宅小区群体形成的居住群。它由为好几个住宅区设置的（一定）规模的花园、学校、幼儿园、托儿所以及为居民日常需要服务的供给设施联合而成。'住宅小区'作为第三个环节主要在规划及塑造方面有整体的意义。

11. 健康、宁静的生活环境及水电供应不仅仅考虑人口密度和方位，还靠交通的发展来确定。

12. 将城市变为花园是不可能的，但很显然城市必须有足够的绿化。但是行动准则是无法改变的：在城市里人们有城市的生活方式，而生活在城郊或是城市以外的人有乡村的生活方式。

13. 多层楼的住房形式比起一层或两层的建筑要经济实惠得多，这也同时符合了大城市的特征。

14. 城市规划师建筑形态的基础设施。城市规划的中心问题和城市的建筑形态是城市当时独特面貌的建设创造。

15. 对于城市规划而言就如同城市建筑形态一样不存在抽象的模式。起决定性的是本质因素的概论和生活的需求。

16. 城市规划的工作和与其一致的特定城区的规划和建设规划，以及带有相邻的住房小区设计方案的广场和主要街道的规划草案同时完成，并能进行施工。"

• 艾森许滕施塔特（斯大林城）1951—1961年

兴建直到1961年被称作"斯大林城"的这座新城市的决议，于1950年与在菲斯滕贝格，也就是柏林南面建设一个"钢铁联合企业"的决定同时作出。伴随着此工厂1951年1月1日及此后住宅楼的奠基礼，沃尔特·乌布利希（Walter Ulbricht）声明："第一座社会主义城市在德国土地上诞生了，在这里不再有资本主义！"库尔特·W·洛伊希特根据"城市规划原则"起草的方案，以带有绿化的内院的块砌建筑方式为基础，并具有宏伟的街道空间。但是在十年之后这些建筑方式出于经济上的原因被中途放弃了，取代了人性化的住宅庭院产生的是板材建筑方式的"不吸引人的混凝土景观"。

其中的基本思想并没有错误，因为这座新城建于钢铁厂的南部，目的是使居支配地位的南风无法将工厂所排出的废气驱散到住宅区（图7.91、图7.92）。这些住宅建筑群是这样布局的，以便使工人们在每天早晨去钢铁联合企业工作的路上能将孩子寄放在学校或者托儿所并且在下班回家的路上能够顺路采购其所需物品。"政府使自己摆脱了私人的财产关系，那些在整个德意志民主共和国招募的开路先锋建造了自己理想中的城市家园。工人们应该在这座社会主义城市的大规模的绿化地带中感觉到惬意且舒适。那些世纪之交时期的肮脏后院已经落伍退役了"（梅塞尔）。如同在萨尔茨吉特（Salzgitter）和沃尔夫斯堡（Wolfsburg）（第160、第163页）那样，睡城完全

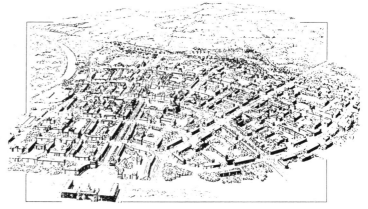

图7.91 艾森许滕施塔特规划的轴测图：从豪华的入口建筑物通往工厂有一条……

图7.92 ……繁华宽敞的交通干线通向宽阔的市政厅广场。住宅区与工业区空间上紧密相连

图7.93 从高楼镶边的列宁大街的北部上空俯瞰中央广场

第7章 新开端：第二次世界大战后的重建（1945—1960年）　211

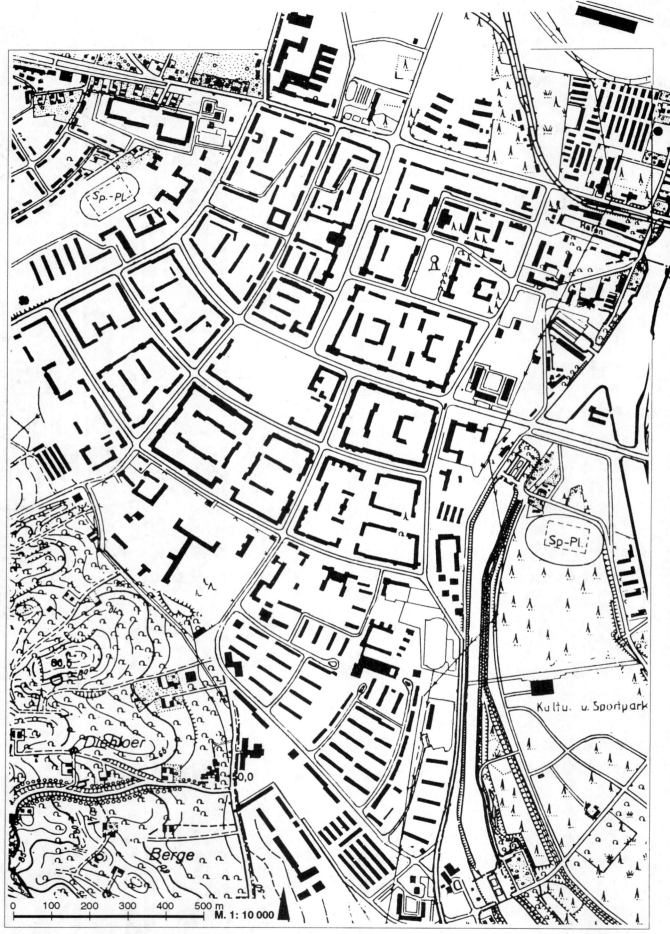

图 7.94 1990 年的艾森许滕施塔特市。原本按照民主德国"城市规划的十六个原则"制定的方案被修改并简化了。"一个社会主义城市的模型,在这里工人们应该感到舒适。"

是适应工厂而建设的。通过一条 600 米长的城市交通要道——列宁林荫大道应制造一种空间关系并通过中央广场的市政厅塔楼从建筑上得到控制。工厂的入口应成为城市设施的"目标及核心"。城市规划的类似物也通过这一事实得到了解释，即洛伊希特（Leucht）在 1940 年左右参与的"赫尔曼－戈林－工厂城"（Stadt der Hermann-Göring-Werke）的区域规划［托普夫施泰特（Topfstedt），第 140 页］。

很快扇形方案被缩小转变为梯形方案，但是保留了城市空间的基本设想（图 7.93、图 7.94）。至 1961 年四个居住区以砌块建筑的形式建成，在 1959 年至 1964 年东南边缘大型板式结构的第五居住区建成，从而使该城成为适合于"起重机的城市"。从此时开始在德意志民主共和国中工业建设方式的"居住与公共建筑的典型项目"以及在清晰及有规则的空间划分中的开放式房屋建设的应用引起了普遍的重视，如同 1960 年在东柏林召开的城市规划会议上所表达的那样（托普夫施泰特，第 146、第 147 页）。

作为单一功能的"睡觉城市"设计的其他"新社会主义城市"与艾森许滕施塔特市一起分担"板材建筑方式城市的命运"，这些城市有"新霍耶斯韦达"（Hoyerswerda）（图 7.95），施维特／奥德河畔（Schwedt/Oder），哈雷新城（Halle-Neustadt）及其他城市。"平板标准"影响着城市规划："住宅建设者在艾森许滕施塔特市中特别生产标号为'P2'的混凝土平板。为此预先确定住宅的深度为 10.8 米。每块为 3.6 米的三个模块相加得出此数。更有效的 WBS70 模块就整整有 6 米宽。平板不应更大或更重，因为建筑起重机再也无法举起。建筑师不再对住宅的大小进行划分。因为工业化制作的网目决定了室内空间的外观与形态。建筑师几乎也不能决定房屋相互之间的距离：10.2 米，起重机轨道确定了这一尺寸。这样同一部起重机可以同时给两个施工现场提供模块。"（莫伊泽）

7.4　市中心的改建与边缘的散线

"当您清理的时候，请将碎石块好好地捣碎，然后将捣碎的碎石块铺开。这样就获得了广场，公共广场，对，这很好。我将很快开始，不建公共广场。不，我将建一些园圃院子，因为我是这样设想的，这些废墟，如在此期间做的那样，这看上去也许荒诞，但我能想象。如果我想说什么的话，我将按这条路继续走下去。"

——海因里希·特塞诺（Heinrich Tessenow），1947 年在"汉堡先生"前的讲话（引自杜尔特／古乔 1，第 212 页）

"错过的机会"？：以新城市代替重建

"在德国崩溃的大片废墟中不允许遗失的是：由人民大众所带来的对历史的敬畏之情。目前生活的不安定，由于上一代理想的失败而产生的不知所措导致现今总体上对先前几个世纪所保持的作品的价值能够察觉到的冷漠。在此过去的纪念碑的存在以令人震惊的方式亮了起来。在当代德国成长的年轻一代，将再也不会经历作为我们人民千年历史征程的标志的纽伦堡、但泽、希尔德斯海姆和德累斯顿。"（卡尔·格鲁贝尔，1952 年，第 5 页）

城市的分解或至少是其松散化，已经持续地在现有的居民区边缘进行，并且今天还决定着我们城市的图像。"新城市"理想的维护者想要——顺便提一下像霍华德——历史城市更多地即整体地改变。勒·柯布西耶（1，第 241 页以后）在 1925 年的"瓦赞规划"中就已经明确地指出，人们认为是战斗宣言：首先是巴黎，同样还有其他世界城市应当根据他的想法而"新建"，只有一些文化建筑如教堂保留作为过去令人伤感的"记忆片断"（图 7.96）。

图 7.95　1957 年的新霍耶斯韦达，平板建筑方式的范例："开放式建筑的工业类型项目。"

二次世界大战后美因茨是现代化城市设想的暂时的规划试验场地。但在其他城市中也有这类规划，大多数只是"反建议"，就像在纽伦堡。规划人员想将旧城市的平面图抹去极端性，1945年伦敦的一幅图画展示了（图7.97）"越过历史城市的轮廓规划者似乎站在了新时代的光线中：老的内在联系被去掉，一个拥有高效率交通体系的有秩序城市的幻景显现出来。"（杜尔特／古乔，2，第299页）

• **美因茨 规划小组 1946—1948年**

在战后的很短一个时期内，勒·柯布西耶的想法就计划使用于"新"美因茨中。法国建筑师马塞尔·洛兹（Marcel Lods）在1946年接受了占领军的委托为美因茨制订了总体规划。他同几个规划者一起建立了"规划小组"事务所，其中也有阿道夫·拜尔（Adolf Bayer），他曾在规划局主管重建规划直至1943年。从洛兹的第一批草图中可以清楚地看到，除了旧城的一些部分及大教堂周围，所有的旧建筑都不应保留。具有直角开敞结构的不同宽度的街道带及仅有南北走向的高楼群应该覆盖美因茨的土地（图7.98）。同样根据勒·柯布西耶的想法，洛兹计划将居住区作为"居住的单元"，作为"居住机器"，建成20层（图7.99）。但无论在专业圈中还是在公众中这些作为"未来理想城市"的规划，都遭受了强烈的反对。除了严格的规划意图外，经济上的不可实行

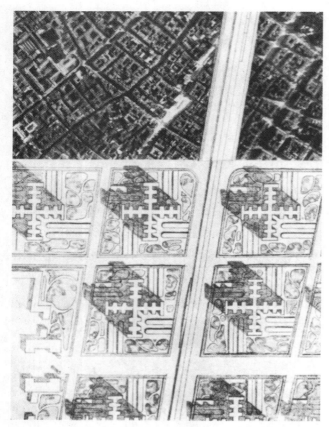

图 7.96　勒·柯布西耶的"瓦赞规划"，与巴黎中心完全决裂。"从老城中解放出来。"

图 7.97　1945年伦敦重建的设想：规划者为一个有秩序的、新的城市创造了空间

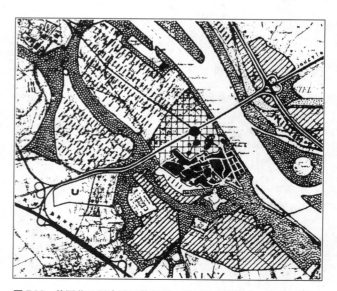

图 7.98　美因茨及周边地区的规划，1946年规划小组。仅有几处原有城区（黑色部分）……

性也被作为反对的论据提出。在法国占领当局没有对实行这项规划提出要求后，一直延续到1948年，直到根据施密特黑纳的反对规划及地方规划者的公开表态，市议会才谢绝了此项规划（杜尔特／古乔，2，第880—915页）。

- **纽伦堡　对1947年基本规划的反建议**

早在1945年12月纽伦堡城市规划局就为纽伦堡老城区重建制定了一项基本规划。该规划基本保留了现有的城市平面布置，只是几条街道加以拓宽或突破以改善交通状况。它属于1947年"纽伦堡老城区"一次建筑师招标的基本资料，这些资料则来自于一次非专业人士的竞标。施魏策尔和卡尔·格鲁贝尔等组成的评奖委员会主要奖励了那些"改变了至今为止通行的石头城市形式"的作品。

除去一些方案中"进步的"开端以外，来自魏玛的古斯塔夫·哈森普夫卢格（Gustav Hassenpflug），H·雷德（H.Räder）及珀舍尔（R. Pöschel）的方案表现了一种连贯而全新的老城区结构（图7.100）。相对较少的历史性建筑及仅有的几条原有街道和广场被很多不同走向的行列式结构所包围。这项因其"方法展示形式"上"完全新式城市规划设施"的连贯性而被作为购买标奖励的方案清楚地表明了历史性城市的"解体"（杜尔特／古乔2，第989—994页）。

所有试图清除现有城市结构的规划都没有实现。

除了对作为整个城市标志性特征的市中心感情上的不舍外，经济上的原因也起着决定性作用，"由于城市的财富隐藏在地下，因此人们必须注意节省。再加上阿登纳时期促进小型私有财产的政策，因而阻挡了西德全新社会中全新城市激进版本的实现进程。"（杜尔特／古乔3，第22页）

在旧城市平面图上的新式居住

在充分利用现存技术性基础设施的前提下人们对于改变现有城市结构提出了很多建议。1946年马克斯·陶特就柏林改建事宜说道："应该建设一个不同的柏林。柏林不应该再是一个充斥着出租兵营式住宅、背街房屋及地下室式住房的城市。在令人难以忍受的痛苦和最艰难的困境中我们摆脱了这座坏城市的形象，对这座城市，我们在以前——部分正确地——感到愤怒。不知疲倦地工作，勤劳和达到巅峰的建筑艺术在未来应该避免此类错误的出现，并且一个全新的城市应该在几代人的努力下实现，为居民创造一个充满阳光、新鲜空气及花园的居住环境。"

但必须考虑的一点是："一个大城市的地下建设的规模是无法预计的。对浅层地铁及道路的建设进行了数以千万计的投资。我们的街道几乎保存完好，即使有损坏也很轻微，很短时间内即可修复。它涉及到地铁、下水道、自来水管线、电缆、输气管及电话线

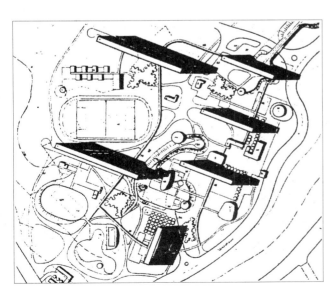

图 7.99　……被保留并代以新的中心及高层建筑板楼（左上）

图 7.100　纽伦堡旧城基本规划的另一选择。一种城市"解体"的"进步"开端

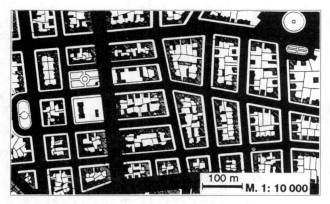

图 7.101　沃尔特·施瓦根沙伊特对于重建被破坏的城区的建议……

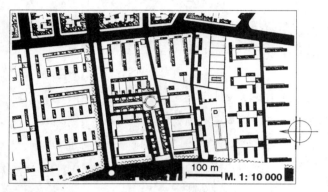

图 7.102　……带有"房屋群体"节省街道的"深层连接"。不是开辟街道而是种上色拉菜

图 7.103　马克斯·陶特试图在重建时以"带有光线、空气及花园的家园"来代替目前存在的"租住兵营"

等。这些建设属于一个大都市必不可少的生存条件。我们目前的经济状况不允许忽视这些价值，我们必须考虑它们，同时它们也可能共同决定新的规划"（引自杜尔特／古乔，第 210、211 页）。

马克斯·陶特以绘图形式提出的建议却非常激进（图 7.103、图 7.104）。在租住兵营彻底拆除之后，在现有的城市平面图上建设了封闭式布局形式的独户家庭住宅。住房旁的小花园因为填入了废墟而略有抬高，但仍然给人一种田园风貌的印象，因此应该把将城市解体的愿望与家园、私人住房联系起来。沃尔特·施瓦根沙伊特也以类似的方式着手于一座被毁坏的城市的重建工作，他在"一个实例"中展示如何改建一个老城区："这是一个 2 至 5 层楼的居住区，有街角的露天阳台，凸出的挑楼和小巧的塔，众多的石膏装饰的房屋正面，小型房前花园，并不是最差的住宅区，在底层的这里或那里设一个便利店，建一所学校，一切都破坏了。"（图 7.101、图 7.102）

"在建筑师们开始行动之前，除了其他城建专家们进行的很多工作之外，交通技术专家必须为整座城市及周边交通相连的地区确定必要的交通路线，在这里的范例中必须保留原有的两条南北及东西向的主道，这些道路间的地区加上现有的下水道及管道等交给建筑师、空间艺术家及第三维的人员制定一个方案来进行必要的建设。"

"在相关的纵深开辟中只利用了原有街道的一部分，原有街道变窄，其他则消失。多余的石块铺设的道路被拆除，并被种上了生菜、美丽的卷心莴苣和菠菜等，房群形状的设置没有影响到旧有运河的保存及使用，其中只加入了一点小小的考虑和良好的意愿

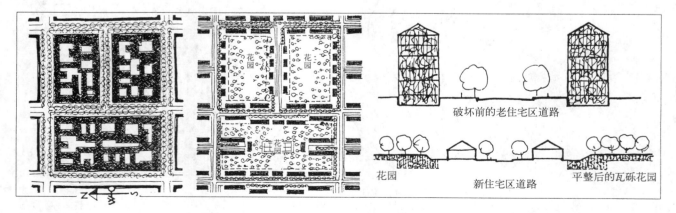

图 7.104　马克斯·陶特的建议：全部拆除被破坏的多层租住兵营（右边街道剖面图），代以独户家庭住宅。废墟被用来填充花园

（我们建筑师也并不蠢，我们中只有极少数人不动大脑），因此我们在下水管道上面添设了一个公众都可以使用并可进行必要的修理及添补的区域。"（施瓦根沙伊特 2，第 50 页）

就这样按照新的模式在旧有的城市平面图上建起来几个住宅区，最有名的和面积最大的例子是柏林的汉莎住宅区，与汉堡的行列式格林德尔高层住宅区相比，汉诺威较小的十字教堂住宅区内空间层次更为清晰多样，东柏林斯大林大道旁的住宅建筑则带有自己的政治色彩。

• 柏林汉莎住宅区（Hansaviertel）1953—1958 年

1875 年至 1890 年间作为"要求苛刻的人群的住宅区"环绕一个星形街口建设的汉莎住宅区在战争中被完全摧毁（图 7.105）。1957 年城建目录做出的重建的目标是"清除这种令人无法忍受的建筑密度，使城市变得松散"。之前应该招标选出一份与传统的城市结构完全不同的设计方案，改变交通网，摧毁所有旧建筑，将建筑容积率（GFZ）从 2.2 降至 0.9，建造停车场，清除工商企业，全面绿化并规划新的土地界线是最重要的任务。维利·克罗伊尔（Willi Kreuer）和格哈德·约布斯特（Gerhard Jobst）获得一等奖的设计非常具有自身特色："动物园旁的建筑完全符合一个世界性都市的标准。"从住房中的远眺及房屋间宽阔的间距使这里可以建造高层住宅，在宽广的大自然中规划的高层住宅环绕在动物园的两个弯形间，毫无压迫感，与独裁专制的呆板建筑形成鲜明对比。"

按计划本应截至 1956 年，但实际 1957 年才实施，因为方案看起来可行性较小，于是进行了一些改动（图 7.106、图 7.107）。于是减少了楼层，因为管线的缘故现有的街道上没有建筑、建筑容积也减少了一半，45 项主体工程由来自 13 个国家的 54 名建筑师实施，1938 年居民数目为 7000，1948 年那里又住了 3500 人，但是到 1958 年只有 1200 人迁入。

• 汉诺威十字教堂住宅区（Kreuzkirchenviertel）1950/1951 年

"环绕十字教堂住宅区"的重建没有按照原有的城市历史平面图的样本进行（图 7.108）。早在 1949

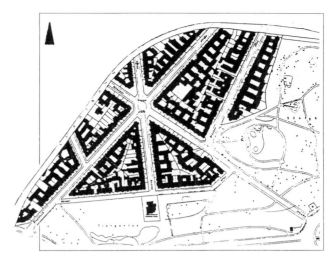

图 7.105　战前的柏林汉莎住宅区。动物园旁密集的"为要求苛刻的人群建造的住宅区"

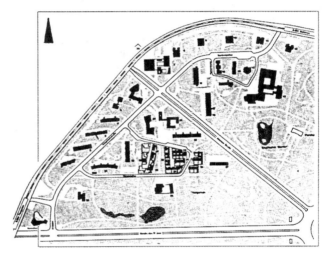

图 7.106　1957 年建设时的汉莎住宅区。重建的目标是"清除这种令人无法忍受的建筑密度，……

图 7.107　……使城市变得松散"。由 54 位建筑师设计的新型建筑

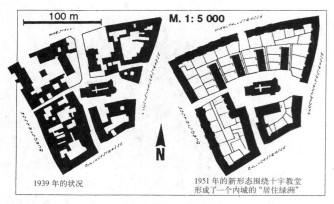

图 7.108 汉诺威十字教堂住宅区。这一重建是对1951年……

图 7.109 ……主题为"老城改建"建筑展览会的一项贡献

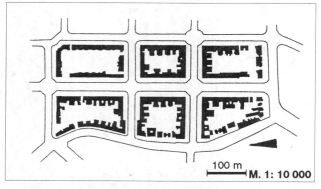

图 7.110 部分地在世纪之交封闭式结构房屋基础上的……

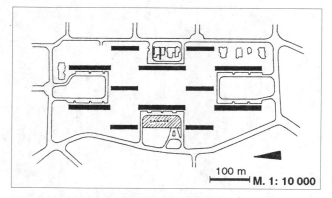

图 7.111 ……建造汉堡格林德尔高层住宅区。这一"冷漠的城市"应该变为一个"空间连续体"

年人们就已为这个早在1943年就被毁坏的紧靠市中心及老城的地区设计了第一套方案,为54户地产所有者设计的拥有180套住房的最终建设规划由康斯坦蒂·古乔（Konstanty Gutschow）及其同事们合作完成,他们并与其他建筑师一起于1950/1951年完成了建筑物的施工。在Constructa建筑展览会的框架内这一住宅区是对"老城改建"主题的一个贡献,小区外围环绕的是四层建筑,内部为两层的行列式住房（图7.109）。只有在旧城的入口及紧靠教堂的地方才能看出一丝历史的痕迹,其他地方则都是松散的采光便利的"居住绿洲",因此住房的数量与战前相比几乎减少了一半,这一住宅区靠近市中心及感觉像乡村的居住条件使其备受居民青睐（杜尔特／古乔 2,第53页）。

• **汉堡格林德尔高层住宅区 1949—1956年**

在从前的另一种完全不同结构建筑的基础上人们在汉堡建立了德国的第一批高层住宅（图7.110—图7.112）。1945年弗里茨·舒马赫作为"强烈反对将高层楼房作为住房形式者"甚至批判了他自己的几个住宅区:"在未来改革必须再向前一步",哪里有新的大规模建设,那么带有简朴花园的一至两层的行列式住宅形式的单个住房就必须作为准则,而不是例外。"1946年一个由紧跟现代建筑潮流的年轻建筑师们（其中一个甚至在勒·柯布西耶处工作）组成的团队为英国管理人员在格林德尔山地区设计了一套高层建筑方案（拜梅等,第83、第84页）。实现现代幻景的吸引力因此也成为支持这一1949年至1956年变成现实的方案的一个根本动机,"在现有基础上建成的12幢

图 7.112 格林德尔高层住宅区作为一种"向未来进军"的新式城市结构

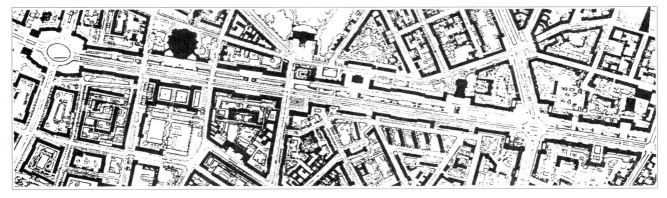

图 7.113 东柏林斯大林大道也是民德"城市规划的十六个原则"付诸实施的范例之一。"城市严格重新规划的理想"应该将街道变为"解放者之路"

钢筋混凝土框架建筑的高层建筑（后来为岩屑混凝土）中的住房面积大小不等，并设有办公室和便利店，为保证"最短日照时间"及赢得开敞空间（不同于以往41%的比例只有9%的地表面积建有建筑物）建筑师们遵循了"松散城市"的理想，从"石头制的城市"转变为没有"走廊街道的""空间连续统一体"。业界大力称赞这一举措并将其作为向未来城市进军的启程推荐，格林德尔山旁的建筑只是作为一项试验；而其他城市部分的改建则没有进行"（杜尔特／古乔 2，第 51 页）。

- **东柏林斯大林大道（Stalinallee）1952—1959 年**

早在 1950 年东柏林的"首席建筑师"赫尔曼·亨泽尔曼（Hermann Henselmann）就为"斯大林大道第一居住域"设计了一套方案。前法兰克福林荫道 1961 年起被称为卡尔·马克思林荫道，今天又改回原名的建设不仅在柏林起到了"榜样的作用"，"城市规划的十六个原则"而且在这里也应该像在斯大林城，即后来的艾森许藤施塔特（Eisenhüttenstadt）（第 219 页）一样展现其实用性的转化，苏维埃式的"糖衣糕点风格"不仅为通过拓宽路面及增设广场而有韵律的宽阔繁华的大街，而且为相邻的住宅区也打上了烙印（图 7.113、图 7.114）。'居住宫殿'大型住宅建筑群的建筑学形态在类型学上紧随莫斯科式的榜样。大量细节化及民俗化花纹装饰的建筑风格首先遵循了建筑学院证明有革命特性的柏林古典主义。虽然进行设计的建筑师们首先将申克尔的匀称性奉为信条，但赫尔曼·亨泽尔曼在他的众多设计中偶尔地也运用了新哥特式及巴洛克式的形式元素。"（海恩，第 46、第 47 页）

图 7.114 斯大林大道旁的"居住宫殿"依照莫斯科的样式建成"糖衣糕点风格"

图 7.115 斯大林大道延伸至亚历山大广场：建筑的广泛工业化

但实现的过程并不总是那么简单而且耗资巨大，因为技术性基础设施由于斯大林大道的扩展及建筑群的重新组织而必须迁移。将这一街道的城建形象作为"解放者之路"和"市中心向工人住宅区的开放"的宣传只能在短时期内进行庆祝。在 20 世纪 50 年代末，城市规划的讨论就已经导致放弃"城市批评性重新构建的理念"和对"资本主义城市遗留下的结构的拒绝"以及一种"广泛的工业化"。20 世纪 60 年代在"对柏林市中心进行社会主义改造"的意义上人们又从施

第 7 章 新开端：第二次世界大战后的重建（1945—1960 年）

特劳斯贝格到亚历山大广场进行了斯大林大道向城里去的进一步工程（海恩，第46、第55页）。"随着以抽象的蒙德里安式的建筑结构及建筑学上最小化的网目式房屋立面对斯大林大道进行续建的规划20世纪50年代的城市规划发展达到了一个极端的终点。约瑟夫·凯泽周围参与此项设计的建筑师们将它作为现代派的胜利来庆祝。电影导演们将"穆哈咖啡牛奶冰激淋酒吧"及这种时髦的、完全镶满玻璃的销售展厅作为拍摄"到达日常生活"的电影偏爱的拍摄地点。时装模特们在台阶上及"瓦特堡双座马车"内摆姿势拍照，终于现代化了！这就是人们所表演的童话，"皇帝的新装"（海恩，第57页）。

新的市中心及对过去的处理

建设一个新的、松散的城市的理想尤其在市中心受到居民的强烈抗议。"从历史角度看必须进行的重建与一个示范性的新开端所做的规划之间的矛盾冲突也在对城市的建筑学形象及其确切的建筑物的争夺中体现出来。在传统与现代的对立层面上经常会出现不可调和立场之间的碰撞，有时还会导致激烈的争议，而且这种争议不仅仅在建筑师们中间。"（杜尔特／古乔3，第34页）

很多技术上特别是交通技术上的论据成为了新的城市空间规划方案的限制因素，像斯图加特的小宫殿广场，但知名的城市规划师及建筑师们大量的专业权限也有能力使城市议会信服"现代化的解决方案"，像希尔德斯海姆的市场广场。这两个例子——这里首先是他们规划历史的第一部分——可能代表了那时很多类似的情形，然而若干年后经历了一次明显的城市规划转折作为历史的暂时结尾。

• **希尔德斯海姆市场广场　第一部分**

"进步与保留之路上的阶段"在希尔德斯海姆市场广场上是以重要的转折点、五次竞标，两次房屋立面造型和1950年及1983年市议会的两次决定为标志的（图7.116、图7.117）。第一次决定为希尔德斯海姆带来了一个"进步的解决方案"，但之前业内人士的意见"经常与此相反"（里曼，第59页）。这涉及是否按旧有形式重建遭到严重破坏的市场广场，还是考虑正在扩大的城市从而相应的将广场改建扩大的问题。在这方面一座大型木架房屋"克诺恩豪尔市政厅"的重建占有情感上的重要作用。1949年的招标没有产生一等奖，但评奖委员会事后的投票选中了克吕泽（Klüser）将广场扩大的方案。著名的专业人员极力赞同"开阔的街道及广场空间"，以"纠正前辈们的错误"（里曼，第66页）。市议会也通过决议赞同扩建，最终按照在1950年一次评估中获奖的格劳布纳（Graubner）的方案得以实现。

1989年市长格罗尔德·克勒姆（Gerold Klemke）

图7.116　原有的希尔德斯海姆市场广场，位于市政厅与克诺恩豪尔行政大楼之间……

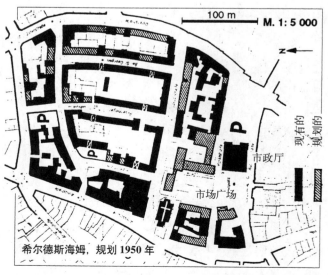

图7.117　……1950年后依照一个"进步方案"向北扩大了一倍，"符合时代潮流。"

以回顾的口吻说："战后重建年代里觉醒的想法不要任何建筑上相似的回忆,至少在希尔德斯海姆不需要,而是一个建筑恢弘大度的现代城市。公民中只有极少数反对这一潮流。在1953年的一次公民表决中获得胜利的。市场广场被扩大——大的解决方案在当时非常流行——而且现代化的建筑围绕在周围,重建历史的梦想破灭了。"[阿希莱斯(Achilles)等,第5、第291页延续]

• **斯图加特的小型宫殿广场 第一部分**

1969年11月的专业杂志《建筑工程师》(图7.118)上提到,刚开始时只是为市内主要交通十字路口建了一个地下"三叶草"上的一个平台。发生在此之前的是一个在老的和新的宫殿前经过的在两条城内联邦公路之间建立一个横向别针状建筑,即一个平坦的出口的决定。由此,不顾市民以及保罗·博纳茨(Paul Bonatz)的激烈反对,将已经被破坏但还能够重建的尖头镐形状的王太子王宫做了牺牲品。"横向别针状建筑"在1947年就提出,但1964年才被采纳。有轨电车和汽车可以在一个平面建筑下行驶,平面上保留了银行建筑和商业建筑之间的一个广场。

这一新的位置更高的小型宫殿广场可以一览整个宫殿广场、两个宫殿和斯图加特森林覆盖的"锅炉"边缘,它赋予了设计相邻新建筑的设计师们灵感。古特布罗德,贝歇尔,卡墨勒+贝尔兹对"高平台"的利用和空间连接上提出了不同的建议。"1967年5月的规划中,最终那些包含楼梯和自动楼梯(也包括在此情形下不可想象的停车场)、小商店和书报亭为城市广场风格的形成提供了一个平台,而这一城市广场的'不好'的一面保留在了特奥多尔-霍伊斯(Teodor Heuss)大街。在这儿,'文明'突然中断,四车道的车流呼啸而过,而跨道路的横向了,交通联系没有了。"

对于这一小型宫殿广场的批评在其建成以前的时候就开始了,并且是针对所有的参与者。马克斯·贝歇尔以为"必须以新的形式创立新的标准和一新的秩序。""但正好是这一点现在没有能够实现。相反1964年人们还坚持1950年的方案。只有一个期望中的建筑保留了下来,当时的一些交通上的设想促成了它的存在。也可能十年内会出现一个全新的方案。难道这一平台不是施瓦本式的蠢事吗?它不是创建一个新的秩序,而是意味着一个障碍。"

——《营造师》杂志1969年第11期,第1402页及以后/第292页延续)

重建和"延续性"

而只有那些建筑方案才可以最终建成,即那些宣传历史化地对待老建筑和历史性的城市空间的建筑方案并要求有具体的范例。一些单独的建筑和街道的重建计划在这一变革时代被其支持者认为是保护文化遗产并保持历史的延续性,而被其反对者攻击为对战争

图7.118　斯图加特的小宫殿广场作为水平交叉建筑上的一个水泥板,以小亭子厅做装饰。"以新的形式建立新的标准和新的秩序。"

和自己在这方面的责任的排斥。1946/1947年围绕美因河畔法兰克福歌德旧居重建的争论引起了广泛的注意，这一建筑最终按照旧的风格重建。

这些历史性的建筑风格在被破坏的建筑的重建中起了作用，它们也在新建筑中被一些在"第三帝国"的公共建筑中打上烙印的建筑师们所喜爱："纪念性建筑以及城市代表性设施的规划一般由当时著名的建筑师来制定，1945年以后他们还保持了他们的影响力，并通过商业和工业上有力的建筑业主以及银行和保险公司而接到建筑合同。"（杜尔特／古乔3，第34页）

独户住宅作为政治工具

独户家庭住宅形式通常为私人所有，这是19世纪以来许多家庭的梦想，同时也是住房政策的工具。有时也是意识形态的权利行使。"私人住宅作为意识形态"被居民广泛接受："大量调查表明，独户住宅在所有居民阶层都深受欢迎。带有花园或院子的独户住宅无疑是最抢手的，任何其他形式的住房都不能满足居民对独户住宅的需求。在独户住宅里家庭生活可以完全不受干扰，而在任何其他地方，那即使是住宅楼内的私有住房里这都是不可能的……经过十年之久由某特定团体所要求的私人住房意识形态终于与传统相结合，这种意识在小乡镇中尤为强烈，在那里一直以来房主就有一定的社会地位，即使他在职业金字塔中不太受尊重的阶层中活动。"（巴尔特2，第81、第82页）

这种突出强调私有住宅的宣传是与第三帝国的"血与土地"意识形态相符合的。在第二次世界大战后，它被重新解释为巩固资本主义，抵制社会主义意识的手段。早在1945年初约翰内斯·格德瑞茨就阐述了城市重建的一个基本原则："战后的城市建设有一个极其严肃的责任要去完成。除了显而易见的被毁坏的建筑本身外，大众的身体健康也同样受到极大损害，这也必须重建，从而这也是需要优先解决的问题，为了以合适的方式补偿民众财产及身体健康方面的损失，应建立健康的和有效率的城市体。因此必须指出带有花园的独户住宅生物学的、种族的和健康上的优点。情况表明，如果使用行列式建筑形式，不存在反对这一选择的实际原因。"（杜尔特／古乔，第235页）

这些在"划分的及松散的城市"的方案中构成了重要的理由。但对私人住宅建设的决定性支持却来自政治方面（图7.119、图7.120）。阿登纳时代的住房建设政策将独户住宅及其相连的土地所有权视作反对共产主义的政治手段，个人财产应使民众产生抵制革命侵袭的抗体，因此这一住房建设计划也被调侃地称为"非

图7.119 马歇尔计划也推动了独户家庭住宅的建造。占有不动产强化了民主

图7.120 到处都是"匿名的城市规划"。通过税收资助使私有住宅的份额超过50%

马克思主义化的计划"。1950年制订的第一部《住房建设法》及1953年的补充法都极力推行私人住宅模式。此外美国的"马歇尔计划"也为五分之一的住房建设提供了资金。1956年6月27日颁布的第二部《住房建设法》最终将私人住房确定为既定的建筑模式。

由于税收方面的资助，到20世纪50年代末联邦德国境内私人住宅的份额（独户及双户住宅）已达到50%以上。"1952年3月17日的《住房基金法》（促进建筑储蓄）首先试图促进私人住宅建设，私有财产（小户型）被提升为家庭政策的核心组成部分。因为人们许诺从民众的根本出发来解决社会问题。幕后的真实想法是促使家庭不受危机影响，将大众转化成有家乡地域观念的公民。土地及房屋的私人所有也加强了对东部集体主义势力的抵御能力，从财产中才能产生人的自由，尊严及团结的能力；无产者使民主受到威胁。"[佩奇（Petsch），2，第241页]

独户家庭住宅作为城市规划的目标

尽管人们大力资助但新建独户家庭住宅的数量仍少于多层公寓住宅，这并不总是符合城市规划的设想。按照众多城市规划师的方案对过度密集及多层公寓住宅区的重建应以建造平坦低密度的独户家庭住宅形式进行，如同马克斯·陶特建议的那样。所以即使新建住宅区内大片面积上都建造了独户住宅和行列式住宅也根本不足为奇。早在战争期间就已存在的"划分的及松散的城市"的方案，在此方面有一个根本的重点，它特别以罗兰德·赖纳为代表。

"普遍被认可的是，为有孩子的家庭设计的独户住宅最好应带有小型居住花园或后院，而纯粹的平房又毫无争议的是最佳选择。……对单身住户或无子女夫妇则提供高层公寓内的小户型或中等户型住宅，这些住房与文化消遣和教育场所有极为便捷的交通联系……。当时在欧洲大陆的大都市中占主导地位的是多层大型公寓楼内没有花园的中小户型住宅，即一种不符合这里所讲的真正需求的形式，并且对这类户型的需求也早已饱和，而那些符合居民不同需求的户型尚还欠缺。"（格德里茨，第30页）

人们力求在满足建造独户家庭住宅的愿望的同时尽量减少由于建造行列、小型花园直到前厅所造成的土地消耗。由此规划者们尝试在这方面可以与多层公寓形式相抗衡。格德里茨、赖纳和霍夫曼以许多地方为例进行了大量计算并得出结论："特别引人注目的事实是，行列式建筑内的两层独户家庭住宅占地并不比多户单元住房多多少"（第52页）。罗兰德·赖纳设计的一个位于维也纳南部10公里处可容纳几乎10000居民的"独立卫星城"（图7.121）相应地设计了75%的以地毯式平铺或行列式排列的单层或双层住宅，其余的建筑也仅为三层（第80、81页）。

这种"高密度平房"的紧凑且节省用地的形式却完全不符合大众的个性化的独立居住及拥有花园的愿望，因此"虽然名义上是独户家庭住宅或'私有住宅'，但这种住宅灾难性地都是与建在过大面积地块上的单个住宅相联系的。大量的建筑用地需求及开辟各自独立的单个住宅所需的高额费用导致独户家庭住宅以这种方式被不公正的冠以不够经济的名声，因而陷入无

图7.121 1955年左右罗兰德·赖纳设计的维也纳附近的"密集平房建筑方式"的"独立卫星城"。可容纳约10000居民，75%为以地毯式平铺或行列式排列的单层或双层住宅

法实施的境地。由此尽管意图良好这一住宅区理念带来的后果仍然是弊大于利"（格德里茨，第 19 页）。

"独户家庭住宅－草原"或没有城市规划师的城市规划

当城市规划师及建筑师们正在为"新城市"寻找适宜的形式的时候，在纯粹实用主义的基础上人们建造了数以百万计的独户家庭住宅，于是城市规划仅限于准备建设用地及其无阻碍的开拓，这种"没有规划师的城市规划"毫无限制地建到了每一块可以通过汽车到达的地皮上，而完全没有考虑到其消极的后果。私人所能承受得起的私宅大都距市中心及工作点很远，人口密度很低的独户家庭住宅区内"公共供应服务"极为不便，这给居民购物、教育孩子、参加文化及政治生活造成极大困难，距工作地点的路程经常过于遥远"（巴尔特 2，第 81、第 82 页）。

虽然规划法律上的分区已有了相当长的历史，但 1960 年后建筑法仍在"建筑模式的单一结构"方向方面产生影响"城市边缘的解体也是追求分区造成的结果之一，分区的追求是由 1918 年的普鲁士住房法引起的并逐步以改善城市住房状况为目标。如果将不同高度及密度的建筑等级视为法定城市住房建设的基础及不可避免的准则的话，人们就会忘记，这种改善的尝试经常只是反映了特定时期现存的土地价值"（格德里茨，第 19 页）。

大规模资助建造独户住宅的影响在全国范围内不容再忽视（图 7.122），要求"一幢绿野中的小屋"的愿望声势浩大地给自身创造了空间，在乡村地区几乎不可能期待有其他的住房形式，即使在密集的城市地区也大多在新建住宅区域的第三个或第四个"小康之环"上建造了独户或双户家庭住房。这一极耗土地的住房形式近几年在斯图加特周边地区几乎占到了新建住房的 90%，这一份额虽然在中心地区有所减少，但仍然超过 55%。

尤其是在自然风貌完好的乡村地区以这种方式进行着将自然空间转化为私宅花园的私有化，并在以后种植了与原自然典型性不相符合的植被，以前长满果树草地的广大地区如今已是种满针叶树和观赏装饰性灌木的"独户家庭住宅草原"，与田野及草地连成一片，没有过渡的界限，对自然的这种人为主观的厚爱沦落成一种要求容易养护的"哈巴狗式气质"。建筑形式和花园造型上追求个性的做法平均到了一种低水准的一致，因此专业人士也将城市地区的这些区域称为"建筑风格上的野猪地区"（布鲁格所编书中赖因博恩的文章，第 69 页及以后）。

"什么和哪里还是城市？它们的边界在哪里？在哪里和如何才能从这种恣意蔓延，毫无章法，无法透视的住宅区浆糊，从这种由众多小型私人住宅、密集的居住小区、田野、工业及商业区、交通设施、小型花园、绿化带及总是或大或小不同的住宅区构成的分散农田中体验或定义统一的城市？市中心，是的，可是城市的整个其余部分呢？"（诺伊弗，第 45 页）

图 7.122　旧城区通过新规划"流苏状"向周边扩散的范例。城市的边界在哪里？

第8章 扩建:"绿色中心"与城市化之间(1960—1980年)

"这种通过交通工具划分的——通过高空鸟瞰也可以有力地证明这点——实际上是混乱地成长起来的城市区域也给其自身带来了技术任务,这项任务对于城市居民来说只有用巨大的支出才能完成。如果减少很大一部分的交通流量,我们就不会生活在一个过于追求技术手段的社会中。因为他们拥有交通工具,所以不再受时间和空间的限制。个别人要为此付出代价。每天上下班不得不在路上耗费几个小时的人,生活在一个由于居住者过多无法再居住的环境中。"

——亚历山大·米切利希,1969年(第81、第82页)

8.1 "经济奇迹"时期的城市规划

"20世纪20年代的科隆市市长康拉德·阿登纳博士曾对当时的城市建设状况做出过尖锐但又毫无效果的描述:'我们是真正经历过大都市生活的第一代德国人。其结果你们大家都知道。我深信,我们的人民经受了过去几十年中错误的土地政策所带来的痛苦。我认为这种错误的土地政策是我们身心所受的所有痛苦的主要根源。''我确信土地改革问题是涉及最高道义的问题。'"(米切利希,第21页)

社会和政治变革

作为社会福利政策的工具的住房建设即使在战后也必须被视为城市发展不可缺少的决定因素。在19世纪和20世纪之交的时候已经显示出这种趋势,因为早在19世纪中叶,住房建设就引发了社会批评,由此国家也逐渐"将城市规划作为实施其政策,即社会福利政策的一种工具和对象。城市建设是乡镇政府自己的任务,而国家从社会福利政治出发对住房建设进行干预,这对矛盾即使是在战后也是不可避免的"(希勒布雷希特,第44—46页)。

20世纪60年代中期出现的对现存社会制度的批判无疑有其深刻的根源,即人们怀疑城市建设过多追求技术化。亚历山大·米切利希认为在战后"与淘金热相似"的大兴土木之时缺少"一种对社会形态的追求"。"一个进行赔偿同时在精神上复元的社会,做的却像灾难根本没有发生过。另外进步的工业化和官僚主义化的过程仿佛并没有对整个社会生活方式产生有说服力的后果。一个这样的社会一定会从它的梦幻中和它的否认中或早或晚地清醒,但终究会清醒过来。"

而且城市生活习惯也随着工业化的推动同样被强制地改变了,就像"老城"的功能被工业化的武器制造技术破坏掉一样。"战后传统破坏如此之大,以至于没有市民能够对未来有一丝预见,相反只有一个机构的大杂烩,这些机构按照个人感觉经营管理,并且建立了有局限性的对政府来说还很陌生的城市议会。"(米切利希,第 63、第 66 页)

经济增长和城市发展

经济作为一个"核心、力量以及重心都在城市及其影响之外的基准点",对于城市发展产生越来越大的意义,早在 1962 年鲁道夫·希勒布雷希特就担心,"现在城市建设中住宅建筑优势地位的迅速回摆可能导致经济的片面优先,就像 19 世纪这种优先不幸地决定了城市建筑的发展一样。"战后经济结构的改变导致了带有相互关系的社会结构的转变,"这直接或间接地影响了我们城市的建筑和城市规划结构"(图 8.1、图 8.2)。如下几点:

- 工作岗位在城市中的进一步集中导致城市人口进一步增加。这种下降的就业率有时使总人口达到劳动力人口的 2.5 倍。因此一个地区的工作岗位的数量比人口的数量更重要。
- 第三产业的增加,以及集中性的建筑利用,狭小的空间有很多工作岗位,城市中心建筑进一步加密的趋势。这导致了旧的居住和混合区向商业区的转变,城市中心不断扩大或者副中心的发展。
- 行业和工业设施转移到城市的外部区域,成为低层的面积粗放的建筑。外部区域就失去了它作为城市附近疗养地的特性。
- 由于总人口的不断增加,家庭规模的变化,即年龄结构和更高的生活水平造成的家庭规模的减小,以及城市中心附近的老居宅区变成商业区从而使人们对住房的需求不断增加。
- 新的住宅建设通常都在城市外部区域得以实现。另外还包括不断增长的经济经营、公共设施、交通设备用地的需求以及住宅用地与以前相比较低的利用率。
- 由于住宅建设用地减少和私人住宅的宣传从而被迫在远离城市边界的地区兴建住宅,伴随着的是对于地产的追求以及汽车的使用使之更加容易。这又导致在一段固定路线上乘车上下班的人数增加。

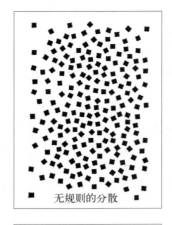 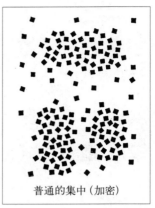
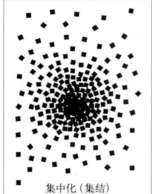 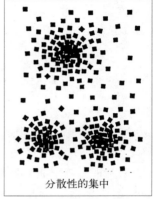

图 8.1 居民点的发展形式:从不规则的分散到相对分散的集中

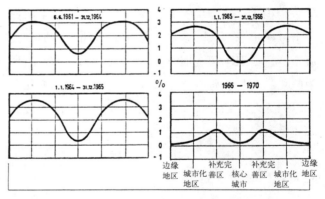

图 8.2 我们可以看到,从 1966 年起城市地区内的人口移动开始大幅度减少(平坦化)

总之,这种城市结构的变化可以被看作是一种分离的过程,这是 19 世纪初生产过程中劳动分工的结果,首先是工作岗位和居住地点的分离,然后是形成工业区和居住区。这个过程持续到 20 世纪 60 年代工作城市和住宅社区的分离(图 8.3、图 8.4)。这种通过经济结构改变产生的"建筑区'分离'过程"同时也导致了"内城在经济集中压力下的转变"(希勒布雷希特 1,第 50、51 页、第 53—55 页)。

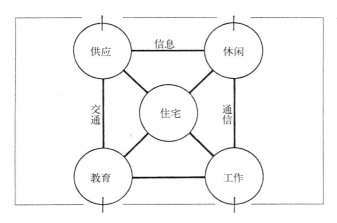

图 8.3 以住宅为中心的生存的基本功能,越来越多地通过居民流动联系起来

住宅建设作为经济传动带

战争的破坏和人口的结构改变造成了战后过大的住宅建设需求。二战以前位于战后联邦德国区域内的1000多万套住宅中,约230万套在战争中化为乌有,占五分之一强,在一些大城市中甚至平均超过一半。此外还涌入了大约1300万难民和其他外来移民。在这种情况下,政府投入了大量资金,到1968年底建成了约1050万套住宅,其中约500万套为社会福利住宅(图8.5)。60年代中期甚至达到每年平均建造60万套住宅的建筑速度。总计投入了约2900亿马克,其中约700亿马克公共资金被用于建造住宅(图8.6)。这项财政支出数字显示了住宅建设在经济景气政策上的意义及其在整体经济发展中所占的比例(布罗伊尔,袖珍词典第3837栏及后页)。

"仅1949年至1954年,每年建成的住宅数即由22万上升到了56万左右,新建的带有一至二套住宅的私人住宅的数量从54000上升到了14万;从1954年至1958年,每年要新建大约15万套私人住宅"(杜尔特3,第14页)。按照这样的速度继续下去,数量就大大地优先于质量,那么在几年之后就会面临建筑质量上的很多问题。而即使是划分得很小的20世纪50年代的住宅以后也要以巨大的花费为代价,才能适合于已经提高了的住宅水平。只有解决了这个最迫切的问题之后,住宅建筑才能在质量上得以提高。对私人房屋的强力支持和由汽车带来的城市生活机动性的提高导致了城市建筑区域的大幅度扩展。

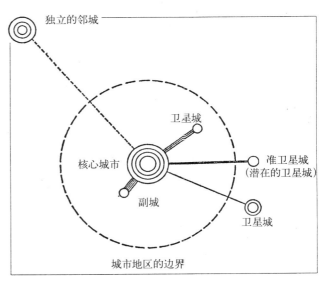

图 8.4 在一个城市地区之内新建居民点相对于核心城市而言的不同存在形式。近距离的附属城区还是卫星城?

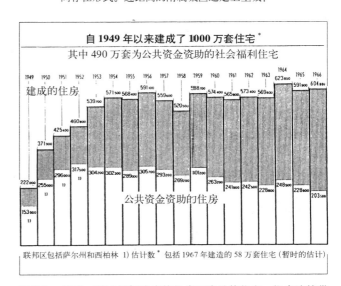

图 8.5 1949—1966年间建成的住房和资助的住房。住房建筑带动经济快速发展

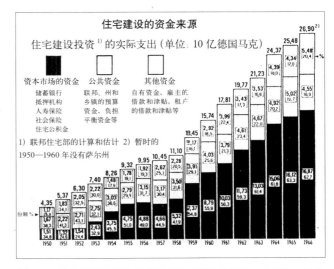

图 8.6 住宅建设的资金越来越多地来自资本市场:从35%上升为63%

第8章 扩建:"绿色中心"与城市化之间(1960—1980年) 227

汽车交通统治着城市规划

在 20 世纪 50 年代城市功能的强势分化就已经导致了城市建设在功能上和建筑上对城市行政边界的超越（第 213 页）。城市的功能混合只能在功能交换的意义上地区性地得以实现，这一点以迅速提高的交通量以及与之相关的计划和组织上的问题为最重要的指标。住宅区和卫星城在接下来的几年中继续扩建在"城市的大门口"之前并在面积和居民人数上不断提高，这是一个"城市创建"的时代。

从不来梅的新瓦尔通过杜塞尔多夫的格拉特和美因河畔法兰克福的西北城一直到纽伦堡的长河和慕尼黑周边的新城（第 244 页及以后），20 世纪 50 年代末规划了许多 3000 人和 3000 人以上的新城市。这些卫星城和附属城（图 8.4）虽然在功能上和文化上仍然与老的中心城有联系，但是应该带有一些独立性。

与这一目标相矛盾的是越来越明确的城市功能的划分和相关居住设施提供的滞后。因此这些"新城"就成为了对妇女和儿童来说具有一种单调的居住环境的大型居住设施和就业者的睡眠之城。"20 世纪 60 年代初就出现了这些城市瓦解为单一功能的分散个体的迹象，如果规划当初没有将这些不同的部分融合起来，长此下去，则只有通过密集的交通网才能将他们连接起来"（杜尔特 3，第 28 页，图 8.7）。

另一方面，大幅增长的机动车辆拥有量给城市发展提供了可能性，而这种城市发展在之后的几十年里又进一步受私家车辆城市交通结构的深刻影响。这种机动化私有车辆交通与面积上的城市发展之间的变化关系很快被描述为"交通螺旋线"（图 8.8），后来被冠以"汽车恶梦"而达到顶峰（第 306 页）。

虽然真正的汽车交通繁荣时代只是即将来临，但是 1950 年，1960 年，1970 年一直到 1980 年轿车的拥有量还是从 54 万，450 万，1390 万增长到 2320 万，载重汽车从 40 万，70 万，100 万增长到 130 万。公共交通和私有车辆交通的比率 1950 年还为 67% 比 33%，到 1960 年（汽车拥有量几乎为以前的 10 倍）短短 10 年内就转变为相反的 36% 比 64%，可谓大相径庭。到 1970 年则进一步恶化为 23% 比 77%（沃尔夫，

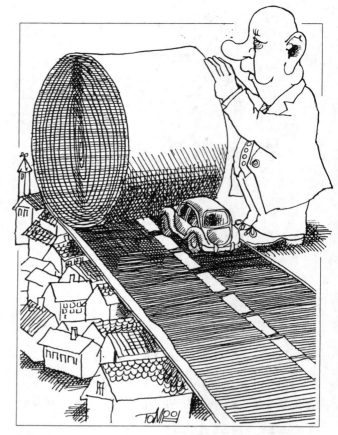

图 8.7　只有一个不断发展的道路建设才能将单一功能的和分散的城市单元联合在一起

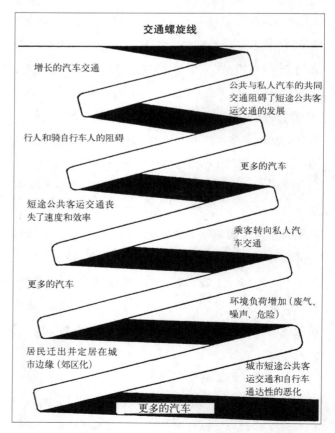

图 8.8　交通螺旋线：越来越多的汽车需要越来越多的道路，这些道路给新的汽车提供场所……

第 184、第 151 页）。 在那些大城市这一比率对公共交通更有利。

从一个变得越来越大的经济和建筑利用强度更大的区域内，经济活动和上下班交通以向心的方向涌向成为了一个纯粹的商业区的内城。另一方面不断发展的城市边缘居住区也出现了更多的交通，尤其是上下班交通。在下班的时候，从市中心以离心状向各个方向运动。大量的交通流在不同的时刻必须向一个方向运动的交通高峰，同样限制了公共交通工具的效益，正像城市外缘区居住区的广阔性给短途公共交通的供给造成了极大的困难，甚至使之成为不可能一样（希勒布雷希特1，第 55、第 58 页）。

虽然这个问题在它的尺度上和今天的问题很难比较，但对城市发展质量方面上的效果总的说来还是相似的。早在 1960 年德国城市会议就已经要求停止城市的这种看似天然的"有机增长"和由此带来的不加控制的向城市周边地区的移民定居。在公共交通工具停靠站附近进行密集建筑的设计方案可以导致另外一种有计划发展的结构模式，目的就是为了达到这种分散的集中（杜尔特3，第 28 页）。

居住区的发展和土地问题

一个老的但是经常出现的话题在 20 世纪 60 年代的规划讨论中扮演了一个重要的角色，这就是土地问题。早在 19 世纪，一些社会改革家就已经认识到合适的居住区用地的公共可用性和私人地产之间的矛盾，并提出了一个解决方案。战后的居住面积扩张很快就导致了土地紧缺的问题，这给土地所有者带来了巨大的好处（图 8.9）。因此亚历山大·米切利希在 1965 年提出："从中可以得出一个结论。只要没有认清居民人口中的阻碍，那么就不可能有一个自由的城市规划。"（第 21 页）

"在财产——特别是地产（因为人们经常夺走我们的钱）神圣不可侵犯的禁忌中蕴藏着不可低估的情感力量。如何去发现、认清和查阅他们，这是个需要迫切解决的问题。首先专业的建筑人员不能做到这一点，因为他们在地产主的利己主义面前显得那样苍白无力。政客们能做的事情更少，因为由此他期待不了选票，而且还要惧怕别人的诽谤。城市被剥削的迁徙者所清楚表露出的不满可以迫使发生一种改变。"（第 22 页）

但是尽管如此，仍然有很多"建筑专业人士"尝试解决土地公用的可支配性的问题。解决问题的需求包括两个方面，即

- 使用问题："土地应该由哪些人和如何使用？用于何种目的？"
- 分配问题："和使用相关的收入收益和财产收益应如何分配？"（施赖伯，第 388 页）

规划者部分非常明确地指出了进行一次新的土地重划的必要性。但是从政治方面还是谨慎地解决问题。尽管提出了大量的解决方案和改革建议，与其经济意义相反土地所有权的社会意义很少得到重视（施赖伯，第 400 页）。因此城市在居住区项目上发展得比较实际，并尝试根据"土地储备经济"将需要的地皮提前拿到手。或者他们将单独的地产业务委托给一个大的住宅建设公司，比如新家园公司，然后在完成了土地购买之后向其他感兴趣的人提供建造房屋的可能性（参见曼海姆－福格尔斯唐住宅区，第 261 页）。

在这一基本问题上直到今天也没有本质的改变。古老的永佃权的工具也是以下列事项为前提的，即土地在转让之前必须先由国家获得："汉堡的城市建筑师黑贝布兰德指出，城市土地关系的规则是通过中古

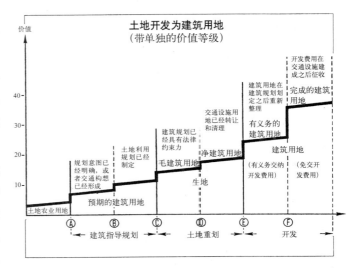

图 8.9 从农田到建筑用地的增值：谁应该有能力将土地用于哪种用途和收益？

多个世纪而形成的，并作为我们解决已经放弃的问题的有价值的启发而出现的：这就是永佃权的原则，'将地产和房产明确分开'，法律上表述为，上层所有权和下层所有权，上层所有权归城市，下层所有权归公民。"（米切利希，第22页）

8.2 在"绿色草地上"建卫星城和新城

"到目前为止，历史上不习惯的数量问题大多由城市规划者线性地解决了：道路变长了。将可重复的可鸟瞰的居住区单元放在中心和卫星城仿佛是一个出路，但是这里埋伏着无聊。所有一切都是人为的，有意愿的，故意的和规划的，也就是加工处理过了的。我们还从来没有经历过，这些新的居住区个体之一突然发出辐射力并从等级上使其邻居从属于自己，并成为新的城市。"（亚历山大·米切利希，第81页）

文明的和密度加大的城市

在二战时期设计出的20世纪50年代的城市规划理念反映了1930年左右的反城市倾向，这些理念在60年代初就已经遭受了强烈的质疑，甚至是拒绝。居住区的"松散化"带来了绿色，但是丝毫都没有带来城市的气息。这种划分给新城区带来了秩序，但是也带来了单调和无聊。居住区的"空间"现在是"流动"的，并且避开了街道，但是"公共性"在哪里呢，哪儿又有"城市生活"呢？

在城市中寻找失去了的文明成为了一个重要的专业论题，于是1963年，在盖尔森基兴举行的德国建筑师大会上，以"通过密集创造社会"为标题提出了纲领性的目标："应该说明的是，为了建立和确定社会的紧密关联，一种集约性的建筑密度是不可避免的。"

"许多建筑师借助他们的职业手段尝试接近社会结构的变迁问题，但是他们注定会失败。因为他们把目光放在看不见的关联上，这些关联延伸到人的渴望之中，而且经常唤醒对城市生活的新的希望。"（杜尔特3，第30页）

城市化和密度成为了20世纪60年代城市规划讨论的热门话题，因为他们给新"卫星城市"的蓝图提供了标志（图8.10—图8.12）。在新的大型居住区还在规划师的绘图板上的时候，首先仍然还是按照旧模式建设。那时拥有足够的需求，因为人们常说"经济奇迹"，这当然也带来了对住房和多余住房的贪婪需求。

社会学家埃德加·萨林于1960年的一次德国城市大会的讨论中引入了"城市文明"这个关键概念。在一个关于德国城市文明的概念和历史的感人的报告中，他不是要求技术方案，而是要求增强规划设计的政治化，将社区自治的政治升值作为民主文化的地方单元。"城市文明是国家以及城市中产阶级意识的核心部分，这种意识在经过了实用主义的构建工作之后，现在终于应该导致人们之间互相交往的一种新品德和宽容。但是尽管萨林发言中的明确伦理呼吁，在之后的几年，规划设计者和建筑师们仅仅将城市文明作为一个廉价的词汇，来掩盖其恶劣的投机利益：'城市文明'现在往往被作为是在中心位置的地产上的可使用的建筑面积的最大收益的累

图8.10 密集化的城市已变成了一个城市文明的空间丧失殆尽、汽车占统治地位的城市

图 8.11 "通过密度实现城市文明"：建筑群和大量人口的堆积就会产生城市生活吗？

图 8.12 "建筑多样化导致社会的多样化"甚至得到了"利润至上"的批判性责备

积。"（杜尔特 3，第 28 页）

与 20 世纪 50 年代许多重建规划的大空间和高度限制相比，建筑密度的增加成为了现代城市建设的证明，这并不缺少伪科学的合法性。受赤裸裸的利益驱使，按社会学研究的阐释，仅仅由于建筑密度的加大，功能和人密集在一个狭小的空间里就可以兑现人们城市生活社会化和活跃的社会的要求，在经过过去的几十年之后这已经成为了许多人的燃眉之急（杜尔特 3，第 28、第 29 页）。

1970 年左右城市规划讨论的标志就是强烈的社会学导向。那时社会学家发起并控制了城市批评，以至于最终海德·贝恩特质询城市规划者的社会景象是什么样子。他们邀请社会学家进入他们的规划小组，但是这却经常导致社会学家被过早地淘汰出团队，亚历山大·米切利希在海德堡的埃莫特斯格伦德项目中就是如此。关于这次合作后来建筑师弗雷德·安格雷尔进行了说明：

"对于我来说，近距离地认识米切利希是一个非常值得的经历。诚然有时候这是让人失望的，特别是由于，他要求的一些东西，他应该知道那些东西本来是不正确的，他是第一个指出不应该出现睡城的人，所以我们问他，那么人们究竟应该在哪里工作呢？请您告诉我们在哪里？"

"米切利希说，所以我们必须找到这些东西。然后米切利希退出了，这并不好，因为在一起对我们来说办许多事情会更容易。米切利希在所有的决定中都扮演了一个至关重要的角色，当第一个异议出现的时候他就退出了，我认为这不够勇敢。"（伊里翁／西弗茨，第 93 页）

规划原则和规划过程

对于城市规划蓝图来说，社会环境条件是很重要的，城市从这些条件中产生并在这些条件下成为现实。在城市蓝图产生和落实的过程之间总有一个或长或短的时间间隔。方案设想和社会目标都需要一个社会"酝酿过程"，以便得到一个适于实施的时间窗口。每个创意都需要时间，将社会草案转化到城市规划方案中。自 1960 年以后就成为城市规划发展的一个独立阶段的这一时期自 20 世纪初以来有如下特征：

- 自 1900 年起，社会力量表达和落实了一些新方案，例如城市花园。
- 自 1920 年起，这些新的设想得到了具体阐释和改进，发展为卫星城市的行列式建筑。
- 1940 年左右开始了"城市景观"理念的各种流派的融合。作为雅典宪章功能分离的表达的"城市划分和松散化"的目标一直影响到 60 年代。
- 从 1960 年起开始了经常被滥用的口号"通过密度而形成城市文明"下的对第三次城市发展的条件

变化的适应。一方面大众化生产和大众化消费，另一方面社会分化导致了规划设想的矛盾。

- 自1970年起，遗留下来的规划理念实施的最后一个阶段引起了来自不同规划和科学领域的批判。

与此同时，商人和政治家还提出了"要求复苏日渐荒凉的内城，要求新的形态多样和功能差异。这种要求不仅考虑到了各方面的供给要求，而且考虑到了商品供应的质量等级，以及新的公众的喜好和要求的多样性"（杜尔特 2，第107页）。

城市规划的这些时期在建设的居住区样式中也可见一斑（图8.13）。规划原则在一定程度上接受了这一形态。"卫生引导的形式减少"于20世纪20年代末导致了严格的"行列式建筑模式"，这一模式在20世纪50年代首先"松散化"并最终"解体"。20世纪60年代凭借"城市化"的住宅建设形式走出了一条城市规划的道路，这条道路到20世纪70年代又回到了其起点，既封闭式建筑街区，即使形式上完全改变。

这一居住区模式的变迁过程，作为城市规划理念改变的表达以不同的建筑密度而出现。20世纪初的封闭式建筑群的建筑容积率还几乎为3.0，而20世纪20年代至50年代的行列式居住区的建筑容积率则降为大约0.5，20世纪60年代密集街区重又达到1.0以上。以下为几个带建设年代，平均建筑容积率和净住户密度的住宅区实例：

卡尔斯鲁厄－沃尔特施塔特：	1957年
建筑容积率0.55	141人／公顷
曼海姆－福格尔斯唐：	1964年
建筑容积率0.67	222人／公顷
法兰克福－西北城：	1963年
建筑容积率0.85	330人／公顷
慕尼黑－新佩尔拉赫：	1967年
建筑容积率0.96	320人／公顷
汉堡－施泰尔绍普：	1970年
建筑容积率1.12	404人／公顷
柏林－格罗皮乌斯城：	1962年
建筑容积率1.28	340人／公顷

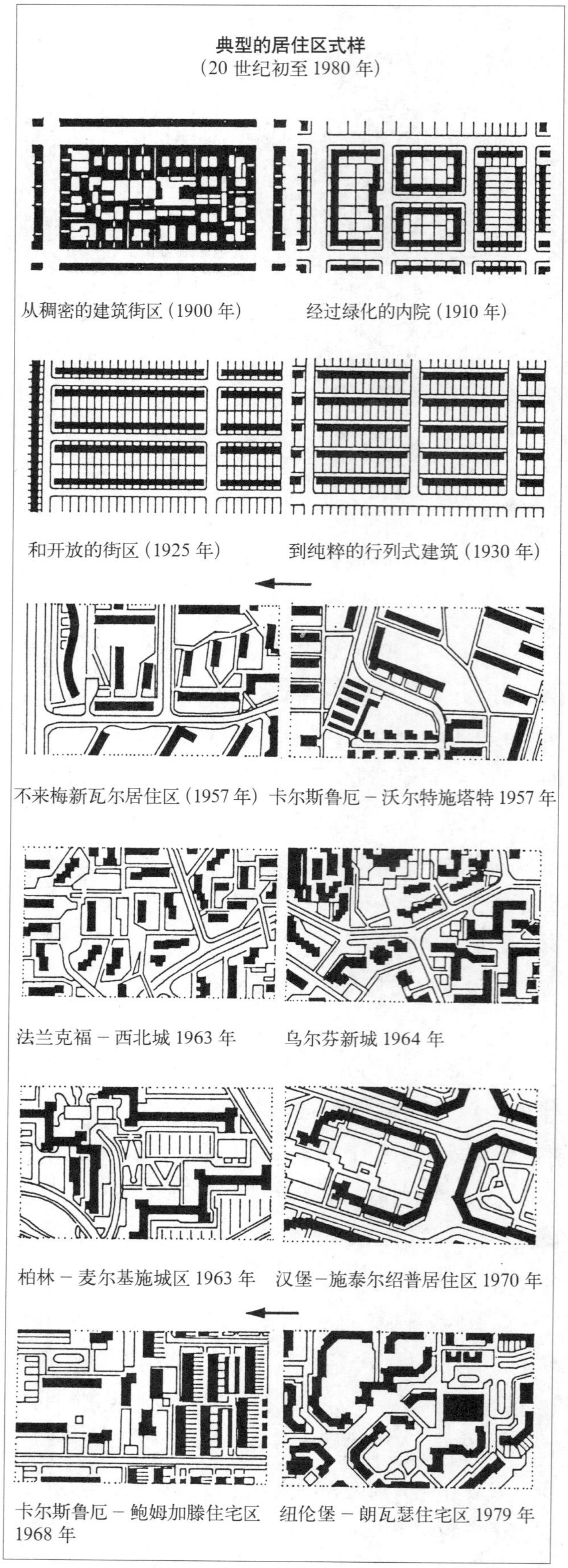

典型的居住区式样
（20世纪初至1980年）

从稠密的建筑街区（1900年）　经过绿化的内院（1910年）

和开放的街区（1925年）　到纯粹的行列式建筑（1930年）

不来梅新瓦尔居住区（1957年）　卡尔斯鲁厄－沃尔特施塔特1957年

法兰克福－西北城1963年　乌尔芬新城1964年

柏林－麦尔基施城区1963年　汉堡－施泰尔绍普居住区1970年

卡尔斯鲁厄－鲍姆加滕住宅区1968年　纽伦堡－朗瓦瑟住宅区1979年

图8.13 直到20世纪60年代的居住区结构的解体，以及城市空间的重新发现

海德堡 - 埃莫特斯格伦德： 1969 年
建筑容积率 1.35　　　　　　　424 人／公顷

新城市的第二代想通过密集的建筑形式形成一种新的城市文明，其与周围的天然的自然景观形成强烈的对比。其是一个期待大幅增长和信仰规划全能性的时代。以节省面积和通过增加居住密度和设置通向公共设施的便捷道路而促进城市生活发展的目标，那些伴随着较低密度和占自然支配地位的划分的和分散的城市的蓝图被认为是反城市文明的而被抛弃了。

"为了有利于具有更大集中度的大型供应区，这样小型街坊的秩序原则被放弃，而没有离开形式、功能和生活关系单元的目标。"（伊里翁／西弗茨，第 14 页）

但是规划的过程变得更综合，以至于建筑公司不仅作为建设者还作为规划者参与其中，他们从城市规划方案经过购买地皮到建筑施工，把一切都揽于怀中。这就很难避免建设规划很宽泛和灵活，或者其后才执行具体的建筑施工计划，或者甚至在建筑施工完成之后才完成施工计划。

那时的市长拉策后来描述曼海姆的福格尔斯唐住宅区的规划过程说："新家园从财务角度来看一定能够比那些需要几年才能把地皮搞到手的城市更能将地皮积累，直到最后一块归为己有，然后开始建设。"其他的建设公司用许诺摆脱了土地购买，他们"在成功地完全采购全部地产后会得到一个和他们的经营能力相适应的大块用地，以便能够通过在全体规划中的添加按照他们的设想进行建设"（伊里翁／西弗茨，第 62 页）。

"在制定建设规划时，我们有一个详细说明的建筑体图纸，该图纸会显示建筑发展，之后会确定真正的建设规划。该规划是根据人们找到的组织形式而大规模确定的。但是并不确定建筑物，而是说明本区域的最大建筑高度，最大利用强度，此外还应参阅其建筑体图纸或者关于造型的准则图。但是这里没有详细的规定。"福格尔斯唐的车型中等高度建筑的建筑师彼得·德雷泽尔如是说（伊里翁／西弗茨，第 67 页）。

第二代新城市的标志为：

- "在几何分布的建筑结构中的水平和垂直方向的建筑更加密集直至统一的城市规划大型形式。
- 公共需求设施和以短距离的不受气候影响的道路为目标的住宅建筑之间的建筑上的连接。
- 扩大基础设施，后果为更大的供应区，空间上通过更大的居住密度获得均衡，目的是业务上的最佳化和用户的最大化的自由选择。
- 自然和风景作为对比环境，城市中的绿地主要作为呈几何分布的城市绿地。
- 建筑群打上了建筑系统工业化的烙印，建筑经济学的表达原则为：形式追随生产。
- 道路系统和多层的小轿车车库的为形式的交通系统占据优势，通常受到技术装备的补充，例如中央垃圾收集系统，每套住宅的远距离供暖和布线。"（伊里翁／西费茨，第 14 页、第 15 页）

在下面的说明中，将几个 20 世纪 60 年代和 70 年代的大型居住区和卫星城根据粗略的特征分成如下几组：

- 20 世纪 20 年代的传统行列式建筑；
- 松散的建筑结构，如同 1960 年之前；
- 高密度和城市化；
- 封闭式建筑群的新形式；
- 较长建筑阶段中变化的结构。

行列式建筑：20 年代的传统

1960 年后，在少数的一些大型住宅区中仍继续着那种朴素的，严格地对齐排列的行列式建筑的传统。但与 20 世纪 20 年代不同的是区分出了不同的建筑形式，这些形式从两层的行列式住宅到 6 层或 8 层的高层出租公寓。此外，作为城市建筑的重点或者说是主要特征的高层住宅公寓也将被列入规划之中。那些大众需求的机构及购物中心大多都被列入基本特征之内。街道的走向为弧形，与那些沿街小道样式朴素垂直的建筑形成鲜明的对比。斯图加特的雉尾状庭院和弗赖贝格就是很好的例子。

• **1960—1965 年斯图加特雉尾状庭院建筑群**

在城市规划局的规划（F·G·海尔，F·哈恩，W·霍普夫）提出后，这一规划从 1960—1965 年通过 28 个建筑公司得到了实施，这些公司大多为公益性的住房建筑公司。雉尾状庭院的名字来源于一个 1730 年由埃伯哈德·路德维希公爵建立的，后来又扩建有娱乐宫和花园的"养雉场"，早在 1941 年，这里就规划为纳粹党冲锋队的居住点，住户有 10000 人。建筑是封闭式的，还有一个中央集会广场。那些城区中的住宅是仿照中世纪的城市，符合当时的理念（本书第 145 页，图 6.10）。战后的规划与其有着很大的区别。它由 3、4、8 层，南北向的行列式建筑以及三幢 20 层的高层建筑组成（图 8.14、图 8.15），可供 10000 人居住的这一大型住宅区（1995 年约 7000 人），占地面积为 78 公顷，居住纯密度为每公顷 311 人，并应有一种社会结构上的混合。与此相应的是预计在这个生活区中会建有各种不同类型的建筑和配置形式或产权形式：2076 套（73%）为社会福利租用公寓，649 套（20%）为私有住宅及 96 套（7%）为行列式住宅。

沿着小山脊的一条绿化带穿过本住宅区的中间，

图 8.14 斯图加特的雉尾状庭院。1965 年的航空图片清楚地显示了还未绿化的居住区的行列式结构，有较高的板状房屋和点状的"城市规划的标志性建筑"（图片中部为 H·沙龙设计的"礼炮"）

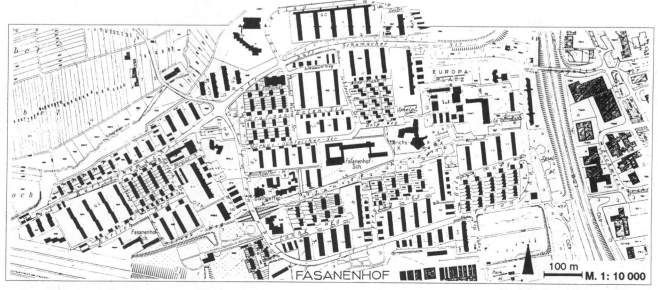

图 8.15 图为斯图加特带一致的行列式住宅的雉尾状庭院住宅区。在一条带有公共设施和欧洲广场中心的从西南向东北方向延伸的绿化带两旁是不同的住宅建筑形式

在那儿有中心建筑"欧洲广场"及许多公共设施。一条带通往内部的死胡同的外环路使行列式建筑物与绿化带的一种梳状道路连接成为可能。人们计划建立有轨电车交通联结，但是这个计划直到今天仍未实现。那些高层住宅在形式和设想上有着相当大的区别：

雉尾状庭院一号楼：建筑师为威廉·蒂德耶和约瑟夫·莱姆布鲁赫，22层，在一座东西向的片式高层建筑中有200套私人住宅。

雉尾状庭院二号楼：建筑师为奥托·耶格尔和维尔纳·米勒，20层，带有两个连接通道的塔式高层建筑和圆形外廊的连体高层建筑。

雉尾状庭院三号楼：7层的片式建筑，沿B27号公路的防噪声墙而建，1968年由巴符州的新家园公司设计建造。有100套出租住房。

"礼炮"：建筑师为汉斯·沙龙和威廉·弗兰克。20层，1961至1963年建造，轮廓是典型的分割式，带有很多尖角的突出的阳台。两座弯曲的片式住宅楼由一个几乎独立在外的楼梯和电梯塔楼连接。

• **1964—1970年斯图加特的弗赖贝格住宅区**

根据勒·柯布西耶的要求和方案，在类似公园的绿化区上建造了多座具有开放式的底层且具有固定的支柱支撑的南北方向的片式高层住宅（第378页，图8.83）。其近旁的低矮建筑群一直建到斜坡上的葡萄种植园前。这样就实现了其预期的目标——美丽的景色、良好的日照及大面积的绿化。1956—1964年间，弗赖贝格是从罗特威克居住区（第200页）一直到门希菲尔德居住区的山脊住宅节的一部分（图8.17）。1959—1962年，城市规划局（F·G·海尔，H·布卢默，M·申普，F·施特尔等人）贯彻实施了这一规划，并由20家建筑公司在1964—1970年间将其实现（图8.16、图8.18）。

在占地面积为87公顷的整个地域（38.3公顷的纯住宅建筑用地，10.6公顷的公共用地，7.7公顷的街道）上建成了292幢住宅楼，其共有3081套房屋。其中包括了880套一般的社会福利住宅，1110套工人住宅（斯图加特有轨电车公司，TWS，邮局……）和约100套独户住宅。密度值为：高层住宅区的建筑密度为（GRZ）0.35，容积率（GFZ）为1.08—1.3；一层单户住宅建筑密度／容积率为（GRZ/GFZ）0.6；两层的行列式住宅建筑密度为0.45，容积率为0.9。不久后在西面补充建造的一幢州保险公司（LVA）的高层办公楼的建筑密度为0.8，容积率为2.4。

其预期目标为10000名住户，但在1972年并没有实现这一目标，其实际住户仅为8218人。到1987年，人口总数甚至减少到了7700。住宅区中配备了很多常见的日常所需的公共设施：幼稚园，小学，体育馆，青年活动中心，2个购物中心（5500m²，1300m²）及

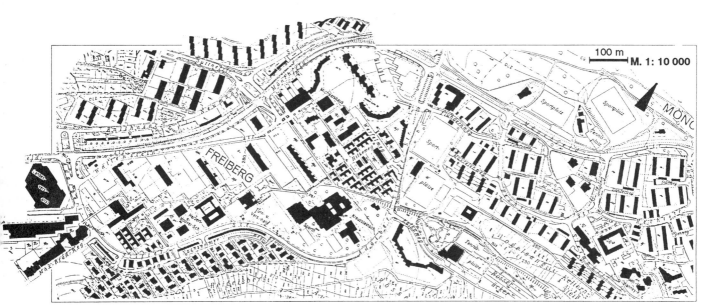

图8.16 位于斯图加特的弗赖贝格住宅区，拥有"公园中的住房"。建筑量主要集中于五座片式高层住宅，由此得到一个具有公共设施和中心的连贯的绿化区域

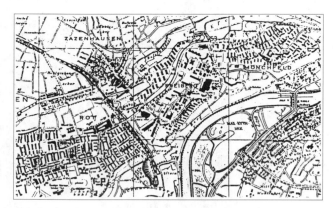

图 8.17　战后位于斯图加特北部的住宅区带：罗特威克住宅区，弗赖贝格和门希菲尔德住宅区（从左向右）

图 8.18　斯图加特-弗赖贝格：位于内卡河谷上方的山脊为人们提供了一个绝佳的远眺场所

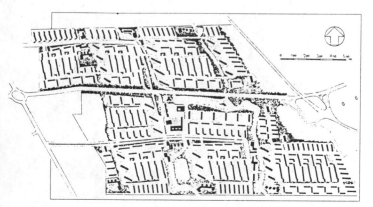

图 8.19　三家建筑设计事务所拿出的新瓦尔住宅区的最终规划。"这就是现代城市规划的先锋主义？"

远程供热接口，制定建筑规划的根据是："由建筑群高低和空间宽敞、紧密的改变而得出城市规划形态的特征，从而避免了千篇一律的模式。每座建筑物都有自己的特性，所有居民构成的生活共同体都能共同享受诱人的高地景观。"

按照传统理念的松散结构

"松散的和划分的城市"的模式自 1960 年后还在继续发生影响。这并不令人吃惊，因为规划在很早以前的 20 世纪 50 年代就已经多方面地展开了。即使这一理念不是很具体，其中只能理解一个完全确定的设计方案。全面绿化的建筑群的形成以及在四周的相互之间通过绿化带隔开的"邻居"的重复建设产生了一个确定的标志。如同一个大面积的中心地区一样，一种大规模的快速道路连接，即是这个标志的体现。在这儿范例性的有：不来梅的新瓦尔，它渊源于 20 世纪 50 年代；杜塞尔多夫的格拉特居住区和法兰克福的西北城区，它们虽然是按照空间城市的模式设计出来的，但可以看作是"松散的"类型。

• 1957—1962 年不来梅的新瓦尔

1956 年按照独立草案，恩斯特·迈，汉斯·伯恩哈德·赖肖，马克斯·萨乌马/京特·哈费曼这些不来梅的建筑师们被授权成立一个工作小组，共同来为不来梅"田园城市瓦尔"东部的（第 201 页）地区编制一个建筑规划。在 1955 年出台的《解决不来梅州住房问题的法案》框架范围内计划用 4 年建造 4 万套住房，结果实现了 1 万套。这一距市中心大约 5 公里远超过 200 公顷大的地区的草案，初步定为由 5 个"邻里"组成（图 8.19），这些地区建有学校、商店、公共设施，构成自己由绿化带、林荫道分开的单元。

除大约 1250 座独户住宅外，主要设计了一些 4 层行列式建筑，那种松散的分组形式塑造了花样繁多的绿色空间（图 8.21、图 8.22）。除了 8 层高的板式住宅楼之外，还建造了七幢 14 层的标志性塔式高层建筑。除高速公路旁的高楼以及那些标志性的 14 层建筑外还应该有一幢远远高于其他一切建筑的高楼拔地而起。它位于瓦尔湖的源头处，正如设计师所计划的，这幢22层高的建筑仿佛就是这个大型住宅区的象征，在旁边应是柏林自由购物中心的位置。所追求的中心点在高度上得到了体现。到1960年，芬兰建筑师阿尔瓦·阿尔托设计并建造了拥有180套小型住宅（一到二居室）的扇形高层住宅，它的造型就像是伸向夕阳的手指（GEWOBA住宅建设股份公司，第61、63页）。

像田园城市瓦尔一样，新瓦尔也是由建在大面积绿地中的住宅构成，但是尽管如此几乎没有人再称之为是"田园城市"（图8.20）。恩斯特·迈更近一步强调了其重点所在，他说："我们有意识的在弗朗茨·许特大道旁建造一座现代化大城市，是因为如今的人们都想要一种拥有其全部优点的大城市。但是较小的密度（容积率0.7，每公顷185人）给人们造成了另一种印象：新瓦尔没有达到一个20000—30000人口城市的集聚度。毫无疑问，设计者许诺的是一种具有强烈城市气息的生活。新瓦尔位于市郊，它总是面向着市中心的购物可能性。但是很明显，市郊的需要也不能全部得到满足。20世纪60年代，租户们抱怨房屋总是那么狭小而且缺少一个真正的中心——一个集会中心（GEWOBA住宅建设股份公司，第66页）。

尽管如此，恩斯特·迈和汉斯·伯恩哈德·赖肖连同不来梅的建筑师们一起建造了一个住宅区，这个住宅区至今仍被视为20世纪50年代大型住宅区的典范，并且享有着至少全欧洲建筑艺术的声望。1980年人们甚至考虑将新瓦尔和日园城市瓦尔共同纳入文物保护行列。"在这期间（1980年）人们拥有了丰富的首先是'20世纪70年代密集城市建设阶段'所

图8.20 中央瓦尔湖畔的行列住房诠释了这个基本理念："畅通的，绿化的城市空间"

图8.21 1965年左右的新瓦尔居住区，后来演变为拥有更广阔风景区的完全绿化的居住城市。高层住宅"突出"了这种行列式住房。阿尔托高层建筑（图中央上方处）显示出了需扩建的带商业的中心的位置所在

图 8.22 位于不来梅,拥有"田园城市瓦尔"(右下)的新瓦尔居住区。城区由街道划分为由内部庭院构成的行列式建筑组成的邻里

238　19 世纪与 20 世纪的城市规划

带来的反面经验。在这种背景下新瓦尔就显得更加具有说服力。因此,由于文化历史方面的原因,他们对其实施的有效的保护措施也是符合公众利益的。"(GEWOBA 住宅建设股份公司,第 49 页)

• 杜塞尔多夫的格拉特住宅区(1961—1973 年)

新城区格拉特的规划是对巨大住宅需求的一个反应。就像在所有的大城市里一样,这种需求的形成是由于每年居民人口都要增长 24000 人。由于连接杜塞尔多夫和科隆的铁路线和旁边的高速公路所造成的同轴的中断的杜塞尔多夫南部地带需要一个连接进行了招标,这一地带 1958 年进行了招标。马克斯·古特尔建筑事务所的方案 1958 年得到了一等奖。他们的草图是用一个共同的主中心把两个地区紧密连接。这个大约 250 公顷的整个城区被划分成 5 个带有各自中心的生活区(图 8.23—图 8.26)。它们再由被狭长的带人行道的绿化带分开的住宅区组成。这样就可以不受汽车交通干扰地到达中央有轨电车站(至市中心 12 分钟)。道路连接由内部通过带主街的同轴的中央"交通带"实现,由中央交通带再分出各自带有许多较小的枝杈道路的四条环线。单个住宅区共进行了 7 次建筑和城市规划招标。

人们力求实现一种建筑形式及所有制形式的混合以达到一个恰当的居民阶层比例。在 8000 多套住宅中,85% 主要为供出租的社会福利住房,15% 为私人住宅。四层高的住宅楼有些为行列式排列,在后期则大多为波形庭院状布置,并且通过在中心及边缘地带建少量的高层住宅加以强调(图 8.89,本书第 275 页)。这些住宅楼间也插入了许多建筑风格迥异的独户住宅。1971 年格拉特有居民 28000 人,而现在由于每户居住人数的减少而降至 20000 人以下。在平均建筑密度为 0.26,容积率为 0.85 的情况下净居住密度为 313 人/公顷。人们有意识地缩减了公共绿地的份额。因为城区本身已位于绿色景观之中并且较大的私有绿地份额给人造成了一种全面绿化的卫星城的印象。

• 法兰克福的西北城(1963—1968 年)

从 1957 年起,法兰克福就有了减负城区的规划调查。1959 年,对与罗马城(第 112 页)交界处西北地区的一块 170 公顷大的地区进行了招标,其实更确切地说是适合房型的竞标。在招标中提到"竞赛的目的并不是树立城市规划的最终形式,也不是将特定的城市规划任务交付给一名作者"。评委会仅颁发了一个二等奖和两个三等奖,其中的一个授予了沃尔特·施瓦根沙伊特、塔西洛·西特曼、汉克和洛伊纳(交通)。

汉斯·坎普夫迈尔,这位城市规划负责人回忆当时的情形说道:"一等奖当时并没有颁发,一个二等奖被迈获得,我们必须认可他的工作。我们需要竭尽全力,使我们详细了解的而又不能列出的施瓦根沙伊特的设计草图,成为组委会颁发的两个三等奖中的一个"(普罗伊斯勒,第 16 页)。这张设计图应该在实践中运用"空间城市"(第 188 页)的理念,并且成为了新城区城市规划发展的基础。这个新的城区拥有提供给 25000 居民的约 7000 套住宅(图 8.28,格莱尼格,第 120 页及以后)。

73 岁的施瓦根沙伊特在一封信中描述说:"当天我被告知,西北城区将按照我们的方案兴建,市议会

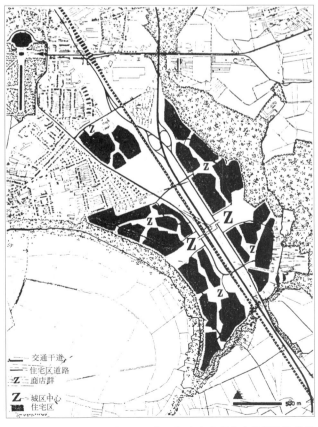

图 8.23 格拉特居住区的功能图解。拥有商店群和步行绿化连接带的五个邻里

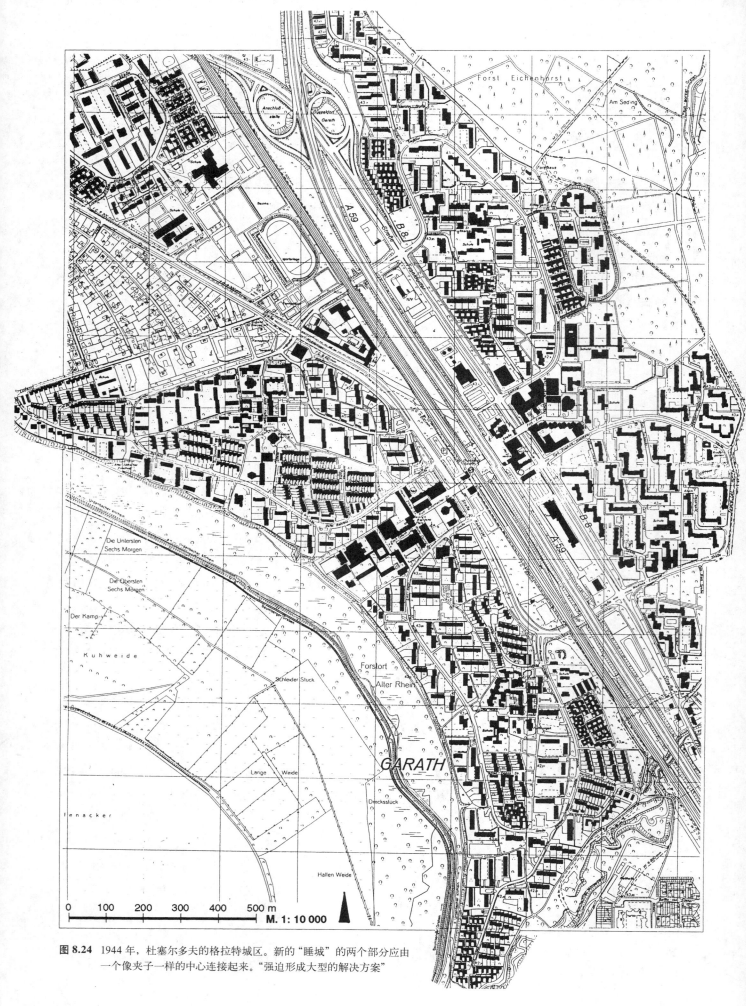

图 8.24 1944 年,杜塞尔多夫的格拉特城区。新的"睡城"的两个部分应由一个像夹子一样的中心连接起来。"强迫形成大型的解决方案"

写信给我：'请您建造出您的空间城市。这可是您一生的任务啊！'对此我的答复是：现在毕竟过了40年，其他人在我这个年龄的时候，早就体面地放弃了挑战，但我一生的要务才刚刚开始。"

1963年，拿骚花园住宅公司，公益住宅建设股份公司，Gewobag公司，新家园公司和小型住宅股份公司开始了施工，在这些楼群中90%是多层楼房，只有10%是独户住宅，共有100种不同的住宅平面图，将被称为"白色阳光城市"的居住区内朴素建筑的立方体造型和直角风格成为了原则。不同高度和造型的楼房在一个绿色空间周围构成了风格不断变化的空间群体。这"和人们持续的改进愿望是相符的"（图8.29—图8.31，施瓦根沙伊特2，第101页）。这个相对开放的城市建设方案（图8.27、图8.32），在今天的现实中只能看出兴建在森林中的一些单个的建筑。针对批评施瓦根沙伊特反驳说"为使人性化设计尽可能得到发挥，分化的居住区空间的外形设计质量应给予奖励"（普罗伊斯勒，第18页）。

环状的居住区街道和通向40个地下车库的支路

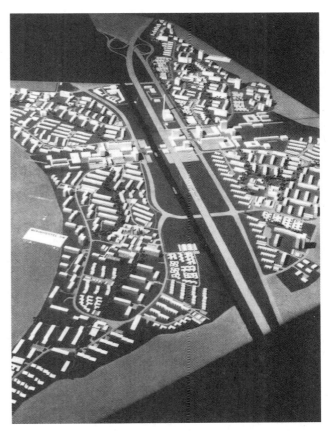

图 8.25　格拉特：马克斯·古特尔设计草案的建造模式将尽可能以这种形式实现

图 8.26　杜塞尔多夫的格拉特城区，一个"在至今未开发的土地上兴建起来的全新的城区"，1970年。在一条宽阔的交通通道两旁花费7亿马克建造起的一个"为近30000人而建的居住城市"

第 8 章　扩建："绿色中心"与城市化之间（1960—1980 年）　241

图 8.27 冬季美因河畔法兰克福西北城，1968 年。一个"空间组织"（施瓦根沙伊特语）环绕在一片绿地周围，靠近中心位置还留有铺设快速公路的线路（左边是罗马城的一部分）

的开发是建立在机动车行道系统和人行道系统完全分离的基础之上的。人行路穿过楼群中间的绿化带并在桥上越过主街。行人在没有行车道切口的地方通过斜坡被和缓地引到了桥上，而他却不知不觉。"居住城市"东部边缘的西北中心在多个楼层上与地铁，停车楼和一个环形公路相连，它被分开地作为一个"紧凑的设施"来设计（第 283 页）。

屋型结构的设计没有委托施瓦根沙伊特和西特曼，他们的职责仅限于城市规划的高级负责人。"参与者在一开始就必须抵制异议，目的是为了让第三名获得者的方案得以直接贯彻实施。施瓦根沙伊特与法兰克福过去 20 年中富有成效的城市规划传统和田园城市理念的历史联系在当时的出版物中没有被察觉（或者是因为与恩斯特·迈的紧张关系而避免在出版物中出现）。"（第 147 页，普罗伊斯勒，第 19 页）

"楼房之山"：高密度式城市化

尽管也进行了"全面绿化"，无论成排的楼房整

图 8.28 拥有各种形式的"楼群"的法兰克福西北城的基本设计图，由支路连接

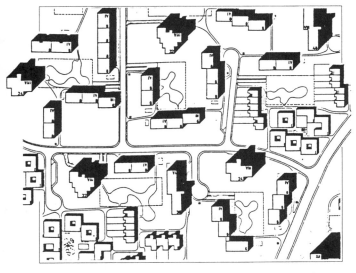

图 8.29 不同风格,不同高度的建筑构成了"楼群"。其环绕着……

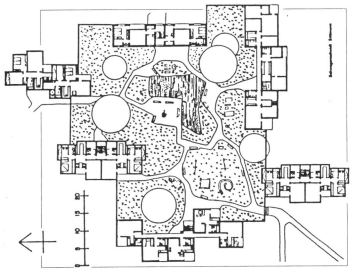

图 8.30 "外部空间",在这里人们"只可以步行"。没有车辆的空间对行人来说非常安全

图 8.31 "高和低,大和小,空间上的群落一直是由不断变化的形式构成。"

齐的排列,还是不同的楼房以松散的组合方式排列,都不可能如规划者所期待的那样在大型住宅区,即在"新城"出现"城市文明"。通过密度、高度和变化单个城区到市中心应该给人以很明显的"冷漠的城市"的感觉。沿着建筑区,大片的绿化地应从市中心向田野延展开去。而住宅区依绿化地而建,其作为"保护"的空间;道路体系依建筑群而设,其作为"城市"的空间,构成了一个充满张力的对比。科隆的合唱者之家住宅区达姆施塔特的克拉尼希施泰因住宅区,柏林的勃兰登堡住宅区和海德堡的埃莫特斯格伦德住宅区,都属于这种类型的住宅区,"住宅区"和"建筑物链"错落有致、高度不同。

• 科隆的合唱者之家住宅区 1960—约 1990 年

"为什么不全部都拆除呢?这或许才是最有意义的。这个问题并不是来自居民,而是来自同事中的一些美学家和空闲独户住宅的所有者。提问者所忽视的,或者也是他们所难以想象的是:人们愿意住在合唱者之家。无论对这种'大住宅区'的城建模式如何横加指责或强烈排斥,这种住宅区还是有着它自身的存在合理性。"(阿苏姆·里夏德)

这段论述出自 1993 年的一篇关于"改建中的合唱者之家"的报道。对合唱者之家的改建始自 20 世纪 80 年代中期,当时有大量的住房处于闲置。当对这个新城区进行规划的时候,科隆对住宅的需求量急剧上升,居民从 1946 年的 455000 增加到 1963 年的 770000。1922 年弗里茨·舒马赫的第一次规划考虑的动机就是:"绿色中的城市生活和贴近福林格湖"。战后施瓦茨的城市重建规划的框架(图 8.33)和 1957 年的城建局也都借鉴了他的思想。

按照 1959 年爱德华·佩克斯、约阿希姆·里德尔、哈拉尔德·卢德曼的规划,一个中期的住房建设将满足 100000 居民的住房需要。在一个被划分的具有不同功能的中心和次中心的带状城市的基本结构中,具体的建筑区段都应该按照需求进行规划和实施(图 8.36)。根据"高密度式城市化"原则,鳞次栉比的最高为 30 层的建筑群(后来减至 25 层)与开放型的庭院相接合(图 8.34、图 8.35)。按照规划的目标,住宅楼房中 63% 是出租楼房,37% 是私家住房。

图 8.32 法兰克福西北城区，1994 年。在罗马小城和原有的城镇核心之间如今又延伸出一大片充分绿化的房屋群落，这几乎无法认出还有一个规划方案。空间城市怎能没有空间？

①马丁·路德·金公园；②西北中心；③鸟类保护树丛；④学校；⑤西北医院；⑥普劳恩海姆；⑦勒默施塔库；⑧尼达；⑨鸟类保护区

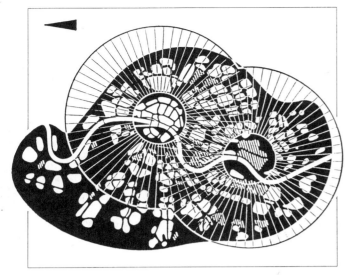

图 8.33 1950 年鲁道夫·施瓦茨设计的"科隆双城"：商业城和工业城，周围环以卫星城

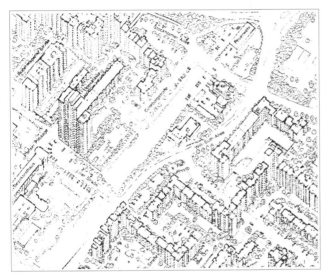

图 8.34 在"绿色环境中的城市生活（绿色中的城市生活）"是合唱者之家遵循的城市建设原则

图 8.35 ……拥挤的建筑，给人带来压抑感并挤压着开敞空间

而在有许多高楼的中心地段，94% 是出租楼房，其中的 84% 由国家资助。

通过住宅区旁的商业区的补充，应该使功能划分有所减弱。作为具有两个横向带扣的外环的道路交通与人行道完全分离。在 20 世纪 70 年代初根据 1958 年的规划方案建立的主中心连接着一个有轨电车出口，它除了一个多层楼中的购物区之外，还建有不同的公共和行政机构以及休闲设施。1990 年在合唱者之家和西贝格这两个大约 320 公顷大小的城区里总共超过 27000 居民住在大约 10000 套住宅里。

"在合唱者之家不仅出生并长大了一代人，他们在这里降生，他们在这里建立了他们的社会关系，不久他们将自主决定：是离开这个自己出生长大的地方还是在这里安家置业。所以规划是不可避免地要考虑到这些因素：各种弊端必须尽可能快地得到克服，避免产生被抛弃感。因此拆除不可再提。"（阿苏姆／里夏德）

• 1963—1974 年柏林的勃兰登堡城区

跟德国其他的大住宅区不同，勃兰登堡城区成为过分的非人道的城市建设的同义词。一座座高层建筑在这儿落成的时候绝对不会被看成是"令人恐惧的建筑"（图 8.37）。20 个年轻但有名的建筑师在这里实践了他们的有一个长期规划过程的城市规划方案。1934 年第一次对这一花园地区进行改造尝试，1950 年将其划为住宅区，1955 年做出了改造决定（图 8.39）。

20 世纪 50 年代中期，在这块大约 400 公顷的地区的小型房屋中居住着约 12000 居民，他们的房子一般都是从草棚改建的并只有少量的基础设施。在接下来的几年里，城市规划从最初的开放性的私人住宅转变成高密度的不规则的行列式建筑。极大的住宅需求和从东柏林不断增加的移民潮迫使不得不进行高密度式城市建设。尽管如此，由于地基和地下水条件的限制，只在本地区的一些部分建立了较高层的建筑。另外，由于政治上的原因，原先存在的平房建筑并没有被广泛拆除。

1962 年，建筑师维尔纳·迪特曼、格奥尔格·海因里希、汉斯·C·米勒受城市建设委员会的委托，

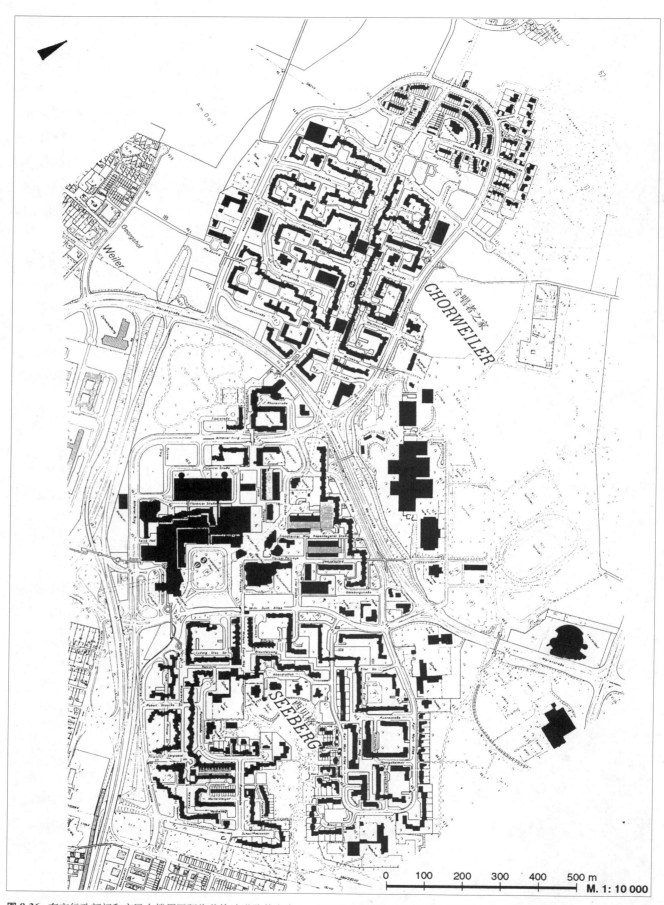

图 8.36 有市行政部门和市民大楼周围环绕着快速道路的市中心，位于科隆合唱者之家松散的高层住宅和西贝格住宅区之间（1994 年），专家要求将它拆除：这是抱怨的产床！

编制改建区的城市总体规划。同年他们提出了一份完全不同于城市规划的整体施工规划（图8.38、图8.40）。13000套住房，将分成三种不同的建筑区块，这些房子一般有6—8层或18层，建筑区块从一个中心展开，周围是带公共设施机构的绿地或者小楼房区。最初预计只建造400多套单户住宅以作对现有房屋的补充。

第一部分建筑区完成于1963年至1965年，共建造了大约600套住宅。1965年，中心区的改建工作随即展开；到了1968年建成5000套，1970年则达到10000套住宅了。1974年已建成17000个住宅单元，可容纳50000居民。总共建有11座学校，16家幼儿园，一个主中心，4个次中心，一个供暖中心和其他的公共设施。停车场起初都建在底层，尽管居民反对仍然不断地侵占绿地和威胁有价值的休闲空间，这样到了20世纪80年代就逐渐建造地下停车场了。具有一系列楼房改造措施"居住环境改善"方案将有效地防止住宅区的慢慢破损。

"1962年，在西柏林东边的边界建立勃兰登堡城区是一项昭示未来的工程，随着它的建立，整个城市也将列入规划（图8.41）。到1972年，将有60000居民住在这儿。人们可以乐观地断定：在这片土地上将成为现实的，不是一座在绘图板上规划好的整齐的城市，恰恰相反，而是一座故意设计的别出心裁的不规则的城市。然而，只要这里的居民不能共同参与决定和塑造，只要'丰富多彩'不是来源于居民的生活，而是由不同的建筑师手中的笔所描绘出来的，那么，所谓'故意设计的别出心裁的不规则'只能流于空谈。"（杜尔特3，第30页）

- **达姆施塔特的克拉尼希施泰因住宅区，1968—1973年**

"克拉尼希施泰因是达姆施塔特的一个城区，其地理位置得天独厚。其中心地带是三个通过阻截鲁森河水产生的湖泊，那里如今已是四周绿树成荫了。由克拉尼希施泰因狩猎宫延伸开来的森林在三处包围着城区，这些森林向东延伸到梅赛尔。12至16层的边缘建筑物构成了四片巨大的景观空间的外围框架，其内部是较低的被绿地包围的建筑。在这些湖泊的四周，在公路的旁边是安静的步行小路，偶尔会点缀几处留

图8.37 约1985年时柏林的勃兰登堡城区的东北部。"原先的老房子必须被住房机械取代。"花园住房和高层建筑之间强烈的对比体现了勒·柯布西耶的要求

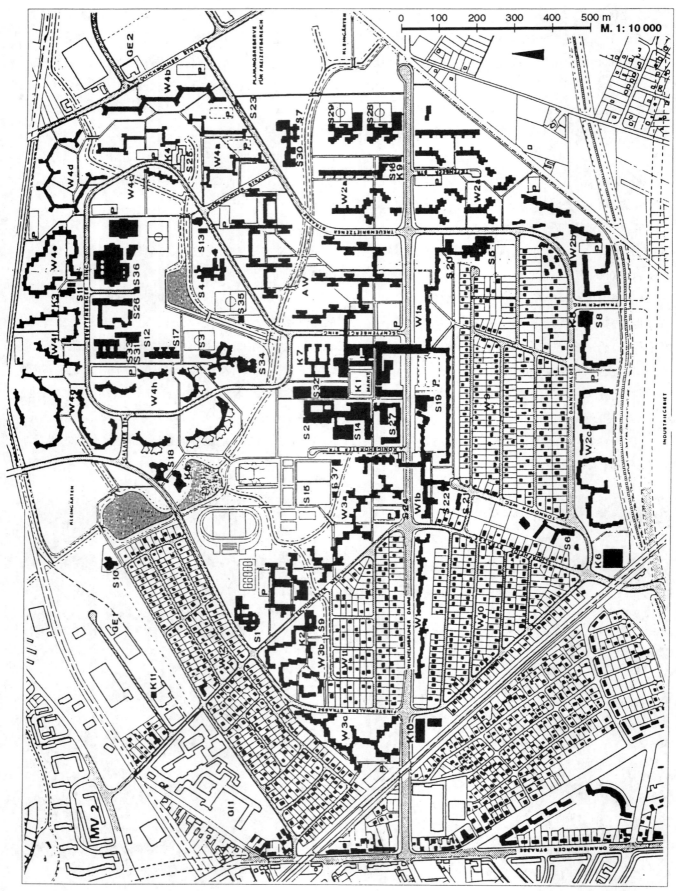

图 8.38 柏林的勃兰登堡城区，1970 年的规划。三座四层的颜色鲜艳的楼房环从中心展开，四周环绕着小楼房区，和一个带有体育设施的次要中心。色彩鲜艳的忧郁？

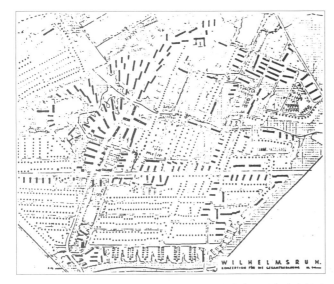

图 8.39 1957 年"威廉斯鲁厄住宅区"的设计方案，后来成为勃兰登堡城区的设计方案。由分散的行列式建筑……

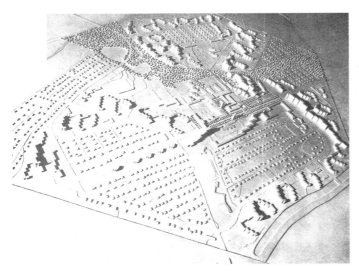

图 8.40 ……到 1962 年，成为了楼房越来越高，并且建筑越来越多样化的高层建筑链（模型）

给青少年的游戏场。另外很多次要的设施，比如学校，两个教堂，一个养老院和一个旅馆也都是这道风景线的内容。"

"湖边平台上的购物中心是这道风景线的终结。它位于宽阔的入门大道的末端，在城市重点区域的附近。湖边平台下是交通主干道，它越过一道堤坝先向东北延伸，然后转向西北方向，通向阿海根。由于平台地下有足够的停车场，可以保证交通环境的安静，地上的商业区就可以为顾客提供足够多的购物机会，让他们满意地买要他们日常需要的商品。"恩斯特·迈在他针对 1968 年的奠基仪式的纪念文章中这样快慰地解释他对克拉尼希施泰因住宅区的建筑设计（安德烈斯／施图默，第 143、144 页）。

1965 年恩斯特·迈取得了克拉尼希施泰因住宅区的规划任务，这是达姆施塔特东部北方的森林卫星城之一，按照格日梅克的方案，计划在一条新的但 1980 年被城建局否定的"莱茵－美因高速公路"旁，于森林中兴建多个减负住宅区。由于时间原因，并未对此进行竞标。同年迈就拿出了前面提到的在绿地上建造城区的方案。这个方案不但解决了 18000 人的住房问题，还应为 6000 人提供就业机会（图 8.43、图 8.45）。

作为城市规划的转变应通过高层建筑联合成为一个由形式决定的住宅区骨架，"公散城市"转而被取代。这种曾经非常成功并给人留下深刻印象的城市形态将城市的密度与风景空间的广阔自由空间联系起来。在其中的平地中，低矮建筑和那些与城市有关的场地找

图 8.41 勃兰登堡城一区，"德国城市建设的一个转折点？"位于威廉斯鲁厄大坝旁的"大型建筑雕塑"，从某种意识上讲，更是规划失误和非人道的住宅建设的同义词

第 8 章 扩建："绿色中心"与城市化之间（1960—1980 年） 249

图 8.42 恩斯特·迈想在达姆施塔特的克拉尼希施泰因住宅区中有意识地造成不同高层建筑与其包围的稠密的平房建筑之间的对比。恩斯特·迈的设计方案没能在一期工程中实施（1980年）

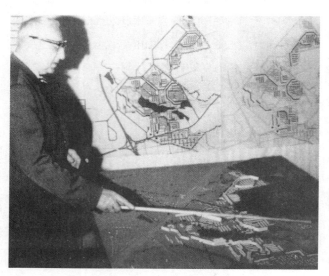

图 8.43 1965年恩斯特·迈在讲解为克拉尼希施泰因住宅区进行的前期设计。板式高层建筑……

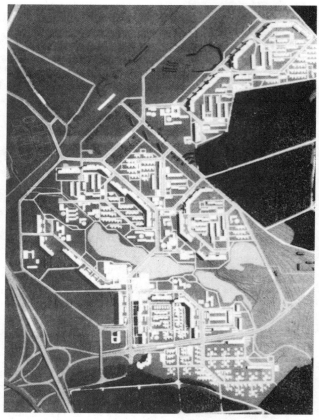

图 8.45 克拉尼希施泰因住宅区的三期工程中（1966年模型），只有南部的部分得以实施……

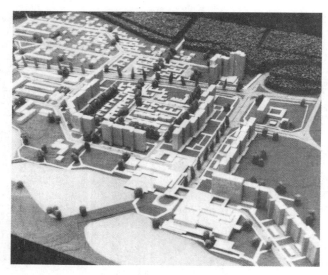

图 8.44 ……后来变得更短和形式更单一。图为带有湖畔大型中心的一期建筑模型

到了自己的位置（阿斯曼在安德烈斯／施图默所著的书中，第14页）。

1968年初新家园西南公司就已为一期工程的12层高，175米长的板式住宅楼奠基（图8.42、图8.44）。四年后，1971年底，建成了约850套住房，其中三分之二由国家资助，住入了2600人，这引发了对高层建筑和"荒凉的街道"的强烈批评。此外还缺少生活后续设施,购物亦不方便,因为"购物中心"只是一个"简陋的木板房"。任命了两位"辩护设计师"作为市民和设计者之间的调解人。他们报道说:"居民们感到他们是被关了起来,巨大的墙壁看上去十分危险。"

在讨论新的设计方案时,在1970年去世的迈的设计方案被否定。"卫星城的形态完全改变了。如果说卫星城在兴建之初还被誉为'城市建筑发展未来的里程碑'的话,那现在只能被证明是处在心怀怨恨的环境里的'贫民窟氛围'。恩斯特·迈用大型格式划分新城区的想法已经很快就被视为是城市规划的误区。现建成的部分是大尺度的压抑和单调。"(安德烈斯/施图默,第154页)

没有进行新的竞标,而是决定采用一种居民密切参与的"公开的规划程序"。几周之后人们应该在"纲要阶段"清楚地指明城区理性持续发展的道路。众多报道致使最终于1973年出台的新的建筑方案中只有2至4层的楼房,一条从外部引入的连接,并带有一个简化了的购物中心(图8.46)。在此基础上接下来为居住区另外几个部分进行了竞标,为现有的房屋并没有进行多少改善:第一期工程作为未完成的作品矗立在那里,好像是一个纪念碑,纪念在低矮的景观中"通过密度达到城市化"的理念(安德烈斯/施图默,156页及以后)。

• **海德堡埃莫特斯格伦德住宅区(1969—1985年)**

"两位慕尼黑建筑师,弗雷德·安格雷尔教授和亚历山大·冯·布兰卡男爵的设计方案达到了米切利希的标准。他们的基本设想可以用几句话简单地说明:海德堡主街的拥挤(城市-城市生活的主动脉),在埃莫特斯格伦德也应该找到它比例正确的替代品。"(伊里翁/西弗茨,第87页)

这种个性化产生于一个由亚历山大·米切利希(社会学)、沃尔特·罗索(景观规划),以及协会与乡镇代表大会(图8.47)的代表等评委组成的大型委员会。这个委员会将按照一种有6个工作环节组成

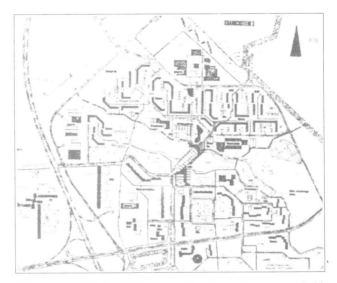

图8.46 ……1973年的结构方案用3至4层的住宅建筑更改了规划

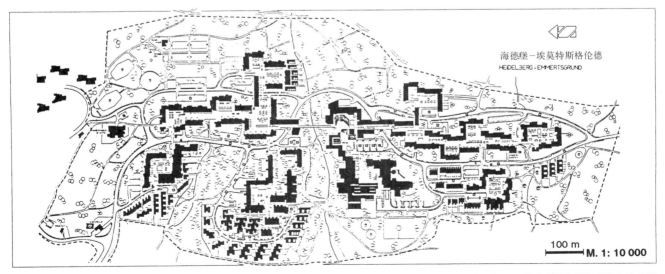

图8.47 海德堡埃莫特斯格伦德住宅区,它位于西坡,向西拥有最好的眺望条件。在城市规划上它是一座孤立的"睡眠之城"。"这个住宅区过于追求城市化。这种追求的趋势发展太快,它是在突进。"

的鉴定程序在1968年至1970年期间鉴定由两个建筑师事务所（竞争者：卡尔斯鲁厄设计共同体），修订的设计草案。早在1957年海德堡就有了一份有关当地住房需求的鉴定书，这导致有大约11000居民的埃莫斯格伦德以及一个附近的工业区被纳入到土地利用规划方案中。

弗雷德·安格雷尔后来回忆道："这一切开始于一场设计竞赛。人们给我们看了地皮，在那儿为尽可能多的人建造房屋的必要性不言而喻，因为在海德堡已经没有继续发展的空间了。对于我而言这个设计在当时非常重要的是在老城区和新城区之间没有任何视野联系。这是一个梦幻一般的位置，在地皮之上是森林，在地皮之下是变荒芜的许多小果园，美不胜收。有理由并可以理解之处在于这块地皮（西坡）极其适于建造住宅。然而居住地点和工作地点的一体化在这儿却是不可能的，这是一个冲突。"

"我们设想的目标是：我们要设计出一个具有城市特性的城市，而不是一个城郊。我们不想建造通常的住宅区，而是要建造一个紧凑的、密度较大的结构。这块地的南北方向大约1.2公里长，这和慕尼黑老城的尺寸相同。地块在东西方向是一个70多米的斜坡。这就是说，如果想要建一个步行区的话，只能考虑从长的方向着手，与莱茵河的斜坡平行，在此这一线性方案还会变得更有特点，虽然这个坡总体上向西向莱茵河倾斜，却同时有横向谷和侵蚀谷。侵蚀最强烈的地方是位于埃莫特斯格伦德的中部。我们的目标是，找到一个平行于斜坡的轴，然后在向外突出的斜坡圆顶上，按照地形的变化，在各个圆顶上安排单个的小局部区域，并使每一小部分都相对密集地向中心轴靠拢。"（图8.50、图8.51；伊里翁／西弗茨，第87页）

米切利希对这种建造的建议表示同意，虽然他要求将工作区与之更紧密地结合并最终退出了规划方案小组："我觉得城区的整体构成很和谐并富于变化和使人感到惊奇。那种在整套设计的住宅区规划中很少可以避免的单调在这里成功地避免了。如果这个项目，像规划的那样成功了，就会具有榜样的意义——是向着更好的城市规划的方向前进的一步。"（伊里翁／西弗茨，第94页）

这个有70公顷面积的住宅区于1970年被纳入联邦示范建筑项目，并从1969年至1985年左右由十家建筑公司承建。中心的公共设施按照卡尔弗里德·穆奇勒的设计方案于1969年建成，商业区按照安格雷尔的方案于1982年建成。在有12000居民的将近4000套住宅中的平均容积率为1.35，净居住密度为424套住宅／公顷（图8.48）。在新住宅区中仍然有关于结构和细部的争论，这最终在1989年的埃莫特斯格伦德方案中得以解决，这一方案得到了2000万马克的国家补贴（城市翻新计划方案）。凭借这些改善措施应该使该住宅区达到"更高的社会接受度和具有较好的市容"的标准。"两层的行列式住宅将作为较新的建筑补充"（图8.49）。

图 8.48　高层建筑群里集中的住房并不被接受而且太贵，所以……

图 8.49　……20世纪90年代初在南部建起的二层行列住宅是高层建筑的补充

新式街区：城市空间的复兴

20世纪70年代后半段兴起的"公共空间的再发现"不仅为现有住宅区街道，广场空间的塑造提供了动力，同时也推动了新住宅区城市空间的创造。存在"公共与私人对立"可能性的居住区，正像汉斯·保罗·巴尔特所要求的那样，首先还依旧是追求"文明化"的另一种住宅区形式。但是设计者学会了绕过这一问题，因为首先人们还不能设计带有封闭的边缘建筑物的真正的城市空间或避开城市空间的私人或公共使用的空间。几年后才得以实现这种变化，这不能将19世纪的条件简单地放到今天来，因此也并不是没有问题。这个过程可以从下面的一些典型例子中看出，从曼海姆福格尔斯唐住宅区和慕尼黑新佩尔拉赫住宅区，经过汉堡施泰尔绍普住宅区和阿勒默厄住宅区（后面详述），再到后期的纽伦堡的朗瓦瑟住宅区。

• 曼海姆福格尔斯唐住宅区 1964—1973年

"我们不想把这个时期流行的行列式建筑作为我们规划的基本要素，而是试图建造许多的空间和庭院，使空间单位具有充满张力的界线"（德雷泽尔建筑师，引自伊里翁／西弗斯，第94页）。链式"蜂房"住宅是四层楼高的房型，庭院互相交错，构成了福格尔斯唐住宅区的特征（图8.53）。尽管住房紧缺，建造这一新城区的原因之一是，由于附近的居住点条件好和工厂又多，致使曼海姆的居民人口出现下降。而位于瓦尔施塔特和凯斐谷之间曼海姆东北部的"福格尔斯唐住宅区"项目的地块极为有利，因为：

— 它远离工业区；
— 它与"凯斐谷森林"水源自然保护区以及近郊疗养区很近；
— 当地的交通网十分便利；
— 有可能通过公共地产来建造社会福利住房；
— 拥有建造2万套住房所需要的约140公顷总面积（相当于曼海姆内城面积）。

施瓦本住宅区协会的约瑟夫·莱姆布罗克于1959/1960年进行了第一次规划。他曾经设计了此方案，后来被"新家园公司"收购。"新家园"的子公司公益住宅建设有限（GEWOG）公司又作了进一步规划，直到1961年市政管理局和公益住宅建设有限公司之间举行了一次内部投标，公司有一个统一的规划指挥部在部署规划，直到1964年建筑规划得到批准。当年就开工了。事先，新家园公司受曼海姆市政府委托，收购了全部的地皮，部分地皮转让给其他建筑承包商。赫尔穆特·施特里夫勒完成了具有两层购物场所的低矮的主中心的建造任务（第282页）。

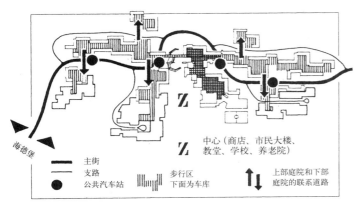

图8.50 埃莫特斯格伦德住宅区的草图，左右蜿蜒的主大街和分隔开来的步行区

图8.51 弗雷德·安格雷尔和F·冯·布兰卡设计的海德堡埃莫特斯格伦德住宅区的建筑模型。与山坡平行穿过谷地延伸着一个线形的步行区，住宅建筑群与步行区卷成一束

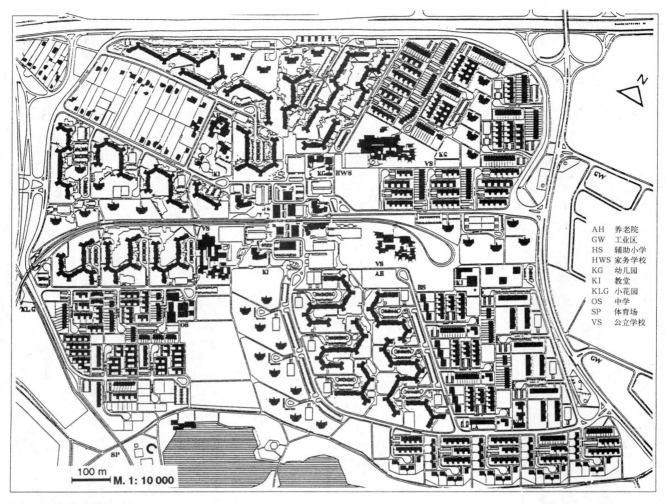

图 8.52 曼海姆福格尔斯唐住宅区，1965 年前后。有不同的建筑形式区域。由高层住宅到伴随的"蜂房"住宅群从中心向四周放射状延伸。中间还建有平房建筑

AH	养老院
GW	工业区
HS	辅助小学
HWS	家务学校
KG	幼儿园
KI	教堂
KLG	小花园
OS	中学
SP	体育场
VS	公立学校

住宅区的城市规划方案（图 8.52、图 8.55）规划在市中心周围建造一组高层建筑（20 层高楼，占住宅套数的 17%），与此毗连的是四层高六角形的租赁房区域（人称"蜂房"建筑，占住宅套数的 65%）。绿树环绕的三排高层建筑将这个住宅区切分开来，并与外圈的独户住房和行列式房屋连接起来（占住宅的 18%）。这个设计方案的特点是，从边缘向中心密度加大，整个地区分成了四块住宅区域，各区都带有作为中心的公共设施。

一个从外围开始的连接使机动车沿支路进入，四块小区，这样就不可能穿越中心（图 8.54）。而中心则位于伸向住宅区、放射的独立的步行路的交点（图 8.90）。有轨电车经过福格尔斯唐中心城区，将城区划分为两个居住区域，并将其很理想地与整个城市连接了起来。居民人口从原来的大约 5000 人（1968 年）发展到了 17500 人（1974 年），但 1988 年居民人口回落到 14500 人。尽管原先计划的 5500 套住房数略超过，但是还是未能达到所期望的居民人口 20000 人。平均容积率为 0.65（低层建筑：0.33；中层建筑：0.80；高层建筑：1.05）。除了以往在住宅区常出现的一些居民共同生活中的问题以及开始出现居民老龄化问题以外，其他矛盾并未出现：曼海姆福格尔斯唐住宅区是一个"无戏剧性的新城区，没有矛盾，是很规范的小区"（伊里翁／西弗茨，第 54 页）。

• 慕尼黑新佩尔拉赫住宅区 1967—1985 年

20 世纪 60 年代，慕尼黑建造起一座"卫星城"新佩尔拉赫，其无疑可称得上是 20 世纪 60 年代最大的住宅建筑项目：无论是 1000 公顷的住宅区面积，10 万居民，3 万个就业岗位，还是有直径为 450 米的"大型住宅区中央居住环"的形式都特别引人注目。这项开始于 1960 年名为"解决住房困难"的建筑规划也

叫"延森规划"。整个规划计划兴建三个减负区，分别建在当时125万人口的大城市慕尼黑边缘，况且慕尼黑每年人口增长的速度是2万人，这三个区域的名称分别是：施莱斯海姆、弗赖哈姆和佩尔拉赫。1962年位于东南面的地块也纳入土地利用规划之中。

1963年"巴伐利亚新家园"公司被确定为"佩尔拉赫新城"（1972年改名为新佩尔拉赫）的建筑承包商。新家园公司还负责土地经营，一半地皮必须转让给其他建筑承包商。在总共为530公顷的三个地区在自愿的基础上进行土地重划，需要注意的是其中80%土地为"私人拥有"，不能买到。1967年举行中央地块建筑投标的时候，来自柏林得奖者伯恩特·劳特尔、曼弗雷德·齐默尔、霍斯特-H·迪德特产生了城市规划上建造"大型住宅环"的想法（图8.56、图8.57）。这个环行式的住宅围绕一个带学校和教堂中心的花园建造起一个"墙"，有18层高，1500套住房。大型住宅环北面紧邻的是于1981年建成的"佩尔拉赫购物走廊"，其供应区包括了40万人。

当有8000套住房的第一期工程已于1967年开始建设时，1969年，新佩尔拉赫住宅区作为联邦德国建筑住宅样板小区受到资助。小区分六块，每块有1万人至15000人（图8.58、图8.59），中心地段为步行区。每个配有小型商场的住宅小区通过"汽车拥有特权的"街道网栅相互隔离开来。其城市规划外形发生了巨变：北区是松散的行列式住宅（至20世纪

图8.53　六角楼作为基本要素构成了空间和庭院，它"抛弃了通常的行列式建筑"

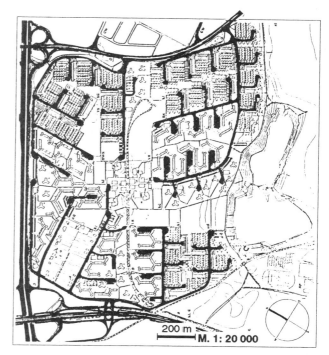

图8.54　一条带分岔的死胡同的外部连接使中心区的保留成为可能

图8.55　福格尔斯唐三面受快速道路的限制。向东南方是一片从绿色中心到湖边，再到自然景观区的开敞空间。高层建筑群应该成为这个巨大的居住区的"城市化标志"

第8章　扩建："绿色中心"与城市化之间（1960—1980年）　255

70 年代中期），东区是绿树成林的"住宅长列"（至 1980 年），南区是重新启用的构成城市空间封闭式建筑物（20 世纪 80 年代初；图 8.82）。

佩尔拉赫居民人数约 81000 人，工作岗位 36000 个。在 330 公顷土地上建造了近 27000 套住宅（三分之二用于出租，二分之一由公共开支资助），84 公顷土地面积用于工商业建筑物。绿地面积比例很高，因为 1000 公顷总面积中只有三分之一是用于住房，所以容积率为 1.0—1.2，居住密度为 245 人/公顷时的，住宅区密度"只有"约 80 人/公顷。无论怎样，这还是大城市周围地区的三至四倍。

"谁想说我们的城市'没有吸引人的地方'，说新建住宅小区毫无创造性，说卫星城是一副悲伤面孔，还说建筑项目投标过程中有贿赂问题、裙带风问题，谁对'公益性'这个已经得到实际运用的概念模糊不清，或者认为住房紧缺、房租上涨必须寻找替罪羊，就是他去了佩尔拉赫也是白去。25 年来，新闻大肆宣传，对每一个发展步伐紧追不舍，并且评头论足，一些人说它们是居住环境罪恶的典型，另一些人又说它们是远见卓识的和灵活的规划的典范。虽然，新佩尔拉赫不像勃兰登堡城区那么享有盛名，但无疑也是值得人们去称赞的好榜样。"（恰舍尔，第 504 页）

由于"卫星城"建筑规模庞大和较长的建筑周期，城市建设的理念发生了重大改变，因此新佩尔拉赫没有城市规划上的整体外形。这个时期所谓"图解式"住宅只是适用于部分地区，不再是住宅区的大型单元。从这个意义上说，汉堡施泰尔绍普住宅区是个例外。

- **汉堡施泰尔绍普住宅区 1970—1976 年**

即使直到那时在城建的道路上还存在着传统方案的烙印，汉堡施泰尔绍普大型住宅区无疑具有 1970 年左右所有"新城"中最简洁的大型外形（见本书封面图片和图 8.60）。1961 年举办的城市规划方案比赛，虽然获奖作品产生了，但并没有解决汉堡老城以北 7 公里外的那座新"卫星城"的问题，卫星城坐落在布拉姆费尔德东部。在许多获奖者中间产生了布尔梅斯特＋奥斯特曼（汉堡）、加滕＋卡尔（汉堡）、卡迪利斯、约希克、伍兹（巴黎／柏林）和祖尔（汉堡）组成的

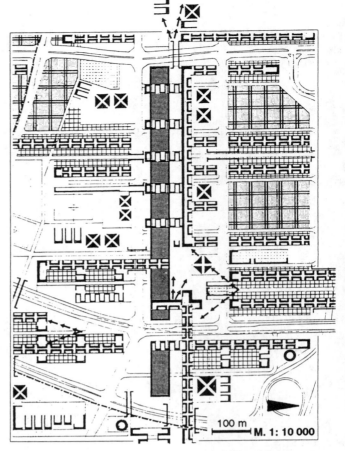

图 8.56 虽然柏林自由建筑规划小组提供的"空间秩序"结构方案是个推动……

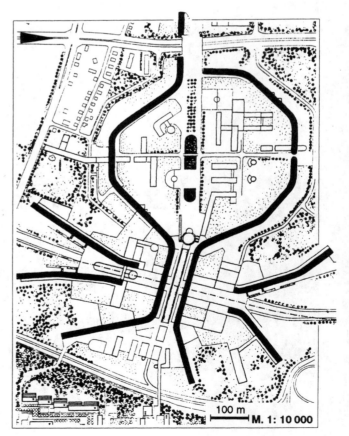

图 8.57 ……推动一种新的抽象的规划方法开展，但是新佩尔拉赫中部的那个大型建筑获得了奖项

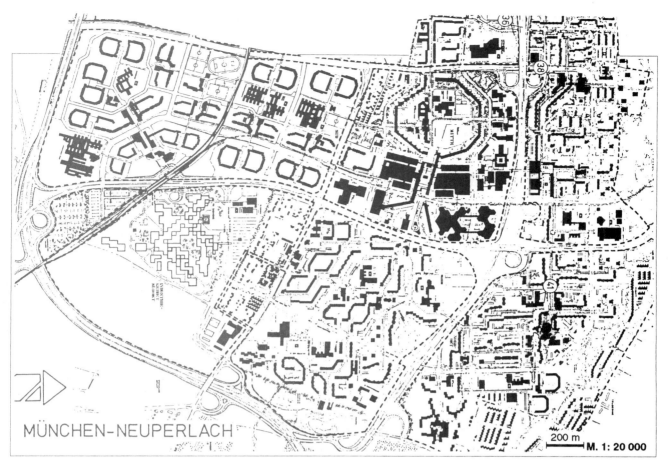

图 8.58　慕尼黑新佩尔拉赫"超级住宅区"于 1970 年规划，面积扩张到 1000 公顷，快速干道将建筑区域分离开来。"环行住宅"构成了新佩尔拉赫与……

图 8.59　……西部老佩尔拉赫住宅区（上部）之间的接头。1980 年的航空照片展示出整个住宅区，东部像个"长蛇"，大型建筑物南部是开阔的地带，后来在此一个个以砌块建筑方式建设的住宅出现了

图 8.60 1985年拍摄的汉堡施泰尔绍普住宅区。带有步行街旁绿化的内院的大型住宅街区，这个街区围绕着一条带中心和综合学校的中轴弯曲，并向外部的开敞空间点状地变高

"建筑师联合体"。这个联合体得到了进行一次新规划的委托。

早在1955年前，人们就在带小花园和临时住房的地区对土地重划的准备和建筑作了第一次考虑。20世纪60年代初期，事实上城市建设的理念已经从松散向加密转变。1965年，"建筑师联合体"拿出了一个配有院子的被称为"重新发现"的住宅建筑设计方案（图8.63）。以后，指定的承包商汉堡新家园用建筑的准备工作又对设计方案进行了进一步修改。开工前不久，汉堡区域规划局又对预先规划做了一次修改：原计划容纳18000人改为24000人，原先建造5500套住宅后改为7200套住宅。容积率提高到1.0，功能上也作了补充，计划在附近建造一个商务办公城"北城"，提供30000个工作岗位。

在设计方案中，原来只想建造居住城的住宅区，在中间作了拐弯，成为双建筑群列，并配有一个中央步行街区（图8.62）。横向冲着20个"大型街区"的"基本设施轴"，宽90米，长130—150米，包括南面一个购物中心，北面一座学校。方形建筑群围住了带绿化的内院，内院有私人的也有公共的开敞空间，绿地外缘与停车场接壤（图8.61）。与其相连的是与步行区垂直的街道弯道，其略微偏移地伸展，南面与四车道的大街衔接（图8.64）。从中心的步行区对角广场，四层的建筑，向南面升高至7层，在北面甚至至13层，因为那里相邻大的开敞空间和布拉姆菲尔德湖。

总建筑用地175公顷，分别由绿地57公顷、学校占地面积10公顷、运动设施用地7公顷组成。计划盖4650套9层楼高的住宅，周边盖200幢单户住宅，结果完工的有6380套，13层高，222幢单户住宅，以及有135套老人居住用房。住宅几乎都是社会福利住房，或者是为城市公务员提供的住房。一半住房和中心是采用混凝土预制构件建造的。这个住宅区竣工后至1976年住了约23000人，直到今天人们还在翘首盼望计划建设的地铁，因此现在只能使用公共汽车。由于住房配置单一出现了大量社会问题，为此造成了年轻人、失业者以及社会救济人员的比重过大（各为30%）。还有位于汉堡边缘空间和功能上受到隔绝的地理位置以及与汉堡市区的联系费事费力受到了

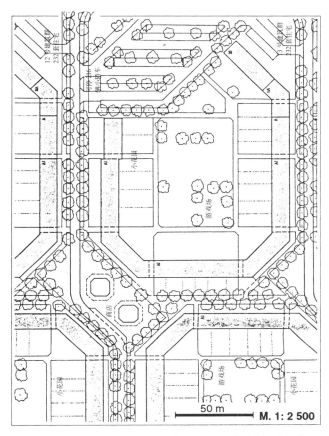

图 8.61 施泰尔绍普住宅区街区图（各有约 230 套住宅），有小花园、道路和停车场

广泛的指责。尽管采取了将部分住房改造为私有住房等对应措施，但根本上没有解决问题，因此效果不大。这样一个重要的城建典型就丧失了它应有的名声，原因是在设计政策上犯了错误，将所有社会问题都"推移到了"新城区。米默尔曼斯贝格居民区甚至延续了同样的错误（图 8.65）。

• 汉堡阿勒默厄住宅区　始建于 1973 年

阿勒默厄住宅区是作为一项大项目开始的，其可以追溯到弗里茨·舒马赫（参见原书第 301 页）的"鸵鸟毛规划"。1925 年，他计划在沿着去贝格多夫的铁路线旁建造一个约 2300 公顷面积大小的住宅区"比尔维德－阿勒默厄住宅区"，作为一个向汉堡东面辐射的轴线，后来 1973 年的那份土地利用规划规定了新城区居民约 70000 人规模的住宅和工商业用地面积。在有 5 个设计事务所对 1500 公顷土地鉴定人的程序中，人们建议对柏林自由规划组的规划作进一步加工。其主题"水边的建筑"是沼泽典型的河流系统，

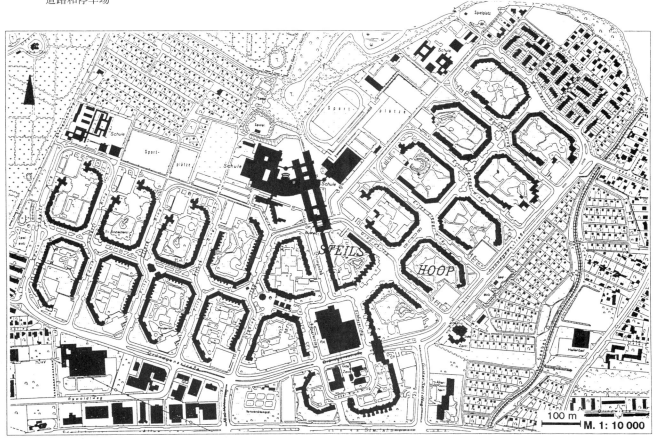

图 8.62 约 1985 年的施泰尔绍普住宅区，以其几乎是相同的建筑街区构成了一种简洁而封闭的外形，这在城市规划上几乎是不能想象的。这城市中美丽的一段是城市空间和内院构成的重新发现

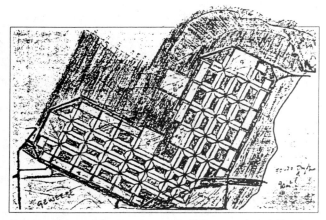

图 8.63 施泰尔绍普住宅区，设计联合体的规划示意图清楚地表明了封闭式建筑的方案，85 米 ×140 米

图 8.64 施泰尔绍普住宅区街道弯道连接了住宅街区，停车场垂直朝着中央的步行区

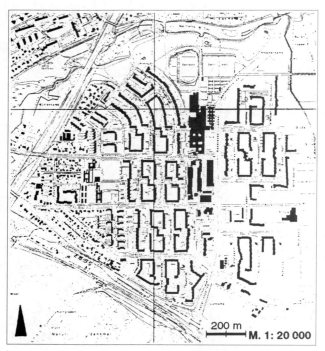

图 8.65 保罗·许茨设计的汉堡东部米默曼斯贝格住宅区，1970—1980 年，追随着施泰尔绍普的封闭式建筑方案

其流经中间高的住宅区。这里绝不建造高楼大厦。根据这个结构规划，1974/1975 年举行了两轮设计竞赛，其内容是约 5500 套住宅。最后是慕尼黑建筑设计公司佩措尔德／汉斯雅格布中标成功。设计方案里地块中间是 T 形住宅建筑，四层楼高，互相连在一起，周围建筑较低（图 8.67）。完工的单户住宅没有多少，1976 年该项目停止了，原因是求房者为数不多。但是 1979 年，汉堡市政府就决定制定一个建造 3500 套住宅的方案，因为当时住房需求很大。

1982 年的建筑规划在 125 公顷的土地上建约 2000 套楼房住宅和 1500 套单户住宅，可容纳 10000 居民（图 8.66）。这个新城区的开发工作是在 1981/1982 年冬季开始的。在以后几年内相继完工了得到国家资助的建筑阶段。因此就产生了"降低成本和节约用地的建筑"或"生态建筑"框架下的住宅，作为"住房和城建的试验"项目。1990 年，住宅区中期结算时，建成了多层建筑 1500 套，单户住

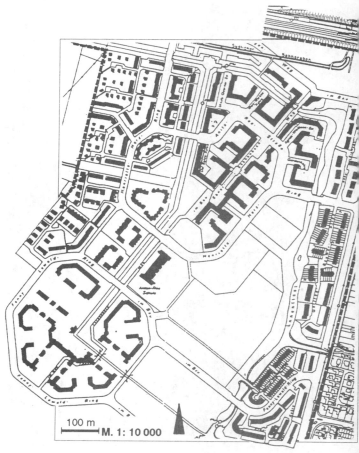

图 8.66 在景气的高涨和低迷中汉堡阿勒默尼住宅区规划只有一部分得到了实施

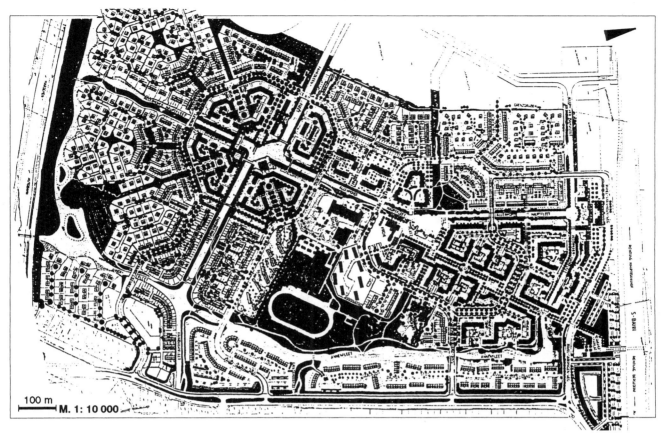

图 8.67 汉堡阿勒默厄住宅区整体规划图（1975 年）。"水边的建筑"是周围有低层建筑的施泰尔绍普住宅区传统中有花纹装饰的封闭式建筑方式的主题。"缸砖建筑方式的运河城"

宅 500 套。新阿勒默厄住宅区（东部）与 1930 年时期的汉堡城市建设以及建筑传统衔接了起来。两层到四层的建筑方式，部分住宅群是敞开的，带院子和租房者的花园，以及带树木的绿化的街道，其居住质量很高。小马路是为步行者和骑自行车的人使用的，给人印象是一个对家庭和孩子友好的"运河城"。从建筑风格上来说，红墙建筑确立了新城区的形象，由此能与周围环境很好地浑然一体。

城市规划博物馆——理念的变迁

经过一段很长的时间几个较大的新城区才建成，以至于方案或多或少地出现了较大的变动。然而无论如何，每个阶段都会以当时的一种建筑模式来进行住房建造。这样，在格罗皮乌斯城，建筑从一般高层住宅的高度向一个前所未有的新高度冲刺。在纽伦堡的朗瓦瑟地区，正经历着一场从行列式建筑物到封闭式建筑物的变革。最终"新城市"乌尔芬标志着一个"田园城市建筑"时代的来临，它是一种拥有自由空间和固定规范道路模式的建筑形式。这些城区是城市规划理念在短时间内变迁的记录，并且紧密相邻。这便形成了一座活生生的"城市建筑博物馆"。

- **柏林的格罗皮乌斯城，第二部分 1960—1975 年**

随着格罗皮乌斯于 1961 年提出的第二期协作建筑师规划的变动（第 212 页），根本不能给出一个如何成为现实的基础。作为协作建筑师规划"柏林代表人"的格罗皮乌斯建筑事务所的设计师维尔斯·埃伯特在几个月以后，制定出了一份"原则性的规划"。这项规划没有与格罗皮乌斯协商就强烈地改变了第二期协作建筑师规划。它在规划和实施之间产生了断裂。其对"柏林习惯"的适应还涉及到楼房的高度、空间构造以及内部的开发。3 层楼房将被 8 层和 14 层的楼房所取代（图 8.68）但也会看到低层建筑。

U 形的建筑群将转变成为一个敞开式的，彼此垂直而立的行列式建筑群。最终，网形的道路系统转变为带死胡同的弯道体系。一项协调（规划）应该成为现实的基础。然而 1962 年在一项包括 14 个柏林建筑

图 8.68 在格罗皮乌斯城中高层住宅不论点式的还是板形的，都构成了城市建筑的面貌。多个建筑师的参与没有促成团队合作，而是形成了单个方案的总和

师事务所参加的对南部和西南部区域进行的设计竞赛招标中，它还没有完成。这些设计几乎不遵循城市规划的预先规定，因而各个方案在局部上显得完全不同。作为评奖委员会主席格罗皮乌斯不满意地表示："从14位建筑师的尝试中可以看出，新颖的建议是有的。但是，从某种意义上来说，并没有发现团队的协作精神，除一些例外。在每个方案中，总有一些其他方案的东西。但是不管怎样，从总体上可以确定14位建筑师很难坐在一起并选出一个协调人，这名协调人与他们一起拟定建筑的一些基本特征，并且按此来进行施工。但在我个人来看，完全有可能制定这样一些原则，而不会自相矛盾……"

"细节的问题完全可以多样化。正相反，如果在这些规模的住宅区里能看见不同的构想和创意，那它会变得更好。在我看来，最大的困难总是出现在两位建筑师之间的所谓"接缝处"。我几天前在这儿已经说过，申克尔曾有一句美妙的名言：'功夫就在接缝上。'人们必须牢记如果在一块大的共同的土地上建造14500套住房，人们就必须有变化，否则这里将变

得可怕的乏味。这将通过材料的种类、配色等方式出现。然而，重要的是，建筑师能尝试着用窗户、屋顶等来实行统一。"（班德尔／马舒勒，第76页）

尽管在1962年底，这项建筑工程已经开始，但能最终确定下来的总体规划仍还未确定。1963年，建筑师哈索·施雷克制定了一个概括性的局部规划方案。之后，在1965年，所有的参与者组建了一个"协调办事处"。同一年，该办事处提交了一份总体规划，在1966年，一个新的协作建筑师规划，即"影子计划"（图8.69）以及在1967年第二项总体规划随之出现。格罗皮乌斯以不断增加的尖锐批判伴随着这个过程，这也使他越来越孤立。在此期间，施工过程遵循着单个区域的规划，这些区域与总体规划几乎没有任何关联。1975年底，建设工程竣工了，一个新的城区兴起了，它与最初草案的基本构想大相径庭。沃尔特·格罗皮乌斯的圆圈形建筑被缩减为一个环形建筑，剩下的局部区域与他所要求的"统一"并不相连。

政治抉择支配着规划的进行并引起期望目标和实际施工决定之间的矛盾。一个空间上相连接的统一

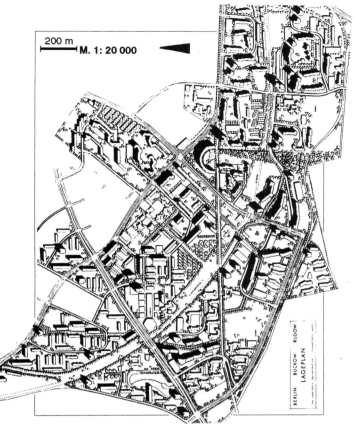

图 8.69 沙龙的"协作建筑师"影子规划（1966 年）是整体性建筑设计方案的最后一次尝试

的居民区总方案最终成为不可能，在这一地点出现的是大量的单个规划的集合。格罗皮乌斯和柏林机构之间的冲突使他越来越脱离规划进程，他作为总协调人的职责逐渐转变为方案批判者的角色（班德尔／马舒勒）。

- **纽伦堡的朗瓦瑟住宅区，第二期 1960—1982 年**

和柏林格罗皮乌斯城相似，同样，在朗瓦瑟总体规划与部分施工同时发展进行。总体规划或施工规划一方面只是适应已建成的楼房。在另一方面，它必须把期望的变化集中在剩下的土地上。在 30 年里，完全不同的有影响意义的部分建筑群出现了，它们受到当时城市规划的和经济上的典范的影响。在朗瓦瑟地区，从南到北这些建筑的资料可以作为战后城市建筑的"具有教科书性质的汇编"而被检阅。针对 1956 年的设计竞赛的成果，随着第一次预期的居民人数的增加，1960 年的建筑规划带来了建筑方式的密集化和改变。

这个过程按 1963 年的建筑规划继续着。由于住房的需求火爆，在本区的 17500 套住房中，预计居民人数将提高到 6 万人。因为建筑群或者说是一个相应的规划在西南和西北地区已经确定，所以规划上的加密只能在东北部（马茨费尔德）进行，单户住宅的份额减少了，楼房、高层住宅的数量增加了。至今为止的单个住宅小区通过绿地的彼此分隔被放弃了（图 8.74）。

1950 年至 1963 年之间，在西北部建成的符合时代的房屋大多数为垂直地或倾斜地朝向街道的行列式建筑物。20 世纪 60 年代初期建造家园的努力在东南部得到了体现（图 8.71）。除了至 1960 年的带横向的构成空间的马路边缘建筑群的行列式建筑之外那里还有行列形地毯式的带有连排住宅和独户住宅的平房。带有花园住宅的地毯式建筑向西南部相邻摆动的并以阶梯状上升的直至 15 层的建筑群（容积率 0.9），一样都是 20 世纪 70 年代初期的标志性建筑。

从 1971 年至 1974 年所造的几乎 2000 套房屋在街道旁形成了一些流畅的和绿化的区域。西北部的局部地区是 20 世纪 60 年代初设计的，它拥有的超过 3000 套的住房和私人单户住宅到 1972 年才建成。在低矮的边缘建筑群旁是直至 17 层的高楼。东北地区作为最后的建造部分，经历了最强烈的范例变化。本地区从设计竞赛方案的 7 幢 12 层高层板楼与行列式建筑和独立建筑的结合体，通过密集的平房进一步转变为第二期建筑规划中的更密集的建筑，其为 4—9 层的楼房直至 20 层的高楼。但是当 1970 年重新规划时，这种强迫加密不再存在了。规划区的大部被划定为拥有在此期间长起的森林和一个朗瓦瑟溪谷中的池塘的公园。

特别有趣的是，工商业区的北面住宅区是一个带有改动的封闭式建筑群（容积率 0.93）。而旁边是无机动车的道路空间（图 8.72、图 8.73），从 1982 年竣工的差不多 1000 套住房到停车楼距离最多 200 米。多变化的部分弯曲的住宅大楼包围着不同的大的绿色内院，并且同时形成了由树木划分的公共场所。这种现代化的 4 至 6 层的封闭式建筑形式再次拥有了城市规划的质量，而并没有汽车交通的不利因素。居民们没有把通向停车楼的道路视为不便。1990 年差不多 15000 个居民中 60% 住在政府资助的出租住宅中，超

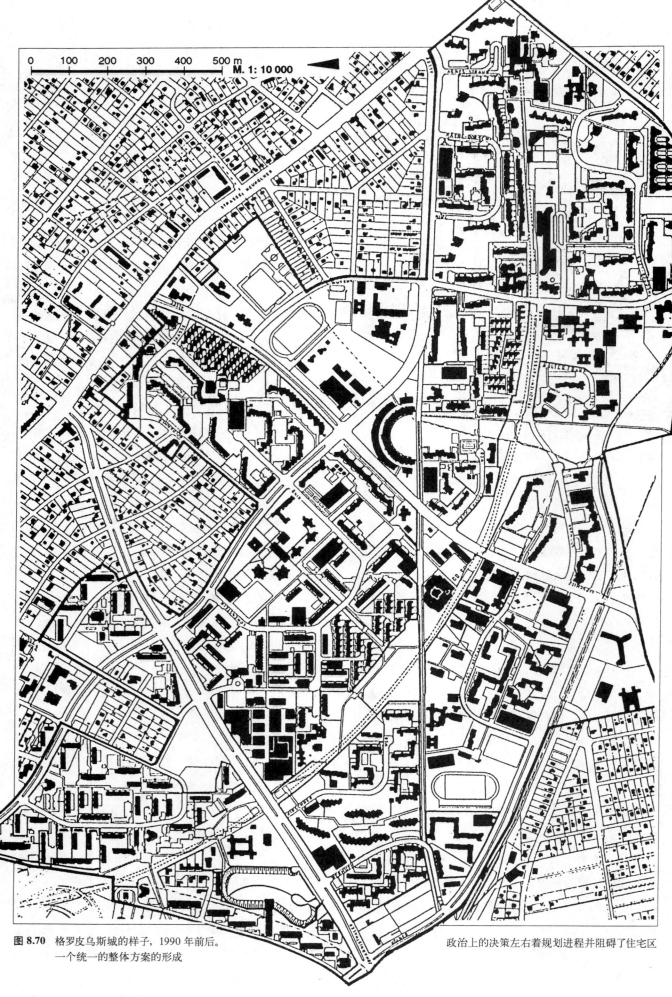

图 8.70 格罗皮乌斯城的样子,1990 年前后。政治上的决策左右着规划进程并阻碍了住宅区一个统一的整体方案的形成

图 8.71 朗瓦瑟居住区的东南部分，拥有典型的 20 世纪 70 年代建筑（图 8.74 下、中）

图 8.72 20 世纪 80 年代初在北部建造的居住区采用的是封闭式建筑方式……（图 8.74 上、中）

过 30% 的居民住在私有的住房和单户住房里，只有 6% 的居民安顿在高层住宅楼中。大量基础设施特别是全部拥有顶棚的带有地铁站的"弗兰肯中心"以及起补充作用的居住小区中的副中心为"新城市"带来了较高的居住质量。同时，邻近的中心区也是该地铁站在居民处显得尤为重要。1150 米长，200 米宽的主中心以 30000 平方米的建筑面积为商店和其他中心设施提供了强有力的空间。1965 年根据法兰克福的西北城中心做出的第一批规划至 1990 年分多个步骤实施和扩展。

"在建筑项目和建筑风格发生巨大变化的时候，根据这 30 年内，人们对居住的不同理解，自成一体的绿化地带形成了大型的框架，它将建筑多样化概括为一个整体。这样私人独户住宅区的外观比建筑元素更强烈地受 25 米高的树木和森林区的影响。"（德国城市规划和区域规划院，第 111 页）因此，纽伦堡的朗瓦瑟城区在其住宅小区中生动形象地表明了城市规划理念从行列式建筑通过松散的和向高处发展的建筑方式至一种新型的封闭式建筑样的发展。

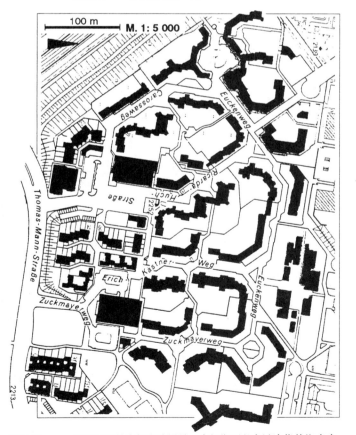

图 8.73 ……带有绿地的内部庭院设计。步行街可以穿过边缘的汽车房

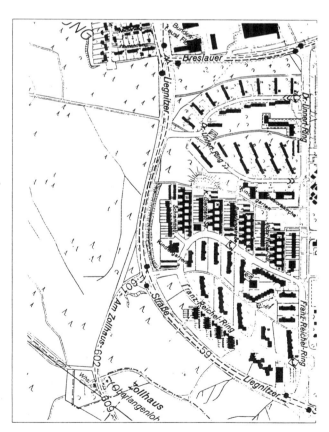

图 8.74a 纽伦堡朗瓦瑟新城区，建于 1956 年和 20 世纪 80 年代之间……

图 8.74b ……30 年中多次的"范例变化"使这个住宅区成为了一个有趣的"城市规划博物馆"（1994 年的规划）。"绿地形成了一个大的框架，诠释了建筑上的多样性。"

• 乌尔芬新城 1964—1980 年

乌尔芬是以"绿色草坪"为基础,在一个较大的城市的旁边建造出来一座"新城市",并带来城市化生活的一种尝试。悲观主义者认为这里是一个带有分散的规划和造型应用在住宅区的购物中心,乐观主义者认为这是活泼的、充满绿色的城市的梦想的实现(图8.75)。在经过了专业界关于一种新的城市建设中的最初的欣快阶段之后,乌尔芬作为省中的实验就消失在繁茂的植物之后了。在此这一新城的建设是充满希望地开始的:为马蒂亚斯·施庭内斯股份公司的一座已规划的煤矿的职工在地处鲁尔区北部边缘的乌尔芬村地区在一个有5万至6万居民的独立的城市单元里创建居住空间。

作为规划的承担者"乌尔芬发展有限责任公司"成立了,矿区公司,鲁尔煤矿区,居民点联合会,雷克林豪森县和海尔威斯特·道尔斯滕镇都参与其中。她的任务是规划、土地整理和按照"现代城市规划观点"在一个新城市发展的框架内来进行开发。此外,在发展公司和乌尔芬镇之间还有一份协定,此协议对双方之间互通信息、公司在乡镇委员会上作汇报以及由公司编制建筑指导规划进行了规定。

在1961年,进行了一次国际城市规划设计招标,著名的城市规划师被邀请参与:J·H·范登·布鲁克和J·B·巴克马,弗里茨·埃格林,马克斯·古特尔,恩斯特·屈恩,恩斯特·迈,汉斯·伯恩哈德·赖肖和沃尔特·施瓦根沙伊特。任务是发展一项新方案,它要在400公顷的面积里,以30—35套住房/公顷的密度。为46000居民提供13000套住房。住房被预先规定为:

• 10%—15% 为一层楼或二层楼的单户住房或双户住房;
• 30%—35% 为二层楼的成组住房或行列式住宅;
• 50%—60% 为3—4层的出租公寓,但最多只有1/6为8层高的建筑。

此外还应创造2000个工作岗位。

评审团在47份设计方案中进行评选,最终埃格

图 8.75 鲁尔区北部的"乌尔芬新城"建成了的部分,1980年。拥有城市中心(图前景处)和不同的住宅区。"由于本国煤炭重要性的日益下降城市发展受到遏制。"

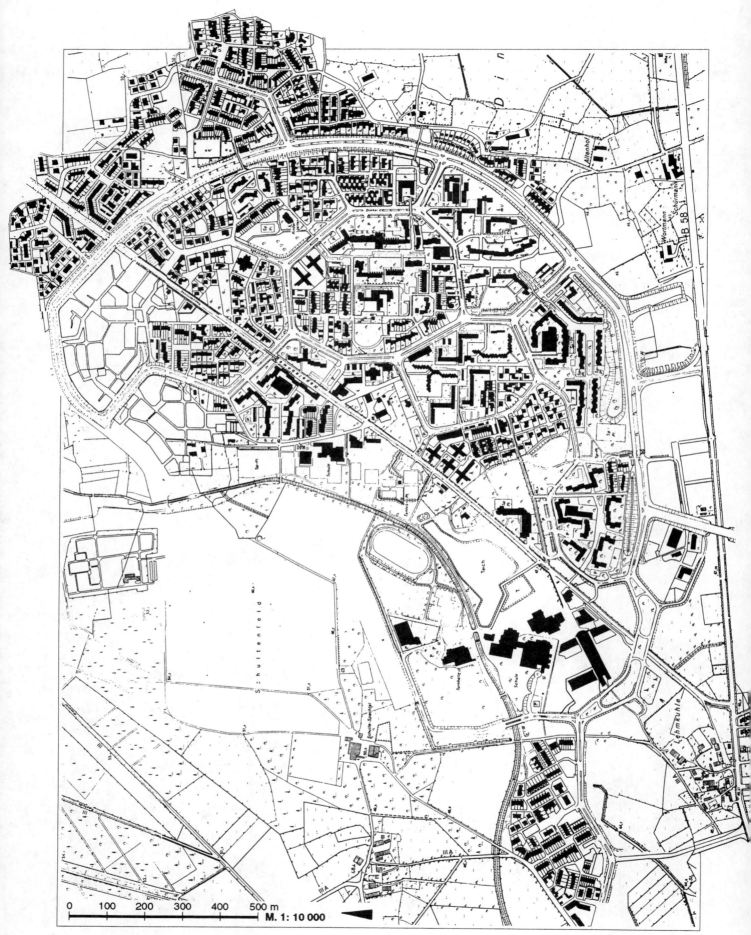

图 8.76 "乌尔芬新城",现在是多尔斯滕市的一个城区,1994 年前后。几乎为几何对称的巨大的道路网络与极为不同住宅建筑群相矛盾。建筑多样化到底是设计目标还是"建筑师们的游戏草坪"?

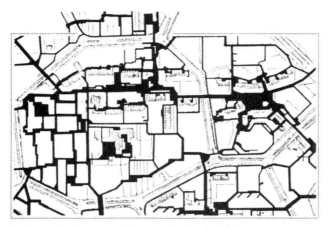

图 8.77 乌尔芬住宅区的步行路和机动车道完全分离……

图 8.78 ……通过大规模的下跨道互相连结成一张广泛分岔的交通网

图 8.79 乌尔芬的鸟瞰图。"有意识地规划成具有不同建筑风格的建筑群"

林获得了一等奖，恩斯特·迈茨得了二等奖。获得三、四等奖的分别为梅克尔和施瓦根沙伊特。弗里茨·埃格林设计的基本思路是使"未来城市乌尔芬具有整体性，它的各部分应从整体发展而来。"他尝试放弃"分区的松散的城市"模式，同时将自然景观要素融入城市（建筑学设计竞赛1）。

从设计方法看，这次设计大赛中产生的"整体建筑方案"很有趣，因为它以彩色图解的方式展现了介于土地利用规划及房屋建筑规划之间的一种新的规划等级（图 8.56）。城市规划基本方案最终以蜂窝状的街道网为基础，这种城市街道网（图 8.76、图 8.79）由通往无车连接的住宅区的独立的人行道系统（图 8.77、图 8.78）叠加而成。除了六个次中心以外应有一个设有公共设施和商店的主中心（建筑设计竞赛2）。1962年，居民数的指标还在45000到50000之间，但是因为1979年只有15000居民入住，所以指标被降至20000人（乌尔芬发展有限公司）。

建造得非常不同的住宅区与公路没有空间上的联系，因为这些公路以及那些与之平行的人行路绿化程度太高（图 8.80）。原本是如上这样设计的，但如今住宅区却被变成了被绿化了的拥有四车道超宽公路网中的"与外界隔离的小岛"（区域和城市发展研究所）。而城市主中心与住宅楼也没有视觉上的联系，而必须用巨幅标语"购物中心"使之醒目。这种不完整住宅区的中央区域，在边缘已经是不协调的独立住宅区，

图 8.80 "'田园城市'乌尔芬——还不够城市化？"一条典型的四车道街道的彻底"绿化"

第8章 扩建："绿色中心"与城市化之间（1960—1980年）

这个中央区域虽然符合田园城市"绿色中心"的标准，但只不过是一个纯粹的城区而已。

乌尔芬，如今是多尔斯滕的一个城区，并没有成为"新城"，而只是一个不同时期住宅建筑实验品的集合，其中的一个以积木原则建成的"未来主义"的梅塔城，也由于不可克服的建筑技术上的缺陷而不得不拆除。经济收益上的预期值也没有达到，因为乌尔芬的居民数只相当于规划的四分之一，然而这样一个全面绿化的并未成为独立城市的住宅区，它的居住质量还是值得肯定的。

8.3 大型住宅区功能上的视角

"我们对我们的家园和城市都抱有同样的担忧。尽管各人从事职业不同，但对于我们城市建设方面不会有人袖手旁观。在我们的城市里，那些对此袖手旁观的人，不是沉默的市民而是不合格的市民。我们或是自己决定城市事务或是真正用心去思考。因为对于我们来说并不存在只说不做的危险，问题在于，在采取必要的措施之前没有通过理论来首先进行说教"（伯里克利，公元前 430 年）。

大规模住宅建筑与城市文明

城市规划典范的变化，即常被提到的由"结构松散的绿化城市"向密集的文明都市的"范例转变"，并未实现城市规划师、社会学家和政治家们的愿望。新的城区并没有展现出城市的文明和活力，取而代之的却是悲哀和"冷漠"（图 8.81）。"来自试管的城市"的比喻让人觉得难堪——它是拒绝大规模建立住宅及住宅楼带来的结果。大规模的住宅建筑越来越同没有人情味、非个性化、失去特性、平均主义这些概念联系起来。"（海尔，第 188 页）

在这一过程中也取得了很多成绩。由于战后大规模的住宅建设，1968 年西德的住房存量就已超过了 2000 万套住宅，这是 1939 年住宅数的 2 倍。1965 年达到顶点，当年建成的住宅数为 600000 套。这一趋势一直到 20 世纪 70 年代末才以每年 400000 套的住宅建筑速度逐渐缓和下来。建筑速度下降的主要是多家庭住宅中的租用公寓，它在每年建成房屋中的份额从 1965 年的 50% 降为 1980 年的 10%。独宅和两家住宅中住房的年建成数量多年保持在 200000 套以上不变，这使得它在越来越少的住宅总数中占的份额越来越大（联邦住房、城市规划和空间规划部 1 和 2，第 10 页及后几页）。

在不受欢迎的密集的住宅区中早在 20 世纪 70 年代末就出现了房屋无人居住的现象，其比率经常达到 10%—20%（图 8.82、图 8.83）。1985 年在考威勒中心地区就有 200 余套住宅无人居住。只有住宅建筑上的改善和每平方米至多 6 马克的住房补贴以及居住环境的增值才能有所帮助。对于住宅区和高密度住房的不满以一种较高的"人员流动"即"租户频繁更换"表现出来，它有时能达到 50%。如果一年中一幢楼的住户会换掉一半，也不利于发展共同感情。对于这种匿名的另一种表达是"破坏财产的行为"，也就是故意破坏和在楼内外乱涂乱画的现象。这些问题往往由于住宅的不正确布局，即由于过大规模的社会福

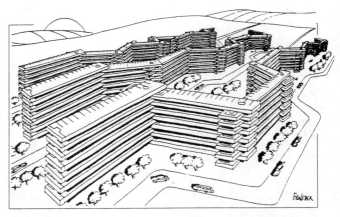

图 8.81　住宅建筑："以人的标准作为所有城市规划的基础。"

图 8.82　慕尼黑新佩尔拉赫。非常高大的住宅板楼构成了大型的内院。"不符合人性化的标准"

图 8.83 斯图加特－弗赖贝格，勒·柯布西耶。高大的"住宅机器"在"流畅的"绿化带中拔地而起

利住宅和小范围内问题频繁发生而被激化，甚至可以说，就是由此产生的。于是城市规划者们呼吁"修缮改善 20 世纪 60—70 年代的大规模住宅区"，这也正是 1985 在汉堡举行的城市、地区、州规划者协会会议（城市规划、地区规划和区域规划师协会 2，出处同上）的主题。尚未完成的城区建设被中止，或者将建筑规划由密集多层的建筑改为松散的低层建筑。

"回顾过去就像是讽刺一样。很多现在被指责的 60 年代的楼房建筑区都有意识地不想规划得单调，（无穷尽的街道和城郊一排排的独户住宅不应再被扩建。请参阅米切利希的书，他也这样认为！）细心观察就会发现那些令人感动的努力：在很多高楼上通过涂色或用阳台把楼的表面分割开以及分成梯级，以此逃避现实，即一个不可排除的同样的方案和同样的设计在必要时也必须导致同样的形态"。（施彭格林，第 10 页）

新居民住宅区中的社会状况

市郊居民住宅区中建筑上的改变并不能掩盖根本的社会问题，更谈不上解决这些问题。因为规划只能为构建社会关系提供空间上的条件，而这些条件往往不能马上成为现实，因为它们受到时间条件的限制。即使在涉及范围最广泛的规划中，其社会接触面也是不完整的。新的居民们对这种现有的"交际网"也将长时间感到不满意。

"比如说我们知道，邻里关系要经过很多年才能达到那种对在家的感觉来说所必须的稳定和可靠。对此建筑方面的措施也不可能改变太多。一个人搬到老的住宅区中，会发现和感受到那里的人际关系、设施和合适的行为方式，它只需要去接受这一切。而一个新住宅区的居民则必须在某种程度上稳定的和值得信任的行为方式产生之前先去创造它们，之后再慢慢地去试验、改变、改善它们。换句话说：新住宅区中人们抱怨的很多弊端，特别是那些由于不能满足交际需求而产生的弊端，都不应由建造者来承担，这些只是新环境带来的后果，因而是不可避免的。"（施沃克，第 63 页）

这样在新住宅区中往往要几批孩子上学以后经过共同的教育才能形成比较稳定的社会关系。争取设立基础设施是社区共同行为和发展社区整体意识的又一个出发点，而这些基础设施往往是已经许诺但又缺乏的。新住宅区基础设施建设的困难在于居民结构的不平衡，这是新住宅区的一个标志，也是其中问题的主要来源。年轻的家庭往往占主宰地位，而迁入的老年居民大多数情况下都较少。因此，在新住宅区中的居民平均年龄很低，年幼孩子的数量比整个城市的平均值要高很多。

"比如慕尼黑新住宅区佩尔拉赫的第一批住宅中，14 岁以下的孩子就占总居民数的 33%，这一份额是全城同种比例的两倍还多。统计学家将其戏称为'孩子山'。其后果是：首先对于托儿所、幼儿园，今后对于小学、中学的需求几乎不能得到满足，就更不用说儿童游戏场、足球场和儿科医生那里日渐拥挤的候诊室了。"（海尔，第 190 页）

这样的趋势将会继续发展下去，直到造成老龄化和相应的基础设施缺乏为止。另外，私人经营的购物途径也成为被批判的焦点。不充足的商品供应和过高的价格成为居民抱怨的主要内容。"在 1969 年慕尼黑住宅区第一批居民迁入几周后的一份调查问卷中，有 84% 的居民将那里的购物条件评价为'差'或是'很差'。在慕尼黑的另一片大型住宅区中，直到迁入几年后还有 20% 的家庭主妇将恶劣的购物条件列为该社区最严重的问题之一。"（海尔，第 191 页）

尽管如此，居民还是很快地同已发生变化的生活环境妥协，对此社会学家和心理学家断言："居民总是觉得满意。""尽管新型卫星城的居民还很怀念老城中的建筑形式"，但据经验调查显示，"和老城区的居民一样，新住宅区的居民对于他们的住宅和居住环境也十分满意。"很明显，居民对"城市文明"这个课题的看法同城市规划者和建筑业主的理解大不相同。对于这些人来说，在新住宅区中也不能丧失商业意义。开放式建筑方式和大面积的绿化，并没有使白天和孩子留在家里的所谓令人同情的"绿色寡妇"们觉得害怕（海尔，第192、193页）。

居民不能作为对发展太快的卫星城的批判的证人。即使屡遭批评的柏林的勃兰登堡城区，也比它在外的名声要好一些。虽然很多问题悬而未决，但已经可以看到，在到1985年的20年间（自那以来906套住房住宅群中租户的40%）居民们已经逐渐形成了自我意识，这种自我意识借助"新勃兰登堡城区人"这一概念创建了新的家园。不管是出于什么原因，但是较少的人员流动、几乎可以忽略的空置率以及较少的社会问题积累都是勃兰登堡城区区别于她的姐妹城区（如科隆－合唱者之家住宅区、不来梅－奥斯特霍尔茨－特讷弗、汉堡－基希多夫南等）的突出的优点[霍佩（Hoppe），第124页]。

规划的公众参与与公民自发组织

20世纪60年代大规模的建筑活动，不管是房屋建筑还是地下工程，必然影响甚至妨碍了许多人的生活状况。人们或者在规划过程中提出抗议，或者在乡镇代表大会作出决议后通过思考和提意见的形式表现出他们对此的震惊。随着1977年《联邦建筑法》的补充乡镇必须在"居民的提前参与活动"中向居民告知关于一个地区新规划的意图。在一场"听证会"上，在乡镇政府提出具体规划方案之前必须公开阐述规划的总目的和意义，还必须指出不同的选择方案和"规划可能产生的影响"。

当这成为规划法律条文之前，市民参与城市规划广泛地在"院外"框架内进行。大约20世纪60年代中期起成立了第一批市民自发组织，这种组织1968年获得了广泛的政治支持，然后20世纪70年代经历了其鼎盛时期，如今虽然形式较弱但仍然发挥着作用。据因法斯调查机构的一项调查显示，1975年联邦德国有3000—4000个经常活动的市民行动组织，其成员涉及到各年龄段、来自各社会阶层和持有多种不同政治观点的市民。这也和当时的社会政治情况相吻合，就像联邦总理勃兰特1969年在政府声明中许诺的那样——"尝试更多的民主"。在1978年的一篇文献中这样写道："他们考虑的问题多种多样，小到保留门前街边的树木、增加游乐场和青年活动中心，大到缩小学校班级规模、抗议肉价过高、公共交通工具费用太贵，甚至包括阻止建立机场、高速公路、军事训练场、火电站或者核电站等大型建筑工程。这些组织虽然被一些人诬蔑为'左翼渗透者'，被另一些人贬为'小市民组织'，这种反映居民自我意识和不肯逆来顺受的心理的组织还是越来越强大了。不管人们希望与否，市民自发组织还是形成了一股不容忽视的政治势力。"（贝尔／施皮尔哈根，第11页）

在"官方的规划"中，市民参与以不同的形式出现：
• 市民听证会，传递规划信息，多数在法律范围内。
• 市民大会，在规划的早期阶段召开，来了解"民意"，以便提前处理可能出现的各种反对意见。
• 市民参与工作组，用几周时间在专业咨询下对规划问题提出建议。
• 市民的法律参与，由市政府出资请专业人士作为法律顾问，他们受市民委托，不屈从于政府的意志。

从1972起在达姆施塔特－克拉尼希施泰因就产生了这种设有法律顾问的公开的规划程序。"为了支持由'克拉尼希施泰因利益共同体'代表的市民，该城设立了城市规划者和市民之间的协调人——两个规划法律顾问，这种程序设置是联邦德国境内的第一例"

图 8.84 居民的抗议和反对性的市民自发行动导致了市民在城市规划中的广泛参与

图 8.85 市民们不久以后已经不能满足于仅是介绍新住宅区规划的市民大会，他们想一同参与规划并为建立更好、更合理的基础设施贡献自己的力量

（安德烈斯／施图默，第 156 页）。在随后的一段时间内尤其在城市修缮工作中产生了很多这种市民积极参与城市规划的形式的例子（第 228 页）。批评家们纷纷指责因此造成的不适当的时间拖延和"所谓"的涉及者中的极端利己主义。但是支持者却反驳说，这种市民参与可以提早澄清问题，防止给规划带来时间上的负担，也可以避免今后发生纠缠不清的官司。

科林·布坎南：公路交通和城市结构

城市中公路交通的日渐拥挤早在 20 世纪 60 年代就导致了严重的问题：如交通堵塞、泊车困难、噪声、空气污染等。通过环境的恶化可以看出，只是对街道进行小的修缮以扩大车流量远远不是有效的解决方法。因此英国交通科学家科林·布坎南受委托研究"城区街道和交通的长期发展，以及它们对城市居民生活状况的影响"。其研究成果 1964 年在德国被冠以书名《城市交通》出版，这为 10 年后开始的关于"交通降噪"的讨论的第一步奠定了基础。使人们广泛地从公路交通中解放出来"环境区"（图 8.86）如今已经以"束状交通"和创建时速"30 公里区"的形式得以实现。这项研究的出发点是详细分析交通问题并验证以下设想的正确性——对于解决不断严峻的交通问题不应采取加速交通的手段，而应该"大规模地采取其他的措施"（第 7 页）。

此项分析显示出了人们对汽车过强的依赖性，也指出了汽车的弊端。"它在很大程度上自毁前程，并导致了副作用的产生。这些副作用加在一起就成了现代社会的一个主要问题。"但是发展是不可逆转的，人们

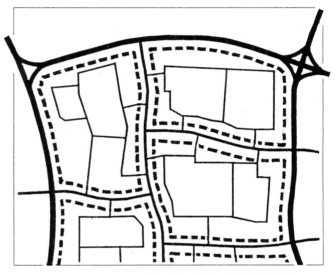

图 8.86 布坎南的"环境区"（虚线部分）由"分流街"连接并且……

不可能再回到汽车没被发明的年代。"我们不能忽略这一事实：人类的生活习惯和居住方式大大地受到了汽车这一交通工具的影响和制约。"（第 23 页）

城市交通的基本原则以不打扰周围的居民为出发点。一个城区的居住质量按照"自由度和不被打扰的程度"衡量，以此人们能够出门在周围散步。只有在这一原则的基础上才能去考虑在城市中安排汽车交通是否关系到新设施建设或旧城转型的问题。我们需要环境较好的区域，即人类能在其中免受汽车交通危害，可以生活、工作、购物，可以在其中散步的一个城市空间（第 40、41 页）。

"另外，在这些空间即环境区中还需要一个分担和引导交通的城市街道网。这些地区不是完全没有车的——如果它们要发挥作用的话也不能没有车——但通过它们的设施要保证其中交通的类型和规模都符合所追求的环境状况。这种基本理念的使用和推广必然

产生这样的结果：整个城市呈环境区构成的细胞状结构，这些环境区之间由分流街构成的网络连接起来。"（图 8.87，第 41 页）

但是对此"完全没有与社会学方面的思路"像"邻里关系"之类的理念相联系。将城市交通集束在"分流街"上，以此缓解较大城市受到的负面影响，成为了未来城市交通规划和"交通降噪"的基本原则（第 293 页）。只要汽车带来的危害和噪声污染仍属于采取措施的突出地位，这种"束状交通原则"就有意义，因为将附加交通转移到一条已经高负荷的街道上所造成的噪声的增长几乎小得不能引起人们注意。

随后当 70 年代末期汽车造成的空气污染最受非议的时候，人们认识到每新增一辆汽车都会导致空气中有害物质的增加。布坎南的环境原则只有在"不将交通转移到其他内城街道上"这一前提条件下才能得到应用。在书的引言中他对此已经有相对的阐述："单一的解决交通问题的方法是不存在的。我们避免使用'解决方法'这一概念。交通问题不是一个可以等待答案的问题，而是一种社会状况，只有通过长时间地耐心应对使之不断适应变化着的环境才能使之得到改变。并不存在明确的或者'最好'的解决方法。"（第 8 页）

大型基础设施和后勤供应设施

随着 20 世纪 60 年代新城区的大面积增加，公共设施的规模也逐步扩大。它们发展成为已经不能同住宅建筑群融为一体的"大型基础设施"。不同种类的学校合并成联合学校，商业街扩展成了多层的"购物中心"，它们还结合了其他的功能和设施。这也符合"新城"中的更高文明层次的目标要求。基础设施的扩大不论是其建筑容积还是占地面积都可以从大型住宅区的平面图中明显地看出。

这样在汉堡－施泰尔绍普住宅区学校的占地面积大大超过了购物区，占了大概两个大型住宅街区的面积，连同两个小学和运动场的面积共占了整个住宅区的大约三分之一。以拥有 1500—2500 学生的学校中心为例，就清楚地暴露了城市规划的问题。作为"城中之城"的学校中心在多数大面积的建筑物中都包含了各种各样的空间和设施，这些也可以供学校以外的其他活动到晚上之用。这样它们就构成了特殊的文化上的城区中心，但却因为空间短缺大多被挤到了住宅区的边缘。

在较大的城市边缘住宅区中原则上购物中心也被安置在相对隔绝的场地上（图 8.88、图 8.89）。它们的四周像是偶然地不被工商业建筑物环绕，而是由住宅楼。而城市边缘购物中心占大量空间的停车场也被停车库或停车楼层所取代。这样宽阔的街道反而拉大了同住宅区之间的距离就不足为奇了。应该通过一体化的和分布密集的高层住宅楼或办公楼使之得以缓解，就像鹿特丹的林巴恩城区在 50 年代已经演示的那样（第 218 页）。但是由于经济原因这一点并不总是这样容易实现正像下面这些例子显示的那样：

- 曼海姆－福格尔斯唐的中心是一个"绿色中心"的中心，因为一条向外的街道使大规模的绿化成为可能（图 8.90）。同时并建了办公楼的三层的商业综合

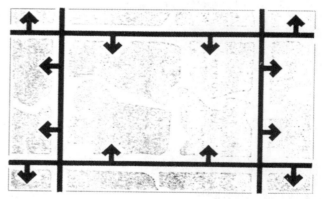

图 8.87 ……由汇集街连接到"细胞体系"之中，这是交通降噪和"时速 30 公里区"的范例

图 8.88 斯图加特雉尾状庭院住宅区的中心。高耸的设有售货亭的"欧洲广场"，同住宅楼相隔绝

楼，以四周的 22 层住宅楼为标志。相对较小的中心占地 8000 多平方米，设有商店和其他公用设施，是赫尔穆特·施特里夫勒根据三方专家鉴定的程序设计的，并于 1964 年建成。连接福格尔斯唐和曼海姆内城的有轨电车线路就从底楼穿过本城区中心。

- 法兰克福西北中心一开始就被设计为供二倍于该城区自身人口的服务区（即 5 万人）使用的"多功能中心"。在 1961 年的竞标中，奥托·阿佩尔、汉斯格奥尔格·贝克特和吉尔贝特·贝克尔获胜。他们负责从 1965 年奠基到 1968 年落成的用混凝土预制构件进行的整个建筑过程（图 8.91、图 8.92）。这个占地 7 公顷的综合性建筑群拥有 37000 平方米的商用面

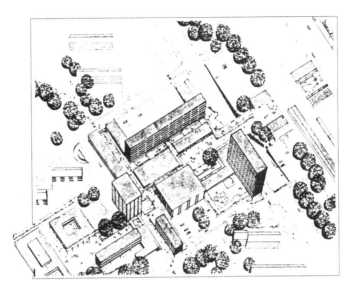

图 8.89 被交通干道一分为二的杜塞尔多夫－格拉特（西部）具有跨地区意义的城区中心

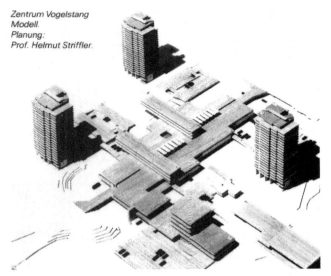

图 8.90 曼海姆－福格尔斯唐住宅区中心街一个由高层住宅楼标记的"绿色中心"的中心地带（模型）

图 8.91 法兰克福的西北中心是一个空间上孤立的均匀的大型建筑。其目标是："对于每一位西北城区居民都有一个与其居住和生活的地点进行内部定位和联系的出发点。"

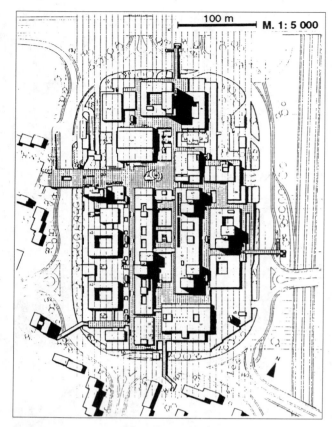

图 8.92 在两个停车层和后勤基础供应层上有很多商店，私人的或公共的设施以及住宅

图 8.93 西北中心的商业街不应该像住宅区那样死板和城市气息浓重……

图 8.94 ……在加上穹顶后变成了对该地区很重要、很受欢迎的购物中心

积和 44000 平方米的办公用面积，其中包括居民住宅、游泳池、青年活动中心、图书馆、职业学校、消防队、警察局、邮局以及其他各种各样的小型设施，它是一个多层的"建筑机器"，四周耸立着住宅楼和旅馆塔楼（格莱尼格，第 196 页及以后）。

在地铁层及拥有 2300 个停车位的 6.6 公顷大的地下停车层上面是地面上的商业层和仓储层以及汽车站。再上面还有带商店的步行层，其中一部分商店同仓储层在一起。20 世纪 80 年代末购物区上方建了一个木制穹顶（图 8.93、图 8.94）。整个中心面积为 360 米 ×220 米，由一个多车道可直接通往地下车库的环线围绕，上面横跨着五座步行天桥通往住宅区。

• 纽伦堡－朗瓦瑟的弗兰肯中心同样被设计成多功能中心，但是面积 220 米 ×1150 米，几乎是西北中心的四倍长，占地 17 公顷（图 8.95）。30000 平方米的商用面积和多种多样的公用及私人设施同样为比朗瓦瑟实际居民人数多的人口提供服务。这个 1965 年按西北中心的模式设计的综合楼群到 1986 年已经几次被改建和扩建。商业区上完全用穹顶覆盖，并同

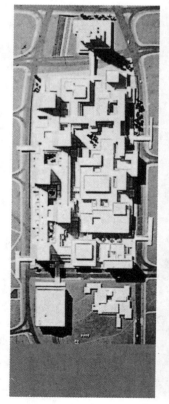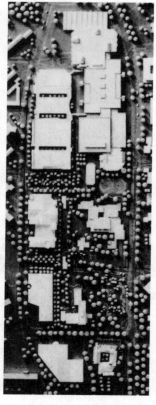

图 8.95 弗兰肯中心 1965 年规划得与西北中心一样（左），到 1986 年已经发生了很大的变化（右）

276　19 世纪与 20 世纪的城市规划

地铁站和汽车站联结起来。整个中心同宽阔的街道相接并被分成了多个具有不同功能的区。分布于中间的公用空地在地面层同住宅区中的绿化带联结起来（德国城市规划和区域规划院，第118页及以后）。

1971年德国城市代表大会："立即行动起来，拯救我们的城市！"

"保卫我们的城市，使它们脱离将其引向灾难的发展趋势。

人类的未来不在宇宙，也不在海洋或沙漠里！人类的未来在城市，而且只有在健康的城市中才有充满希望的未来。因此，立即行动起来，拯救我们的城市！"

以上是1971年5月25—27日在慕尼黑召开的第16届德国城市代表大会全体会议提出的德国城市慕尼黑呼吁的结论。这一结论清楚地表明了当时地方官员鉴于亟待解决的问题而产生的忧虑，它不只涉及了对城市边缘新城的批判，还包括对历史的和重建的内城城区功能上提出的新要求。对此还提出了令人担忧的问题，这些要求的措施的经费该由谁承担，因为当时已经有人提到"公贫私肥"这样的现象。

城市代表大会主席、慕尼黑市长汉斯－约亨·福格尔对于20世纪70年代初的城市问题（图8.96）这样描述："特色越来越快在改变的内城边缘的老住宅区，拔地而起的新城区，交通堵塞，城市上空大气污染造成的霾罩，垃圾山，河流污染，地基坑和地槽，学校里不得不倒班上课，医院爆满，堆积如山的关于接近负债极限的鉴定！如果将这么多现象按一定次序归纳，可以得到如下四个基本方面：

1. 居民人数增长了；
2. 人均用地需求扩大了；
3. 环境负担加剧；
4. 对地方公用设施的需要及依赖性增强了。

在这四个方面中阐述了我们的城市发生不停的和空前的巨变的原因。为了使我们城市的转变有意义，必须创造以下前提条件：

1. 一项更深入的城市研究；
2. 经过深思熟虑的城市发展方案；
3. 对城市规划的崭新的理解；
4. 更好的管理和控制方法；
5. 更好的地区间合作。"

福格尔在另一章里专门阐述了我们体系中的矛盾和不合逻辑的地方，也正是这些导致了城市悲剧的发生：

- "我们的体系不惜一切手段推动机动化，却在抱怨交通堵塞、空气污染，数以万计人死于交通事故，数以十万计的人因此受伤和致残。
- 我们要求造更大更快的飞机，但是却惊奇地发现，噪声越来越难以忍受。
- 我们的体系几乎不受限制地助长地皮投机，同时却对我们内城的荒芜、投资能力的减弱和租金的提高流下鳄鱼的眼泪。
- 我们的体系倾向于认为每一项私人投资有收益，而每一项公共投资的收益却很低，但我们所有人却对这种哲学带来的后果吃惊不已。
- 而且我们的体系要求有牺牲者。它攫取自然资源，将其破坏到很难逆转的程度；它影响我们的孩子，使他们的价值标准更多地来自电视广告而不是他们的父母或者宗教课。这种体系决定了我们的教育，因为它要求人们成为能为社会带来更多收益的合适的企业家。"

1971年德国一些城市向"所有人"号召："立即行动起来，拯救我们的城市！城市问题最终必须作为政治的中心问题被提到国内及国际层面上来。城市还能被拯救。城市是能够保持还是能够重新成为它作为人类最大胆的杰作应该成为的样子：在这里，人类所有的追求都能得到发展，并能同一种新的和谐联结起来"（E·米勒）。20多年后的1994年，这些有名望的市长们又一次转向公众提出他们的口号："立即拯救我们的城市！"（克罗纳维特尔）

8.4 现有城市发生的变化

"我们城市的人性化标准。……只有对老化的城市进行一次彻底的修复才能使它又变成一个健康的肌体。我们都知道，城市的那些堵塞的地区迫切地需要空地，需要自然、阳光和空气，居民们渴求被视为独立的个体，而同时我们又应保护城市免受个人私利的侵害。"

——沃尔特·格罗皮乌斯，1956 年（第 137 页）

内城的商业化和第三产业化

战后，清楚地形成的"市中心构建"对市中心的功能提出了新的要求。此外，越来越多形成的以商业、服务业为主的单一的利用结构对内城的交通产生了很大的压力，这种压力主要是对通往市中心的那些放射状的街道。通过改善交通尤其是改善街道状况同时也能使人们"居住在绿色中"的愿望越来越多地得以实现。以前城中的居民仍在内城工作，每天乘车上下班。这样，从 1950 年至 1960 年，大城市中乘车上下班的平均人数增长了约 88%，到 1970 年又增长了 27%（霍伊尔，第 313 页）。

这种内城商业化和第三产业化的发展由四方面原因导致，它们之间互为条件，互相强化：

- 由于汽车和街道的作用出现了路程－时间关系的改变（即相同的时间人们可以达到更远的地方）。
- 城市边缘住房条件的改善。
- 商业及服务业对市中心及其周围地区的压力。
- 以及由此产生的住宅和其他不盈利的设施被挤到了城市边缘的现象。

居民特别是大城市的居民"从城市逃离"不能简单地被看作仅仅是"用房车对越来越多被视为工作地点和'娱乐休闲设施'的城市进行的投票"。它更多的是充分利用这个机会来实现人们长久以来的住房理想，而"经济奇迹"又使很多人的梦想成真。所以人们搬到城市外缘绝不是由于想躲避城中恶劣的生活条件，而是首先为了更大的房子。内城基础设施和公共交通的便利几乎不是人们考虑的因素，搬往城外的人认为，所有需要的设施已经具备，而且每套住房开车都可以又快又好地到达（巴尔德曼／黑金／克瑙斯）。

图 8.96　1971 年慕尼黑市长福格尔为人们敲响了"我们的城市正在被破坏和贫困化"的警钟

市中心仍然越来越拥挤，商场和办公楼打破了原有的建筑标准。较老的住宅区和混合区都变成了商业区，市中心变得越来越无人居住也越来越不能居住。这绝不是一个"潜行的"发展，而是首先得到了官方规划的支持，直到要求对这些后果进行财政上的反向调控为止。规划者、政治家、生态学家及社会学家虽然对 20 世纪 60 年代经济大幅增长及城市第三产业化情况下已经变化了的框架条件所了解得很清楚，但他们也只是从技术上和经济上提出了解决方案（杜尔特 2，第 107 页）。

作为"城中之城"的大型建筑群

20 世纪 70 年代中大城市的商业区也像新城区的"大型购物机器"那样扩建成了多层的综合楼。20 世纪 70 年代初内城边缘也产生了高密度的多功能、大型综合建筑群来缓解内城的压力，在汉诺威甚至在市中心周围有几个这样与内城规划方案相联系的商业综合区（图 8.97）。这种大概可以被称为"城中之城"的"新的建筑形式"，最大密度地利用了空间，1970 年有人这样描述它："大型综合建筑群，把最多种多样的功能以更有意识的和更仔细的方式统一起来。它们由不同的、功能相适应的建筑部件组建而成。现代化的大跨度的结构使每一层都允许有各种用途。这些大型综合建筑群内部辟有垂直的和水平的、开放的或半开放的通道，还为在其中居住和工作的人们提供了各种各样的公用设施；还能以不同寻常的规模提供服务。到如今已经针对不同的功用产生了不同的建筑形式。在多种功能的大型综合楼中，每一个楼区和楼

层的功能都可以从房屋立面上看得出来。"(图 8.98,《州首府汉诺威》,第 4 页)

以此为目的,汉诺威建立了三个大型综合建筑群,一个不完整(拉什广场),一个作为商场(克罗普克),另一个为位于城市改造区林登－北边缘的"伊默中心"(图 8.99),城市建筑委员会"不得不"迁入其中来改善其形象。但在其他一些城市也规划了这种"大型建筑",比如 1966 年汉堡的"阿尔斯特中心"(图 8.100),大投资家建造了几个大型建筑群。这些建筑由于市场的原因或者由于资金困难,在 20 世纪 70 年代末期从规划者的意识里消失了。然而对于现代化大都市及其能够很好运转的中心地带的设想却还是十分缺乏的。在那些城市中心大多数就是历史上的老城区的中小城市里,占压倒优势的首先还是一种想象的进步信念。老城区已经变得陈旧,不再能适应功能不断变化的现代城市的要求。这样一段时间以后就会看出,几个轻视"传统物"拥护"新城市"的现代化倡导者的憧憬会变为现实。老城会被新城代替:旧城改造。

"内部扩张"形式的城市更新

20 世纪 50、60 年代城市的强势向外发展,将城市的中心地带尤其是老城区推移到了"规划的阴影"之中。另外新建房屋在税收上的优惠政策使老城区更新得到的赢利很有限,因为这经常与花费巨大的城市规划的结构改变有关。为此城市通常都是缺少资金

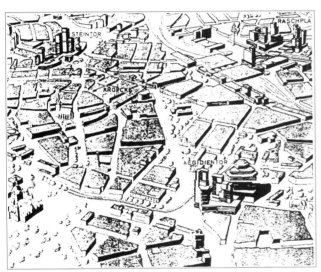

图 8.97 汉诺威内城规划方案,1970 年,用几个大型的商业综合建筑群来缓解市中心的压力

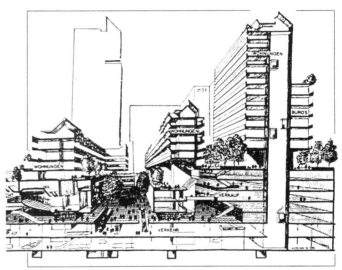

图 8.98 综合性建筑群,一种新建筑形式的图示:将汽车、商店、办公室和人堆积在一起

图 8.99 汉诺威的伊默中心,是内城边缘地区房屋密集的大型建筑群

图 8.100 新家园公司建造的阿尔斯特中心(1966 年)是汉堡圣格奥尔格城区的全面更新

的，因为城市在那些新建城区要在技术上的基础设施方面投入大笔的前期准备资金，因此很多社会基础设施就会遇到财政困难。对成为"落后区域"的内城和老城的忽视，致使那些地区的建筑条件十分糟糕，产生了一个隔离于社会的地带。人们经常会说到"拆迁户"或者带有贬义地提到"旧城改造的 A 群体"：老人（Alte），穷人（Arme），学徒工（Auszubildende），外国人（Ausländrer）。不同的调查当然会有很大的差别，但有一点很清楚，那就是"旧城改造并不是建筑的问题，而是社会的问题"（施密特－瑞伦贝格等，第 20—43 页）。"旧城改造提出的不止是过旧房屋的问题，这个问题通过简单的拆除就可以解决。在拆除之前这些过旧的、不够现代化的以及如今受到歧视的社会结构就暴露出来了。一旦这些建筑被翻新，而这些社会结构还保持，那么一个解决社会政治矛盾的大好时机就被浪费掉了，这种机会在可预见的将来不会再出现。"（察普夫 1，第 1352 页）

在十几年的讨论之后，1971 年《城市建设促进法》问世，其在法律上、资金上和社会上规范了现存城区的更新。但是旧城改造工作也应该对建筑经济的复苏起到推动作用，由此开始了战后城市规划的一个新时期。这个时期可以划分为三个"城市发展阶段"：

- 第一阶段（1945—1955 年）：重新设计，重建，小范围完善。
- 第二阶段（1955—1970 年）：城市边缘住宅区，大面积新建——"外部扩展"。
- 第三阶段（1970—1985 年）：城市更新，适应性新建——"内部扩建"。

这些阶段特别是后期是互相重叠的，因此城市的发展一定是同步进行的（拜梅，第 175—182 页）。正式决定对一个地区进行旧城改造的前提是城市建设出现了弊端，这些弊端分别为：

- 城市建筑的现实状况和卫生状况差。不健康的生活和工作条件形成气候，建筑物技术、卫生水平差，缺少开敞空间和安全的道路连接。
- 功能上和结构上的城市规划弊病（功能不完善）。一个地区在其区域内由于结构老化的原因致使地区各项功能不能发挥，比如"货物和服务供给的安全以及其在社会和文化领域的能力"（沃尔特，第 22 页）。利用这个"功能缺陷"的公式在城市建筑促进法投入实施的头几年就对很多地区的旧城改造提出了理由。

全面改造："城市的第二次破坏"

"城市正以人民的名义消亡。

联邦德国把对城市建筑有计划的拆除称之为城市改造，至今已经达到了令人可怕的程度。几乎没有一座老城它们的消亡不是由银行、建筑公司、百货商场以及当局积极规划的。通过法律的效力而合法化了的对住宅区的破坏已经超过了战争所带来的破坏。"

——玛丽安娜·凯斯廷，1973 年

推进城市改造的举措常常是城市管理部门一手操办的，尽管人们对其弊端已经所闻，或者居民已经意识到了这些弊端。但是，在不少的情况下，投资者也总是以"急迫的倡议"来推进该项举措的实现，他们想要的是建成商务办公建筑群，或者道路规划者也加入其中，他们计划通过旧城区的改造重新铺设合理的线路。然后关心的是在这一程序的初期阶段就发挥作用。城市改造的进程分为以下几个主要部分：

- 预研究是以对所谓的"可疑地段"进行的一项粗略的预调查开始的，预研究经过了与问题有关联的现状调查，导致对城市改造抉择发展可能性的一种分析和预测，最后是以对改造区域的界定建议而告终。
- 旧城改造区公众的参与应当提早开始，并在实施期间继续进行。特别"通过社会规划"应该避免涉及"个人生活状况或者涉及经济或者社会方面的一些弊端"出现。汉斯·保罗·巴尔特把这种社会规划称之为一般社会规划的"门中的一只脚"。
- 形式上确定改造区域，以及确立备用和补充区域，比方说，为"受排挤"的居民提供住所，开始具体的规划。
- 要根据联邦建筑法制定建筑规划，并且特别应该重视文物保护。

• 城市改造的实施分两个阶段,即必要的土地整理措施,以便确保建筑措施得以实施。

• 改造工程的结束在克服了弊端和达到了一切组织方面的和资金方面的要求之后由区政府做出。

这种程序特别适合大而复杂的措施。这些措施由"旧城改造的承担者"采取。在这方面新家园公司在不同的功能和组织形式上做得很突出:作为"子公司"的公益住宅建设有限公司(GEWOS)负责预研究,新家园城市规划公司负责规划和旧城改造承办人的落实,新家园建筑公司负责规划的实施和把规划推向市场。很快,一项城市建设促进法就被称为"新家园法"。以下三个实例将清楚地说明这一问题。

• 自我宣传是"规划程序的民主化"的奥斯纳布吕克城区改造项目遭到了人们的批评,原因是从1969年成立的城市改造咨询委员会反正只反映新建筑"制作人"的利益,几乎没有反映出旧城住房和设施"消费者"的利益。"带有居民和其城市的关系的内城改造"的要求与规划的现实之间有着明显的矛盾。在工程的第一阶段,20公顷的土地面积上56%的住房主要由于"修建道路"而不是由于建筑材料不好的原因而被拆除(图8.101、图8.102)。一个有43米宽的四车道穿过老城的曲折的"公园环线"占据了旧城改造地区三分之一的土地面积。当时的规划原则是:"道路网必须尽可能满足交通参与者对交通的需求"(霍尔特曼,引文出处同上)。

• 不来梅奥斯特托尔城区改造项目堪称当年典型的"不在现场的证实的规划"之一。人们企图通过预研究来为已预先提出的规划意图提供根据(图8.103)。这一情况在1970年波恩召开的城区改造研讨会上变得明显了。这次研讨会有助于为城市建设促进法的正式出台奠定基础。评估人所作的报告使与会者更清楚地了解到,只有铺设林间道路才是合理的。"于是,人们确定了交通的规划,况且在这个交通规划里,这条马路就是城市的绕行环线。……通过这条马路的规划,人们穿越老城区,现在人们必须重新整理老城区,因为在那个地方要重新规划一条马路。为

图 8.101 奥斯纳布吕克老城区的改造,1970年的规划,通过交通规划和大范围……

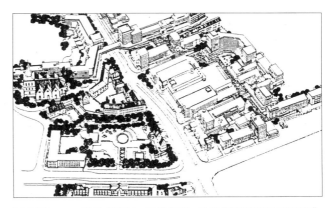

图 8.102 ……建造新房屋。建筑的第一阶段是围绕着"公园环线"。规划者说:"我们想建造一座人性化的城市。"

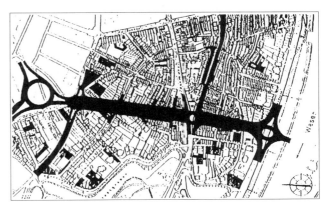

图 8.103 不来梅奥斯特托尔城区改造项目,1970年。旧城改造为一个绕行环线的街道规划证明有效

了知道现在怎样重新整理,已经向我们设计院发出了委托书和研究课题,该城区未来应是什么样的模样。"(德国住房、城市规划和空间规划联合会 2,第 28 页)

- 哈默尔恩城区改造项目被看作是城市建设促进法领域里城市更新的一个"亮点"(图 8.104、图 8.105)。除旧城中心建筑的拆除以外,为了使商业区活跃起来,该城计划为一家康采恩建筑一座大型百货商场,这家康采恩本来在旧城外围已经有了一个经营场地,根本不想修改规划。一些要求得到了满足,通往百货商场和高层建筑内的停车场建了一座新的威悉河大桥以及附近有公交总站。后来州负责文物保管的官员得到了任务,"同意拆除有保护价值的老城的一个城区。"他决定选择最古老的地段,即所谓的"简易房城区"。1972 年该城区很快开始被拆除了。

"尽管做出了许多让步,卡尔施塔特百货公司还是从这一项目中退出了,并且对此感兴趣的后继投资商由于要一起承担一个旅馆建筑的废墟,和哈默尔恩市政管理当局下属的一个濒临破产的企业,也打了退堂鼓。现在,那个被拆除的简易房城区就搁在那儿,肯定要成为停车场了!"(凯斯廷 1)当具领导地位的城市更新规划师,最高市政官员和土木工程监督官调往别处时,城区改造政策的转折出现了,一项主动行动在夜里将所有被确定要拆除的房屋都清楚地标示了出来。一个"谨慎改造"的阶段于此就开始了。

大规模开展的城市更新处于建筑工业陷于一场经

图 8.104 旧城改造显著地改变了哈默尔恩老城。1980 年东部地区一瞥。"由于城市结构过于落后,很久以来城市的功能就受到了影响。"居民反对的呼声阻止了更加糟糕的事情发生

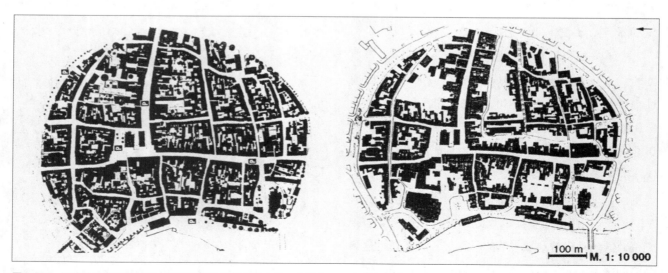

图 8.105 图为哈默尔恩老城区,左图为 1967 年被改造之前。右图为 1967 年的规划(1975 年修编)大规模实施后的 1981 年,全面改造为"简易房城区"的一座百货商店创造了场地

济危机的时期。早在 1968 年，建筑行业的有关人士就宣布说，他们看到"在城市改造工程中"有自己的"企业主的任务"。"经济的优先权和 20 世纪 50 年代'经济奇迹'的种种结果，在 20 世纪 60 年代期间进行的城市改造过程中引来了许多空间的和社会的问题，在年轻一代人看来，这些后果给人的印象是，西德城市遭受到了第二次破坏。"由此，"一种渴望城市塑造还其历史意义的怀旧要求"的前提就产生了，"在 20 世纪 70 年代末出现的后现代旗帜下，这些前提引发了一场建筑学大讨论，继而在经过 30 年城市重建和改造之后，规划设计方面出现了全新的范例转变。"（拜梅等，第 30 页）

简单更新：谨慎地对待老城

早在 20 世纪 70 年代末这样一种认识就得到了认同，即通过在面上清除老建筑从而在市中心为日益增长的服务性行业准备条件而采取的"清除功能弊端的城市改造"在经济方面显得过时了。经济增长曲线逐渐变缓，数据处理以及电信的新技术看来有分散的作用。"那么城市改造可能意味着战后时期的城市发展带来的破坏又被重新取消：马路的'后退式建设'，高层的网格式建筑与建筑空隙的局部填充和城市结构中的林间道路相结合。"（城市规划师、区域规划师和景观规划师联合会 2，第 8、9 页）

此外事实还表明，高额的全面资金投入收效甚微，尽管改造的需求很大。这样 20 世纪 70 年代规划者和政治家们宣告"城市改造要走中间道路"。在根据城市建设促进法"在形式上确定"的改造区域之外还规划制订出了一些措施并也得到了国家的资助。为清除城建中的毛病而确立的这种独立的道路有着不同的名称：城市改造是"中等强度的"、"有步骤的"、"干预适量"或者也叫"简单的城市改造（更新）"，如同巴登－符滕堡州推出的一个促进计划中称谓的那样（佩施，第 27 页）。

即便在城市建设促进法的框架范围内，改造的措施也是比较慎重的，因为现代化优先于拆除，对此特别是旧建筑被免税的可能性做出了贡献。当 1976 年为了促进旧建筑的维修出台了作为"第三根支柱"（另两根支柱是促进新建筑的第 2 套住宅建筑法和促进城市改造的城市建筑促进法）的住宅现代化法时，这种效应得到了加强。资金方面的促进措施是和悄然变化的面对过去和与历史性城市的关系的意识有着密切的联系的。欧洲文物建筑保护年 1975 年的主题"保护、改造、回忆"阐明了怀旧的保护旧建筑与保护性的继续发展之间的对立方面。从这个意义上说，文物建筑保护理应有以下几点准则：

- "不光是艺术文物建筑，古老的城市建筑群也是具有保护价值的，从经济角度上看也是有其价值的；
- 在古老的区域里建新的东西一直是对建筑师的挑战；
- 历史性建筑只能破例地复制；重建鼓励了伪造历史的偏好；
- 战争破坏之后，如今没有经常性质量检查的缓慢的变化是历史古城的最危险的敌人"（联邦空间规划、建筑和城市规划部 3，第 52 页）。

反思：重建和城市修缮

历史意识和家乡意识的趋势转变当然促进了人们对重建的兴趣，因为多年对"旧城"的否认和部分断断续续地把旧城改造成所谓的"适时宜的城市"在居民的城市意识上产生了一种感情上的空白。因此在那些在第二次世界大战破坏之后老的核心城市没有历史关联地配备了一种"新建筑"的新身份的许多城市，开始了一种"玩具小屋－城市建设"意义上的修复过程。旧式的房屋布景性质地完全被重建，法兰克福勒默尔贝格的建筑群当属此类（图 8.107）。或者，甚至人们根本不感到畏惧，在另外的地方而不是在历史上的地点建造历史性的房屋，就像汉诺威城内莱布尼茨故居的重建发生的那样。"莱布尼茨故居也是可以放在原处不动的，看来这种不太有说服力的说明就是为此制定的。"（赖因博恩／考特，第 124 页）

• 希尔德斯海姆集市广场——第二部分

重建也是希尔德斯海姆回顾性城市修缮的出发点。重建在战争期间遭到破坏的屠夫之家的要求，也包括了城市空间扩建的任务（第228页）和古老的集市小广场的使用。1980年举行的那场设计竞赛没能阻止人们的努力归于失败，即至少采取现代化的建筑手段，重新恢复古老的城市空间。人们也重建了面包师同业公会的房屋，把所缺的广场正面以历史的面貌重新恢复了起来。希尔德斯海姆重新有了其"古老"的集市广场（图8.106、图8.108）。以前专业人士没有办到为公众及最终为政治决定列出清晰的城市规划边界条件。

"于是讨论还在继续。这种两难选择使得希尔德斯海姆与其他城市没有任何区别。特别的是，经过很长时间的讨论，虽然确立了新的方案并且也实施了，但是然后又认为不理想，最后部分被清除掉了，第二次又以历史上的形式重建——到此共用了40年的时间。"（里曼，第59页）

• **斯图加特的小宫殿广场——第二部分**

作为十字形建筑上的一顶盖子的"平台"有平坦的亭子，从真正的步行者潮流中突了出来，在20世纪70年代初期遭到了人们不断的批评。国王大街改造成了步行区并成为了一个吸引消费者的区域。小宫殿广场失去了昔日那种寂静的回避区域的作用，慢慢地荒废了。在恢复生气的努力未获得成果之后，人们开始考虑一个多层建筑群的重建。一份建筑鉴定书上清楚地说到，拆除部分遭受到破坏的皇太子宫殿也许不是一条正确的城建之路（第236页）。

后来，当人们确立要建造一个城市画廊时，进行了一个接一个的建筑设计竞赛，但是并没有找到一个最终的解决方案。20世纪80年代中期，在有国际参与的条件下提供出来的一份鉴定书带来了美国PEI/COBB建筑师事务所的设计方案，这受到了人们的激烈批评（图8.109），但是在这期间公共和私人的资金投入却崩溃了。现在有一个建筑规划，在过去的平台上保留了一个通往国王大街的步行和休息用的阶梯

图8.106 希尔德斯海姆集市广场旁边重建的建筑结构（1988年）。是人们所说的"建造广场的艺术吗"？

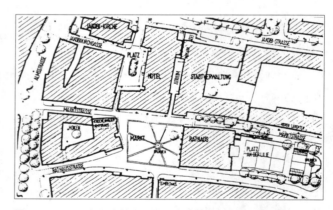

图8.108 1985年左右的集市广场。至恢复历史原貌的梦想实现为止用了40年光景

图8.107 1985年左右重新建造的法兰克福"老"勒默尔贝格建筑群。为游客带来了家乡的感觉和布景

图8.109 斯图加特的小宫殿广场。取代了COBB建筑师事务所1987年为"城市画廊"做的设计方案（建筑模型）

（图 8.110）。设计平台建筑的建筑师之一"筹措"了建设平台的必要资金，用他的话说，作为临时的"补救"措施。

老城和市中心的步行区

对许多城市中的大多数中世纪的老城进行重建的工作是各不相同的，因为不是所有的老城都是零售贸易的中心。早在 20 世纪初期，具有中心机构的区域所谓"市中心"的发展就已经开始有区别了。它可以分为带有许多混合形式的两种根本类型：

- 老城与中心商业区区别开来的做法大多出现在大多数大城市里，所谓大城市是指第二次世界大战前就形成的有 50 万人口的城市。新的商业地段常常是在老城和火车站之间的补充。老城经常被人们看作为所谓的"娱乐区"。这类城市是杜塞尔多夫、汉诺威、斯图加特、法兰克福。
- 在有 10 万人口的中等城市里老城和中心商业区达到了统一，其结果是建造百货商店有着极大的困难，比方说纽伦堡、明斯特、埃斯林根、维尔茨堡、哈默尔恩。在大城市只有 19 世纪建造的火车站靠近老城时，才有这种一致性，像科隆或者慕尼黑这样的城市。

在这两种情况下，人们在做重建规划时已经考虑到，虽然要大规模开辟中心商业区和老城区，但是要使过境交通远离此处。因此就常常产生出宽敞的直至有十条车道的"减轻交通负担的道路"，如汉堡的东西大道，或者斯图加特的"商业区环行大道"。但是这绝对没有阻止老城区内林间通道的出现，卡塞尔市尤其是个明显的例子。几乎所有城市市政府的抽屉中都有这样的规划，像雷根斯堡，不来梅以及其他的地方，由于难于作出决断或者由于市民的反对呼声，这些规划搁置了很长时间，直到人们"汽车合理性"以及"功能性"的城市的观念发生了变化为止。

在"绿地"上或者在新城区内建立购物中心的竞争已经表明，购物的时候不受到汽车的拥挤，才是最吸引人的地方。尽管如此，人们只是很犹豫地开始在一些小弄堂里或者路段进行改建，把它们改成步行区。这样 1955 年斯图加特的学校路就已经改建成非汽车往来的马路，由于其坡度有利，所以扩建为具有两个商店层的道路。20 世纪 50 年代，卡塞尔城区里那条"阶梯马路"是作为样板而受到人们的庆祝的。奥尔登堡很早就有了一条不太长的步行街。科隆的霍厄街很快就不准汽车行使了。

即便如此，商业人士对步行区的不满情绪还是很大的，因为长期以来人们都相信，拥有汽车先行权比起不受汽车干扰的购物更利于商业上的利润。人们也很怀疑，仅仅靠步行者可以给开阔的马路带来生气吗？像斯图加特的国王大街步行区或者汉诺威格奥格尔大街和所谓的"过路人大街"（图 8.111）。这些步行区如今有时个个人满为患，但是步行区的后果并不都是正面的。商品价格昂贵，有些商店面对"分店"出售大众化商品而无法维持下去，结果很快就出现了"消费跑道"的概念。步行区的形象通过街头咖啡馆和新的文化设施而得到了改善，但是人们远没有停止议论。

图 8.110 至今在这个交通窟窿面前的只是一个"西班牙式的阶梯"而已，设计者说是一种"补救"，1993 年

图 8.111 汉诺威的"过路人大街"。克吕普克和火车站之间的两层商店层是步行者活动的场所

但是不受干扰的购物活动给中心商业区的边缘地区带来了新的负面影响。用于减少交通的拥挤而建造的马路，使得附近的住宅区与城市的中心地带切断，并且路边停满了汽车。这种情况不足为奇，也许是正确的，如果在城内缓慢地建造步行区的话。在城市改造的框架范围内，直到今天部分道路得到了改建（拜梅，第196—205页）。人们提出的一个"无汽车的内城"的要求在20世纪80年代还纯属乌托邦似的东西。"几个文物保护人员喜欢以攻为守：再度提出建议表示要把整个老城改变成步行区。这个建议今天看来几乎无法实现。然而当时是1945年"（1987年，拜梅，第205页）。只有几年之后，这个建议实现了：不仅有规划（图8.112），因为卢卑克暂时试验性地禁止汽车通行整个老城，继而亚琛也效仿这么做。不仅商业人士极力反对，而且这也是一种很通常的伴随现象。

住宅周边环境的改善和交通降噪

20世纪70年代初期在德国，荷兰人的一个想法也受到了人们的重视：所谓"住宅庭院"来源于荷兰城市代尔夫特。在城市改造的框架范围内，代尔夫特改造了道路和住宅区，使过境交通得到了摆脱，交通开发做得更好，首先是公共空间重新为人们的居住实现了它原来的功能。大量的汽车造成的日益增长的交通危险性是决定的因素，居住在城里的儿童和老龄人首当其冲。在德国，这种设计会非常细致地——不只是在概念上——分为两个部分：

• 交通降噪：通过大量的交通控制措施来使交通"减速"和减少。例如：

－速度限制和优先行驶规则"右方优先于左方"；

－公路网改造措施：单行线，道路中断，弯道，死胡同；

－减速措施：使道路变窄，相互停车，转弯或者用石块铺路。

不利于汽车交通而有利于敏感的但是环保的交通参与者的整个道路面积的重新分配，放在了十分重要的地位。建设上的改变主要表现在各个街区的技术落实和"街道两侧"的措施。交通降噪措施的全面应用

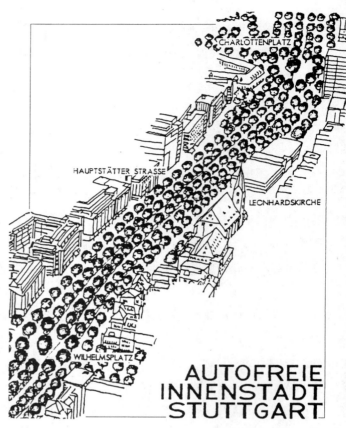

图8.112 约1990年，继步行区扩建后，人们提出了建造"无汽车城市中心"的要求

直到20世纪80年代中期才开始试行，1990年起才在法律上做出了"时速30公里区"的规定。由此科林·布坎南在他的"环境区"中所描述的一个方案在延迟了将近30年后才终于得以实现（第280页）。

• 居住环境的改善是可以划为居住用地的外部区域的增值。这些由布鲁诺·陶特命名的"外部居住空间"（第121页）在战后越来越多地被汽车交通作为行车道和停车区所"占用"，在措施起效前，重新获得面积以交通降噪为前提条件，这些措施为：

－在道路上建立可以娱乐休憩和庆祝等的有"逗留功能"的区域；

－通过苗圃，房子绿化和植树使公共空间透水和绿化；

－建立"游戏街"，法律上划定为"交通降噪的区域"，并进行"逐房"的整体式改建；

－公共庭院区的增值，例如通过消除小型建筑物、取消封闭和绿化使街区内部区域增值。这些措施在20世纪80年代通过各州和各市的纲要，例如巴登－符滕堡州的"居住环境纲要"资助。

- 全面交通降噪的目的实际是将城市建设，交通和环境融合在一个整体蓝图里，以使居住区增值。根据联邦的一个研究项目，由各个城市在不同结构的区域中在此意义上落实样板工程。同时确定公共空间造型的改进也肯定会有交通降噪的作用（图 8.113）。绿化和汽车交通的减少通过减少环境负担，对居住质量产生了非常正面的作用（联邦地方志和空间规划研究院）。

8.5 城市发展规划和地区尺度

"但是'大规模的土地破坏'将不可避免地继续进行，周边地区越愿意给工业提供大量的场地，那么这些地方就会被特别粗放地经营；就越没有争议的是独户住宅会成为与身份相称的家庭用房的最终选择……。'城市地区'是对工业和居住区这些人口稠密地区的善意的美化，它们不再是同心地围绕着一个城市中心，而是发展到整个区域。其宽度由定居在这一城市地区的人们的对比需求，即休闲需求来决定。在这里城市生活上演的一个数量级，规划很有必要或者简单了，在这里尽管距离不断增加，但是城市风景和自然风景之间的交替轮换成为可能。"

——亚历山大·米切利希，1969 年（第 84、85 页）

城市和城市周边地区、竞争还是协调合作

在战后经过忙碌的重建后人们很快认识到，规划在地区尺度上跟不上我们城市的由经济潜力推动的无节制的发展的步伐。20 世纪 60 年代初提出了城市发展和城市规划一致性的问题（希勒布雷希特 2，第 47 页）。但是之后几年的经济繁荣使人们感觉仿佛没有必要寻找这个问题的答案，而只有通过这种寻找才能提供实用的解决方案。这种强烈提出的一体化的发展规划作为空间的、业务的、财务的和时间的全面的规划方面的要求是由一个通过大规模的城市扩展，激进的全面改造和顺畅的道路施工措施为特征的实用的交通和城市发展政策伴随的。随着 20 世纪 60 年代末经济和财政形势的转变这种"盲目的行动主义"开始面对现实，这种现实主要为"要求完成从定义的目标向

图 8.113　1986 年城市建设部部长：交通降噪将城市交通规划引向新的方向

一定程度的目标不确定转变"（赖因伯恩 2，第 41 页）。1975 年至 1980 年这段时间空间发展的框架条件（人口减少、低经济增长、失业和经济结构转变）进一步加强了"分散的密集"这一过程，即人口从农村转向城市，同时核心城市的居民也涌向边缘地区。这样发展可以被描述为下列几个部分：

- 国家对乡镇和城市的影响增强。在自由财政余额本来已经很少的情况下，专用财政拨款变得越来越重要，并且地方的决定空间越来越小。
- 乡镇和城市之间竞争的激烈化。国家影响的增强也可以说明下列现象，即在发展可能性减少的情况下，地方之间绝不愿意互相合作和协调，而是更倾向于采取一种"狭隘的政策"。
- 居民越来越抱怨"忽视公民"的规划。

居民感到在小范围区域（城区，居住街区）内的规划要求越来越直接影响他们直接接触的世界。沉重汽车交通造成的打扰，居住环境的恶化和缺少便宜的符合需求的住房也是人们从核心城市搬出来

的主要动机。

城市和城市周边问题也可看作目标矛盾的集合，对之没有合适的制度上的和方法上的解决方案：对通向中心地点的交通的改善和中心服务业的扩建恶化了那里的居住条件并导致了居民的外迁。人口的流失使中心地点的收入下降，也减少了中心设施扩建的可能性，而在此期间周边地区的设施却可以不断发展（斯图加特市，图8.114）。20世纪70年代提出和实施的针对措施，例如区划和行政改革或者区域规划的制度化，直到今天也没能从本质上缓解大城市和周边地区的对立。

区域居民点结构的框架条件

本来直接连着20世纪50年代的重建阶段的社会和经济的持续变化过程的作用，直到通过更多因素的同时作用和影响公众的标签化才对广大公众来说变得明显。其中三点需要特别提及，它们对于20世纪70年代末城市区域的框架条件具有重大意义：经济发展、人口发展和与这两者因果关系的公共财政状况。

- 经济增长的急剧下降直至负增长或者所谓的"零增长"大多被简化地归因于1973/1974年的"石油震荡"，同时通过"无汽车星期日"使全体民众警醒。其他的与此相关的原因复合体，例如经济结构的转变，需求形势和经济的技术变化，虽然在"学术界"被深入地探讨，但是在公众的讨论中却无足轻重（例如阿福黑尔特）。
- 人口数的大量减少，也叫"人口的向心爆炸"或者对公众起作用的"避孕药丸折断线"的到来并不完全是出乎意料的，并且也不能只归因于"排卵抑制药"的广泛应用。
- 公共财政资金的减少，为以上两点的结果，之前在"国家贫穷，私人富有"的提示语下也有所讨论，在当时的规模下通过减少反正已经紧缩的"自由财政余额"对城市和地区的发展有极大的影响。

这三个原因对发展的影响在空间上绝不是均匀分

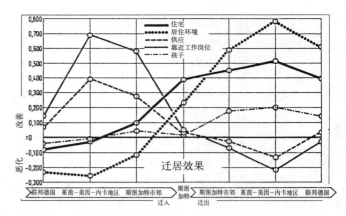

图8.114　寻求更好的居住环境和住房是1975年斯图加特居民搬到市郊去的主要动机

布的。它们更多的是以不同方式影响城市地区和农村结构的地区，这些区域的人们以极大的规模迁向更有吸引力的城市地区。但即使是城镇的各种各样的区域也都没有同种的发展，它们通过下列现象受一种选择机制的支配：由于商业化使内城无人居住，核心城的居民迁出或者社会结构改变，周边地区人口大量增长，迫使居民离开传统的居住区并经常因为高地价放弃公共投资。由此产生了两个重要的居住区空间方面的特点，这两个特点对于城市和城市周边地区问题是有代表性的：

- 由于新建的用地粗放型的居住和工业区和"住宅从内城撤出"造成的超过大型城市界限的建设地区的泛滥。
- 由此产生了"从周边地区到内城的为了工作和教育在两地之间往返者数量的增加和增长的交通困难（高峰时的拥挤时间、长期停车者、堵塞的私人交通）"（斯图加特城市－周边地区委员会，第10页）。

人口和居住区面积的发展

"如果我们深入研究迁出城市这一问题，我们就务必开始分析城市的生活条件和用迁移者迁往之处的生活标准衡量这些条件。迁移者迁到周边地区，但是'城市难民'只是在地区统计意义上离开了城市，事实上他扩大了'城市区域'，并保留着他的工作，作为消费者使用着内城并使其变得有生气。客观上说他完全没有感觉到搬走了，而是在他扩大了的城市范围

内找到了一个新的地点,这个地点更好地满足了他的生活需求。"(施彭格林,第 10 页)

这种论述是以统计数据为依据的,因为虽然几乎所有的大城市在 20 世纪 50 年代经历了大量的迁移正赢余之后许多城市的居民数量在 1961 年至 1970 年间明显下降,但是在城市地区内并没有数量上的变化,而是几乎只有空间上的改变。自 20 世纪 60 年代初以来确认的城市地区核心城市的人口流失几乎总与城市地区其他区域相应的人口增长相并存,以至于可以说"人口从核心城市转移到其周边地区",或者称作"核心－周边－大迁移"。1960 年之前日耳曼人口就已经在总居民数不变的情况下下降了(图 8.115)。

城镇居民在城市地区内部搬迁的目标地在 1945 年至 1985 年之间发生了空间上的改变(图 7.3)。例如斯图加特市和其周边地区变化的各个阶段如下:

- 1945—1950 年:回到城市核心和内城重建。
- 1950—1960 年:随着不断迁入形成带新居住区的郊区环。
- 1960—1975 年:第一个周边环是人们从核心城迁出的目的地。
- 1975—1985 年:通过改善交通关系建设第二个周边环(黑金/米库利奇/泽特勒,第 32 页)。

1970 年左右在联邦共和国每年有 500—600 平方公里的农业和林业用地被用于居住区建设,相当于慕尼黑和科隆两个城市的面积之和。相应的在巴登－符滕堡州居住区面积在 1950 年至 1985 年的时间内从 212221 公顷翻了将近一番达到 411606 公顷。这就是说,35 年间用于居住区的空地和自然用地,相当于此前历史上数个世纪的用量。其中 1968 年至 1971 年的居住区用地面积增长为每天大约 27.5 公顷的绝对最高数字,而 20 世纪 80 年代又减少到每天"只有" 12 公顷(黑金等,第 24 页及以后)。

由于人口数不变或者略有减少,每个居民的人均居民点面积大大增加。例如在斯图加特这一数字从 20 世纪初的每人 48 平方米增长到 1950 年的 116 平方米,1985 年又增长到 175 平方米。预计到 2000 年将增长到每人 230 平方米。在农村地区这一数字更高,因为现在巴登－符滕堡州的平均数已经是每人 450 平方米。这种大量增长的居住区面积可以解释为富裕现象。

联邦德国居民的平均居住面积从 1950 年的每人 14 平方米增加到 20 世纪 80 年代末的 37 平方米。但是每个工作岗位的面积也大大增加。这样在居住和工作两个功能区中可以观察到一个巨大的城乡落差。在斯图加特每个工作岗位约 60 平方米,在边缘地区,具有农村结构的地区为 110 平方米,差不多使用了翻一番的面积来满足要求。同时农村地区的独户住宅区使用了比城市密集建筑多很多的面积(黑金/米库利茨/萨特勒,第 10、52 页)。

同时还有一个工业企业的"核心－边缘迁移"和相应的工作岗位和工商税收超过行政区边界的"转移"。这对于核心城市是一笔不可忽视的收入损失。同一方向的人口迁移给中心区带来了额外的个人所得税的损失,这样就在两方面"对周边地区产生了有利的,对中心产生了不利的乘数效应"。

一方面,核心城与收入损失相对支出负担并没有降低,因为既有的基础设施导致了不断的支出,而其中很多基础设施是周边地区居民所共同使用的。另一方面因为周边地区财政条件比市内好,所以这里多种基础设施提供的供应也好于中心。其后果就是通往这些设施的距离较远和前往这些周边住宅区的交通流量增加。

城市发展规划和规划亢奋症

考虑到人口和工作场所的发展以及由此产生的居

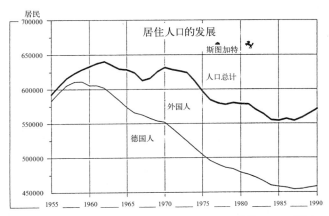

图 8.115 从 1960 年起,在总计稍有起伏地减少的情况下日耳曼人口大规模向周边地区流动

民点面积的膨胀在20世纪60年代提出了，20世纪70年代初则强化了深入的和长期的规划的要求。空间发展"本身固有的规律性"带有对既成事实的强迫适应，应该与公共团体有意识的和有预见的干预相对抗。格尔德·阿尔贝斯按历史顺序把工业革命以来的这一愿望描述为一个三个阶段的过程。

1. 适应式规划：集中在单个的技术问题上，即使有时对综合性理想规划的追求是明显的。19世纪自由法制国家的城市规划必须保证公民社会本身固有规律程序的前提。干预在技术卫生，造型艺术和部分的社会改革等方面进行。

2. 预防性规划，作为"经济和社会发展的空间框架方案，被认为是一种自主的规划师的影响无法发挥的程序"。规划是实现和延续发展，其中要考虑社会经济变化的发展趋势。但是这处于一个"弹性的框架内，在这个框架内经济和社会的发展可以尽最大可能地畅通无阻地进行"。

3. 发展规划以一种认识为基础，即发展过程不仅人们可以进行有目的的介入，而且需要这种介入。随着社会系统复杂性的增加对社会和环境规划的需求也增长了。在综合性方案的基础上产生了空间规划与"经济和社会地区的调控措施"之间的协调（赖因伯恩1，第24—28页）。

"规划理念的发展阶段表明了一种从适应式规划向发展式规划、在规划过程中从静态地观察问题变为动态地观察问题的方式的转变。但应指出的是，适应式规划与发展式规划同时存在，因为即便在今天，适应式规划也常常体现了唯一可能的规划方式。因此，比起远期规划来，近期规划中更多的是进行规定与限制，因而后者便更具有发展式或规划的特点（图8.116）。但这也意味着对未来的规定，这些规定在政治范围内由于自发行为空间受到限制，因而并不很被看重。"（赖因伯恩／科赫，第15页）

20世纪70年代掀起了一场规划热，从城市发展规划到州发展规划都认为，一切的一切都是"可预计的"。规划者确信"我们目前正处于从第二个规划阶段向第三个规划阶段的过渡"（阿尔贝斯3，1969年），也就是说，正处于前往城市发展规划阶段的最正确的道路上。然而到了许多规划业已编制完成的1975年，这一新规划阶段的许多不容忽视的不足及弊病便暴露无遗：

• 作为规划手段，城市发展规划必然在诸多重要方面与自由市场经济的规则格格不入，因为这种发展规划试图控制自由市场经济的发展，虽说这种控制从整个国民经济上会取得较好的成果，但若从每个单一的经济领域角度来看，却往往会带来不大好的影响。

• "一般来说，一个城市的发展规划并不涉及有害发展的原因及可行的预防措施，而只是对存在的现象做出反应。这样做最多只能防止及减少事态扩大。然而，有害的发展过程本身却仍在继续。"

卡尔·克吕斯皮斯提出的这两点批评意见（第163页）是《以慕尼黑城市发展规划为例对城市规划的要求与现实的基本意见》一书的一部分。他在对此进行归纳时无可奈何地写道："人可以从对五花八门的城市发展规划的主要批评中看到，这些规划试图给人一种假象，好像世界是完美的，或可以把它搞得很完美，其实，对城市发展规划最应该说的一句话只能是：公开宣布失败。"（第166页）

从城市地区到地区城市

许多城市建设的实践家及理论家对第二次世界大战之后德国城市重建阶段的批评在20世纪60年代初就已经开始针对德意志联邦共和国的各地城市在空间及结构方面发生的天翻地覆的变化了。他们认为："我们原来的城市概念正在解体。"与此论断紧密相连的

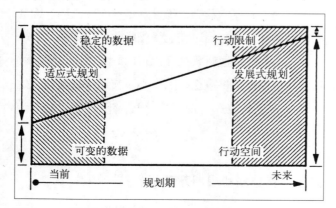

图8.116 适应式规划及发展式规划。对规划来说未来具有更大的行动空间

是，人们对"工业革命之后"的城市发展进行了历史性的回顾，从（1870年）恩斯特·布鲁赫对柏林城的规划、通过（1894年）埃比尼泽·霍华德对伦敦的规划直至（1962年）鲁道夫·希勒布雷希特对汉诺威的分析研究，都越来越清楚地表明，在城市规划时，必须对城市所在的地区加以考虑（沃特曼，同上）。

与此同时，格尔德·阿尔贝斯（3）在他的"空间规划的三个阶段"中阐述了对城市发展发生影响的各种因素，奥拉夫·布斯泰特在"城市地区"的设想方案中对城市化的规模进行了科学研究（图8.117），这样一来，（可能由）希勒布雷希特所首创的诸如"地区性城市"和"城市地区"以及其他类似的概念便从理论上和实践上对城市发展具有了越来越重要的意义。

在此关键的问题是，"城市发展是否是独立于和不受城市规划观念的影响而服从于其他的规则"（希勒布雷希特2，第41页）。

正像希勒布雷希特要求的，"城市与迄今为止的农村地区越来越强的一体化进程在社会及文化方面也以政治、行政、法律及经济方式为简化城乡一体化的进程创造了组织方面的前提，这些前提导致了一种新的城市规划形式，即城市地区的形成（2，第62页）。然而，地区城市设计的主导思想仅限于希勒布雷希特（2）、沃特曼以及布斯泰特的著作阐述而且大多在城市功能及城市规划方面，而对上文所指的那些应创造的前提，他们并没有加以具体的说明：

- 地区性城市的基本形式应视各地的不同情况而定。
  - 可采用"单核心"的单一城市形式；
  - 亦可采用多核心的城市组群形式，无邻居城市或有邻居城市（图8.118；武尔策，第79页）。

- 地区性城市的边界由"自然空间元素、每日上下班短途公路及铁路交通以及短途度假交通的有效范围确定"。在这种情况下起决定性作用的不是绝对距离的远近，而是要看克服这种距离所需的时间。

- 一般来说，地区城市的地区范围要比根据布斯泰特所制定的标准划定的城市地区的范围要大，因为后者会因标准临界值的不同而迅速地发生变化。"地区性城市的范围与交通区域的划分大致相同"，因为交通区域的界限在进行地区规划时已作为了规划区的界限。

- 在沃特曼的著作中，地区性城市的范围在大地区范围的生产能力交换的意义上划分为"城市区"和"农村区"。
  - 城市区又细分为"核心城市"、"郊区城市"及"邻近城市"：核心城市是"具有地区及跨地区意义的行政、经济及社会的中心机构所在地"，"其就业岗位的数目要大于其居住场所的数目"，此外，在该核心地带，"在一段固定路线上乘车上下班人的数目"及"定期采购的顾客及来访者的数目"都很大。郊区城市及邻近城市是"在固定路线上乘车上下班人的居住之地"以及"在空间上不受核心城市束缚的中心机构的所在地"。
  - 农村区是"支持区及休闲区"，建有诸如"不

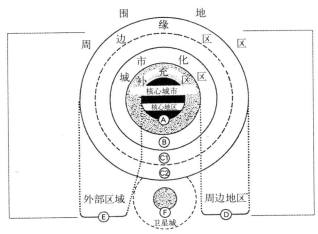

图8.117 奥拉夫·布斯泰特的城市地区模式图，1970年。按照统计学的特征划分

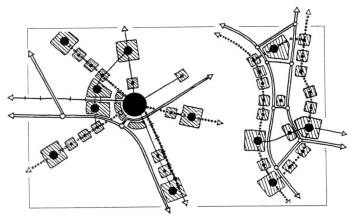

图8.118 1970年R·武尔策的一个中心取向的城市（左图）和一个多中心的城市景观的草图

能安排在城市区"的机场、污水处理厂及水厂等设施。

- **布斯泰特：城市地区及城市结构**

城市地区的方案是奥拉夫·布斯泰特通过处理统计数字而得出的理论上的一个模式，他对这个模式作了功能上的划分。他的"地区性城市"设计上的主导思想使迄今为止的"内城"分散化的努力更加根据日益扩大的、环形的居住区结构及其变化确定方向：

- 市中心"应尽可能做到能步行穿越"，在这块约为1平方公里大小的面积上，应设有为全体居民服务的、不能分散布局的所有服务设施（图8.119、图8.120）。

- 紧靠市中心的住宅带，应"安排尽可能多的人居住，从而使市中心富有生气"。此外，还应有一个"也容纳了环城铁路及重要的快速路和货运公路的绿化带。"

- 隶属于第二产业、与市中心联系并不密切、工作岗位密度最高、日间人口远远多于夜间人口的工作场所有重点地分布在"交通及绿化环"的两侧，再往外，还应设有"向外密度逐渐减小的大片住宅区。"

- 所谓的"市中心的次级补充中心"位于辐射状主干道路与交通及工作场所环的交接处，它们应与"同样起着补充城市中心功能的配套通信体系一起为至少5万、最好为10万居民服务。"

由于住所与工作场所环网距离较近，"住在市内在城外上班族"和"住在城外的进城上班族"，会使与城市有关的上班族的转运量的转移，从而减轻市中心区的压力（布斯泰特2，第233—236页）。

- **汉诺威：发展模型及地区性城市模型**

许多城市规划者对汉诺威及其周边地区的发展提出了建造地区性城市的具体设想。汉斯·施托斯贝格最早于1962年提出了一种"划分的城市景观的开发构想"（图8.121），同年，鲁道夫·希勒布雷希特也提出了构建一座中心化地区性城市的模式（见"城市地区一种新的、能容纳约200万居民的城市规划形式发展设想"）（图8.122），1972年，威廉·沃特曼又提出了"一座地区性城市的模式"（图8.123），这些构想均清楚无误地反映了汉诺威的情况。

海因茨·魏尔于1974年提出的建设一个地区性汉诺威市的模式（图8.124）是对"大汉诺威规划联合体"地区的空间及功能秩序所作的规划，它集中体现了各种"地区发展模式"的精华。这一地区联合体不仅有进行地区规划的权限，而且也有实施规划的权

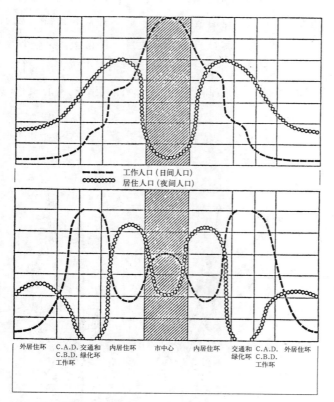

图8.119 布斯泰特：集中化城市白天及夜间人口的分布情况（上图）是对……

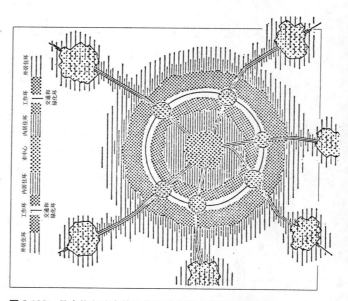

图8.120 具有均匀分布的分散性城市模式的发展的推动

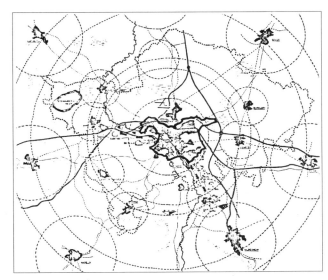

图 8.121 汉斯·施托斯贝格：汉诺威划分的城市景观的发展可能性的草图

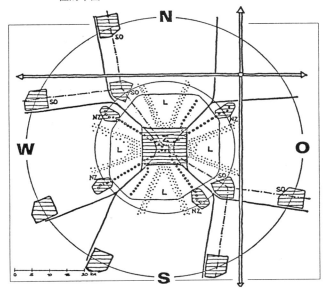

图 8.122 R·希勒布雷希特：城市地区的一种新的城市规划形式发展的示意草图

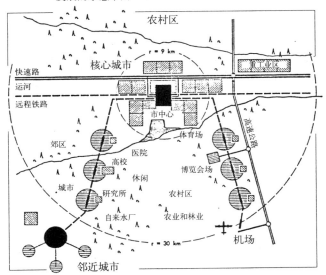

图 8.123 W·沃特曼：一座带有带状结构和市郊城市及邻近城市的地区性城市的草图

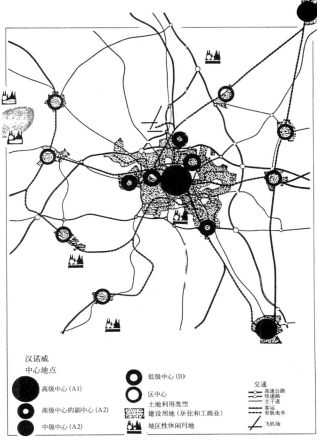

图 8.124 海因茨·魏尔：汉诺威人口密集区的空间模型。将地区性城市作为目标

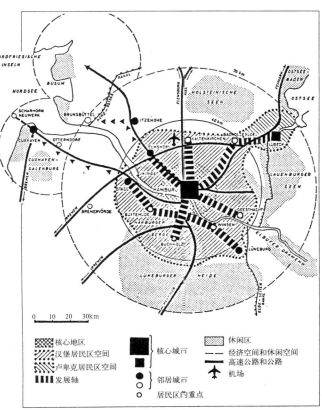

图 8.125 沃特曼的汉堡—卢卑克—易北河下游地区的模型，1972年，从城市规划到州规划（区域规划）

第 8 章 扩建："绿色中心"与城市化之间（1960—1980 年） 293

限，从而使20世纪70年代一个直接选举的地区议会得以产生。然而，20世纪80年代的政治权力斗争又废除了这一"人民代表机构"，因而该地区又退回到原来的区间协作组织。

- **汉堡市的轴线式规划方案**

弗里茨·舒马赫早在1921年提出的著名的"鸵鸟羽毛扇形图"使"汉堡的自然发展"轴线模式一目了然（图8.126、图8.127）。40年之后，它也仍然是空间发展的一种可行的模式。1969年，"汉堡轴线发展规划方案"（图8.128）被建设委员会提交给汉堡市议会，该规划的基础是三个"体系"：

— 一个由现有的及规划的高速铁道的走向所决定的并与邻州协调的轴线体系。
— 一个是中心地体系，它也伸入周边地区并将市中心、城市大区中心及城区中心分别作为居民生活及经济活动的服务中心。
— 公路网及高速铁路网与轴线规划方案相协调，以这种方式发展轴轮廓下，放射状的公共交通路线拦截了往内城方向行驶的私人交通并使其改乘轨道公交工具。在放射状公路上行驶的汽车可通过好几条环形公路在大范围地带行驶而不至于过分集中。

汉堡市与邻州进行合作的重要基础是"使周边地区住宅区的发展从大城市划分出来，扩展到大的地区的纵深之处"。应优先对处于轴线终点的较大乡镇及城市，特别是那些具有发展潜力的乡镇及城市的空间及功能的发展进行资助，从而使这两者在全局上共同形成可与核心城市相媲美的举足轻重的平衡力量。发展轴是从汉堡市向外延伸的轨道及公路交通带，其中，运送乘客的短途公共交通具有特别重要的作用。各发展轴之间以扇形方式向外扩展的开敞空间地带在目前只有很少几个大的乡镇，即便是在未来，该地区也应主要保留作为农业及短途休闲之用（巴尔／默勒，第1159页）。

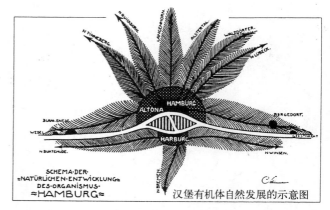

图8.126a 弗里茨·舒马赫的"鸵鸟羽毛扇形图"，1921年作为自然发展的草图

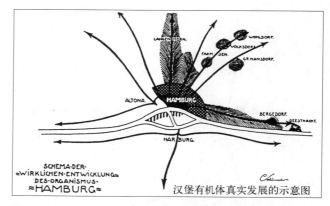

图8.126b 汉堡有机体真实发展的示意图。这张图纸后来成为汉堡轴向发展方案的模型

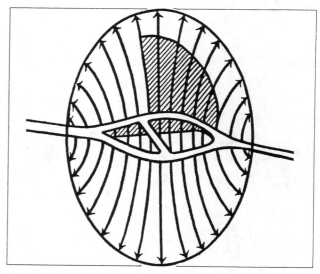

图8.127 汉堡：易北河两岸附近的居民点环正常发展的图示，1932年

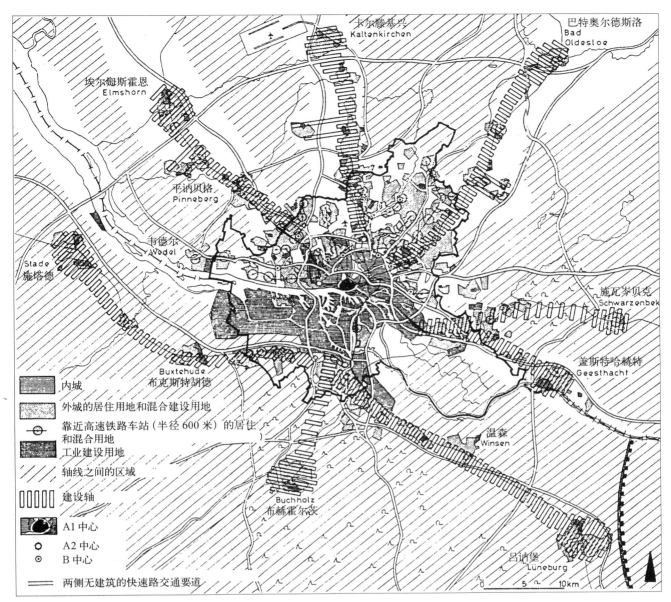

图 8.128 汉堡及周边地区发展轴规划草图，1969 年。由中心地和轴线组成的点轴体系构成了该地区住房、工作、休养、教育以及交通用地分配的规划要素

第 8 章 扩建："绿色中心"与城市化之间（1960—1980 年） 295

第 9 章 回顾与展望：新外表下的老问题？（1980 年以后）

"虚幻的现实使我担忧：媒体可以使个人完全脱离社会，逃避现实。那些戴着电子模拟头盔和只注视着电脑屏幕的人，生活在虚幻中，以为充满罪犯、肮脏的城市已从身边悄然遁去。不久的将来，只要他乐意，人人都可以只和机器交流，生活在完全没有人际交往的世界里。"

——弗兰克·比昂迪，美国维亚康传媒公司总裁（摘自《明镜周刊》1994 年第 8 期，第 97 页）

9.1 城市发展中的"红线"

"大城市是活着的乌托邦，也是对这种乌托邦的破坏。"

——乌尔里希·贝克，社会学家

不变的问题，罕见的答案

住房问题总是重新被确认是过去 150 年里城市建设中现实性的疑难问题。在这个问题中，土地价格带来了极大的麻烦，因此土地问题也一度是城市发展过程中的一个长久未决的问题。尽管有关方面一再强调要寻求另一种社会的解决方法，但满足人的居住需求大体上仍然是自由市场的任务。因此，国家和其他官方或半官方机构对市场的干预在很大程度上仅限于非常困难的时期。自埃比尼泽·霍华德在他的田园城市中把众多社会改革者所致力追求的共有地产付诸实践后，人们也必定意识到了这种模式并不一定普遍适用。

尽管如此，这种非私有的解决土地问题的方法仍被看作是一种更社会化的城市建设的钥匙。对和睦的共同生活的追求，多半也应借此得以实现。因此城市规划具有两个超越空间规划任务的作用范围：

• 城市规划作为社会发展规划：经常通过城市规划措施来处理社会问题，不是作为城市更新（"社会改造"）就是作为城市扩建（"社会减负"）。在从 19 世纪中叶奥斯曼主持的巴黎改建，到 20 世纪 70 年代的全面改造等这些老城区更新中，遭到排挤的大多是贫困的社会阶层。面向大众的住宅建设出于成本的考虑绝大多数位于城市边缘或城镇之外，即"卫星城"。所以城市的这种"分散"也是寻求住房问题解决方法过程中出现的后果。

• 城市规划作为财政计划：公共住宅建设以及与此相关的城市建设措施始终是"经济的传动带"和促进建筑业发展的工具。另一方面，一旦缺乏私人投资，国家对私有经济的强烈依赖性就会暴露出来。不管是经济危机，还是具高利息的经济过热，都会使住宅建设降低到一种较低的水平,这种下降有时是非常短暂的。

居住在城市中,但是如何居住?

"城市分散化"这个主题是对工业革命以来城市发展中进行的某一过程的较新评价。城市和乡村的相互协调(最晚到田园城市时代)是人性化城市建设公开承认的榜样。因此理所当然地是,私人住宅如行列式房屋或者更好是单户住宅,也是工人们值得追求的目标。英格兰和德国的家长式住宅建设就是从这一准则出发的。此外,20年代法兰克福和柏林的那些大型住宅区中低矮的行列式建筑也有很大的份额,这种建筑的特点是每座房屋都有各自的地产。

早在19世纪中叶英国的工业村镇和德国的工人居住地中,行列式建筑就已成为城市规划的住宅区模式了。从此土地得到了极其合理的利用,而且人口密度也同时得以提高。但在这一时期内,田园城市松散的街区建筑形式也已形成了它的雏形,并由雷蒙德·昂温提出的"住宅庭院"达到了其城市规划的完美境界。只要考虑到城市空间构成以及建筑与自然风景相互融合的特殊条件,上述两种"住宅区模式"直到今天仍然有其可行性。

此外,虽然在整个城市建设的历史回顾中很少有人关注到那种以紧凑密集的建筑形式存在的城市住宅,但实际上它早已拥有了几十年的城市建设传统。这种封闭式建筑形式不仅在形式上通过内部设置的"庭院构造"得以改造,而且通过在"大街区"中创造受遮蔽的居住位置在功能上也有所改善。特别是除了一些较小型的例子之外,在"维也纳庭院"中,可以找到这种住宅形式至今仍值得模仿借鉴的典范。

真正的新生事物:汽车城市

城市土地利用在空间上的分离,即功能分离,是工业化所引起的城市快速发展的结果。与之相联系的工作地点的集中,以及强迫为大量涌入城市的人潮建设住房,打破了居住和工作之间的统一。但中世纪的城市在功能上也并非完全"混合的",因为在由军事防御设施空间上限定的城市结构中存在着"纯粹的居住区"。随着交通工具的发展以及城市面积的扩大,各种城市用途才被明确分离,成为独立的单一功能区。有了汽车之后,人们从使用公共交通工具逐渐改为使用个人交通工具,这种转变同时也为城市建设创造了崭新的机会(图9.1)。

"汽车城市"使人们有关城市景观的梦想有了实现的可能性,这一梦想始于霍华德提出的"城市组团"。汽车的"普遍存在",其随时随地的可支配性,不仅冲破了堡垒围墙,还砸碎了历史城市的最后一道枷锁。人们迁居频度的魅力与人们对技术的激情以及汽车自身和各种道路成功地结合在一起。由此,城市彻底换上了新貌。考虑到功能分离,人们放弃了城市空间构成和开发面积的统一。当道路作为技术开发元素仅被局限为可用的车行道时,住宅建筑包围着的绿地被定义为了"新的城市空间"。人行道也从马路移至"绿色区域"。

因此,城市分为两部分:一部分是居住区内具有

图 9.1 斯图加特的城市环线与"奥地利广场",1962年。"城市中急剧增长的交通量"

较高居住质量的区域，另一部分是居民区外受到严重损害的区域。从一个功能区到另外功能区的道路不仅越来越远，而且越来越危险、麻烦，因此只推荐使用汽车。汽车价廉物美以及几乎无限制的灵活性，其便利也发展成为一种"强制的灵活性"。例如，各种功能的集中吸引了混合区中的购买力和公众，因为城市居民通常在那些供应最充足、价格最低廉的地方购物。与此同时，人们缅怀过去街角的那些（便民店）"爱玛婶婶店铺"，抱怨路途遥远的种种不是。居民和城市之间的关系是矛盾的：人们作出什么样的行为，城市就呈现出什么样的面貌；但是人们期望的往往是另一种面貌，而他们却无法用自己的行动塑造出这样的城市来。

9.2 喘息：增长的极限

"那些今天作为环境潮"偶尔被提出的东西，那些至今仍然说的比做的多的东西，是对一个新认知的反映，这个新认知通过"宇宙飞船－地球"这个时髦词而显得格外形象生动。认为资源取之不尽用之不竭的想法在此显得过于幼稚，而对发展的极限的承认是无法反驳的。"

——格尔德·阿尔贝斯，1974 年（1，第 475 页）

城市发展和经济周期

虽然有前兆，但还没有任何"罗马俱乐部的报道"打着"增长的极限"这样醒目的标题引起过人们对经济和城市发展政策的思考。1973 年至 1974 年的"石油危机"期间禁止周日驾车，以及大幅度提高石油价格的举措马上就带来了严肃的警告，直到 70 年代末开始的经济衰退期，人们才有了喘息的机会。在具有建立长久的"富裕社会"的信念的 60 年代的"经济奇迹"之后，人们大失所望。

1972 年罗马俱乐部带来的那条值得深思的信息可以简要地概括为三个结论，即：

- 如果保持"世界人口、工业化、环境污染、食品生产以及对自然资源的开采的目前的增长"，"将会在下一百年中达到全球增长的绝对极限"。
- 在确保全球人口"物质生活基础"的同时，改变"增长趋势"，从而形成生态和经济的平衡状态。
- 尽早行动以提高达成平衡状态的可能性（梅多斯等，第 17 页）。

但上述说法显然太抽象，事实上经济力的下降和能源价格的上涨引起了城市建设的重大变化。1980 年前后掀起的建房热潮很快致使郊区的新高层建筑出现大量闲置空房。因此，住房危机几乎没有任何过渡地直接转化为呈平衡状态的住房市场。这在城市建设史上再次表明了经济发展周期的曲折变化对城市发展和城市建设比任何榜样或意识形态都更具有决定性意义（图 9.3）。当 20 世纪 80 年代末住房再度宣布紧张时，前后还不到十年。然而到那时候，人们开始谈论"告别以面积为重心的城市建设"。

告别面积扩张

20 世纪 60 年代和 70 年代居住区面积的急剧扩张（图 9.2）到了 20 世纪 80 年代迅速变缓。例如，巴登－符腾堡州的住宅区在 1970 年前后还以每天近 28 公顷的速度扩展，但是到了 20 世纪 80 年代降到平均每天只增加 12 公顷。在斯图加特地区，用地量

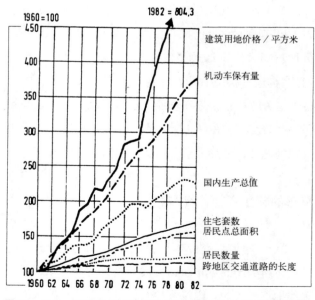

图 9.2 巴登－符腾堡州居民点用地消费的曲线图。"不断增长的富裕造成的后果"

甚至降低到了原来的 1/4。但这种发展趋势同时也具有"居民点用地的分散化"的特点。在人口稠密地带中心住房建设的步伐大幅减缓直至近乎停止的情况下，周边零散分布的、人口较稀少的地区却毫无控制地继续添造房屋，甚至愈演愈烈（黑金等，第6、7页）。

但是商业用房和办公用房的建筑活动也明显停顿，人们甚至开始思考全新的居民点结构。"服务业劳动密集型的和需占用大片土地的增长期终于结束。新技术使服务业企业更加依赖于交通高度便利的地理位置"（1984年，甘泽，第8页）。一个"通过电缆连接的共和国"里居住区的发展问题曾在各种专题讲座和讨论会上激烈争论过，在这样一个"国度"里，在远离市中心且富有度假气息的地区坐在电脑前工作几乎早已成为规划上的正常状态。

同时大城市的"后退式建设"，尤其是这些城市市中心的"后退式建设"也在讨论之列，这甚至体现在调整土地利用规划过程中大量削减占地面积这一点上。20世纪70年代末还有大量公民自发组织起来反对交通、城市改造和住房建造等方面的措施，因此这些措施很快就在那些机构的抽屉里消失了。但事实上，"逃离城市"因导致"市中心的荒凉"和"旧城区的贫民化"而受到谴责。这种"趋势的转化"也包括了1986年差点成为"汽车噩梦"的"德国人最喜爱的孩子"（即汽车）（图9.4；博德等）。

内部发展和城市改建

"保护存量建筑"是20世纪80年代规划者提出的口号。它引起了一股对城市尤其是对旧城区进行"美化"的热潮，这次"美化"使那些经历"怀旧情怀"改造的城市房屋如同孩子的玩具一般。公民对规划的参与，作为20世纪70年代的一次大规模运动在形式上也向"规划过程民主化的方向"跨进，但它由于"回归私人化"而逐渐消退，并且让步给"一种新的内在性"。这一社会趋势作为"内部发展和城市改建"在城市建设方面找到了类似物。

通过住宅现代化、建筑修复、城市改造和"适应性城市建设"等措施进行的城市"保护性更新"一方面"是对城市塑造的推动，另一方面也是对建筑文化遗产

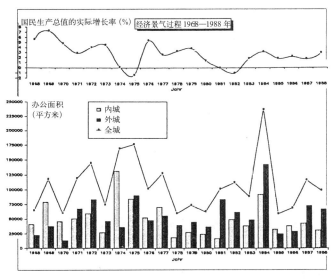

图9.3 斯图加特办公面积增长状况和经济景气。时间上推迟了的平行发展

汽 车 噩 梦

图9.4 "其最喜爱的孩子造成了整个文明的破坏：较少的汽车，较高的生活质量。"

保护的推动"。"城市修缮"遵循着某一高要求的目标，即"修正战后时期的城市发展所带来的破坏：'反退式建造'街道和网状高层建筑与城市结构中各种建筑空隙和林间通道的小范围填补相结合"（甘泽，第9页）。

20世纪80年代初，城市发展犹如电影中的"慢镜头"而进展缓慢，以致在城市发展计划和其他较长

期的行动方案尘封在档案中以后，整个城市规划班子也似乎开始削减人员。除此之外，乡村的居住区面积和城市的居住区面积在战后时期几乎都翻了番，"面积扩张的极限"因而显得明显起来（图 9.5）。但仍然有专业人士要求在有限的资源前提下提高规划质量，理由是缺乏改正错误的手段。

继规划者之后，人们也开始重新将旧城区看作生活空间，因此在旧城区的木结构房屋里居住很快就成为一股风潮。"城市空间的复兴"导致了交通降噪和居住环境改善职责领域的强化，同时通过种植树木来重新绿化经济繁荣时期（1871—1873 年）建造的那些城域的街道。在"修复"现存城市的实践过程中一个城市建设的必要性和可能性的广阔的领域展现在人们面前。它面向未来不断进行调整，并被视为是一个长期的职责领域。

9.3 挑战：住房紧张和环境保护

"地方政策在很大程度上受到榜样和理念的影响。一个气氛活跃、乐于讨论的社会欢迎人们提出、探讨并遵循各自的理念和理想。但经过一段时间以后，这些理念往往又被新思想新观点所取代。"
——汉斯·阿德里安和玛丽安妮·阿德里安，1990 年（联邦建设部 3，第 83 页）

新的框架条件和新任务

对现有城市结构进行补充而非扩大，这种"中等强度"的城市建设当然无法持久。1987 年的人口和住房普查数据证实了关于城市规划新框架条件的推测，即：

- 人口数量并未减少，相反，因东欧人口的迁入以及国际难民运动而增加。
- 人口结构发生剧烈变化。有老年人数量增加而年轻人减少的趋势。不久的将来，每 3 人就将有 1 人超过 60 岁。
- 从大家庭到小家庭结构的转变，导致大城市中近 50% 的家庭是单人家庭。

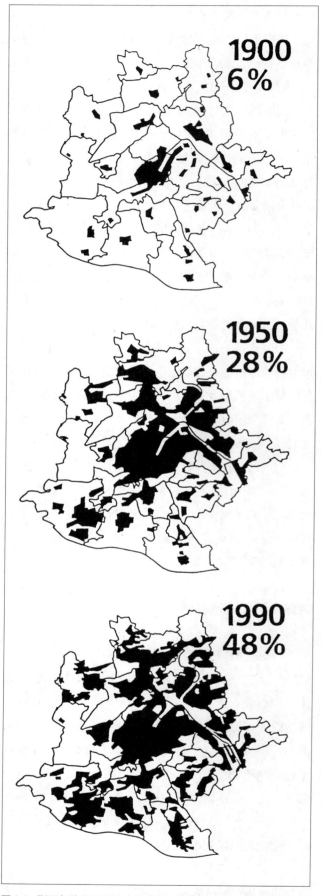

图 9.5 斯图加特行政区域内住有居民的地区。"城市扩展的阶段已经广泛地结束了"

- 人们的住房面积需求不断增加，因此统计出住房数少于家庭数。

但是，地方政策的经济框架条件也已改变。拥有大项目和透支贷款通道的 20 世纪 80 年代显然已经风光不再。两德统一所需的财政支出迫使人们从经济繁荣的美梦中"郁闷地醒来"。也正因为这样，城市建设的种种措施受到了极大的抑制。然而地方的四大相互关联的职责范围也显示出它们对于 20 世纪 90 年代的重要意义：

- 城市更新是"城市内部进一步发展的努力的深化，其具体措施为住房环境的改善、交通降噪、城市美化、现代化、土地的循环利用、荒芜土地的再开发利用、开发废弃工业用地的新用途或对其重新利用。"
- 住房建设可以采取增加临近住宅区的工商业用地的建筑密度和改变用途方法，以及"采用适度扩大城镇的政策，主要是建筑用地整理，但也可以在城市地区关联的情况下建造新居民区"。
- 城市生态学是"对改善城市环境状况工作的强化"，具体通过在"绿地和开敞空间规划、交通规划、辐射保护、垃圾处理、土地保护、残留污染处理等专业领域中或以环境影响评价、环境（改造）项目和局部空间的再生方案的形式"进行"空间的和业务的联结"所需的种种相互协调的措施（图 9.6）。
- 城市经济学是城市建设的前提条件，通过"保护和激发自己的发展潜力"以及通过"促进创业和技术创新"来发展或改善住地质量。特别是"软环境因素"如环境质量、城市结构和城市形态对地方市场营销具有城市规划的重大意义。同样，国家和私人协作的新形式，也就是所谓的"投资者的城市建设"，将对城市规划产生极大的影响（格布，第 63 页）。

房荒作为"致死的理由"

在 20 世纪 80 年代中期宣布住房市场取得平衡以及 1988 年联邦政府宣布停止社会福利住房建设之后不久，一个早已被公众遗忘的名词即"房荒"重新引起了人们的关注。1990 年，经济研究所查明"老"

图 9.6 经济反对生态：当我们完成了其他的所有事情时，我们才做得起环境保护

的联邦州地区总共缺少 125 万至 170 万套住房。据统计各大城市的缺房数目分别达到 2 万至 4 万套，其中最紧缺的是廉价的住房。通过削弱和停止对社会福利住房建设进行资助表明，无需增加具有公共占用权的新住房，就能取消这些住房中大约 50% 住房的社会公益义务。突然之间，城市边缘的大型新住宅区重新又回到地方行政决策层的议事日程上。在那里人们做事"不要缩手缩脚，而要放开手脚"。这种"住房建设重点"的迅速制定也受到了资助，比如在巴登－符腾堡州，并在地区规划上通过"建在绿地上的居住区重点"的形式进行的规划修改做出准备，比如在斯图加特地区每个居住区至少有 25 公顷的土地。

在此过程中，应当尽可能避免或者至少适度弥补"对生态的破坏"。然而 1990 年出台的"住房建设促进法"从规划法的角度使"权重"向不利于环境保护的方向移动。在建设规划的说明中经常看到这样的话："仅从生态学的角度来看应当放弃房屋建造，但由于对住房的迫切需求……"

尽管大多数情况下新居住区的等级只有几千套住房，但"房荒"成为了驳倒一切规划过程中生态学角度观点的最有力论据。而且人们也同意不该重复"20 世纪 60 年代和 70 年代的错误"。但如何从城市规划角度来解决这个问题，大多仍然没有明确的答案，因为在形式和结构上许多新的居民区建造项目常常采用久经考验的模式。

德国统一和东欧军事同盟解体后外国部队撤离，

导致大片军事基地闲置,于是这种讨论有了新的现实意义。而且由此几乎毫不费力地解决了复杂的地产问题,就像最初一样,因为土地都掌握在国家手中。"转换",也就是把军事用地改变为民用土地,是当时新的流行语,它在空间上导致了土地利用方向的改变,而这种转向直到今天仍然主导着规划者的讨论。

提高质量和利于生态的城市规划

随着人们意识到可居住面积的有限性,人们至少增长了这样一种意愿,即减少对自然景观的"消费",并因此把房屋建造得更紧密。但是 20 世纪 80 年代初掀起的"从多占土地中撤退"运动很快就退热了。在土地使用过程中人们只不过还有一种"内疚"心态,因此至少考虑到了一种适度节约土地的"特种饮食规划"。但只要他们还没有体会到切肤之痛,没有为此付出过任何代价,或者只是借此来提高威望,那么对于从 1985 年左右开始呼吁过多次的"城市建设的绿色转折",他们也只是以敷衍的态度来对待。

具有针对较小型住宅区所制订的"选择性草案"的"温和潮流的城市规划"多半局限于"自然运动者"的圈子,或者以温室和太阳能装置来象征进步。存量建筑质量的改善,尤其是整顿区的质量改善在土壤封闭、从地面直至房顶的绿化、能源节约和建筑材料选择等过程中引起了一些变化。"城市生态学"(图 9.7)以其"保护自然基础"和减少环境破坏的措施首先成为一种"技术上的环境保护",即从垃圾清理到垃圾焚烧。但是人们始终无法达成一致同意广泛地放弃对自然景观的消费以及放弃机动性的进一步提高。

城市规划中的生态学成分取决于当时的经济和政治状况。因此如果人们还仍在始终期待着 1985 年梦想(即"城市建设的绿色转折"即将来临)的实现,并没有什么值得惊讶的。"如果人口稠密地区的问题应当认真对待,则就没有选择的余地,在这件事上因为未来几年中新建设总量相对而言较少,而最重要的任务无疑会落在城市更新的领域中,包括 20 世纪 50 年代至 70 年代居民区的更新。在这种情况下,那些大型住宅建设公司、住宅建设合作社和相关的国家促进政策将承担起特殊的责任。"(雷贝格,第 8 页)

9.4 在绘图桌前的城市规划师:是茫然无措的吗?

"为了使我们的城市不同于现在的发展,我们必须重新为它们承担责任,找到与它们息息相关的感觉。但是在我们还没有满腔热忱地思考它们以前,城市是不会变得更加迷人的。"

——米切利希,1969 年(第 158、159 页)

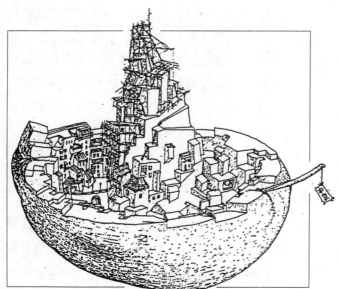

图 9.7 生态的城市规划:在客观必要性与意识形态教派之间摇摆不定

图 9.8 马克斯·贝歇尔:"建筑师因其独家代理的要求对建造的环境产生罪过?"

面临新问题采用旧的城市规划方案？

回顾过去一百多年的城市规划史，可以发现各种不同的模式以及必须适应新时代发展要求的可借鉴的方案。即使土地扩张和人口密集地区的集中发展仍然会继续下去，城市的发展似乎大体上已告终结。人口密集的市中心和人口稀疏的边缘地带之间的反差也会持续下去。因此，我们好像可以证实这一论断："中欧和北欧历时至今的城市发展史中那个曾经掀起过最激烈的外部变革的时代"已经一去不复返了，"但是这一重大历史事件只适用于那些老工业国，在世界其他地区所作的每一次访问都会使我们明白我们这个洲的特殊地位。"（西弗茨，第2页）

因此，人们大多在历史中寻找新方案，这并不是什么值得大惊小怪的事。这无非再次证实了下列事实，即从封闭式建筑方式到建筑的自由排列方式等众多形式的城市建筑模式，以多次使用，并且具有很强的适应能力（图 9.11）。但造型方法的多样性往往导致缺乏内涵和功能背景的形式主义实例。建筑学的后现代主义也涉足城市建设这一领域，正如许多城市空间拼贴画一样（图 9.9）、表现的是内容空洞的轴线方案和永远相同的元素的图解式排列。因为博菲利的伪古典主义住宅区只是现代城市规划混合物上的装饰而已：形式流于虚构（图 9.10）。

伴随着建筑空间上的随意性，当人们提出难以理解的、缺乏行之有效的解决方法为必要基础的想法的同时，出现了形式外观。从这个意义上来讲，当前流行的概念即"持续的城市发展"只是一个空口号，因为存在着这样一个问题，即在形式和功能变化不定的情况下，城市规划方案如何才能维持其长期效用。我们这个时代城市规划的特点就是时尚的飞速变换，这些时尚大多更注重形式上的花样翻新，而较少在内容上有所突破：形式跟随潮流。但城市规划缺乏新的具体到足以维持相当一段应用时期的理想模式。显而易见，各城市在功能上存在着巨大的差异，因此城市规划沦落为具有一些造型"高潮"的"城市管理"。此外，在利益趋向越来越明显的地方政策中，空间规划的可能性是有限的。大企业集团和私人投资商比规划局更能影响城市规划的重要领域。

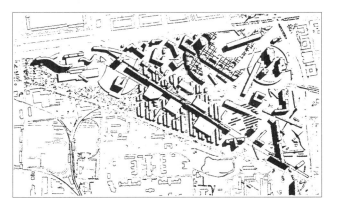

图 9.9 柏林"兰茨贝格大道／林河大街"，一等奖获得者，D·利贝斯金德："作为无城市空间的版画的混杂物"

图 9.10 里卡多·博菲利，凡尔赛附近的"Les Arcades du Lac"睡城。"社会福利费率的古典主义城堡"

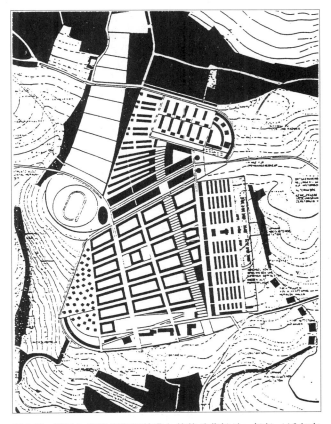

图 9.11 斯图加特附近奥斯特费尔德的兵营场地，杨松／沃尔夫鲁姆规划事务所。后现代的舞台活动布景？

城市规划理念越来越被"投资商－城市规划"的幻象所取代。这种幻象由大型私人项目的销售所决定。如果这是经济状况要求的，那么几个月内就可以把一个规划的办公建筑群改成"老年公园"。托马斯·西弗茨曾经问道：城市规划会成为"投资商的私事"吗？"城市规划使许多地方，几乎在公众毫无察觉的情况下，就失去了地区政策上的意义。在人们的印象中，某些市议会和城市管理机构把城市规划视为棘手的任务，在规划早期他们就尽可能把这些任务扔给私营企业处理——而后他们就不再对此负有直接的责任了。"初看上去，原因明显在于以下几点：正在削弱的城市财力（"公共贫困"），公共、法律程序的复杂和拖沓，以及规划局大规模的裁员。

但是现代城市建设的许多重大成就是在城市极端艰苦的政治和经济条件下取得的，正如城市建筑史上许多例子所证实的一样。"一个深层次的原因应在对国家的行为和公共责任的全新理解中寻找：地方越来越取代上级政府充当不同利益集团之间的缓和剂，其作用日益重要。城市规划在专业协调不同公共利益、协调公众参与以及经济估算等复杂的相互作用中产生。"（法兰克福评论报，1994年11月9日）

没有新的理念和城市规划的乌托邦？

在兼顾形式外观和企业经济效益的基础上迅速发展起来的"城市规划业务"中，理想和城市规划的乌托邦自然没有一席之地。对未来充满想象的展望，始终伴随着不断变化发展的城市规划一路走来，但是目前公开的专业研讨中缺乏这方面的讨论。20世纪60年代和70年代乌托邦式的技术型建筑风格（图9.12、图9.13）或许将继续产生影响，这表现为大城市中反复展开的有关高层建筑的讨论。格尔德·阿尔贝斯于1974年明确表示："人们可以以此为根据，即如果政治家们也没有这种危险倾向，即期望找到技术出路，以便逃脱那种需要作出也许根本不受欢迎的政治决策的勇气的形势。"就这点而言，他说的很有道理（阿尔贝斯1，第472页）。

从另一种意义上讲，城市规划和景观规划最重要的任务，就是"把城市和谐地融入到自然循环过程中

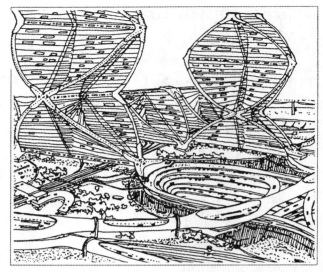

图9.12 黑川纪章，一个东京未来规划的"直升机式"塔楼，1961年。"技术出路"？

图9.13 梅雷特·马特恩。拉廷根设计竞赛作品，1967年。"地球太空飞船"建筑上的超级结构

去"。这个任务是现实的，因为只有这样才能保持城市生活的质量。另一方面，它又是乌托邦式的，因为其具体措施很难或者根本无法实施，因而是不受欢迎的：

• "城市结构必须无需根本性的建筑改造就能经受得住各种使用和负荷。

• 城市结构必须保留小范围的可适应性和可改造性。

• 城市结构应该尽可能地将自己的物质交换减至最小，并尽可能内部处理，以及能以尽量少的能源供给维持生存。

- 城市发展应当尽量包容失误并能够没有破坏地进行修正。
- 已建造的建筑组成部分应当尽可能的可循环利用,达到使用期限之后能无害地回到自然循环中。"(西弗茨, 第5、6页)

然而这个保持城市发展生态平衡的假设只是难以具体化,因为这些单个的"原则"往往只能采用老的方法才能得以实施,所以生态的目的很快就被认为是落后的和反技术的。可以说,这些追求的目标是正确的,但与现实相违背,因为:

- 城市结构寿命越来越短,并在建筑上精确地与各自的用途完全适应,所以一旦有所改变就要耗费巨资。
- 密集的城市结构通过共同的地下停车场从功能性上和通过共同所有而相互联结(构成网络)。
- 复杂的城市结构消耗大量能源并依赖于从外部供给和清除垃圾。

- 城市发展几乎总是和其他功能系统和开敞空间系统起冲突,将来只能依靠耗费巨资来消除这些矛盾。
- 因为现代建筑由大量的复合建筑材料构成,所以对拆除的现代建筑进行废物利用比老式房屋更为困难。

图9.14 马克斯·贝歇尔:"一个时代的文化最明显地以其城市和建筑物的图像表达。"

图9.15 法兰克福(美因河畔)的高楼大厦背景,1993年。如果建设用地已经用尽或者生态平衡是绝对必要的,未来的城市将向高层发展?"当时情况的一面镜子"

哪些任务决定着城市的未来？

仅就对我们城市的未来进行提问，也变得越来越困难，更不用说要找到恰当的答案了。在当前城乡结合以及现有汽车和通讯技术的情况下，只在极小的范围内产生了有关塑造城市形象的问题。但《遵循艺术准则的城市规划》在今天也仍然是一个具有现实意义的主题，它的意义可能比在卡米洛·西特时代更为重大。在我们城市技术化的过程中，城市设计（景观设计）尤其是针对生态的城市设计，始终是城市规划中的一个重要主题。

虽然"生态乌托邦"与成为城市规划中普遍适用的典范还相距甚远，但城市建设中保护及改善环境的措施却日益重要。虽然在国际会议上人们宣布了"保护我们的自然基础"的必要性，但在具体政策实施过程中还存在着相当大的实际困难。根据大多数的政治意见，保护环境的措施要求额外的费用支出，因此被视为"成本因素"。作为居住和工作的重要位置因素的对城市高环境质量的要求，很快就会引起"生态规划任务"的扩大。为了不再充当依赖经济景气的附属物，保护自然和改善环境的措施必须发展成城市空间规划中构成整体的和有约束力的一个方面。

我们的城市将进一步发展，但可能是以一种较缓慢的速度。因此规划人员必须明确，怎样使新住宅区在一个更长的时期内完备起来，而不陷入无规划的沼泽中。同时也须预先考虑到延缓的外部增长的建筑效果，以及必须对这种外部增长进行长期规划。在此，那些一成不变的土地利用规划的陈述显然是不够的。也许也有必要设计一个空间的和艺术创造的城市发展规划，如其在世纪之交的城市扩建规划和建筑区规划中应用的那样。因为土地利用规划在建筑上的实施具有一种新的城市造型质量，它并不只是以法律体系的眼光来看待的"贯彻执行"。但当前关于"不干预"建筑许可证的争论似乎导致了"城市设计的私有化"。

今后，现有城市结构的改变和改善，在一定程度上即"内部发展"，将仍然是城市规划的一项主要任务。虽然住房问题有时会引起新的激烈争论，具有功能的重新组合、地理位置的重新调整、填补式密集化以及对利用不充分的土地的再利用等措施的"城市改造"和"城市修建"仍然是未来的主题。在人口密集的地区，有关土地扩展的讨论几乎时常触及界限问题，不是自然负荷的极限，就是邻城的边界。城市景观绝大部分是二战后规划起来的，但也可以说，它几乎是"自然形成"的。在如今的城市景观中，城市扩展也不可避免地始终是城市和景观改造的任务。

"让我们向后看，往前看！

我们那时代到底是怎样一副景象？是上述这些中的一部分吗？涉及自身只会各自为营？

房屋僵硬地挨着房屋，但没有任何关系——这就是所谓民主的利己主义的景象，是所有人相互敌对的景象。

城市建筑风格过度修饰的丑陋，商店间争先恐后的叫卖声——难道这些还不是败坏我们信誉的炫耀卖弄？还不是无目的无意义的货币经济所导致的空虚的忙碌？

许多国家政府机关所驻的建筑物富丽堂皇却阴气沉沉——难道我们还不了解这过度庞大，经常迷失最终目标的行政管理机器吗？

房屋供给之间存在显著差异——难道阶级矛盾的伤口还不明显吗？

一切完全从头开始？

如果人们把这理解为抛弃所有的经验和传统，那么答案是不。

如果它指的是如何回想起城市建设的现实情况，那么答案是肯定的。"

——特奥多尔·菲舍尔，1919年（1，第92页）

附 录

文章摘录

埃比尼泽·霍华德
《未来的田园城市》　　　　1898/1902 年　　308 页

卡米洛·西特
《遵循艺术准则的城市规划》　　1889 年　　312 页

《雅典宪章》　　　　　　　　　1933 年　　316 页

埃比尼泽·霍华德
未来的田园城市 1898/1902年
节选

"《未来的田园城市》一书比另外的任何一本书籍在领导这场城市规划的新运动和给出城市规划的新目标方面都做出了更多的贡献，但是它像其他一些经典书籍一样被那些从未读过它的人所拒绝，而被那些并没有完全理解它的人所接受。"（沃斯伯恩2，第183页）

霍华德在引言中明确表示，在所有的意见分歧中在一个问题上存在着一致性。"大众持续不断地涌人到已经人口过密的城市中，如此一来农村人口一再减少。对这种情况所有党派的支持者都表示最深的惋惜，这不仅仅在英格兰，甚至在整个欧洲、美洲及我们的殖民地都是如此。"（引自：波泽纳，第52页）

根据一些政治家对这个问题表述的复述，他致力于这一问题但没有对其原因进行进一步的研究。"对于著者与读者而言幸运的是，此类分析在这里并不是必要的，而且是出于一个很简单的理由，让其做了如下的解释：是什么原因，在过去已经产生效果，现在还在产生影响，让人们迁移到大城市中？人们将其称之为'吸引力'。从这个观察角度来看，自然是没有一种方法更有效，它没有比现在城市所达到的那样，对民众（至少是民众中相当大的一部分），产生更大的吸引力。新创造的吸引力必须要远远超过以前的吸引力。"（第54页）

这是经常提出的一个问题——什么东西可以"使普通人感到农村比城市更具有吸引力"？它导致了错误的结论。"事实上并不是如同人们认为的那样，只有两种选择——城市生活和乡村生活，而是还有第三种，即把紧张忙碌的城市生活的所有优点完美地与乡村生活的美景与愉快融合在一起。……城市及乡村可以被看作两个磁力，两个磁力都力图吸引民众迁移至此，一种竞争，一种新的很像自然界的两种产物，大概很快就会加入到这种竞争中。这种竞争可以通过一幅示意图——'三个磁力'来说明。此图指出了城市及乡村的主要优点及其相关缺点，同时很明显的是：农村－城市复合体没有二者的缺点。"（第55页）

"城市磁力和乡村磁力都不能实现真正合乎自然规律的生活目标。人们应该共同享受社交生活与自然美景。两个磁力必须融合在一起。就像男人和女人通过其不同的天赋和才能互相取长补短一样，这也是城市和乡村应该做的。……城市和乡村必须联姻，由这种令人愉快的统一，产生了新的希望、新的生活及新的文化。本部著作应该阐明，如何在这个方向上走出第一步，由此创造出乡村－城市－磁力。"……"关于这样的一个磁力的结构与本质的详细描述，构成了以下几章的主题。"（第57、58页）

第一章 乡村－城市－磁力

在自由的地产交易过程中，一块大约为2400公顷大的迄今为止的农用地被购得。

"购地款通过接受抵押贷款来筹措，并且最多只需支付4%的平均利息。这块地产法律上登记在四个人的名下，此四人责任重大，并享有良好的声望与完美的名声。他们管理着这块地产，以便不仅为地产抵押债权人而且还为田园城市的居民，即乡村－城市－磁力的居民提供必要的安全保证。这项规划的一个根本特性在于，建立在这块土地每年的收益值基础上的所有的地租，应该付给管理者——托拉斯集团。在扣除了必要的利息及分期偿还资金后，盈余被交付给城市行政区管理总局，后者将盈余用于所有公共设施的建设与维护，如街道、学校、公园等。"

"这种购得土地的目的可以不同方式进行解释；如下的阐述已经足够了：

· 应该提供给我们的工业人口具有更高购买力的工资的工作；

· 确保更健康的环境及更规范的工作；

· 人们想给予有事业心的工厂主、公益协会、建筑师、工程师，建筑企业主、其他的手工业者以及其他职业分支的成员一种手段，使他们的资本及才能以更新更好的方式使用；

· 同时人们打算对已经在这块土地上定居的农场主和将在那儿安家的人，紧挨着他们的门口为其产品开放一个新的销售市场。

在短时期内，这项规划的目的在于，为所有真正的熟练工人，不论他们属于哪个阶层，提供更高标准的健康及舒适程度。实现这一目的的方法是使城市和农村的生活在土地乡镇所有权的基础上达到健康的、自然的和经济的统一。"（第59—61页）

大致位于2400公顷土地中心的真正的城市，占据了400公顷的土地面积或者总面积的六分之一，人们可以把它想象成一个圆；从中心到边缘大约超过1公里（图表II、III）。……

"六条华丽的林荫大道，每条都宽36米，以辐射线将城市切分成6个同样大小的部分或区域。在中心位置有一个约为2.25公顷大的圆形广场：一个带喷水池的美丽花园。环绕这个花园的是更大的公共建筑物——市政厅、音乐厅、报告厅、剧院、图书馆、博物馆、美术馆及医院——每幢建筑都被大花园所环绕。这些建筑物紧靠一个面积 58 公顷的开放式公园,公园里有宽阔的娱乐和休闲广场,交通便利,每个市民都能轻易到达。

环绕着中心公园(被林荫大道穿过的地方是例外)有一个宽畅的玻璃大厅,即所谓'水晶宫',它面朝公园。下雨时,它是市民最喜爱的庇护所,天气恶劣的时候,这座华丽大厅就在附近的意识使人们来到中心花园。在这里摆放着各式各样的供购买的货品,大部分买卖在深思熟虑和悠哉游哉的情形下成交。

当我们离开水晶宫,朝着城市的外环线走去时,我们将穿过第五大街,如同这个城市中的所有街道,第五大街两旁也是树木葱茏。在这条大街上我们看到,有一个建好漂亮房屋的地带面向'水晶宫',每幢房屋都有各自的花园。继续走时我们注意到,房屋要么同心地建在环形公路或林荫道的交叉区域,要么位于通向市中心的林荫大道及街道旁。导游在友好地回答我们关于小城的居民人口这个问题时说,市区大约有 30000 居民,农业区大约有 2000 人。城区划分为 5500 个平均宽 6 米、深 40 米的建筑场地;最小的建筑地块要求宽 6 米、深 31 米。

我们在去城市外环的路上发现了'大林荫道',它理所应当得到这个名字,因为它大约有 130 米宽,长约 5000 米,呈环状,它将中央公园之外的城市部分分为两大地带。在事实上形成了另一个 46 公顷大的公园,居住在最偏远地方的居民 3—4 分钟就能到达。我们在这条豪华林荫道上六个面积约为 1.5 公顷的大广场上找到了带操场和花园的公立学校。其余地产为了不同宗教信仰的教堂而保留,由其信徒出资建造及维护。

在城市外环我们发现了工厂、仓库、牛奶场、市场、煤厂和木工场等。所有这些设施都位于(大城市有轨电车或高架铁路)环城铁路旁,环绕整个城市而且通过联络线同划分田园城市的主要铁路线连接在一起。这种建设方式使得来自仓库及手工工厂的货物能直接装上火车,由火车发送至远方的市场或直接从火车上卸载送往仓库或工厂。

城市的垃圾废料可用于农业区。后者包括农村的大小农庄以及牧场。这些经济方式的自然竞争,一方面在佃农的意愿中表达了出来,即付给乡镇尽可能高的租金;另一方面有助于形成最好的,或者更正确地说,是最有利于实现各自目标的经济体系。……

具有在不同的商业、手工业及其他职业部门工作的居民的原来城市中所有区域的农业经营者终于发现了最自然的销售市场,因为他们节省了所有的铁路运费及其他开支。……同样的自由原则也适用于工厂主及其他在城市中安家的在职人员。他们是他们企业中绝对的主人。

即使是涉及供水、供电及电话传输等服务,也不打算是绝对的乡镇垄断。一个强有力的由正直的意图领导的乡镇管理机关肯定是承担这些任务的最好的和最适宜的法人团体。……在这个城市地区中我们看见不同的慈善公益机构分散各处。它们不处在市政当局的监督下,而是由有社会福利思想的人士维护与管理。市政府只是要求他们把这种机构建在田园城市,并且出于这种原因把健康的闲置地皮以非常低廉的价格出租给他们:城市行政机关已经认识到,以这种方式他们必须也可以慷慨。"(第 61—65 页)

第二章 田园城市的收入及其来源——农业区

"田园城市和其他城市管理机构之间最根本的区别之一在于收入的征收方式。田园城市的收入单一,仅来源于税收,……租金应该用于:

• 购买地产的利息支付;

• 为偿还购地款项而建立一个分期付款基金;

• 执行与维持所有通常由城市及其他地方政府执行的,其费用由强制征收的税款来支出的公共建设;

• 偿还完毕债务后,将其用于建立一个公益目的的基金,如养老保险、医疗保险和事故保险等。"(第 66 页)

"如同众所周知的在城市与农村之间地租方面存在着可以想象的最大差别。这种地租上的巨大差别自然应归咎于极不相同的人口密度。因为那种价值提高不能归因于个人的工作,经常被称为'不该享受的增值'也就是说产权人不应得到它。正确地说,是'共同获得的增值'。"

"一个法人团体的财产在田园城市的情况下是委托给托管人的,他们在已登记的债务总额偿还后出于所有居民的利益仍然管理地产。以这个途径,使得逐步完成的增值成为乡镇的财富。在这种情况下,地租很可能会增长——可观的增长,但这种增值从没有成为私人的财富,而是导致乡镇税的降低。正如我们日后看到的那样,田园城市的吸引力是以这种安排为基础的。"

霍华德详细地计算了田园城市期待的租金并将它与其他通常的负担相比较,"每年平均的地租与地方税款(在英格兰与威尔士)总计大约 90 马克,人们有理由认为,田园城市的居民乐于为每个人支付 40 马克,用于补偿地租与地方税。"(第 67 页以后)

霍华德继续描述农业的财务条件并且概括地强调说明,"大小租户乐意支付的税金比从前高得多",其原因是:

1. "位于附近的新城是农产品适宜的销售市场,因为在很大范围内铁路运费可能被节省下来。

2. 收回的物质以尽可能完全的方式再次输进土壤。

3. 租赁条件同样符合正义感如同价格公道感和健康的人性理解力。

4. 现在支付的租金同时是税金和租金,以前租户除租金之外还要支付税金。"(第 71、72 页)

第三章 田园城市-城区的收入

"耕地转变为城市用地自然引起了地价的迅速增长。在这种观察角度下,我们现在同样谨慎地寻找关于租赁金额的概算或获得由城区的租赁户自愿提供的'税租金'。"霍华德详细算出"地主租金"，它分为购买总额偿还时的"分期偿还比率"和"建造和维持街道、学校、输水管道及为了其他地方目的的税款"（第 73 页）。

第四章 田园城市的收入——关于其用途的一般意见

虽然税款负担比普遍情况下低，但是关于田园城市如何才能在土地租金中获得收入仍需详细地描述。"核心问题"是："在田园城市的建设中占权威性的指导原则对乡镇财政来说意味着是一种减负吗？换言之，比在一般情况下更能实现适宜的收入？这些问题必须做出肯定的回答。这里表明，在这里每一马克的投资都能比任何其他地方有更高的效率，以及能够显而易见地达到节约，这似乎不可能用精确的数字表达出来，但极可能总额很大。"（第 77 页）

霍华德肯定，"经营田园城市的现有收入比一般情况更为有利。"原因是：

1. "除了在纯收入的计算时给以估算的小金额外，对于'地主租金'或对于所取得的地产的利息，没有其他的支付。

2. 因为几乎没有建筑物或另外的设施坐落在这块区域内，所以用于购买这样的建筑物，用于赔偿费，诉讼费用及其他费用只需要很少的支出。

3. 这一事实，即已经有了一个在所有方面都符合现代城市技术的需求和要求的明确规划，使田园城市节省了那些在一个老城市中使其进行现代化改造所产生的所有支出。

4. 因为整个城区表现得是一个自由的工作领域，所以在筑路及修建其他工程专业的建筑物时就可以使用最好和最现代化的工程机械。"（第 85 页）

第五章 关于田园城市的预算——其他细节

"本章对肤浅的读者来说是很难带来兴趣的。但是仔细研究它的人，将从中找出本书最重要的论断的翔实论据。这个论断，就是根据一个固定的规划建设在一块新土地上的城市的税款租金，足够创办及维持所有的乡镇企业。否则，其支出由强制征收的赋税来弥补。"（第 86 页）

霍华德制作了一张意义重大的开支方面的分类一览表，划分出了资本支出，维护支出和运营支出。关于街道、公路、环城铁路、桥梁、学校、市政厅和管理支出、图书馆、博物馆、公园、街道植树、排水工程、利息和分期付款基金等还进行了进一步的阐述（第 88—93 页）。

第六章 管理

"管理组织得像一个大型的管理良好的商业企业。像后者一样划分成不同的分部，其中的每一个都必须证明自己存在的正确性，在公务员的选择方面，专业能力对一个特定的职权范围来说比一般的商务知识更具有决定性的作用。"

"管理委员会由以下部门组成：

1. 中央管理机构；

2. 各管理部门。

为减轻管理任务中央管理机构将其许多权力委托给不同的管理部门，但保留了下列事务的决定权：

1. 城区开发的总体规划；

2. 不同管理部门预算的数额，例如学校、街道、公园等；

3. 关于单个管理部门是有必要的监督和检查的程度，只允许追求确保一个统一的及和谐的业务手续的目标。"

第七章 半地方的企业，地方选择权，适度的努力

在此指出和讨论了采取合适的预防措施的可能性，为了：

1. "使向乡镇提供适当税金的能干的商人能在田园城市开店；

2. 防止商店无意义的及不良的聚集；

3. 确保自由竞争（真正的或假定的）带来的优越性：如低廉的价格，广泛的选择，可靠的服务，热情友好等；

4. 避免垄断的弊端。"（第 100—107 页）

第八章 市政企业

"田园城市的试验作为整体对于一个国家意味着什么，它意味着我们称为市政企业的企业。普遍是为田园城市的乡镇或是社会服务的。……慈善机构、宗教机构及不同种类的教育机构在城市及国家救济工作的这一组别中占据了很大的空间。"还有"储蓄银行及救济基金、建筑合作社"以及"消费合作社、工人救济协会和工会"。……"这里不再缺乏工作，因为有益的工作（建设一个能真正提供家园的城市）迫切地要求勤劳的双手，并且人们越快地建设这一座城市，及其他不可避免地跟随而来的东西，则人们向过去的那些老的、人口过密的、无规划的、堕落的城市的迁入就会更快地被制止，居民的流向被导入相反的方向，引向新的、整洁的、充满阳光的、健康美丽的城市方向。"（第 113 页以后）

第九章 几个难点的讨论

为什么应该找出支持他的计划的论据，但是很多的社会试验已经失败了，就这个问题霍华德回答说：

"以前社会实验的失败尤其归因于对这一问题（人类本性）主要因素的错误认识。""个人的挣钱欲望"，"人们爱好独立，追求独创"都与其相对立。所有的规划都尝试着

将个人强迫在一个大组织中，这些个人还没有联合成更小的团队或是在加入到大团体时必须从小团体中排挤出来。"相反，我的规划不仅针对个人，而且同样也针对合作社，工厂主，慈善团体和其他在团体中有经验的及已经从事团体领导工作的人，确保他们的下列条件，即不让他们承受新的限制，而是保证其更大的自由。"（第117—119页）

第十章 "田园城市"——过去规划方案的一种独一无二的融合

"现在我打算指出，虽然这个规划作为一个整体来说是新的，并且出于这个原因，可以要求得到重视，因此理应得到公众的注意，因为它将不同时期多个规划的重要原则集于一体，虽然以这种方式，即它提取了每个规划最好的成分并避免了危险和困难，有时那些规划的知识产权所有者还清楚地记得这些。总之，我的方案融合了三个不同的规划，在以前我所知的还从未联合成一个整体。这三个规划是：

1. E．G·瓦克费尔德和阿尔弗雷德·马沙尔教授为居民的一次有组织的移居运动所提的建议；
2. 土地法体系，首先由托马斯·斯潘塞提出——而后（作了重要修改），被赫伯特·斯潘塞的建议所替代；
3. 詹姆斯·西尔克·布金汉姆的范例城市；霍华德对此做了更详细的解释（第120—129页）。

第十一章 进一步的展望

"一个成功实验的出发点教会了我们哪一个是明确的经济真相。它将证明，新所有制形式的产生为一种新的经济体系开辟了一条宽敞的道路，这种经济体系能使社会和自然界的生产力以比至今为止更有效的方式得到利用，以及在更公平合理的基础上对生活物资进行分配。

人们可以把社会改革家大致分为两大类。第一类由那些强调提高生产的必要性作为重点的人组成。第二类人则追求一种更合理和更公正的分配。……第一类人中的大部分人属于个人主义者，第二类人属于社会主义者。"霍华德在田园城市中力求达到一个综合："为了达到这个值得期望的目标，我从不同改革家的文章中各摘下一页，并用现实可能性之线把这些不同的书页装订在一起。"对此他做了进一步的说明（第132-137页）。

第十二章 城市群

"田园城市的城区完全建造了房屋；其居民人数达到了32000人，怎么使其继续增长呢？以这种方式——即在可能使用国家赋予的征地权的情况下——在离自己行政大区有一定距离的地方建设另一座城市，以至于新的城市同样具有自己特别的田园地区。……两座城市的居民相互之间能在几分钟内到达对方的城市，因为人民乘坐快速的交通工具，通过这种方法在实际上使两座城市的居民已经形成了一个整体。

当我们经常遵循在我们的城市之间力求保持一个农业地带的这种发展原则时，这样随着时间推移就会慢慢形成城市群。这些自然不需要按照严谨的几何形式建设。但无论如何它们都必须描绘出具有副域的中心城市的形象，以至于整个人群中的每个居民在一定意义上居住在一座中等规模的城市中，同时也生活在一个大而独特的美丽城市中，并享受所有的优越性。在这种情况下，人们也无需放弃令人感到新鲜的乡村生活的乐趣——田地、灌木丛及森林，不仅仅是秀丽的公园及花园，这些都在很短的时间内就能到达。"（第140—141页）

第十三章 伦敦的未来

"人们介绍说现在伦敦居民人数正在下降，而且快速下降。因为大批移民能够在那些地租特别低，能步行去上班的城市中安家。很明显，随后伦敦房屋的收益下降，并且下降的速度惊人。工人居住区中衰败的以及发臭的房屋的价值降至零。整个伦敦的工人居民将搬入那些住房，这些住房远远好于迄今为止居住的地方。"（第154页）

"然而伦敦彻底新建的时代还未到来，一个更简单的问题必须首先被解决，问题在于先建设一个作为工作模式的小田园城市以后再建造一组田园城市，正如在上一章中描述的那样。在这些问题解决之后，并且是很好的解决，伦敦的新建必定不可避免地跟随其后。阻挡了这条道路的所有利益的力量随后就被消除了，即使排除不了全部，那也是接近全部。"（第157页）

结束语

"现在的书——《明天的田园城市》，本质上是我的书《明天》的新版本，在接近1898年末时出版。那些截止到目前一直注意我的读者将会好奇地获悉，从那以后发生的及规划的事情，以便实现草拟的项目。"（第158—162页）

"田园城市，如同霍华德阐明的那样不是郊区，而是与郊区正相反：不是人们引退到绿色中的一个地方，而是一个城市与乡村统一起来的新的城市形态。在这里能够使城市生活快节奏地发展。"

——刘易斯·芒福德（2，第189页）

卡米洛·西特.
遵循艺术准则的城市规划　1889年
节选

卡米洛．西特想在其1889年的著作《遵循艺术准则的城市规划》一书（此书同年发行了第二版，并在一年后发行了第三版）中"纯艺术技术地"分析旧城市和新城市，"以便揭示布局的动机，在那边产生和谐与迷惑感官的效果，在这边以漫不经心与冗长乏味为基础；整体上用于这一目的，即尽可能地找到一条出路，使我们从现代化的箱式房屋体系中解放出来，根据可行性挽救越来越多陷于消亡的美丽的老城，并且最后让自身也产生了类似过去的杰出的成就。"（第3、4页导言）

他调查了以下几点：
- 建筑物、纪念碑及广场之间的相互关系；
- 中心的保留；
- 广场的完整性；
- 广场的大小与形式；
- 旧式广场的不规则性；
- "广场群"；
- 北欧的广场设施。

他对下列内容进行了对比：
- 现代城市设施的题材贫乏及平淡化；
- 现代体系；
- 现代城市设计中的艺术界限。

最后他宣传了一种：
- 改进了的现代体系及指出了一个；
- 按照艺术准则对城市进行治理的例子。

1908年的第4版附加了一篇关于"大城市绿化"的论文。在引论中西特"对古代的市容、纪念碑、文化广场、美丽的远眺进行了令人愉快的旅行回忆。在这个位置上我们也领会了亚里士多德的话，他总结了城市规划的所有原则，一座城市应该如此建造，为了使人们安全与幸福。"

"为实现后者城市建设不只是一个技术问题，而在最本质及最高的意义上必须是一个艺术问题。这在古代、中世纪及文艺复兴时期都是如此，只要在艺术被培育的地方。只有在我们的数学世纪里城市扩建与城市规划才几乎成为纯粹的技术事情。如此看来很重要的是，再一次指明，在此只是解决问题的一个方面，另一个方面，艺术性的一面同样重要。"（第2页）

在建筑物、纪念碑和广场之间的关系中他提到，不是"每个所谓的美丽如画的旧城设施的美景都可以为了现代的目的被推荐。""那些出于卫生或其他绝对必要的考虑被证明是必要的东西必须出现，为此许多美丽的动机都必须抛弃。""我们今天从我们祖先的动机中还能应用什么，应用多少？"他认为还是未知数。

但他的工作假设是，"与此相反，暂时纯理论上已经确认，在中世纪及文艺复兴时期还存在着繁荣的城市广场为公众生活的实际应用，在这种关联中同样还有这些与邻近的公众建筑之间的互相协调，当它们今天最多用作停车场时，广场与建筑之间艺术上的联系几乎不可能"了（第18页）。

中心的保留对西特来说是一个重要的原则。"在古代的常规中，广场边上建着纪念碑，其他一些真正的中世纪的及更多北欧的广场集合了一些：纪念碑，特别是集市喷泉，竖立于广场交通的死点。"（第28页）西特反对"死板的时髦病"，这种纪念碑的暴露狂否定鲍迈斯特，他要求："旧建筑物应当被保护，剖析并修葺。"

广场可以是"布置好的"或"未布置的"，就像有家具的房子和空房间一样。但广场以及房间的主要条件是空间上的完整性。"将建筑物'嵌入'广场墙壁中是很重要的，城市内部的自由空间由此首先主要体现于广场中。今天只要那里形成了空的空间，如果一个由四条大街环抱着的建筑工地什么都没建，它就当然被称为广场。在卫生学及一些其他的技术关系中仅仅这一条就已经足够了；但在艺术关系中一个仅仅什么都没建的地方还不是城市广场。"（第38页）

西特将广场的大小与形式同相邻的建筑物联系在一起。"最不利的影响是过大的广场规模对环绕周围的建筑物的影响。这同样永远不会足够大……尽管人们今天提供了许多这样的巨型广场，并在互相关系中当然不再不合理，这样至少与我们主要大街巨大的宽度相符合。""在最近的一个时代一种独特的神经性疾病被查出：即'广场畏惧症'。许多人患上了这种疾病，就是说当他们走过一个空旷的大广场的时候，始终有种畏惧，感觉不舒服。"（第56、57页）

老广场的不规则性原因在于"历史的逐步发展"，众所周知，"这些不规则性无论如何不会产生令人不快的影响，而是相反增强了自然性，激发了我们的兴趣，首先增添了图画的美丽。"（第58页）

与"时髦病"相反"追求对称"的理念产生了（第62页）。"例如，作为美学的要点，1864年的巴伐利亚州建筑法规要求在房屋立面方面避免一切可能损害对称性及道德的事情。在这里保留了解释权，即反对两者中的哪一个才被认为是更可怕的过错。"（第64页）

另一章专门描述了广场群，在这一章中他清晰地论述了马尔库斯广场和威尼斯的小广场（见图，第 69 页）。特别是在意大利它们被认为是主要建筑物附近的"城市中心"，这已作为"规则"被接受。"人们称这种广场规划的方法为纪念碑建筑最高利用的方法，这没有其他的。每个奇特的立面都有其自己的场地，相反的每个广场也都有它的大理石立面。"（第 65 页以后）

在北欧广场的规划方面西特注意到在"教堂建筑与教堂广场"方面是其同南部城市最大的区别。"在小型教堂同样在北方以巨大的数量建设的同时"，人们还发现大量的开敞空间，"它们即使不在广场的中心，也在其周围。""形成空地的原因"几乎总是这里是以前的墓地（第 73 页）。"巴洛克式的设施中都考虑了这些并预先规定了它的形象与效果，对广场未来效果的估计及广场设计的技巧总的来说是这种风格方向的最强项。"

"巴洛克艺术风格与所有早期的建筑风格相比具有独特性，其设计不是逐步形成的，而是已经根据现代方式在绘图板上设计出铸件。由此可见用这种方式进行设计不应单独对此负责，如果导致关于我们现代城市及广场设计过于平淡的抱怨的话，只是几何图表及丁字尺线条不允许成为自身的目标。"（第 90 页）

西特重点批评了现代城市设计题材的贫乏性及平淡性。"现代城市建设者在艺术题材方面极其贫乏。笔直的房屋线，立方体形式的'建筑块'就是建筑师能够用来对抗过去遗留下来的财富的所有东西。人们提供给建筑师几百万元用来建造他的凸间、钟楼、三角墙，相反人们不批准城市建设者一文钱用于'柱廊、门拱、凯旋门，以及所有他的艺术不可缺少的主题'。建筑街区中没有一个空的空间向他开放。免费的空气已经属于其他人、道路工程师、卫生学家。"（第 92 页以后）

"现代城市建设的理论家，R·鲍迈斯特在他的一本关于城市扩建的书的第 97 页中说道：'产生令人满意的建筑学印象（在广场上）的时刻，是无法用普通的规律来描绘的'。这还需要继续证实吗？""今天几乎没人再关心把城市建设作为艺术作品，而是只作为技术问题。如果事后艺术效果无法符合已有的期待，我们将惊讶地和束手无策地站在那，但在下一次行动中一切仍将只从技术的观点来着手处理，……"（第 93 页以后）

"直线形与直角型尽管是目前麻木设计的标志，但显然不是决定性的东西，因为直线与直角同样是巴洛克式的设计，尽管如此，它们也达到了强有力的，纯艺术的效果。""宽阔横街的持续变革，以至于左右除了孤立的建筑块的行列以外其余什么都不剩，这是这里无法产生总结与效果的主要原因。"（第 95 页以后）

"这些考虑使我们了解了事物的实质。在现代城市建设中已使用的地面与空地面之间的关系被颠倒了过来。以前空地（道路和广场）在预计形式的效果上是一个完整的整体；今天建筑用地作为规则完整的图形被分开，其中剩下的是街道或广场。以前所有斜角、不雅观的东西不可见地放置到已建的地方里；今天所有不规则的地块在编制建设规划时都作为广场保留下来，因为今天的主要规则是，在'建筑学的关系中（鲍迈斯特，第 96 页），一个街道网应该首先提供合适的房屋平面图。所以直角的十字路口是有利的'。害怕斜角的建筑工地的建筑师究竟在哪里？"（第 97 页）

现代的体系！——是的！严格且系统化地处理所有事情，不从已制定的模式偏离一丝一毫，直至天赋被折磨殆尽，在体系中没有了生活乐趣的感觉。这就是我们这个时代的标志。我们具有三种城市规划主体系以及若干亚类。主体系是：矩形系统，放射线系统及三角形系统。亚类大多是这三种的混合体。从艺术观点来看，这个宗族同我们没有任何关系，在其血脉中不再含有任何艺术的韵味。这三种系统进入我们眼帘的目标仅仅是对于街道网的调整，所以其意图从一开始就是纯技术的（第 101 页）。

"运用最频繁的是矩形系统。凭着严肃的一贯性，曼海姆很早就采用了这一系统，它的规划同一个棋盘极为相似，因为这里毫无例外地都遵循这一规则，即所有街道都以两种情况垂直地相互排列。每条街道向两侧笔直地伸展直到城市前的绿地。矩形的房屋街区以这种程度支配着这里，即甚至街道名都被看作是不必要的，只是建筑街区按照一个方向用字母按照另一个方向用数字来取名。在此旧形式最后的剩余部分全被去除，求助于幻想和想象的东西，一点不留。曼海姆将这种系统的发明归于自己名下。"（第 103 页）

西特同样批评了街道网格状系统中不利的交通情况。当一个街道入口只有 12 条车道相遇，其中有 3 个交叉时，而在街道十字路口有车行道交叉点 16 种情况的 54 种相遇（对此见第 214 页）。还有更糟糕的是行人。"如果多于四条的街道会合起来，会有一种多么壮丽的交通情况首先显露出来呢？"他讽刺地说明了星型的交叉路口。"人们称这样不合理的街道节点为广场"，……这是根据交通方向进行设计的后果，……"而不是如同应该是的那样，即根据广场与街道进行设计"（第 104—107 页）。

"林荫路和花园"含有"重要的卫生因素。"从纯卫生的观点来看回答这个问题似乎很容易。绿地越是多，越是好，由此就说明了一切。不从艺术观点出发，因为这里还涉及许多，如在哪及怎样使用绿地。"当人们惊讶于在旧城的房屋建筑用地内能找到多少令人欢欣鼓舞的小花园"的时候，"现代的住房街区"在这种关系中也是"弊端的起因"。"现代住宅区的庭院房间可以眺望狭窄、阴暗、黑乎乎，气味难闻的空气不流通的庭院，相反它是最令人不愉快种类的监狱……"

"如果这么大的范围内没有阻碍，围绕着开放的道路的现代公共花园，就会暴露在风雨中并覆盖了街道的灰土。"所以它们"完全未达到卫生目标，特别是在酷暑时节由于灰尘及炎热公众避免去那儿。""街道植物"如树木在树冠中有重要价值，它"在炎热天气时完全可以被视为真正的蒸发与降温工具"，因此在可以的地方都应该植树。但是树木行列避免为"美学的缺陷"应该在"纪念性建筑物"前中断（第113、114页）。

西特将现代城市设计的艺术界限看成三点：
- 在公众生活中许多东西已经不可逆转地发生了改变，一些旧的建筑形式失去了其从前的意义，但是在此旁边的什么都没改变。"大众生活自百年以来，主要是在最新的时代，已经由公众广场撤回，由此广场过去意义的好的一部分也失去了。这几乎可以理解，为什么对大量漂亮广场设计的理解会过分萎缩。"我们无法改变这种情况，今天所有的公众生活在日报中被评论，而不是由公开的朗读者与公布人来谈论。现代的自来水管更方便地直接将水输入家中与厨房，以至于公共的水井只有更多装饰用的价值。街道与广场的艺术作品越来越多地送入博物馆的艺术展台中。
- 我们的大城市增加了的大的规模，打破了旧艺术形式的框架。城市越大，广场与街道也更大更宽，所有建筑物也更高，规模更大，直至它们带有数目众多的楼层及看不到边的窗户列的尺度不能再进行艺术上的有效划分。所有的都过分地延伸，仅仅是同一主题没完没了的重复就已经使敏感性变得迟钝，以致于只有非常特别的力量效果才能够产生一些作用。但这也无法改变，城市建设者必须同建筑师一样为现代的百万人口城市制定出它自己的标准。
- 工地的高昂价格还引起了其最深度的利用……但是人们极度聚集在一个点上也极大地提高了建筑用地的价值。逃避价格升高的自然影响根本不在于个人的力量或地区的管理，因此到处像自身实行划分小块用地及出现道路缺口，由此在旧城区内形成越来越多的小巷并悄悄地发生了一种对可恶的建筑街区系统的接近。这简直就是一种与建筑用地价值和街道线价值的升高有必然联系并且至少仅仅是通过美学上的讨论无法消除的现象（第116—118页）。

西特肯定了现代城市设施积极的效果。如果人们在卫生领域没发觉现代城市建设与老城市相比所取得的伟大成就，人们肯定就是盲目的。因为由于艺术的错误受到了许多诋毁的我们现代的工程师确实作出了奇迹，并且为人类取得了不朽的功绩，因为他们的工作主要是根本改善了欧洲城市的卫生状况，由此死亡率系数减少了接近一半。为改善所有城市居民的健康在细节上该做了多少事情呀！如果这样的最终成就能被证明的话！所有人都承认这点，但是仍存在问题，这是否真的无法避免，即以放弃所有城市设施艺术美观的巨大代价来换取这些益处呢？（第121、122页）

一种改善的现代系统应该使旧系统的原则同现代需求相协调（第124页）。西特将德国建筑师与工程师协会联合会1874年在其全体大会上通过的三点决议看作是对所有预先编织的方格状系统的一封简要的挑战书：

1. 城市扩建规划主要以所有交通工具基本特点的确定为内容：街道、有轨马车、蒸汽火车、运河、系统化地操作并且应在相当大的范围内处理。

2. 街道网应该首先只包括主线路，在这件事上应尽可能地考虑现存的道路，以及预先确定由当地情况决定的支线。次要的分配总是根据不久将来的需要进行或委托给私人。

3. 不同城区的编组应该通过情况及另外独特标志的适宜性选择而带来，强制性的只有通过行业的卫生规范进行（第135页）。

他同时指摘在这些方面"只有消极的规章"，以至于在实践中任何地方都还没有这一知识结出的果实。同时还应该指出，此类事件在将来如何处理及在怎样的原则下采取行动（第135、137页）。一个必要的前提就是要有一个真正的计划。对此的预研究可以通过建筑管理局及委员会的途径来完成。其必须由以下几部分组成：

"A．一个关于在将来50年内所规划城区人口增长的概率分析。此外，还有关于对估计到的交通状况及定居种类的预调查，从中必须明确表明：在所涉及的地点是否预计建设一个租房区或一个别墅区，或一个贸易或制造业占优势的、混合型的区域。"

"B．在这个首先需要的调查的基础上，然后对预期需要的公共建筑物的数目、规模以及附带设施进行假设。这些都要在汇编能收集到的有关统计资料时事先决定，因为这些都取决于人口数量：教堂、学校、办公楼、市场、公共花园，甚至剧院的数量和大小。"（第141—144页）

"一旦这一点明确了，连同所有必要联系的就应查明最好的编组和状态。以此开始城市规划的实际编制，为此必须进行公开招标"。"规划者有责任首先使所要求的公共设施、公园等互相建立最合适的连接并将其放到最适宜的位置。"

"在这种情况下比如一个或更多的公园等距离地分开。任何一个大型花园不再向街道开放，而是从周围被房屋所围绕。……""为了达到一种适度的四方形不平坦的地域，现存的河流或者道路不应用暴力去拆除，而应当作为导致街道拐弯和其他的不规则性的受人欢迎的原因而保留下来。现在经常用非常大的代价来去除这样的不规则性完全是必要的。"（第144、145页）

西特在下面列举了许多对现代系统进行改进的规划细节并强调说明："通过整个调查足够指出，完全没有必要如同常见的那样如此刻板地拟订现代城市规划。也同样没有必要，在这里放弃所有艺术的美丽，放弃过去的所有成就。"

"不是现代交通强迫我们；同样不是卫生学要求逼迫我们；而是现代城市居民斥责的疏忽，懒散及意志力缺乏，使我们终生在不成型的大众化城区中永远忍受着同样的出租公寓街区及同样的街道排组成的枯燥乏味的景象。"（第157、158页）

作为根据艺术原则而进行城市整治的例子，西特展示了"维也纳城市扩建的一部分的改造梗概"——从还愿教堂到国会大楼的环路建筑群。"通过整个改造获得：

1. 去除风格冲突；
2. 每个单独的纪念碑建筑的效果明显提升了；
3. 一个独特的广场群；
4. 在此大量联合建造大型、中型、小型纪念碑的可能性。"（第162、179页）

在结尾处他研究了"建造方式"及怎样使外行也能对规划做出决定。这想到了现代的公众参与。"人们可以有时例如将还愿教堂前设计的前院作为展览广场为教堂附近的一个展览使用，在这种场合中这样装配由木板及白涂料制成的临时展览建筑物，即它同时也逼真地体现出规划建筑物的模型。这样每个人，即使外行也能评价效果。公众的意见肯定能决定是否根据这个模型开始最后的建造。专业人士当然能从规划中保证这个项目的正确性。"（第184页）

....

"如同全部国家的、公民的和个人的生活形成一个城市的居民每天行为和举止的内容那样，城市建筑的设计与安排在这只是包含了其内容的外部形式和器皿，所以也是现代文化工作最重要的任务下必然而正确的发展。"

——卡米洛·西特

（出自他一起创办的杂志《城市规划》，第1卷，柏林1904年第1期第1页）

....

在附录大城市的绿地中西特强烈主张"在无尽的石头与灰浆块灰色中加入使人心旷神怡的绿色"（第195页）。

"我们的祖先很久很久以前是森林人类；我们现在是房屋街区人类。仅这点就已经说明了大城市居民无法抗拒的奔向郊外的本能，以及从由房屋海洋组成的灰尘磨坊进入自然中的绿色的本能。这一点可以表明，对渴望自然的城市人类来说，每棵树，每块最小的草地，每盆花都是圣洁的。根据普遍大众的情感，不允许献出哪怕是城市建造必须的一棵灌木，相反而是最好种植尽可能多的古树构成绿地。"（第187页）

"但所有这一切不仅仅具有美观价值，而是完全有益健康，绝对必不可少。大城市中较大的未建地区（开敞空间），特别当它们被用为花园时，即使配备有水面及喷水装置，它们被称为大城市深呼吸真正必要的空气盆，因此也相应的是它们的肺。"城市需要"首先出于通过自由广阔的空气空间的安排健康考虑造成的中断，但同样需要通过嵌入的自然景象的提神来使精神惊人的振作"。

西特将"公共卫生绿地"与"装饰性绿地"做了区别：

1. "公共卫生绿地不在街道的灰尘与噪声的中间，而是在受到保护的环状建设的建筑街区内部。"
2. "装饰用绿地，虽然可能同装饰性水域有着丰富的联系，但严格地不同于公共卫生绿地仅仅用于街道与交通广场，因为它的目标只是被看见，被尽可能多的人看见，即刚好在交通的要点上。"

在"自由的大自然的依据"中应实现坐落于内部的花园和街道绿化（第208页及以后）。

"毫无疑问：不仅城市广场为了其特殊的作用要求广场墙周围的完整性，而且也许在更高的标准上城市花园也是如此。现代的展示狂同样想侵袭花园，这一定是一个粗笨的错误的做法，如同发掘古老教堂与城门那样，也如同破坏了广场墙壁的完整性那样"（第206页）。以及"从这个立足点出发，目前全国流行的林荫路形式应该坚决抛弃并且整个退居次席的树木与灌木的单独群体应置于显著地位"（第209页）。

"仅仅林荫道的形式就是对我们审美观的强烈起诉。更加乏味的是，一颗树木不受约束的自然形式（它正好应该在大城市中向我们展示美妙的自由大自然）以同样的大小、非常精确的相同距离、几何上笔直伸展的方向，左边像右边一样再加上以几乎无止尽的长度不断重复设置。人们在压抑的无聊前得到的是确确实实的胃胀感。这是我们几何习惯城市规划者的三要'艺术形式'！"（第210页）

....

"如此同样再次整体地表明：正确理解的城市规划，绝不仅仅是机械的办公室工作，而事实上是有意义的，富有感情的艺术作品，而且还有一些伟大的真实的民间艺术，此事具有更重要的意义，特别是当我们的时代缺少为国家的全体艺术品服务的所有造型艺术的大众化的总结的时候。"（第211页）

雅典宪章　1933年
节选

　　1933年的雅典宪章是一部城市规划的宣言，这一宣言于在雅典附近召开的关于新建筑的第四届国际会议（CIAM）上通过，这一由勒·柯布西耶修订的文本分为95点，其编排如下：

第一部分：一般的概念：城市及其区域
第二部分：城市目前的状况：批评和帮助
　Ⅰ．住宅
　Ⅱ．休闲
　Ⅲ．工作
　Ⅳ．交通
　Ⅴ．城市的历史文化遗产（分别在"研究"与"要求"中）
第三部分：结论：原则

　　在文献中大多只提及了原则，并且主要是第77点城市的四大功能（居住、工作、休闲、移动）述及了。由此导出了"功能分离"的要求。在此"研究"是对城市分析的贡献，这不仅在当时，而且在现在也是极为现实的。所以，以下的引文指出了当今城市及目前城市发展根本的"主要弊端"：

研究（摘要）

1. 城市及其区域
- 城市发展的经济制约

"机器的引入把工作条件彻底打乱，数千年之久的平衡被破坏，以这种方式它给予手工业灾难性的打击，使农村人烟稀少，城市阻塞，世纪之久的和谐被放弃，家宅与工作地点之间存在的自然的相互关系彻底动摇。"（第8点）

2. 住宅
- "投机基础上的利用"

"在拥挤的城区中，住房条件不佳，因为给予住宅的空间不够，也因为没有可供使用的绿地，最后因为建筑没有保持在良好的状态。……在几世纪前建造的一个建筑物的费用早已分期偿还；尽管如此人们仍然容忍其受益者以住宅的形式将其看作是可买卖的商品。虽然居住价值同样为零，但是此建筑物继续不受惩罚地并在由大众负担费用的基础上带来重要的收入。"

"人们将惩罚一个卖腐烂肉的屠夫，但法律允许穷人住损坏的住房。"（第10点）

- 不公正的住房分布

"人口最稠密的城区位于最不利的地区（不恰当的斜坡，经常遭受尘雾、工业废气，侵袭的地区还有大水泛滥等）。"（第13点）

"空气流通的建筑物（昂贵的住房）位于较有利的地区，避免了不利健康的风沙，具有优雅的低密度，风景优美，看得到湖、海、山等，以及有充足的阳光。"（第14点）

"这种住房不公正的分布因为习俗与人们看作公正的市政府的规定（区域的划分）而获得批准。"（第15点）

3. 休闲
- 为"大量居民提供较少的可利用的开敞空间"

"如果现代城市允许有足够大小的几块自由绿地，那么这些要么位于（城市）边缘，要么位于特别豪华居住区的中心。在第一种情况下，它离大众居住区很远，城市居民只有在周日才能使用，对日常生活无丝毫影响，而日常生活继续地在令人不愉快的条件下进行。第二种情况是绿地'事实上'禁止大众使用，只是还用做美化，无法实现其作为必要的居住空间扩充的角色。"（第31点）

4. 工作
- "工薪阶层在住地与工作地之间的活动生活"

以前住房与工厂紧密而牢固地联系在一起。机械化的突然蔓延打破了和谐的前提；在不到一个世纪的时间内它已经改变了城市的外貌，几个世纪的手工业者传统被打破并且产生了一种新的工作方式，它是匿名的和灵活的。……

"进入居住区中心的工厂在那里排放废气，发出噪声。如果它们安置在城市边缘和离居住区较远的地方，那么就会让工人每天在匆忙及拥挤等令人困倦的条件下行走较远的路程，并强迫他白白丧失了其空闲时间的一部分。"（第41点）

那些没有通过固定的纽带同工业连接在一起的可以替换的工人，只知道在清晨、白天、夜晚从这一地点到其他地点的持久的变换，以及公众交通工具中令人沮丧的拥挤。时间就这样重复地流逝在这种杂乱的来来往往之中。（第42点）

- 工业发展作为个体的即兴创造

"项目上的错误出现了以下情况：无控制的城市发展，缺乏预防措施，地产投机等。工业企业的建立顺其自然不服从规律。城市及邻接地区的土地几乎全处于私人手中。工业本身掌握在私人公司手中，它们会遭受一切可能的经济危机，它们的情况有时是不安全的。没有采取任何使工业的发展服从逻辑法则的措施；相反任其即兴创作——这有时有利于个体——然而总是加重了团体的负担。"（第44点）

- 商务区作为投机的战利品

"工业的繁荣作为一种必然的满足带来了商业生活的提高，私人管理与交易。在这一领域没有进行任何认真的考虑，也没有采取任何预防措施。人们必须买和卖，在工厂或手工场，供货商与客户之间建立联系。为进行这些交易人们需要办公室。这些要求有精确的及有意义的设施的办公室——对于商贸的进行是必不可少的。这些设施（只要它们是个别情况）是费用昂贵的。这一切都要适当地联系在一起，这保证了每个单独的办公室具有最好的工作条件：便利的交通，易于与外界联系，明亮，安静，空气新鲜，冷暖空调，邮局，电信中心，电台……"（第45点）

5．交通
- 对于行人无终止的危险

"这就产生了问题，因为将人或马的自然速度与汽车、有轨电车、货车或公共汽车的机械速度协调一致是不可能的。它们的混合是无数摩擦的根源。行人在这种无终止的不安全情况下行走，而在这期间，机动车不停地被迫刹车，就如跛脚一样，但是未阻止的是，经常发生殃及生命的危险的诱因。"（第53点）

原则（摘要）
- 城市提供了一幅"混乱之图"

"这些城市（33个在CIAM会议上被分析的城市。著者的报告）绝不符合应满足其居民生物学及心理学重要需求的规定……。

"在所有这些城市中人们遭受困境。周围的一切都使他们感到压抑和窒息。没有对于身体与道德健康有必要的东西被保存下来或得到安排。人类的危机在大城市中开始变得极为明显，并在国家的整个范围内产生影响。城市不再适合其功能，即保护它的市民并且保护好它的市民。"（第71点）

- "一些私人利益集团的毫无顾忌的粗暴行为造成了无数人的"不幸

"这种令人遗憾的事态是以"因为个人的利益及赢利的诱饵而产生的私人主动性的优先地位为基础的。已经意识到技术进步重要性的行政机关中至今也没有行政机关，采取了干预措施为阻止这些破坏，为此没有人真的出于责任去做。由此企业百年以来听凭偶然的摆布。住宅和工厂建筑，道路，运河或铁路，所有的东西都在不考虑任何规划及每个以前的考虑的情况下匆忙中成倍增加。今天灾难发生了。城市变得不近人情，由于一时出于私人利益而做出的毫无顾忌的粗暴行为使无数人遭遇不幸。"（第72点）

- "经济力量"相对于"行政管理"和"社会团结"之间的不平衡性

"行政的责任感及社会团结每天都受到私人利益快速及不断更新的力量的攻击。这三种力量源泉相互处于连续不断的矛盾中。当一个攻击一个的时候另一个会防卫。在这种不幸的不平等斗争中偏偏大多数是私人利益获胜，在斗争中，弱者受害，强者成功。"（第73点）

- "个人自由与集体行动"之间的城市

"城市必须在精神与物质上确保个人自由与集体行动的利益。"（第75点）

- 城市规划的主要功能：居住，工作，休养（休闲时间）以及移动

"人类的自然尺寸必须作为所有标准的基础，这些标准应该同生活及生活条件的不同功能有一种联系。"（第76点）

"城市规划表现了一个时代的存在形式。它直到现在只是勇敢地解决一个问题，即交通问题。为此它已满足了开辟通往城外的公路干线或延伸道路，并且创造了一些住宅岛屿，它们的确定被委托给了私人主动性的侥幸。这种委托是关于城市规划应承担的任务的一种受限制的及有欠缺的观点。城市规划有四个主要功能，分别是：

第一，保障人类住处有益于健康，也就是说那里的空间，新鲜的空气，阳光，自然界中这三种重要的条件，需最大程度的确保；

第二，创造就业岗位，使工作不再是令人窒息的强迫，而是再次呈现出一种自然的人类行为的特征；

第三，建立良好利用业余时间的必要设施以至于是舒适的及富有成果的；

第四，通过交通网在不同的设施之间建立联系，这个交通网保证了交流并且尊重每个设施的优先权。

这四种功能，城市规划的四个关键，包含了一个极大的范围，因为城市规划是一种思维方式的后果，它通过行动的技术挤进了公众生活。"（第77点）

- "住宅——城市规划努力的中心"

"每日功能的循环：居住，工作，休闲，在重视时间节约的情况下由城市规划进行调整，以这种方式住宅被视为城市规划努力的真正中心及所有措施的关键，将自然条件重新引入日常生活的愿望，第一眼看上去似乎对城市的大范围水平扩建极为有利，但根据太阳的运转安排不同活动的必要性与这个观点相矛盾，其缺点是强迫产生与可支配的时间不相称的距离。"（第79点）

- 交通——城市主导功能之间的连接

"机动车应具有解放的效果，它们的速度会带来时间上巨大的收益。但是机动车在某一地点聚集和集中同时也对交通有阻碍并产生经常性的危险。除此以外在大城市中生活机动车会产生大量危害健康的因素。其废气在大气中散布开来，对肺是有害的，其产生的噪声导致人们持续的精神烦躁。……

此外机动车迫使人们在所有类型的机动车中度过令人疲乏的时间，并且在工作以后忘记（没有任何活动像步行

那样）是既健康又自然的。"（第 80 点）

"第四功能交通，只应有一个目标：即将其余三种有益的功能联结起来。人们必须将交通工具分类并区分，同时为每一种类型建造一条符合使用这一车道的机动车的特性的行车道。如此有规律的交通才会形成安排合理的功能，这种功能绝不能破坏住宅或工作地点的结构。"（第 81 点）

• "城市——功能上的统一体"

"城市将呈现出一个预先仔细考虑过的企业的特征，它服从一个总体规划严格的规则。"（第 84 点）"偶然的事件会让步于预测，随即发生即兴创作的项目。"（第 85 点）"城市规划的核心问题与出发点是卧室（住处）及将其嵌入群体，形成大小实用的居住单元。"（第 88 点）"首先通过这些居住单元在城市空间形成住宅、工作场所和休闲设施之间的关系。"（第 89 点）

• 防止"肮脏的投机交易"

"最重要的工作必须刻不容缓立刻开始，世界上的所有城市无论古老的还是现代的，都显示出相同的损失，源于相同的原因。……众多的土地被征用并成为了金钱交易的对象。人们担心会有肮脏的投机交易，往往大型的由于担心公共利益而激起的建筑计划被扼杀于萌芽状态。"（第 93 点）

"这里强调指出的严重的矛盾提出了新世纪最严重的问题之一：迫切需要通过合法手段调整所有可用土地的分配，以便使个人生活重要需要同集体需求相协调。……国家的土地必须能随时受到支配，并且以一个适当的价格，此价格在项目规划前就已估测出来。"（第 94 点）

• "使私人利益服从于集体利益。"

"个人权利与集体权利必须相互扶持，相互加强，并合并到它们带来的无终止建设上。个人权利与少数具有大量财富的人的通常的私人利益无关，以这种方式使其余的社会成为一种平常的生活，私人利益需要最严格的限制。"（第 95 点）

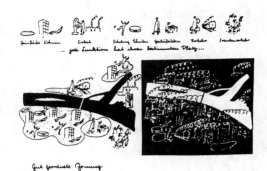

从太阳升起到太阳升起

现代的住宅或传统的住宅

青少年和游戏

图 A.1　美因茨建设规划"规划部"中《雅典宪章》的插图

参考文献

ACHILLES, Walter; BORCK, Heinz-Günther; ...; RIEMANN, Wolfgang u.a.: Der Marktplatz zu Hildesheim: Dokumentation des Wiederaufbaus. Bernward, Hildesheim 1989
AFHELDT, Heik: Der Wachstumsschock - Veränderte Randbedingungen für Stadtentwicklung und Stadtplanung. In: structur 4/1976, S. 78 ff
AfS - ARBEITSGRUPPE FÜR STADTENTWICKLUNG, Stuttgart; INNENMINISTERIUM BADEN-WÜRTEMBERG (Hrsg.): Ortsränder und Ortseingänge. Anregungen und Hinweise für die städtebauliche Planung und Gestaltung. Stuttgart 1991
AKB (1)- AKADEMIE DER KÜNSTE BERLIN: Bauen in Berlin 1900-1964. Austellungskatalog 1964
AKB (2) - AKADEMIE DER KÜNSTE BERLIN: Bruno Taut 1880-1938. Austellungskatalog 1980
AKADEMIE FÜR RAUMFORSCHUNG UND LANDESPLANUNG. Siehe: HANDWÖRTERBUCH DER ...
ALBERS, Gerd (1): Ideologie und Utopie im Städtebau. In: PEHNT, a.a.O., S.453-47
ALBERS, Gerd (2): Vom Fluchtlinienplan zum Stadtentwicklungsplan. Archiv f. Kommunalwissensch. 1967, S. 192-211; Kohlhammer/Deutsch. Gemeindeverl., Köln
ALBERS, Gerd (3): Über das Wesen der räumlichen Planung. In: Stadtbauwelt 21/1969, S. 10-14
ANDRES, Wilhelm; STUMME, Hermann: Kranichstein: Geschichte eines Stadtteils. Reba, Darmstadt 1993
ASHWORTH, William: The Genesis auf Modern Britisch Town Planning. Routledge and Kegan Paul, 1954
ASSUM, Gernot; RICHARD, Jochen: Chorweiler im Umbau. In: Garten + Landschaft 2/1993
AW (1) - ARCHITEKTUR-WETTBEWERBE: Sonderheft Neue Stadt Wulfen. Krämer, Stuttgart 1962
AW (2) - ARCHITEKTUR-WETTBEWERBE: 2. Sonderheft Neue Stadt Wulfen. Krämer, Stuttgart 1965

BAER, C. H. (Hrsg): Kleinbauten und Siedlungen. Hoffmann, Stuttgart o. J. (ca. 1918)
BAHR, Gerhard; MÖLLER, Peter: Hamburg: III.2. Entwicklungsmodell und IV. Zusammenarbeit mit den Nachbarländern. In: HANDWÖRTERBUCH ..., Sp. 1154/1165
BAHRDT, Hans Paul (1): Die moderne Großstadt: Soziolog. Überlegungen zum Städtebau. Wegner, Hamburg 1969
BAHRDT, Hans Paul (2): Wohnbedürfnisse und Wohnwünsche. In: PEHNT, S. 64-88
BALDERMANN, Joachim; HECKING, Georg; KNAUSS, Erich: Wanderungsmotive und Stadtstruktur. Empirische Fallstudie zum Wanderungsverhalten im Großraum Stuttgart. Krämer, Stuttgart 1976
BANDHOLTZ, Thomas; KÜHN, Lotte; CURDES, Gerhard (Hrsg.): Erich Kühn - Stadt und Natur. Vorträge, Aufsätze, Dokumente 1932-1981. Christians, Hamburg 1984
BAUMEISTER, Reinhard: Stadterweiterungen in technischer, baupolizeil. u. wirtschaftl. Beziehung. Berlin 1876
BANDEL, Hans; MASCHULE, Dittmar: Die Gropiusstadt, der städtebauliche Planungs- und Entscheidungsvorgang. Berlin 1974
BECKER, Heidede: Geschichte der Architektur- und Städtebauwettbewerbe. Kohlhammer/Dt. Gemeindeverlag, Stuttgart/Berlin/Köln1992
BECKER, Heidede; KEIM, K. Dieter (Hrsg.): Gropiusstadt: Soziale Verhältnisse am Stadtrand. Deutsches Institut für Urbanistik; Stuttgart, Berlin, Köln, Mainz 1977
BEER, Wolfgang; SPIELHAGEN, Wolfgang (Hrsg.): Bürgerinitiativen: Modell Berlin. ZITTY, Berlin 1978
BENEVOLO, Leonardo: Die Geschichte der Stadt. (Hamburg 1969); Campus, Frankfurt a.M./New York 1990
BERLEPSCH-VALENDAS, Hans Eduard von: Bauernhaus und Arbeiterwohnung in England. Bericht einer Studienreise. Neff, Eszlingen a. N. o. J. (ca. 1905)

BERNDT, Heide: Das Gesellschaftsbild bei Stadtplanern. Krämer, Stuttgart/Bern 1968
BEYME, Klaus von: Der Wiederaufbau - Architektur und Städtebaupolitik in beiden deutschen Staaten. Piper, München/Zürich 1987
BEYME, Klaus von; DURTH, Werner; GUTSCHOW, Niels; NERDINGER, Winfried; TOPFSTEDT Thomas (Hrsg.): Neue Städte aus Ruinen: Deutscher Städtebau der Nachkriegszeit. Prestel, München 1992
BDA, DAI, BDGA (Bund Deutscher Architekten, Deutscher Architekten- und Ingenieurverband, Bund Deutscher Garten- und Landschaftsarchitekten) und GIEFER, Alois; MEYER, Franz Sales; BEINLICH, Joachim (Hrsg.): Planen und Bauen im neuen Deutschland. Westdeutscher Verlag, Köln/Opladen 1960
BFLR - BUNDESFORSCHUNGSANSTALT FÜR LANDESKUNDE UND RAUMORDNUNG: Flächenhafte Verkehrsberuhigung; Zwischenbericht. In: Informationen zur Raumentwicklung 8/9-1983
BMBAU (1) - BUNDESMINISTERIUM FÜR WOHNUNGSWESEN, STÄDTEBAU UND RAUMORDNUNG (Hrsg.): Wohnen in neuen Siedlungen: Demonstrativbauvorhaben der Bundesregierung. Krämer, Stuttgart 1965
BMBAU (2) - BUNDESMINISTERIUM FÜR WOHNUNGSWESEN UND STÄDTEBAU (Hrsg.): Wohnungsbau und Stadtentwicklung: Demonstrativbauvorhaben des BMBau. Fackler, München 1968
BMBAU (3) - BUNDESMINISTERIUM FÜR RAUMORDNUNG, BAUWESEN UND STÄDTEBAU u. a. (Hrsg.): Ideen, Orte, Entwürfe 1949-1990: Architektur und Städtebau in der Bundesrepublik Deutschland, Ausstellungskatalog, Ernst & Sohn, Berlin 1990
BMBAU (4) - BUNDESMINISTERIUM FÜR RAUMORDNUNG, BAUWESEN UND STÄDTEBAU u. a. (Hrsg.); GEBHARDT, Heinz-Dieter; ZIMICZ, Alexander: Bebauungspläne von Demonstrativmaßnahmen, vergleichende Untersuchungen. Teil II. Schriftenreihe 01 „Versuchs- und Vergleichsbauten und Demonstrativmaßnahmen", Nr. 01.050, Bonn 1974
BMBAU (5) - BUNDESMINISTERIUM FÜR RAUMORDNUNG, BAUWESEN UND STÄDTEBAU u. a. (Hrsg.): Gesamtdokumentation Hamburg-Steilshoop. Demonstrativmaßnahme mit experimentellen Wohnformen und Gemeinschaftseinrichtungen. Band 1: Städtebauliche Planung. Schriftenr. 01 „Versuchs- und Vergleichsbauten und Demonstrativmaßn.", Nr. 01.054, Bonn 1976
BMBAU (6) - BUNDESMINISTERIUM FÜR RAUMORDNUNG, BAUWESEN UND STÄDTEBAU u. a. (Hrsg.); KIRCHHOFF, Jutta; JACOBS, Bernd: Hamburg-Steilshoop, 15 Jahre Erfahrung mit einer Großsiedlung. Schriftenreihe 01 „Modellvorhaben, Versuchs- und Vergleichsvorhaben", Nr. 01.074, Bonn 1985
BMBAU (7) - BUNDESMINISTERIUM FÜR RAUMORDNUNG, BAUWESEN UND STÄDTEBAU u. a. (Hrsg.); GRUB, Hermann; LEJEUNE, Petra: Stadträume im Wandel. Eine Ausstellung der Bundesrepublik Deutschland. Müller, Karlsruhe 1986
BODE, Peter M.; HAMBERGER, Sylvia; ZÄNGL, Wolfgang: Albtraum Auto. Eine hundertjährige Erfindung und ihre Folgen. Raben, München 1986
BOLLEREY, Franziska; HARTMANN, Kristiana: Bruno Taut; Vom phantastischen Ästheten zum ästhetischen Sozial(ideal)isten. In: AKB (2), S. 15-85
BONCZEK, Willi: Bodenwirtschaft in den Gemeinden. In: HANDWÖRTERBUCH ... Spalte 346-368
BOUSTEDT, Olaf (1): Stadtregionen. In: HANDWÖRTERBUCH ... Spalte 3207-3237
BOUSTEDT, Olaf (2): Gedanken über den künftigen Verstädterungsprozeß und die Rolle der Städte. In: SALIN u.a.. a.a.O., S, 217-236

BOUSTEDT, Olaf (3): Grundriß der empirischen Regionalforschung. Teil III: Siedlungsstrukturen. Taschenb. zur Raumplanung, Bd. 6. Schroedel, Hannover 1975

BORCHARD, Klaus: Orientierungswerte für städtebauliche Planung. München 1968

BPB - BUNDESZENTRALE FÜR POLITISCHE BILDUNG: Raumordnung in der Bundesrepublik Deutschland: V. Raumordnung in der Vergangenheit. Informationen zur Politischen Bildung, Bonn, 5/6-1968

BRAMHAS, Erich: Der Wiener Gemeindebau. Birkhäuser; Basel, Boston, Stuttgart 1987

BRINCKMANN, Albert Erich (1): Stadtbaukunst; Geschichtliche Querschnitte und neuzeitliche Ziele - Akademische Verlagsgesellschaft Athenaion, Berlin 1920

BRINCKMANN, Albert Erich (2): Kruppsche Arbeitersiedlungen erbaut von dem Kruppschen Baubüro; Leiter Baurat R. Schmohl. In: BAER, a.a.O., S. 45-58

BRUGGER, Albrecht; Text: LUZ, Frieder; KAULE, Giselher; REINBORN, Dietmar: Baden Württemberg - Landschaft im Wandel; Eine kritische Bilanz in Luftbildern aus 35 Jahren. Theiss, Stuttgart 1990

BUCHANAN, Colin: Verkehr in Städten. Vulkan, Essen 1964 (Original: Traffic in towns. London 1963)

CHERRY, Gordon E.: Die Stadtplanungsbewegung und die spätviktorianische Stadt. In: FEHL, RODRIGUEZ-LORES, (1), S. 85-105

CHRISTALLER, Walter: Die zentralen Orte in Süddeutschland. Eine ökonomisch-geographische Untersuchung über die Gesetzmäßigkeit der Verbreitung und Entwicklung der Siedlungen mit städtischen Funktionen. Jena 1933

CONRADS, Ulrich (Hrsg.): Programme und Manifeste zur Architektur des 20. Jahrhunderts. Bauwelt Fundamente 1; Berlin, Frankfurt/M., Wien 1964

CZEIKE, Felix: Wiener Wohnbau vom Vormärz bis 1923. In: STADT WIEN, a.a.O., o.S.

DASL (1) - DEUTSCHE AKADEMIE FÜR STÄDTEBAU UND LANDESPLANUNG, LANDESGRUPPE BAYERN: Städtebau im Wandel: Stadtteil Nürnberg-Langwasser. Spindler, Nürnberg (1987) 1988

DASL (2) - DEUTSCHE AKADEMIE FÜR STÄDTEBAU UND LANDESPLANUNG (Hrsg.): Zwischen Stadtmitte und Stadtregion: Berichte und Gedanken, Rudolf Hillebrecht zum 60. Geburtstag. Krämer, Stuttgart 1970

DASL (3) - DEUTSCHE AKADEMIE FÜR STÄDTEBAU UND LANDESPLANUNG (Hrsg.); HOLLATZ, J. W.: Deutscher Städtebau 1968. Die städtebauliche Entwicklung von 70 deutschen Städten. Bacht, Essen 1970

DASL (4) - DEUTSCHE AKADEMIE FÜR STÄDTEBAU UND LANDESPLANUNG (Hrsg.); WEDEPOHL, E.: Deutscher Städtebau nach 1945. Bacht, Essen 1961

DGG - DEUTSCHE GARTENSTADT-GESELLSCHAFT: Die deutsche Gartenstadtbewegung. Verlag der Deutschen Gartenstadt-Gesellschaft, Berlin 1911

DIFU - DEUTSCHES INSTITUT FÜR URBANISTIK (Hrsg.): Urbanität in Deutschland. Kohlhammer/Deutscher Gemeindeverlag; Stuttgart, Berlin, Köln 1991

DNB - DAS NEUE BERLIN: Monatszeitschrift 1929, hrsg. von Martin WAGNER und Adolf BEHNE; Deutsche Bauzeitung, Berlin. (Reprint: DNB - Großstadtprobleme. Birkhäuser, Basel ... 1988)

DNF - DAS NEUE FRANKFURT: Monatszeitschrift 1926-1933, gegründet von Ernst MAY und Georg SCHLOSSER, Verlag Englert u. Schlosser, Frankfurt

DNS (1) - DIE NEUE SAMMLUNG (Hrsg.); LEHMBROCK, Josef; FISCHER, Wend: Profitopolis, oder: Der Mensch braucht eine andere Stadt. Katalog z. Ausstell. d. Staatl. Museums f. angewandte Kunst, München (1971) 1978

DNS (2) - DIE NEUE SAMMLUNG (Hrsg.); LEHMBROCK, Josef; FISCHER, Wend: Von Profitopolis zur Stadt der Menschen. Katalog zur Ausstellung des Staatl. Museums für angewandte Kunst, München 1979

DREYSSE, D. W.: May-Siedlungen. Fricke, Frankfurt am Main 1987

DURTH, Werner (1): Vom Sieg der Zahlen über die Bilder: Anmerkungen zum Bedeutungswandel der Städte im Denken der Planer. In: Stadtbauwelt 88/1985, S. 362ff.

DURTH, Werner (2): Phasen der Stadtentwicklung und des Wandels städtebaulicher Leitbilder. n: WILDENMANN, Rudolf, S. 101-117

DURTH, Werner (3): Entwicklungslinien in Architektur und Städtebau: Ein Rückblick als Skizze. in: BMBAU (3), S. 11-42

DURTH, Werner; GUTSCHOW, Niels (1): Träume in Trümmern: Planungen zum Wiederaufbau zerstörter Städte im Westen Deutschlands 1940-1950; 1. Konzepte. Vieweg, Braunschweig/Wiesbaden 1988

DURTH, Werner; GUTSCHOW, Niels (2): Träume in Trümmern: Planungen zum Wiederaufbau zerstörter Städte im Westen Deutschlands 1940-1950; 2. Städte. Vieweg, Braunschweig/Wiesbaden 1988

DURTH, Werner; GUTSCHOW, Niels (3): Architektur und Städtebau der fünfziger Jahre. Schriftenreihe d. Deutsch. Nationalkomitees f. Denkmalschutz, Bd. 33, Bonn 1987

DURTH, Werner; NERDINGER, Winfried: Architektur und Städtebau der 30er/40er Jahre. Schriftenr. d. Deutsch. Nationalkomitees für Denkmalschutz, Bd. 46, Bonn 1993

DVWSR - DEUTSCHER VERBAND FÜR WOHNUNGSWESEN, STÄDTEBAU UND RAUMPLANUNG (Hrsg.): Stadt- und Dorferneuerung. Dokumentation über das Seminar des Bundesministers für Städtebau und Wohnungswesen 1970, Band I - IV. Stadtbau, Bonn 1970

EGLI, Ernst: Geschichte des Städtebaus: 2. Band. Das Mittelalter. Rentsch, Zürich/Stuttgart 1962

EGW - ENTWICKLUNGSGESELLSCHAFT WULFEN (Hrsg.): Das andere Wohnen. DVA, Stuttgart 1980

ENGELMANN, Bernt: Wir Untertanen: Ein Deutsches Anti-Geschichtsbuch. Fischer Taschenbuch Nr. 1680, Frankfurt a.M. 1974

EINSELE, Martin; ROSE, Ernst; GRAGNATO, Siegfried J. (Hrsg.): Vierzig Jahre Städtebau in Baden-Württemberg: Entwicklung, Aufgaben, Perspektiven. Belser, Stuttgart/Zürich 1992

FALLER, Peter: Alle wollen wohnen: Mehrgeschossiger Wohnbau. In: SCHMITT, S. 71-83

FEDER, Gottfried; RECHENBERG, Fritz: Die neue Stadt: Versuch der Begründung einer neuen Stadtplanungskunst aus der sozialen Struktur der Bevölkerung. Springer, Berlin 1939

FEHL, Gerhard; RODRIGUEZ-LORES, Juan (Hrsg.) (1): Städtebau um die Jahrhundertwende: Materialien zur Entstehung der Disziplin Städtebau. Schriftenreihe Politik und Planung 10; Dtsch. Gemeindeverlag / Kohlhammer, Köln 1980

FEHL, Gerhard; RODRIGUEZ-LORES, Juan (Hrsg.) (2): Stadterweiterungen 1800-1875: Von den Anfängen des modernen Städtebaus in Deutschland. Reihe Stadt Planung Geschichte 2; Christians, Hamburg 1983

FEHL, Gerhard; RODRIGUEZ-LORES, Juan (Hrsg.) (3): Städtebaureform 1865-1900: Von Licht, Luft und Ordnung in der Stadt der Gründerzeit. Reihe Stadt Planung Geschichte 5.1; Christians, Hamburg 1985

FEHL, Gerhard: Camillo Sitte als „Volkserzieher"; Anmerkungen zum deterministischen Denken in der Stadtbaukunst des 19. Jahrhunders. In: FEHL/ RODRIGUEZ-LORES (1), S. 173-221

FISCHER, Theodor (1): Sechs Vorträge über Stadtbaukunst. München 1920, 2. Aufl. München und Berlin, 3. Aufl. München 1941

FISCHER, Theodor (2): Städtebau. In: STADTSCHULTHEISSENAMT STUTTGART. S. 235-240

FISCHER, Theodor (3): Altstadt und neue Zeit. In: Gegenwartsfragen künstlerischer Kultur, Augsburg 1931, S. 7ff.

FREUD, Bernhard: 50 Jahre Gemeinnützige Heimstätten-Aktiengesellschaft. In: Bauwelt 14/1974, S. 544

FRITSCH, Theodor: Die Stadt der Zukunft. Leipzig 1896

FRORIEP, Siegfried: Siedlungsverband Ruhrkohlenbezirk. In: HANDWÖRTERBUCH ...Sp. 2914-2823

GANSER, Karl: Ein Jahr nach Bad Hersfeld. In: SRL (1), S. 7-11
GARTENSTADT KARLSRUHE eG: Festschr. z 75jährigen Bestehen der Gartenstadt Karlsruhe eG. 1982
GEIPEL, Robert; HEINRITZ, Günter u.a.: München: Ein sozialgeographischer Exkursionsführer. Münchner Geographische Hefte 55/56, Lassleben, Regensburg 1987
GEIST, J. F.; KÜRVERS, K. (1): Das Berliner Mietshaus 1740-1862. Prestel, München 1980
GEIST, J. F.; KÜRVERS, K. (2): Das Berliner Mietshaus 1862-1945. Prestel, München 1984
GERETSEGGER, Heinz; PEINTNER, Max; PICHLER, Walter: Otto Wagner 1841-1918: Unbegrenzte Großstadt, Beginn der modernen Architektur. Residenz, Salzburg/Wien 1983
GEWOBA Bremen (Hrsg.), ASCHENBECK, Nils; WALLENHORST, Hans-Joachim: Modell Neue Vahr. Austellungskatalog, Bremen 1993
GIEFER, Alois; MEYER, Franz Sales; BEINLICH, Joachim (Hrsg.): Planen und Bauen ..., siehe: BDA, ...
GIESLER, Hermann: Ein anderer Hitler. Bericht seines Architekten Hermann Giesler. Erlebnisse, Gespräche, Reflexionen. Druffel, Leoni 1977
GLEINIGER, Andrea: Die Frankfurter Nordweststadt; Geschichte einer Großsiedlung. Campus, Frankfurt/Main-New York 1995
GÖB, Rüdiger: Stadtentwicklung in West und Ost - vor und nach der Einheit. In: DIFU, S. 55-69
GÖDERITZ, Johannes; RAINER, Roland; HOFFMANN, Hubert: Die gegliederte und aufgelockerte Stadt. Wasmuth, Tübingen 1957
GÖSSEL, Peter; LEUTHÄUSER, Gabriele: Architektur des 20. Jahrhunderts. Taschen, Köln 1990
GROBLER, Johannes; GRUNER, Justus von; KLEIN, Alexander u.a.: Das Eigenheim: Kleinhaus, Anbauhaus, Wohnlaube. Bong, Berlin/Leipzig 1932
GROPIUS, Walter: Architektur. Wege zu einer optischen Kultur. Frankfurt/Hamburg (1956) 1959
GRUBER, Karl: Die Gestalt der deutschen Stadt. Callwey, München 1976
GÜNTHER, Hans F. K.: Verstädterung: Ihre Gefahren für Volk und Staat vom Standpunkt der Lebensforschung und der Gesellschaftswissenschaft. Leipzig/Berlin 1934
GUTHER, Max: Zur Geschichte der Städtebaulehre an deutschen Hochschulen. In: SI, S. 34-117

HACKELSBERGER, Christoph (1): Die aufgeschobene Moderne: Ein Versuch zur Einordnung der Architektur der Fünfziger Jahre. Deutscher Kunstverlag, München / Berlin 1985
HACKELSBERGER, Christoph (2): Wille zur Baukultur, Volkstum und Macht; Weissenhof- und Kochenhofsiedlung: Ein Konflikt wird sichtbar - Anmerkungen zur deutschen Architekturseele (1). Südd. Zeitung 24.7.1989
HARDER, Günter; SPENGELIN, Friedrich (Hrsg.): Verkehrsberuhigung in Wohngebieten. Gemeinde, Stadt, Land. Eigenverlag, TU Hannover 1977
HAFNER, Thomas: Kollektive Wohnformen im Deutschen Kaiserreich 1871-1918. Arbeitsbericht 44, Städtebaul. Institut, Dissertat., Uni Stuttgart 1988
HAIN, Simone: Berlin Ost: „Im Westen wird man sich wundern". In: BEYME /DURTH u.a., S.32-57
HANDWÖRTERBUCH DER RAUMFORSCHUNG UND RAUMORDNUNG, Akademie für Raumforschung und Landesplanung, Gebrüder Jänecke, Hannover 1970
HARTMANN, Kristiana: Deutsche Gartenstadtbewegung. Moos, München 1976
HARTOG, Rudolf: Stadterweiterungen im 19. Jahrhundert. Schriften d. Vereins z. Pflege kommunalwissenschaftl. Aufgaben e.V. Berlin; Kohlhammer, Stuttgart 1962
HECKING, Georg; MIKULICZ, Stefan; SÄTTELE, Andreas: Bevölkerungsentwicklung und Siedlungsflächenexpansion: Entwicklungstrends, Planungsprobleme und Perspektiven am Beispiel der Region Mittlerer Neckar. Krämer, Stuttgart 1988
HEGEMANN, Werner: Das steinerne Berlin. (Orig. 1930), Bauwelt Fundamente 3, Vieweg, Braunschweig/ Wiesbaden (1976) 1992
HEIL, Karolus: Neue Wohnquartiere am Stadtrand. In: PEHNT, S. 181-200

HENRICI, Karl: Beiträge zur praktischen Ästhetik im Städtebau. München 1904
HERLYN, Ulfert: Soziale Segregation. In: PEHNT, S. 89ff
HESS, Friedrich: Städtebau. Ergänz. zu „Konstruktion und Form im Bauen". Hoffmann, Stuttgart 1944
HEUER, Hans: Soziöokonomische Bestimmungsfaktoren der Stadtentwicklung. Kohlhammer, Stuttgart 1975
HILBERSEIMER, Ludwig (1): Großstadt-Architektur. Stuttgart 1927
HILBERSEIMER, Ludwig (2): Entfaltung einer Planungsidee. Ullstein Bauwelt Fundamente 6, Berlin 1963
HILLEBRECHT, Rudolf (1): Städtebau und Stadtentwicklung. In: Archiv für Kommunalwissenschaften, Jg. 1, Stuttgart 1962, S. 41 ff
HILLEBRECHT, Rudolf (2): Im Gespräch mit Werner Durth. In: Stadtbauwelt 72/1981, S. 371 ff
HILPERT, Thilo (Hrsg.): Le Corbusiers „Charta von Athen": Texte und Dokumente; Kritische Neuausgabe. Bauwelt Fundamente 56, Vieweg, Braunschweig/ Wiesbaden (1984) 1988
HIPP, Hermann: Wohnstadt Hamburg. Mietshäuser der zwanziger Jahre zwischen Inflation und Weltwirtschaftskrise. Christians, Hamburg 1982
HIRDINA, Heinz (Hrsg.): Neues Bauen, Neues Gestalten; Das Neue Frankfurt/die neue Stadt; eine Zeitschrift zwischen 1926 und 1933. Verlag der Kunst, Dresden (1984) 1991
HOFRICHTER, Hartmut: Stadtbaugeschichte von der Antike bis zur Neuzeit. Vieweg, Braunschweig 1991
HOLLATZ, J. W.: Dtsch. Städtebau 1968. Siehe DASL (3)
HOLTMANN, Hartmut. Haben die Bürger in Osnabrück etwas zu sagen? Anspruch und Wirklichkeit eines „Demokratisierungsversuches" bei der Innenstadtsanierung. Süddeutsche Zeitung 22.1.1972
HOPPE, Ingo: Randbemerkungen zu den Ergebnissen eines Gutachtens über Nachbesserungsüberlegungen im Märkischen Viertel. In: SRL, S. 124-130
HOTZAN, Jürgen: dtv—Atlas zur Stadt. Deutscher Taschenbuch Verlag, München 1994
HOWARD, Ebenezer: Tomorrow: A Peaceful Way to Real Reform, London 1898. Neuausgabe: Garden Cities of Tomorrow. London 1902
HOWARD, Ebenezer: Gartenstädte in Sicht. Jena 1907

ILS - INSTITUT FÜR LANDES- UND STADTENTWICKLUNGSFORSCHUNG NW (Hrsg): Landesplanung und Städtebau in den 80er Jahren; Teil: Die neue Stadt Wulfen. Dortmund 1981, S. 86-118.
ISW - INSTITUT FÜR STÄDTEBAU UND WOHNUNGSWESEN der Deutschen Akademie für Städtebau und Landesplanung (Hrsg.): Stadtplanung: Anspruch und Wirklichkeit. München 1975
IRION, Ilse; SIEVERTS, Thomas: Neue Städte: Experimentierfelder der Moderne. Deutsche Verlags-Anstalt, Stuttgart 1991
JACOB, Frank-Dietrich: Historische Stadtansichten. Seemann, Leipzig 1982
JACOBS, Jane: Tod und Leben großer amerikanischer Städte. Ullstein Bauwelt Fundamente 4, Ullstein; Berlin, Frankfurt/M., Wien 1963
JOEDICKE, Jürgen; PLATH, Christian: Die Weißenhofsiedlung. Krämer, Stuttgart (1968, 1977) 1984

KALLMORGEN, Werner: Schumacher und Hamburg, eine fachliche Dokumentation zu seinem 100. Geburtstag. Christians, Hamburg 1969
KAMPFFMEYER, Hans: Die Nordweststadt in Frankfurt am Main: Wege zur neuen Stadt. Schriftenreihe der Dezernate Planung und Bau - Stadtwerke und Verkehr der Stadt Frankfurt am Main, Band 6; Europäische Verlagsanstalt, Frankfurt am Main 1968
KAUFFMANN, Wolf-Dietrich: Stadtlandschaft. In: HANDWÖRTERBUCH ..., Spalte 3205/3206
KAUTT, Dietrich (1): Wolfsburg im Wandel städtebaulicher Leitbilder. Dissertation, Stadt Wolfsburg 1983
KAUTT, Dietrich (2): Wolfsburg im Wandel städtebaulicher Leitbilder. Steinweg, Braunschweig 1989

KEGLER, Harald: Die Piesteritzer Werkssiedlung. Hrsg. von Bauhaus Dessau, Werkssiedlung GmbH & CoKG, Stadtverwaltung Wittenberg; 1993

KESTING, Marianne (1): So saniert man eine alte Stadt zu Tode. Zum Beispiel Hameln. Deutsch. Allgem. Sonntagsbl. 27.8.1972

KESTING, Marianne (2): Städte sterben im Namen des Volkes. In: Deutsche Zeitung 2., 9. u. 16.11.1973

KIESS, Walter: Urbanismus im Industriezeitalter; Von der klassizistischen Stadt zur Garden City. Ernst & Sohn, Berlin 1991

KIRSCH, Peter: Arbeiterwohnsiedlungen im Königreich Württemberg in der Zeit vom 19. Jahrhundert bis zum Ende des Ersten Weltkriegs. Tübinger Geogr. Studien, H. 84, 1982 (Selbstverl. d. Geogr. Inst. d. Univ. Tübingen)

KIRSCH, Karin: Die Weissenhofsiedlung. Werkbund-Ausstellung „Die Wohnung" - Stuttgart 1927. DVA, Stuttgart 1987

KLAGES, Helmut: Der Nachbarschaftsgedanke und die nachbarliche Wirklichkeit in der Großstadt. Westdeutscher Verlag, Köln/Opladen 1958 (2. Auflage 1968)

KLAGES, Helmut (2): Planungspolitik. Kohlhammer, Stuttgart 1971

KLÖPPER, Rudolf: Zentrale Orte und ihre Bereiche. In: HANDWÖRTERBUCH ..., Spalte 3849-3860

KLOTZ, Heinrich: Von der Urhütte zum Wolkenkratzer: Geschichte der gebauten Umwelt. Prestel, München 1991

KLÜHSPIES, Karl: Grundsätzliche Anmerkungen zu Anspruch und Wirklichkeit in der Stadtplanung, anhand des Münchner Stadtentwicklungsplans. In: ISW, S, 163 ff.

KOCH, Hugo: Gartenkunst im Städtebau. Wasmuth, Berlin (1913) 1921

KOCH, Wilfried: Baustilkunde: Band 2: Stadtentwicklung. Bertelsmann, Gütersloh 1993, S. 390-423

KÖNIG, René: Definition der Stadt. In: PEHNT, S. 11-25

KÖSTERS, Hans G. (1): Margarethenhöhe: Dichtung in Stein und Grün. Beleke, Essen 1982

KÖSTERS, Hans G. (2): Margarethenhöhe: Der Große Wurf. Beleke, Essen 1991

KRONAWITTER, Georg (Hrsg.): Rettet unsere Städte jetzt! Manifest der Oberbürgermeister. Econ, Düsseldorf, Wien ... 1994

KÜHN, Erich: Vom Wesen der Stadt und des Städtebaues. In: VOGLER/KÜHN, S. 203-213

LH - LANDESHAUPTSTADT HANNOVER (Hrsg): Zur Diskussion: Innenstadt. Stadtplanungsamt 1970

LAMPUGNANI, Vittorio Magnago: Architektur und Städtebau des 20. Jahrhunderts. Hatje, Stuttgart 1980

LANGNER, Bernd: Gemeinnütziger Wohnungsbau um 1900. Karl Hengerers Bauten für den Stuttgarter Verein für das Wohl der arbeitenden Klassen. Klett-Cotta, Stuttgart 1994

LAUSCHMANN, Elisabeth: Grundlagen einer Theorie der Regionalpolitik. Jänecke, Hannover 1973

LAWRENCE, F. W.: The Housing Problem. In: MASTERMAN, H. (Hrsg.): The Heart of the Empire. 1901

LE CORBUSIER (1): Städtebau. (Original: Urbanisme. 1925) Faksimile d. 1. Aufl. 1929, Deutsche Verlags-Anstalt, Stuttgart 1979

LE CORBUSIER (2): An die Studenten: Die „Charte d'Athénes". Rowohlts Deutsche Enzyklopädie, rororo Taschenbuch Nr. 141, Hamburg 1962

LEHMBROCK, Josef; FISCHER, Wend: Profitopolis ... , s. DNS (1) - DIE NEUE SAMMLUNG (Hrsg.).

LEHMBROCK, Josef; FISCHER, Wend: Von Profitopolis zur Stadt der Menschen. S. DNS (2)

LIMBACH, Fridolin: Die schöne Stadt Bern. Benteli, Bern 1978

LINDER, Wolf; MAURER, Ulrich; RESCH, Hubert: Erzwungene Mobilität; Alternativen zur Raumordnung, Stadtentwicklung und Verkehrspolitik. Europäische Verlagsanstalt, Köln/Frankfurt a. M. 1975.

LOOS, Adolf: Ornament und Verbrechen. 1908. In: CONRADS, S. 16

LYNCH, Kevin: Das Bild der Stadt. Bauwelt Fundamente 16, Bertelsmann Fachverl.; Gütersloh/Berlin, München 1968

MANG, Karl: Architektur einer sozialen Evolution: Kommunaler Wohnbau der Gemeinde Wien zwisschen dem Ende der Monarchie und dem Bürgerkrieg. In: STADT WIEN, a. a. O., o.S.

MARKELIN, Antero; MÜLLER, Rainer: Stadtbaugeschichte Stuttgart. Krämer, Stuttgart 1985

MAY, Ernst und das Neue Frankfurt 1925-1930. Hrsg. im Auftrag des Dezernats für Kultur und Freizeit, Amt für Wissenschaft und Kunst der Stadt Frankfurt am Main, Ernst & Sohn, Berlin 1986

MEADOWS, Dennis; MEADOWS, Donella; ZAHN, Erich; MILLING, Peter: Die Grenzen des Wachstums. Bericht des Club of Rome zur Lage der Menschheit. Deutsche Verlags-Anstalt, Stuttgart 1972

METZENDORF, Georg: Kleinwohnungsbauten und Siedlungen: Gartenstädte Margarethen-Höhe und Hüttenau. Koch Darmstadt 1920

METZENDORF, Rainer: Georg Metzendorf. In: Bauwelt 27/1984, S. 1170-1172

MEUSER, Philipp: Der ideale Ort für den Sozialismus: Stalinstadt auf dem Reißbrett entworfen. In: Rheinischer Merkur Nr.18, 30.4.1993

MITSCHERLICH, Alexander: Die Unwirtlichkeit unserer Städte: Anstiftung zum Unfrieden. Edition Surkamp 123, Frankfurt am Main 1969

MÖLLER, Hans-Herbert (Hrsg.); NESS, Wolfgang; RÜTTGERODT-RIECHMANN, Ilse; WEISS, Gerd; ZEHNPFENNIG, Marianne: Baudenkmale in Niedersachsen 10.1 und 10.2: Hannover Teil 1 und 2. Vieweg, Braunschweig/Wiesbaden 1983

MÜLLER, Ewald: München 71 - 16. ordentliche Hauptversammlung des Deutschen Städtetages. Der Städtetag 7/1971, S. 366-372

MÜLLER-IBOLD, Klaus; HILLEBRECHT, Rudolf - Städte verändern ihr Gesicht: Strukturwandel einer Großstadt und ihrer Region, dargestellt am Beispiel Hannover - Krämer, Stuttgart 1962

MUMFORD, Lewis (1): Die Stadt. Deutscher Taschenbuch Verlag, München 1979

MUMFORD, Lewis (2): Der Gartenstadtgedanke und moderner Städtebau. In: POSENER, S. 183-193

MUTHESIUS, Hermann: Kleinhaus und Kleinsiedlung. München 1920

MUTHESIUS, Stefan: Das englische Reihenhaus. Die Entwicklung einer modernen Wohnform. (Original: The English Terraced House, 1982), Köster, Königstein 1990

NERDINGER, Winfried: Theodor Fischer: Architekt und Städtebauer 1862-1938. Ausstellungskatalog, Ernst, München 1988

NEUFFER, Martin: Städte für alle: Entwurf einer Städtepolitik. Wegner, Hamburg 1970

NGBK - NEUE GESELLSCHAFT FÜR BILDENDE KUNST: Wem gehört die Welt - Kunst und Gesellschaft in der Weimarer Republik. Ausstell.-Katalog, Berlin 1977

NOEVER, Peter (Hrsg.): Die Fankfurter Küche von Margarete Schütte-Lihotzky. Ernst & Sohn, Berlin o. J. (ca 1992)

NOVY, Klaus: Selbsthilfe als Reformbewegung: Der Kampf der Wiener Siedler nach dem 1. Weltkrieg. In: ARCH+ 55 (1980), S. 26-40

NOVY, Klaus; UHLIG, Günter: Die Wiener Siedlerbewegung 1918-1934. Ausstellungskatalog, ARCH+ 1980

OSBORN, Frederic J. (1): Howard, Ebenezer. In: HANDWÖRTERBUCH ..., Spalte 1220-1224

OSBORN, Frederic J. (2): Vorwort zur englischen Neuausgabe 1946 von „E. HOWARD: Gardencities of tomorrow". In: POSENER, S. 163-182

OSTERWOLD, Klaus: Wetzel, Heinz. In: HANDWÖRTERBUCH ..., Spalte 3721-3725

OTTO, Karl: Die Stadt von morgen: Gegenwartsprobleme für alle. Berlin 1959

PANERAI, Philippe; CASTEX, Jean; DEPAULE, Jean-Charles: Vom Block zur Zeile: Wandlungen der Stadtstruktur. Bauwelt Fundamente 66, Vieweg, Braunschweig/Wiesbaden 1985

PEHNT, Wolfgang (Hrsg.) (1): Die Stadt in der Bundesrepublik: Lebensbedingungen, Aufgaben, Planung. Reclam, Stuttgart 1974

PEHNT, Wolfgang (Hrsg.) (2): Die Architektur des Expressionismus. Hatje, Stuttgart 1973

PERÉNYI, Imre: Die moderne Stadt. Gedanken über die Vergangenheit und Zukunft der Städteplanung. Akadémiai Kiadó, Budapest 1970

PESCH, Franz: Stadterneuerung in großen Gebieten ohne scharfe Eingriffe. In: SRL (1), S. 27-36

PETSCH, Joachim (1): Baukunst und Städteplanung im Dritten Reich. München/Wien 1976

PETSCH, Joachim (2): Auch Wohnungsmangel und Wohnungsbaupolitik haben Geschichte. In: Der Bürger im Staat, Hrsg. Landeszentr. f. Pol. Bildung Baden-Württemberg, Heft 4, Dez. 1992, S. 235-241

PFEIFFER, Eduard: Eigenes Heim und billige Wohnungen. Ein Beitrag zur Lösung der Wohnungs-Frage mit besonderem Hinweis auf die Erstellung der Kolonie Ostheim-Stuttgart. Wittwer, Stuttgart 1896

PFEIFFER, Ulrich; ARING, Jürgen: Stadtentwicklung bei zunehmender Bodenknappheit. Vorschläge für ein besseres Steuerungssystems. DVA, Stuttgart 1993

PFEIL, Elisabeth (1): Großstadtforschung. Bremen 1950

PFEIL, Elisabeth (2): Zur Kritik der Nachbarschaftsidee. Archiv für Kommunalwissenschaften, 1963, S. 39 ff

PICCINATO, Giorgio: Die Rolle der Stadtplanung beim Aufbau der kapitalistischen Stadt. In: FEHL/ RODRIGUEZ-LORES (1), S. 28-35

PICCINATO, Giorgio (2): Städtebau in Deutschland 1871-1914; Genese einer wissenschaftlichen Disziplin. Bauwelt Fundamente 62, Vieweg, Braunschweig/Wiesbaden 1983

PITZ, Helge; BRENNE, Winfried: Die Bauwerke und Kunstdenkmäler von Berlin: Heft 1: Zehlendorf, Onkel Tom Siedlung; Einfamilienhäuser von Bruno Taut. Mann, Berlin 1980

PITZ, Helge: Rekonstruktion der Farbigkeit Berliner Großsiedlungen der zwanziger Jahre: Beispiel Waldsiedlung Zehlendorf. In: TAVERNE/ WAGENAAR, S. 124-135

POSENER, Julius (Hrsg.): Ebenezer Howard: Gartenstädte von morgen. Ullstein BauweltFundamente 21, Frankfurt/ Wien 1968

PREUSLER, Burghard: Walter Schwagenscheid 1886-1968. Deutsche Verlags-Anstalt, Stuttgart 1985

RABELER, Gerhard: Wiederaufbau und Expansion westdeutscher Städte 1945-1960 im Spannungsfeld von Reformideen und Wirklichkeit - Ein Überblick aus städtebaul. Sicht. Schriftenr. d. Dtsch. Nationalkomitees f. Denkmalschutz, Bd. 39, Bonn 1990

RAINER, Roland: Städtebauliche Prosa. Tübingen 1948

RAVE, Rolf; KNÖFEL, Hans Joachim: Bauen seit 1900, Ein Führer durch Berlin. Ullstein, Berlin 1963

REHBERG, Siegfried (Hrsg.): Grüne Wende im Städtebau. Wege zum ökologischen Planen und Buen. Müller, Karlsruhe 1985

REICHOW, Hans Bernhard (1): Organische Stadtbaukunst. Von der Großstadt zur Stadtlandschaft. Westermann, Braunschweig / Berlin / Hamburg 1948

REICHOW, Hans Bernhard (2): Die autogerechte Stadt. Otto Maier, Ravensburg 1959

REICHOW, Hans Bernhard (3): Planung und Bau der Sennestadt. In: SENNESTADT, S. 230-244

REINBORN, Dietmar (1): Kommunale Gesamtplanung: Ein Modell des kommunalen Planugsprozesses als selektiv-iterativer Vorgang von der Zielsuche bis zur Mittelwahl. Dissertation, Hannover 1974

REINBORN, Dietmar (2): Zielplanung als Instrument einer kommunalen Gesamtplanung. In: Stadt-Region-Land, Schriftenreihe des Instituts für Stadtbauwesen, RWTH Aachen, H. 41, 1977, S. 45

REINBORN, Dietmar (3): Umfunktionierung, oder: Wie die Charta von Athen bewußt als Postulat der Funktionstrennung gedeutet wurde. In: Wohnen und Stadtentwicklung, Geographische Hochschulmanuskripte, Heft 7/2, Oldenburg 1978, S. 5-78

REINBORN, Dietmar; KOCH, Michael: Entwurfstraining im Städtebau. Kohlhammer, Stuttgart 1992

REPPÉ, Susanne: Der Karl-Marx-Hof. Geschichte eines Gemeindebaus und seiner Bewohner. Picus, Wien 1993

RIEMANN, Wolfgang: Die städtebauliche Planung für den Marktplatz in Hildesheim: Stationen eines Weges zwischen Fortschritt und Bewahren. In: ACHILLES...,S, 59 ff.

RODRIGUEZ-LORES, Juan; FEHL, Gerhard (Hrsg.): Städtebaureform 1865-1900: Von Licht, Luft und Ordnung in der Stadt der Gründerzeit. Reihe Stadt Planung Geschichte 5.2; Christians, Hamburg 1985

SALIN, Edgar: Urbanität. In: Erneuerung unserer Städte: Vorträge, Aussprachenund Ergebnisse der 11. Hauptversammlung des Deutschen Städtetages in Augsburg, Stuttgart 1960

SALIN, Edgar; BRUHN, Niels; MARTI, Michel Hrsg.): Polis und Regio: Von der Stadt- zur Regionalplanung. Frankfurter Gespräch der List-Gesellschaft, 8.-10. Mai 1967; Kyklos, Basel; Mohr, Tübingen 1967

SÄUME, M.; HAFEMANN, G.: Die Nebenerwerbssiedlung: Versuch einer Formgebung. In: Monatshefte für Baukunst und Städtebau, 1932, S. 601-603

SCARPA, Ludovica: Martin Wagner und Berlin: Architektur und Städtebau in der Weimarer Republik. Vieweg, Braunschweig/ Wiesbaden 1986

SCHMIDT-RELENBERG, Norbert; FELDHUSEN, Gernot; LUETKENS, Christian: Sanierung und Sozialplan. Callwey, München 1973

SCHMITT, Karl Wilhelm (Hrsg.): Architektur in Baden-Württemberg nach 1945. DVAnstalt, Stuttgart 1990

SCHNEIDER, Christian: Stadtgründungen im Dritten Reich, Wolfsburg und Salzgitter: Ideologie, Ressortpolitik, Repräsentation. Moos, München 1978

SCHREIBER, Folker: Soziale Bodenpolitik. In: PEHNT, S. 385-406

SCHULTZE-NAUMBURG, Paul: Kulturarbeiten, Band 4: Städtebau. Callwey, München (1906) ˙909

SCHUMACHER, Fritz (1): Das Werden einer Wohnstadt: Bilder vom neuen Hamburg. Reihe Stadt Planung Geschichte 4; Nachdr. d. Ausg. Westermann Hamburg 1932; Christians, Hamburg 1984

SCHUMACHER, Fritz (2): Strömungen in deutscher Baukunst. 1. Aufl. Seemann, Leipzig 1935; Seemann, Köln 1955

SCHUMACHER, Fritz (3): Vom Städtebau zur Landesplanung und Fragen städtebaulicher Gestaltung. Archiv für Städtebau und Landesplanung, Wasmuth, Tübingen 1951

SCHWAGENSCHEIDT, Walter (1): Die Raumstadt. Schneider, Heidelberg 1949

SCHWAGENSCHEIDT, Walter (2) hrsg. von HOPMANN, Ernst; SITTMANN, Tassilo: Die Raumstadt und was daraus wurde. ´Mein letztes Buch'. Krämer, Stuttgart/Bern 1971

SCHWAGENSCHEIDT, Walter (3): Die Nordweststadt; Idee und Gestaltung. Krämer, Stuttgart 1964

SCHWEIZER, Otto Ernst (1): Über die Grundlagen des architektonischen Schaffens. Hoffmann, Stuttgart 1935

SCHWEIZER, Otto Ernst (2): Forschung und Lehre 1930-60. Krämer, Stuttgart 1962

SCHWONKE, Martin: Kommunikation in städtischen Gemeinden. In: PEHNT, S. 45-63

SENNESTADT GmbH (Hrsg.): Sennestadt: Geschichte einer Landschaft. Eigenverlag, Bielefeld 1980

SENNESTADTVEREIN (Hrsg.): Der Städtebau der Sennestadt. Eine Dokumentation. BF-Sennestadt 1988

SHARP, Thomas: Städtebau in England. (Town Planning, 1940, 1942, 1945) Ernst, Berlin 1949

SI - STÄDTEBAULICHES INSTITUT STUTTGART (Hrsg.): Heinz Wetzel und die Geschichte der Städtebaulehre an deutschen Hochschulen. Eigenverlag, Stuttgart 1982

SIEVERTS, Thomas (1): Raumbldung im modernen Städtebau: Renaissance der Stadtgestaltung - in: Renaissance der Gestalt im Städtebau?; SRL-Information 21, S. 7-18, Eigenverlag, Bochum 1986

SIEVERTS, Thomas (2) (Hrsg.): Zukunftaufgaben der Stadtplanung. Werner, Düsseldorf 1990

SITTE, Camillo: Der Städtebau nach seinen künstlerischen Grundsätzen. 1. Aufl. Wien 1889; Reprint 4. Aufl. Wien 1909, vermehrt um „Großstadtgrün", Vieweg, Braunschweig/Wiesbaden 1983

SPEER, Albert (Hrsg.); WOLTERS, Rudolf: Neue Deutsche Baukunst. Volk und Reich Verlag, Prag 1943
SPEER, Albert: Erinnerungen. Berlin 1969
SPENGELIN, Friedrich u. a.: Funktionelle Erfordernisse zentraler Einrichtungen als Bestimmungsgröße von Siedlungs- und Stadteinheiten in Abhängigkeit von Größenordnung und Zuordnung. Schriftenr. „Städteb. Forschung" des BMBau 03.003, Bonn 1972
SPENGELIN, Friedrich: Anmerkungen zum immer aktuellen Thema Wohnungsbau nebst einigen Gedanken zu Stadtflucht und Stadthaus. In: Die Stadt, architektur wettbewerbe, Krämer, Stuttgart 1979, S. 10f
SPENGELIN, Friedrich; NAGEL, Günter; LUZ, Hans: Wohnen in den Städten: Stadtgestalt, Stadtstruktur, Bauform, Wohnform, Wohnumfeld. Ausstellungskatalog, Quensen, Lamspringe 1984
SPENGELIN, Friedrich; WUNDERLICH, Horst; MECKSEPER, Cord; WANGERIN, Gerda; WROBEL, Bernhard; SEEBERG, Helmut: Stadtbild und Gestaltung - Modellvorhaben Hameln. Schriftenreihe „Stadtentwicklung" des Bundesministeriums für Raumordnung, Bauwesen und Städtebau Nr. 02.033, Bonn 1983
SRL (1) - VEREINIGUNG DER STADT-, REGIONAL- UND LANDESPLANER (Hrsg): Bilanz Stadterneuerung. Bericht über die Jahrestagung 1983 in Bad Hersfeld. SRL-Information 18, Bochum 1984
SRL (2) - VEREINIGUNG DER STADT-, REGIONAL- UND LANDESPLANER (Hrsg): Nachbesserung von Großsiedlungen der 60er und 70er Jahre. Bericht über die Halbjahrestagung 1985 in Hamburg. SRL-Information 20, Bochum 1986
STADTSCHULTHEISSENAMT STUTTGART (Hrsg.): Die Stuttgarter Stadterweiterung: mit volkswirtschaftlichem, hygienischen und künstlerischen Gutachten. Kohlhammer, Stuttgart 1901
STADT STUTTGART: Gedanken zur Kernstadt-Umland-Frage in der Region Mittlerer Neckar. Manuskript des Oberbürgermeisters der Stadt Stuttgart, 1975
STADT WIEN: Kommunaler Wohnbau in Wien: Aufbruch 1923-1934 Austrahlung. Ausstellungskatalog, Presse- und Informationsdienst Wien, o.J.(1977?)
STAHL, Fritz; OPPENHEIMER, Franz (Einl.): Die Gartenstadt Staaken. Wasmuth, Berlin 1917
STAHL, Gisela: Von der Hauswirtschaft zum Haushalt, oder wie man vom Haus zur Wohnung kommt. In: NGBK, S. 87-108
STOSBERG, Hans: Die wachsende Großstadt, Beispiel Hannover. In: Raumforschung und Raumordnung, 20. Jg., 3/1962, S. 133-142
STRACKE, Ferdinand; SCHUSTER, Gottfried: Wolfsburg 1938-1988. Ausstellungskatalog, Wolgsburg 1988
STRATMANN, Mechthild: Wohnungsbaupolitik in der Weimarer Republik. In: NGBK, S. 40-49
STÜBBEN, J.: Der Städtebau. In: Handbuch der Architektur, vierter Teil, 9. Halbband. Gebhard, Leipzig 1924. Darmstadt 1890, Stuttgart 1907; Reprint Braunschweig/ Wiesbsaden 1980
SUKS - STADT-UMLAND-KOMMISSION STUTTGART: Bericht zur Stadt-Umland-Frage im Raum Stuttgart. , Innenministerium Baden-Württemberg, Stuttgart 1977
SUTCLIFFE, Anthony: Zur Entfaltung von Stadtplanung vor 1914: Verbindungslinien zwischen Deutschland und Großbritannien. In: FEHL/ RODRIGUEZ-LORES (1}, S. 138 ff.

TAMMS, Friedrich; WORTMANN, Wilhelm: Städtebau, Umweltgestaltung: Erfahrungen und Gedanken. Habel, Darmstadt 1973
TAUT, Bruno (1): Die Stadtkrone. Diederichs, Jena 1919
TAUT, Bruno (2): Die Auflösung der Städte, oder: Die Erde eine gute Wohnung, oder auch: Der Weg zur Alpinen Architektur. Folkwang, Hagen 1920
TAVERNE, Ed; WAGENAAR, Cor: Die Farbigkeit der Stadt. Birkhäuser, Basel/Berlin/Boston 1992
TEUT, Anna: Architektur im Dritten Reich, 1933-1945. Ullstein Bauwelt Fundamente 19, Fft.M./ Berlin 1967
TOPFSTEDT, Thomas: Eisenhüttenstadt: Die Magistrale zum Kombinat. In: BEYME u.a., S.138-147

TZSCHASCHEL, Sabine: Neuperlach: Lebensqualität in einer Satellitenstadt. In: GEIPEL u.a., S. 503-535

UHLIG, Günter: Stadtplanung in der Weimarer Republik: Sozialistische Reformaspekte. In: NGBK, S. 50-71
UNGERS, Liselotte: Die Suche nach einer neuen Wohnform: Siedlungen der zwanziger Jahre damals und heute. Deutsche Verlagsanstalt, Stuttgart 1983
UNWIN, Raymond: Grundlagen des Städtebaus. Berlin 1922. (Original: Town Planning in Practice. An Introduktion to the Art of Designing Cities and Suburbs. London 1911)

VOGLER, Paul; KÜHN, Erich (Hrsg.): Medizin und Städtebau: Ein Handbuch für gesundheitlichen Städtebau. Von Urban + Schwarzenberg, München 1957

WAGNER, Martin; BEHNE, Adolf (Hrsg.);: Das Neue Berlin - Großstadtprobleme. Siehe: DNB
WAGNER, Otto: Die Großstadt. Wien 1911
WALTER, Kurt; LAURITZEN, Lauritz (Einf.): Städtebau nach neuem Recht. Grundriß des Städtebauförderungsgesetzes. Neue Gesellschaft, Bonn 1971
WEBER, Max: Die Stadt. In: Archiv für Sozialwissenschaften und Sozialpolitik 47, 1921
WEDEPOHL, E.: Deutscher Städtebau nach 1945. Siehe DASL (4)
WBG - GEMEINNÜTZIGE WOHNUNGSBAUGESELLSCHAFT DER STADT NÜRNBERG (Hrsg.): Nürnberg-Langwasser: Stadtteil im Grünen. Nürnberg (1974) 1985
WEYL, Heinz (1): Regionalplanung im Großraum Hannover. In: Stadtbauwelt 8/1965, S. 641-655.
WEYL, Heinz (2): Grundsätze und Modellvorstellungen für den Verdichtungsraum: Modell Hannover. In: Zur Ordnung der Siedlungsstruktur, Veröff. d. Akad. f. Raumforschung u. Landesplanung, Forschungs- u. Sitzungsberichte, Bd. 85; Jänecke, Hannover 1974, S. 91-110
WIELAND, Dieter: Gebaute Lebensräume. Beton-Verlag, Düsseldorf 1982
WIELAND, Dieter; BODE, Peter M.; DISKO, Rüdiger (Hrsg): Grün kaputt. Landschaft und Gärten der Deutschen. Raben, München 1983
WIENANDS, Rudolf: Grundlagen der Gestaltung zu Bau und Stadtbau. Birkhäuser; Basel, Boston, ... 1985
WILDENMANN, Rudolf (Hrsg.): Stadt, Kultur, Natur: Chancen zukünftiger Lebensgestaltung. Nomos, Baden-Baden 1989
WILHELM, Karin: Von der Phantastik zur Phantasie: Ketzerische Gedanken zur „Funktionalistischen Architektur". In: NGBK, S. 72-86
WOLF, Winfried: Eisenbahn und Autowahn: Personen- und Gütertransport auf Schiene und Straße: Geschichte, Bilanz, Perspektiven. Rasch und Röhrig, Hamburg 1987
WORTMANN, Wilhelm (1): Städtebau: II. Geschichtliche Entwicklung. In: HANDWÖRTERBUCH ..,Spalte 3118 ff.
WORTHANN, Wilhelm (2): Die Regionalstadt. In: Die Regionalstadt und ihre strukturgerechte Verkehrsbedienung, Veröff. der Akad. für Raumforschung und Landesplanung, Forschungs- und Sitzungsberichte, Bd. 71, Jänecke, Hannover 1972, S. 3-16.
WURZER, Rudolf: Stadtregion - Regionalstadt. In: DASL (2), S. 78-95

ZAPF, Katrin (1): Die Wohnbevölkerung im Sanierungsgebiet. In: StadtBauwelt 18/ 1968, S. 1350-1352
ZAPF, Katrin (2): Rückständige Viertel. Eine soziologische Analyse der städtebaulichen Sanierung in der Bundesrepublik. Europäische Verlagsanstalt, Frankfurt/M. 1969

图片来源

Akademie der Künste Berlin: Bruno Taut. Berlin 1980, S. 233: Abb. 5.37-5.38. Akademie der Künste Berlin: Bauen in Berlin 1900-1964. Berlin 1965, S. 135, 133: Abb. 7.58, 8.40. Deutsche Akademie für Städtebau und Landesplanung, Bayern (Hrsg.): Nürnberg-Langwasser. Nürnberg 1988, S. 51, 55, 73, 78, 97, 96, 118, 119: Abb. 7.71-7.73, 8.71-8.73, 8.95. Deutsche Akademie für Städtebau und Landesplanung (Hrsg.): Deutscher Städtebau nach 1945. Essen 1961, S. 357, 228, 376, 311, 89, 377: Abb. 7. 46, 7.116-7.117, 8. 18, 8.88, 8.91, 8.99. Deutsches Architektenblatt 1986, S. 733, 731: Abb. 9.8, 9.14; 1993: Abb. 8.81. Amtsblatt der Stadt Stuttgart, 28.11.1968: Abb. 7.118. Wilhelm Andres, Hermann Stumme: Kranichstein. Geschichte eines Stadtteils. Darmstadt 1993, S. 141, 145, 143, 159: Abb. 8.42-8.46. Fred Angerer: Abb. 8.50-8.51. Architektur Museum, Technische Universität München: Abb. 3.4, 4.1, 4.12, 4.36-4.44. Archiv der Salzgitter AG: 6.30-6.31. C.H. Baer (Hrsg.): Kleinbauten und Siedlungen. Stuttgart o.J., S. 47, 58, 54, 47: Abb. 3.10-3.11. Bandel/Maschule: Die Gropiusstadt. Berlin 1974 (Kiepert): Abb. 7.77-7.78, 8.69-8.70. Baumeister 11/1969: Abb. 7.54-7.55. Bauwelt 34, 1968, S. 1067, 1060: Abb. 8.56-8.57; 47, 1994, S. 2591: Abb. 9.9. Heidede Becker: Geschichte der Architektur- und Städtebauwettbewerbe. Stuttgart 1992, S. 194: Abb. 5.45-5.46. Hans Eduard von Berlepsch-Valendas: Bauernhaus und Arbeiterwohnung in England. Esslingen o.J., S. 6, 14, 3: Abb. 3.5-3.7. Beyme/Durth/ Gutschow u.a. (Hrsg.): Neue Städte aus Ruinen. München 1992 (Prestel), S. 139, 147, 14, 23, 46, 55, 47, 223: Abb. 7.91-7.93, 7.95, 7.100, 7.113-7.115, 8.33. Peter M. Bode u.a.: Alptraum Auto. München 1986 (Raben), Titelblatt: Abb. 9.4. Bodon, Langenargen: Abb. 7.9. Olaf Boustedt: Grundriß der empirischen Regionalforschung. Teil III: Siedlungsstrukturen. Hannover 1975, S. 298, 108, 109, 16, 284: Abb. 8.1-8.4, 8.117, 8.119, 8.120. Erich Bramhas: Der Wiener Gemeindebau. Basel 1987 (Birkhäuser), S. 25, 28, 29, 63, 54, 55: Abb. 4.47-4.49, 5.62-5.66, 5.68-5.70 (Kartenmaterial Stadt Wien). The British Library, London: Abb. 2.24, 2.27. Colin Buchanan: Verkehr in Städten. Essen 1964, S. 44, 42: Abb. 8.86-8.87. Bundesministerium für Wohnungswesen, Städtebau und Raumordnung (Hrsg.): Wohnen in neuen Siedlungen. Stuttgart 1965, S. 148, 54, 55, 50, 39: Abb. 7.74, 7.83, 7.83, 7.85-7.86, 7. 109. Bundesministerium für Wohnungswesen und Städtebau (Hrsg.): Wohnungsbau und Städteentwicklung. München 1968, S. 114, 45, 46, 2: Abb. 7.75, 7.79, 7.105, 7.106, 8.5, 8.6. Bundesministerium für Raumordnung, Bauwesen und Städtebau (Hrsg.): Gesamtdokumentation Hamburg-Steilshoop. Bonn 1971, S. 139, 110, 161, 20, 277: Abb. 8.61, 8.63-8.64, 8.68, 8.79. Bundesministerium für Raumordnung, Bauwesen, und Städtebau (Hrsg.): Bebauungspläne Teil 2. Bonn 1974, S. 20, 277: Abb. 8.68, 8.79. Bundesministerium für Raumordnung, Bauwesen und Städtebau (Hrsg.): Hamburg-Steilshoop. Bonn 1985, S. 62, Titelseite (Überarbeitung: Verfasser). Bundesministerium für Raumordnung, Bauwesen und Städtebau (Hrsg.): Stadträume im Wandel. Karlsruhe 1986, S. 9, 16: Abb. 8.37, 8.59. D.W. Dreysse: May-Siedlungen. Köln (Verlag der Buchhandlung Walther König), S. 11, 13, 20, 21, 26, 35: Abb. 1.6, 5.9, 5.12-5.21. Werner Durth; Niels Gutschows: Träume in Trümmern. Braunschweig-Wiesbaden 1988, S. 241, 239, 191, 27, 25, 389, 712, 615, 299, 211, 210, 886: Abb. 5.83-5.85, 6.3, 6.25-6.27, 6.30-6.31, 6.33-6.34, 6.37-6.38, 6.53-6.54, 6.56-6.57, 7.78, 7.22, 7.97, 7.103, 7.98. Werner Durth/Winfried Nerdinger: Architektur und Städtebau der 30er/40er Jahre. Bonn 1993, S. 11, 58, 28, 49, 29, 75, 15, 66, 11, 58: Abb. 6.9, 6.11, 6.14, 6.43-6.45, 6.49, 6.51. Werner Durth/ Niels Gutschow: Architektur und Städtebau der fünfziger Jahre. Bonn 1987, S. 60: Abb. 7.50. Fackelträger-Verlag GmbH, Hannover: Abb. 2.5. Gottfried Feder: Die neue Stadt. Berlin 1939, S. 448, 20, 462: Abb. 6.4-6.6, 6.8. Das Neue Frankfurt: Abb. 5.1, 5.3-5.6, 5.22-5.25. Deutsche Gartenstadt Gesellschaft: Die deutsche Gartenstadtbewegung. Berlin-Schlachtensee 1911, S. 69, 76, 18, 26: Abb. 2.4-2.4, 4.7, 4.17. Gartenstadt Karlsruhe e.G., S. 30, 18: Abb. 4.5-4.6. Robert Geipel u.a.: München. Ein sozialgeographischer Exkursionsführer. Regensburg 1987, Karte 3.4: Abb. 6.47. J.F. Geist; K. Kürvers: Das Berliner Mietshaus. Bd. 2: 1862-1945. München 1993, S. 63, 140, 149, 92, 500, 111, 233: Abb. 2.9-2.10, 2.15, 2.17, 3.35-3.36, 3.38. H. Geretsegger u.a.: Otto Wagner 1841-1918. Salzburg 1983 (Residenz), S. 46, 49, 51: Abb.: 3.50-3.52. GEWOBA Bremen (Hrsg.): Modell Neue Vahr. Bremen 1993, S. 28: Abb. 7.56, 8.19-8.21. Hans Göderitz u.a.: Die gegliederte und aufgelockerte Stadt. 1957, S. 19, 26, 43, 20, 37, 77: Abb. 7.15-7.21, 7.121. Johannes Grobler: Das Eigenheim. Berlin/Leipzig 1932, S. 250, 46: 5.94-5.95. Handwörterbuch der Raumforschung und Raumordnung. Akademie für Raumforschung und Landesplanung, Hannover 1970, Sp. 3119, Sp. 3125, Sp. 3229, Sp. 3223, S. 347: Abb. 2.4, 2.16, 7.4-7.5, 8.9. Haniel Archiv, Duisburg: Abb. 2.25. Georg Hecking u.a.: Bevölkerungsentwicklung und Siedlungsflächenexpansion. Stuttgart 1988 (Karl Krämer), S. 34, 36: Abb. 7.3, 9.2. K. Henrici: Beiträge zur praktischen Ästhetik im Städtebau. München 1904: Abb. 3.46. Friedrich Hess: Städtebau. Stuttgart 1944, S. 413, 423, 425: Abb. 1.8, 3.25, 6.35. Hartmut Hofrichter (Hrsg.): Stadtbaugeschichte von der Antike bis zur Gegenwart, Braunschweig 1991 (Vieweg), S. 58, 190: Abb. 1.7, 2.7. Institut für Landes- und Stadtentwicklungsforschung NW (Hrsg.): Landesplanung und Städtebau in den 80er Jahren. Dortmund 1981, S. 91, 101: Abb. 8.75, 8.77. Irion/Sieverts: Neue Städte. Experimentierfelder der Moderne. Stuttgart 1991, S. 61, 70: Abb. 8.55, 8.90. W. Kallmorgen: Schumacher und Hamburg. Hamburg 1969 (Hans Christians Verlag), S. 82, 83, 86, 95: Abb. 5.47, 5.49, 5.50-5.51, 5.53, 8.126-8.127. Hans Kampffmeyer: Die Nordweststadt in Frankfurt. Frankfurt 1968, S. 42: Abb. 8.31. Dietrich Kautt: Wolfsburg im Wandel. Wolfsburg 1983, S. 464, 477, 493, 535: Abb. 6.1-6.2, 6.41-6.42. Walter Kiess, Urbanismus im Industriezeitalter, Berlin 1991 (Ernst und Sohn), S. 266, 381, 382, 444, 405: Abb. 2.22, 2.27-2.28, 3.24, 3.30. Hannes Killian: Abb. 6.60. Hugo Koch: Gartenkunst im Städtebau. Berlin 1921, S. 227: Abb. 3.42. Hans G. Köster: Margarethenhöhe. Essen 1991: Abb. 4.22. Krusche/Althaus: Ökologisches Bauen. Berlin 1982, Titelblatt: Abb. 9.7. V.M. Lampugnani: Architektur und Städtebau des 20. Jahrhunderts. Stuttgart 1980, S. 143: Abb. 6.52. Landesamt für Flurbereinigung Baden-Württemberg: Abb. 5.89, 7.52. Landesbildstelle Württemberg: Abb. 7. 122. Landeshauptstadt Düsseldorf (Hrsg.): Düsseldorf Garath. 1965, S. 38: Abb. 8.89. Landeshauptstadt Hannover (Hrsg.): Zur Diskussion Innenstadt. 1970, S. 4: Abb. 8.97-8.98. Le Corbusier: Städtebau. Stuttgart 1929: Abb. 4.56-4.59, 7.96. Linder/Maurer/ Resch: Erzwungene Mobilität. Frankfurt 1975 (Europäische Verlagsanstalt), S. 59: Abb. 8.7. Thomas H. Mawson: Civic Art. Batsford 1911: Abb. 3.8. Georg Metzendorf: Kleinwohnungsbauten und Siedlungen. Darmstadt 1920, S. 17, 10, 84: Abb. 4.19-4.21. Stefan Muthesius: Das englische Reihenhaus. Königstein im Taunus o.J (Karl Robert Langewiesche Nachfolger Hans Köster), S. 110, 116: Abb. 2.13-2.14. Wolfgang Pehnt: Die Stadt in der Bundesrepublik Deutschland. Stuttgart 1964, Anhang: Abb. 7.107, 8.27, 8.41, 8.92, 9.12, 9.13. Imre Pereny: Die moderne Stadt. Budapest 1970 S. 46, 100: Abb. 3.1-3.3, 7.89. Planen und Bauen im neuen Deutschland. Opladen 1960, S. 120, 383: Abb. 7.43, 7.108. Hunting Aerofilms, Boreham Woods: 3.22-3.23. Julius Posener (Hrsg.): Ebenezer Howard: Gartenstädte von morgen. Frankfurt/Wien 1968, S. 17, 25, 57, 60, 61, 143, 145: Abb. 2.12, 2.23, 3.14-3.16, 3.21. B. Preußler: Walter Schwagenscheidt 1886-1968. Stuttgart 1985 (Deutsche Verlags-Anstalt), S 80, 79, 38: Abb. 5.86-5.87, 7.23. Gerhard Rabeler: Wiederaufbau und Expansion westdeutscher Städte. Bonn 1990, S. 174: Abb. 7. 110-7.111. Hans Bernhard Reichow: Organische Stadtbaukunst. Braunschweig 1948, S. 124, 107: Abb. 6.39, 6.55, 7.10. Hans Bernhard Reichow: Die autogerechte Stadt. Ravensburg 1959, S. 107, 19, 10, 25, 61, 69, 74: Abb. 7.10-7.14, 7.41-7.42, 7.82. Christian Schneider: Stadtgründungen im Dritten Reich. München 1978, S. 95, 96, 75, 77, 85, 37, 103, 49, 47, 14, 113, 122, 121, 124, 126: Abb. 6.7, 6.12-6.13, 6.15-6.16, 6.22-6.23, 6.25-6.27, 6.29, 6.30-6.31, 6.33-6.34, 6.37-6.38, 6.56, 6.58-6.59, 7.119. Walter Schwagenscheidt: Die Raumstadt und was daraus wurde. Stuttgart 1971, S. 17, 30, 29, 31, 44, 45, 51: Abb. 7.24-7.27, 7.87, 7.101-7.102. Walter Schwagenscheidt: Die Nordweststadt. Stuttgart 1964, S. 29, 28, 18, 58, 43, 89, 92: Abb. 7.39-7.40, 7.48, 8.7, 8.28-8.30, 8.93. Walter Schwagenscheidt: Die Raumstadt. Heidelberg 1949, S. 152: Abb. 7.44-7.45. Otto Ernst Schweizer: Forschung und Lehre, 1930-60. Stuttgart 1962 (Karl Krämer), S. 20, 14, 88, 29, 64, 67, 82: Abb. 7.28 - 7.37. Sennestadtverein: Abb. 7.60-7.61, 7.64. Camillo Sitte: Der Städtebau nach seinen künstlerischen Grundsätzen. Wien 1909: Abb. 3.47, 3.48. Albert Speer, Rudolf Wolters: Neue Deutsche Baukunst. Prag 1943: S. 86, 87, 89, 85, 88: Abb. 6.17-6.19, 6.24, 6.46. Spengelin/Wunderlich u.a.: Stadtbild und Stadtgestaltung. Bonn 1983, S. 51, 48, 49: Abb. 8.104, 8.105. Friedrich Spengelin u.a.: Wohnen in den Städten. Lauspringe 1984, S. 135, 134, 130: Abb. 7.57, 7.59, 7.112. Staatsarchiv Hamburg: Abb. 7.47, 7.49. Die neue Stadt, 1932: Abb. 5.91, 5.93. Stadt Düsseldorf: 8.23, 8.25-8.26, 8.89. Freie und Hansestadt Hamburg: Abb. 8.128; 8.60 (Amt für Stadterneuerung). Stadt Hannover: 8.97, 8.98. Stadt Hildesheim: Abb. 8.106, 8.108. Stadt Osnabrück (Hrsg.): Osnabrück, die Sanierung kann beginnen, 1970, S. 18, 19: Abb. 3.101-8.102. Stadt Stuttgart: Abb. 9.1, 9.3. Stadt Stuttgart (Hrsg.): Bürcflächen in Stuttgart. Beiträge zur Stadtentwicklung, 28. Stuttgart 1989, S. 18: Abb. 9.3. Stadtarchiv Dortmund: Abb. 7.2. Stadtarchiv Köln: Abb. 8.33. Stadtarchiv Stuttgart: Abb. 5.90, 6.10. Stadtarchiv Ulm: Abb. 3.37. Stadtplanungsamt Stuttgart: Abb. 7.7, 8.109, 9.5. Der Städtebau, 1920: Abb. 5.92. Die Stadtetag 1971: Abb. 8.96. Ferdinand Stracke, Gottfried Schuster: Wolfsburg 1938-1988. Wolfsburg 1988 S. 41: Abb. 6.36. J. Stübben: Der Städtebau. Leipzig 1924, S. 29, 556: Abb. 3.40, 4.28. Bruno Taut: Die Stadtkrone. Jena 1919: Abb. 4.53-4.54. Bruno Taut: Die Auflösung der Städte. Hagen 1920: Abb. 4.55. Max Taut: Berlin im Aufbau. Berlin 1946: Abb. 7.103-7.104. Rolf Temming: Illustrierte Geschichte der Eisenbahn. Herrsching 1976, Seite 51,62: Abb. 2.2a-2.2b. Liselotte Ungers: Die Suche nach einer neuen Wohnform. Stuttgart 1983 (Deutsche Verlags-Anstalt), S. 121, 91, 89, 41, 55, 51, 61, 121: Abb. 4.50-4.51, 5.8, 5.11, 5.32, 5.36, 5.39, 5.41-5.44, 5.74. Raymond Unwin: Grundlagen des Städtebaus. Berlin 1922, S. 215, 218, 191, XVII, 224, 220, 292, 66, 67, 577: Abb. 3.20, 3.28, 3.29, 3.43-3.45, 5.21. Martin Wagner: Das wachsende Haus. 1932: Abb. 5.97. Dieter Wieland: Gebaute Lebensräume. Düsseldorf 1982 (Beton-Verlag GmbH), S. 34, 35, 36: Abb. 1.2, 5.57-5.59.

译者的话

无论是从其书名还是从其内容上来看,无疑,迪特马尔·赖因博恩这部鸿篇巨著《19 世纪与 20 世纪的城市规划》是块里程碑。作者以严谨的学风、科学的态度以及驾驭全局的能力,将城市的面貌,其中包括城市的结构和建筑的形式,给读者展示出来,让人们清晰地看到 200 多年以来城市规划以及城市发展、城市建筑每一个历史轨迹。为什么城市会是今天这样的模样,而不是他样?为什么城市中的布局会是如此这般,而不是那般?为什么人们赖以生存的空间及其居住的地方会发展到如今这样的地步,而不是其他?种种疑问,读者将在这部著作里找到答案。作者以历史的眼光把读者领进了这个城市建筑的殿堂里,犹如置身于一个历史博物馆,充分领略博物馆为观众提供的一切展品,图文并茂。身在其中的人们看到了早期的工厂工人居住的环境,"欣赏"了后来的田园城市以及体验到了战后的"卫星城"。作者还告诉人们,无数的建筑,大量的住宅区,繁多的绿化带以及人们居住的各种各样的空间是和当时的政治、社会经济和人的思想意识有着密切的联系,城市规划的发展始终没有离开过当时的历史背景。甚者,作者还在书中提出了许多切中时弊的问题,至今还有其参考价值。

我国自从进入改革历史进程以来,城市规划同样也发生了翻天覆地的变化,计划经济体制的城市规划受到了这场历史变革的推动,结束了多年城市发展停止不前的时代,城市经历着一场深刻的改造、规划、布局和大发展,城市的规模也正在不断扩大和延伸。人们居住的空间变大了,居住条件也逐步得到了改善。但是,另一方面,合理有序地开发城市,显然也是我们当前的一个重大课题。要做好这个课题,借鉴西方城市规划的正反两方面的经验教训,毫无疑问对我们来说是具有十分重要意义的:城市要发展,但不要人为地去"破坏"它;建筑要发展,但不要盲目地去"开发"它;人性化的居住空间要创造,但不要"口是心非"地"搞"宣传。如作者所说"'以史为鉴'是城市规划的前提条件",理应也是我们不可抛弃掉的概念。

赖因博恩任教于德国斯图加特大学城市规划学院,有着多年规划和研究的实际工作经验。楇建筑领域的专家说,这部著作是学城市规划和建筑的人必读的书籍。我想,也可看出中国建筑工业出版社及其编辑推出这本书的中文版的一番"苦心"了。

我们翻译本书的目的,是希望国内同行以及为城市规划作贡献的人参考别人的经验教训,避免犯同样的错误。参与本书翻译的主要人员有聂华、卢言斌、闫文、乔立冬;杨枫及刘慈慰先生对全书进行了统校和润色;在此一并感谢我的同事的,还有吴麟绶、夏利群、王蕾、王程乐、张繁懿,以及上海工商外国语学院 01 级部分同学,他们也为本书的翻译做了不少的工作。

最后,我还想感谢上海新世纪教育集团董事会和上海工商外国语学院的领导给予我的大力支持和帮助。

由于时间仓促,教学以及管理工作又重,译者的水平也有限,疏漏之处,在所难免,热诚欢迎读者和专家指正。

虞龙发
2008 年 1 月